I0032505

Leçons
de Cosmographie

8° V
2 6 0 ?

IMPRIMERIE E. CAPIOMONT ET Cie

PARIS

6, RUE DES POITEVINS, 6

(Ancien Hôtel de Thou)

Cours complet de mathématiques élémentaires

Publié sous la direction de **M. DARBOUX**, doyen de la Faculté des Sciences de Paris.

Leçons

de

Cosmographie

PAR MM.

F. TISSERAND

Membre de l'Institut.
Directeur de l'Observatoire de Paris.

H. ANDOYER

Maître de conférences
à la Faculté des Sciences de Paris.

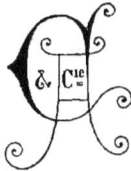

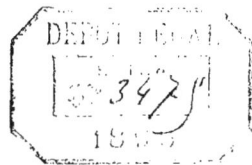

PARIS

Armand **Colin** & Cie, Éditeurs

5, rue de Mézières, 5

1895

Tous droits réservés.

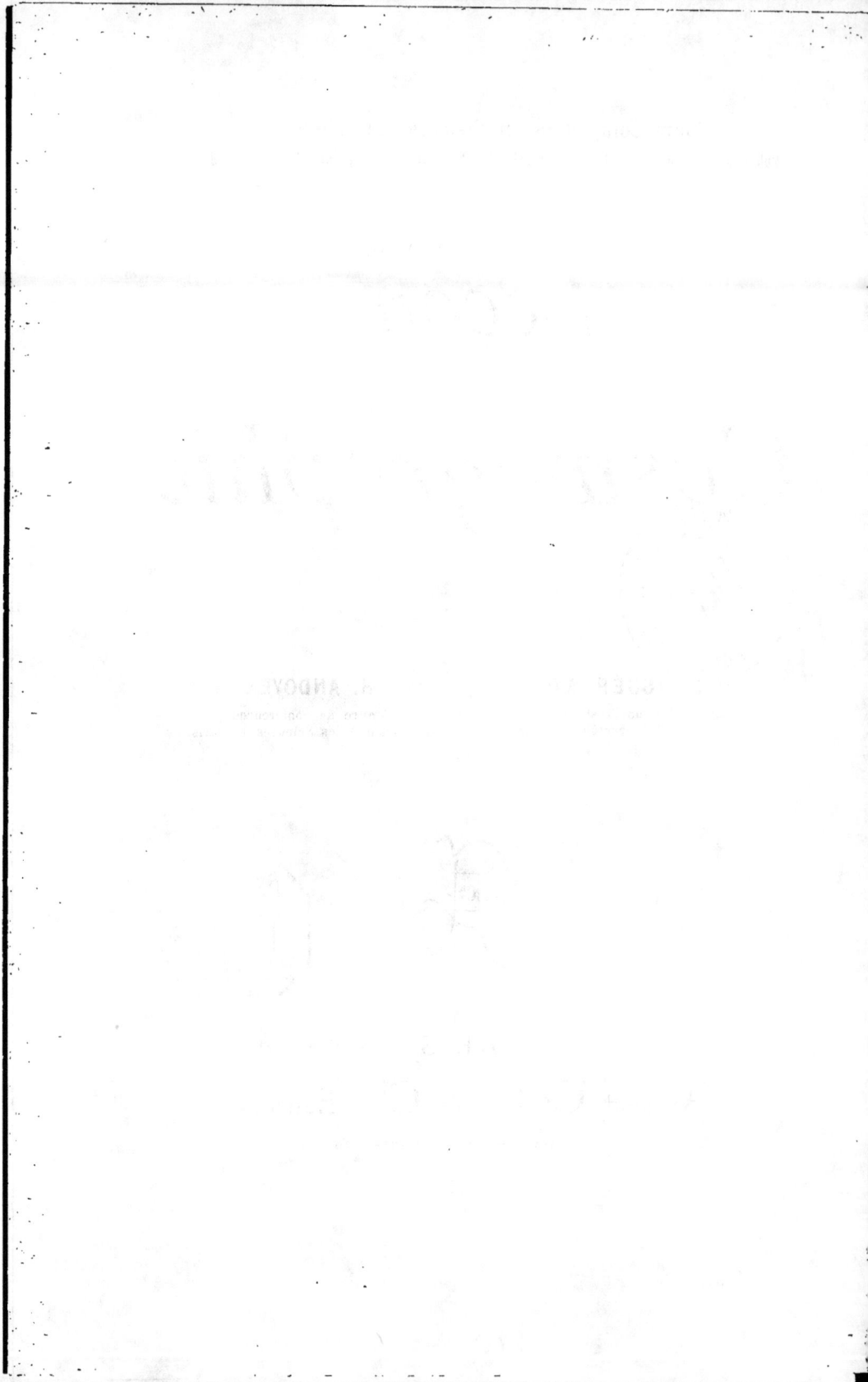

TABLE DES MATIÈRES

LIVRE I

Les Étoiles.

LIVRE II

La Terre.

LIVRE III

Le Soleil.

LIVRE IV

La Lune.

LIVRE V

Les Planètes.

LIVRE VI

Astronomie stellaire.

LIVRE VII

Notions sur l'histoire de l'astronomie.

PLANCHES HORS TEXTE

LEÇONS DE COSMOGRAPHIE

LIVRE I

Les étoiles.

CHAPITRE PREMIER

MOUVEMENT DIURNE

1. Ciel. Astres. — Imaginons un observateur placé en pleine mer, hors de la vue des côtes, par un beau temps : il verra la surface des eaux s'étendre tout autour de lui en affectant une forme parfaitement circulaire; en outre, au-dessus de sa tête et tout autour de lui, il apercevra une sorte de voûte limitée à la mer elle-même et de forme surbaissée.

Cette voûte, qui paraît bleue pendant le jour et noire pendant la nuit, est le *ciel* : l'œil de l'observateur est le centre du ciel et aussi de la ligne circulaire nettement définie qui marque la séparation entre le ciel et la mer, et que l'on appelle l'*horizon sensible*.

Les apparences seraient les mêmes pour un observateur placé en un point quelconque de la surface de la terre dans des conditions météorologiques quelconques, si, comme nous le supposerons toujours, sa vue n'était pas bornée par les accidents de terrain ou les objets terrestres, ou encore les nuages.

Il suffit de regarder le ciel pour apercevoir à sa surface des objets brillants qui sont les *astres* : les deux principaux sont le *soleil* et la *lune* que nous étudierons spécialement plus loin. Pendant le jour on ne voit que le soleil et quelquefois la lune ; pendant la nuit, on ne voit pas le soleil, mais on voit habituellement la lune et, en outre, une multitude d'astres très petits comparables à de simples points brillants.

Si maintenant on regarde le ciel avec une lunette ou un télescope, son aspect général ne change pas ; mais, pendant la nuit, on aperçoit un très grand nombre de petits astres que leur faible éclat laissait invisibles à l'œil nu, et pendant le jour, on peut apercevoir les plus brillants des astres que l'on voit à l'œil nu pendant la nuit, et que l'éclat de la lumière solaire cachait précédemment.

En même temps, quelques-uns de ces astres apparaissent non plus comme de simples points, mais prennent des formes diverses parfaitement déterminées. Suivant que la lunette employée est plus ou moins puissante, on aperçoit d'ailleurs plus ou moins d'astres nouveaux.

2. Étoiles. — Les petits astres dont nous venons de reconnaître la présence dans le ciel sont en immense majorité des *étoiles* ; les autres sont soit des *nébuleuses*, soit des *planètes* ou des *satellites* de planètes, soit enfin des *comètes*. Nous ne nous occuperons actuellement que des étoiles.

Les caractères auxquels on reconnaît les astres autres que les étoiles seront exposés plus loin lorsque nous étudierons ces astres. Voici ceux auxquels on peut reconnaître une étoile.

1° Si l'on observe une étoile à l'œil nu, on remarque dans sa lumière un certain tremblement auquel on a donné le nom de *scintillation*.

2° Si l'on observe une étoile avec une lunette, elle apparaît toujours comme un point lumineux sans dimensions appréciables, et cela quelle que soit la puissance de l'instrument employé.

3° L'angle que font entre eux les rayons visuels qui vont de l'œil de l'observateur à deux étoiles données quelconques reste toujours invariable, quel que soit le moment et quel que soit le lieu de l'observation à la surface de la terre.

L'angle dont nous venons de parler est ce qu'on appelle la *distance angulaire* ou simplement la *distance* des deux étoiles : on conçoit qu'il est facile de le mesurer avec précision sans qu'il soit nécessaire d'indiquer ici comment on fait cette mesure.

3. **Sphère céleste. Coordonnées.** — Il suffit d'observer pendant quelque temps un astre quelconque pour constater qu'il se déplace dans le ciel. C'est ainsi que le matin, on voit le soleil apparaître en un point de l'horizon, s'élever jusqu'à une certaine hauteur, puis redescendre et enfin disparaître le soir en un autre point de l'horizon. Le mouvement de la lune et celui des étoiles sont ana-logues. Ce mouvement est d'ailleurs continu, car si l'on dirige une lunette vers l'astre observé, on voit son image se dépla-cer dans le champ d'un mouvement continu ren-du sensible par le grossis-sement de l'instrument. Nous nous proposons d'étudier le mouvement

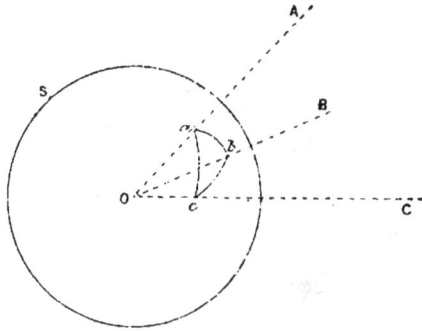

Fig. 1.

des étoiles et en même temps de vérifier le troisième caractère auquel se reconnaissent ces astres.

Rien ne pouvant nous renseigner pour l'instant sur la dis-tance des étoiles à la terre, nous ne pouvons qu'étudier le déplacement du rayon visuel qui va de l'œil de l'observateur à une étoile donnée. Pour faciliter le langage, nous imaginerons que l'œil de l'observateur supposé fixe à la surface de la terre soit le centre d'une sphère idéale de rayon extrêmement grand qu'on appelle *sphère céleste*, et sur laquelle seront projetées les étoiles : nous parlerons alors des perspectives des étoiles sur cette sphère comme des étoiles elles-mêmes, ce qui revient à considérer les étoiles comme assujetties à rester sur la surface de la sphère céleste.

Si O est l'œil de l'observateur (fig. 1) et si S est la sphère céleste, les étoiles A, B, C sont remplacées par leurs perspectives *a*, *b*, *c* sur cette sphère; les arcs de grands cercles *bc*, *ca*, *ab* évalués en degrés mesurent les distances angulaires des étoiles A, B, C deux à deux ; les points a, b, c sont les sommets d'un triangle sphérique que l'on considère comme formé par les étoiles A, B, C.

Cette conception, que nous conserverons encore quand il s'agira d'astres quelconques, correspond absolument aux apparences que nous présente le ciel.

Pour étudier le mouvement d'un astre ou encore les figures formées par les différents astres, il faut pouvoir déterminer avec précision la position d'un astre sur la sphère céleste. Cette

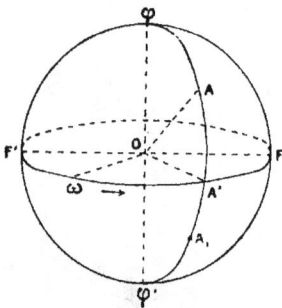

FIG. 2.

détermination se fait à l'aide de deux *coordonnées* de la façon suivante.

Soit FF' un grand cercle déterminé de la sphère céleste O (fig. 2) et appelons φ et φ' ses pôles. Soit A un astre, et considérons le demi-grand cercle $\varphi A \varphi'$ qui rencontre le grand cercle FF' en A'. Choisissons φ comme pôle principal de FF' et prenons sur FF' une origine arbitraire ω ; les deux coordonnées de A sont : 1° l'arc $\omega A'$, ou ce qui revient au même l'angle $\omega O A'$, compté de 0° à 360° dans un sens déterminé à partir de ω ou de $O\omega$; 2° l'arc φA ou ce qui revient au même l'angle $\varphi O A$ compté de 0° à 180° à partir de φ ou de $O\varphi$.

Souvent aussi, cette seconde coordonnée est remplacée par son complément, c'est-à-dire l'arc AA' ou l'angle AOA' compté à partir de A' ou de OA', de 0° à $+ 90°$ si A est sur le quadrant A'φ, et de 0° à $- 90°$ si A est sur le quadrant A'φ', en A_1 par exemple.

On voit immédiatement qu'un point de la sphère est déterminé sans ambiguïté par ses deux coordonnées. FF' est le grand cercle fondamental du système de coordonnées considéré ; si FF' change, il en est de même des coordonnées.

Les coordonnées dépendent encore du choix du pôle principal φ, de l'origine ω et enfin du sens dans lequel on compte les arcs sur le grand cercle FF' : ce sens est dit *direct* si, par rapport à un observateur couché le long de $O\varphi$ la tête en φ et les pieds en O, les arcs tels que ωA′ sont comptés de la droite vers la gauche, c'est-à-dire encore dans le sens inverse de celui du mouvement des aiguilles d'une montre ; il est dit *rétrograde* dans le cas contraire.

Dans le cas de la figure, le sens indiqué par la flèche est le sens direct.

4. Verticale. Zénith et nadir. Horizon. Coordonnées horizontales. — La *verticale* d'un lieu à la surface de la terre est la direction du fil à plomb, c'est-à-dire la direction de la pesanteur en ce lieu : cette direction y est perpendiculaire à la surface des eaux tranquilles. La verticale du lieu O où l'on suppose l'œil de l'observateur (fig. 3) perce la sphère céleste en deux points diamétralement opposés Z, Z′ : le point Z supposé au-dessus de l'observateur s'appelle le *zénith* ; le point opposé Z′ est le *nadir*.

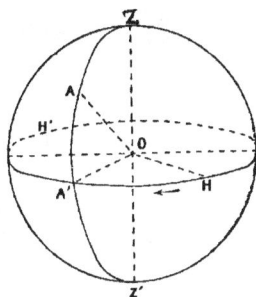

FIG. 3.

Le plan mené par O perpendiculairement à la verticale ZZ′ est l'*horizon* ; tout plan parallèle à l'horizon, c'est-à-dire tout plan perpendiculaire à la verticale, est un plan *horizontal*.

Tout plan parallèle à la verticale est un plan *vertical*. Un plan horizontal et un plan vertical quelconques sont toujours perpendiculaires entre eux.

· L'horizon coupe la sphère céleste suivant un grand cercle HH′. On appelle *coordonnées horizontales* celles qui ont pour grand cercle fondamental le cercle HH′ ; le pôle principal est le zénith Z ; l'origine des arcs sur HH′ sera provisoirement un point quelconque H ; le sens dans lequel on compte ces arcs est le sens rétrograde.

Soit A un astre quelconque ; le demi-grand cercle ZAZ′ est le *vertical* de cet astre.

Si A′ est l'intersection du vertical de A avec HH′, l'arc HA′, compté comme il a été dit, est l'*azimut* de A ; l'arc ZA en est la *distance zénithale*. Au lieu d'employer la distance zénithale, on peut aussi considérer son complément, c'est-à-dire l'arc AA′ qui est la *hauteur* de A. La hauteur d'un astre est positive ou négative suivant que cet astre est au-dessus ou au-dessous de l'horizon.

La position d'un astre sur la sphère céleste est définie sans ambiguïté par son azimut et sa distance zénithale ou sa hauteur.

5. Théodolite. — On peut facilement mesurer l'azimut et la hauteur d'un astre à un instant donné à l'aide d'un instrument appelé *théodolite*.

Réduit à ses parties essentielles, le théodolite est représenté schématiquement par la figure 4 : on trouve d'abord un cercle HH' gradué de 0° à 360° dans le sens rétrograde à partir d'un point H et qu'on appelle *cercle azimutal*; ce cercle porte un axe OZ'Z perpendiculaire à son plan et fixé en son centre O; autour de cet axe comme diamètre peut tourner un second cercle ZZ' gradué de 0° à 180° des deux côtés à partir de Z et qu'on appelle *cercle vertical*; une lunette O'L peut se déplacer sur ce cercle de façon que son axe optique reste dans le plan du cercle en passant toujours par son centre O'; enfin le cercle vertical entraîne avec lui une alidade mobile OK située dans son plan, passant par O et assujettie à rester dans le plan du cercle azimutal. Des dispositions auxiliaires permettent d'ailleurs de mesurer avec précision l'angle ZO'L que fait l'axe optique de la lunette avec l'axe ZZ', et l'angle HOK que fait le plan du cercle vertical avec le plan ZOH.

Il est clair d'après cela que, si l'on dispose l'instrument de façon que le cercle azimutal soit horizontal et que la ligne OH soit dirigée vers le point de l'horizon choisi comme origine des azimuts, il suffira de faire tourner le cercle vertical et la lunette O'L jusqu'à ce que l'image d'un astre A vienne coïncider avec la croisée des fils du réticule de la lunette pour obtenir les coordonnées de cet astre; les angles HOK et ZO'L seront en effet respectivement l'azimut et la distance zénithale de l'astre A au moment de l'observation.

6. Mouvement diurne. — Sachant mesurer à un instant donné l'azimut et la distance zénithale d'une étoile,

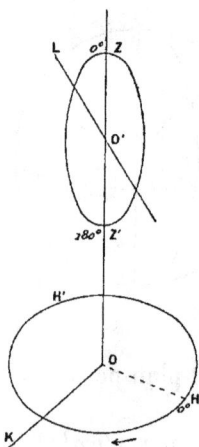

FIG. 4.

ayant en outre à sa disposition une pendule réglée sur un mouvement uniforme quelconque, il est facile de trouver les lois du mouvement de cette étoile. On peut, à cet effet, soit reporter sur une sphère en carton ou en bois les positions successives de cette étoile, soit se servir des moyens infiniment plus précis que le calcul met à notre disposition, mais que nous ne développerons pas ici.

Voici les résultats auxquels on arrive. Considérons d'abord une étoile qui reste toujours au-dessus de l'horizon (à Paris par exemple, où nous supposons placé l'observateur, il est facile de constater qu'il existe de telles étoiles) : *cette étoile décrit d'un mouvement uniforme et dans le sens rétrograde un petit cercle de la sphère céleste.* Soit par exemple AA' ce petit cercle (fig. 5) et appelons P et P' ses deux pôles, P étant celui qui est au-dessus de l'horizon.

Considérons une seconde étoile qui reste aussi toujours au-dessus de l'horizon ; elle décrira encore d'un mouvement uniforme et dans le sens rétrograde

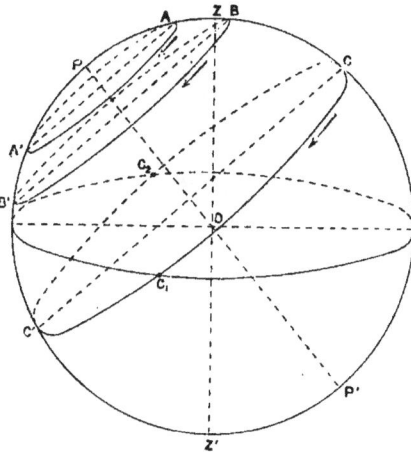

FIG. 5.

un petit cercle BB' de la sphère céleste ; mais 1° *les pôles de ce petit cercle coïncident avec les pôles P et P' du cercle AA',* de sorte que les plans de ces deux cercles sont parallèles ; 2° *le temps que met l'étoile B à décrire le petit cercle BB' est le même que le temps mis par l'étoile A à décrire le petit cercle AA'.*

Si maintenant nous envisageons une étoile quelconque C qui ne reste pas toujours au-dessus de l'horizon, nous verrons que sa trajectoire C_2CC_1 au-dessus de l'horizon est une portion d'un petit cercle CC'; qu'elle décrit cette trajectoire d'un mouvement uniforme et dans le sens rétrograde; que ce petit cercle a encore pour pôles les points P et P'; enfin, que le temps mis par cette étoile partant d'une position quelconque pour revenir à cette même position est encore égal au temps mis par les étoiles A et B à décrire les petits cercles AA′ et BB′. Nous sommes amenés à en conclure que si l'on pouvait encore apercevoir l'étoile C quand elle est au-dessous de l'horizon, on la verrait décrire le reste du petit cercle CC′, c'est-à-dire l'arc $C_1C'C_2$, dans le même sens et avec la même vitesse que précédemment. Cette induction sera d'ailleurs justifiée un peu plus loin.

En résumé, nous voyons que les étoiles se meuvent comme si elles étaient invariablement fixées à une sphère concentrique à la sphère céleste, qui tournerait tout d'une pièce autour d'un de ses diamètres PP′ d'un mouvement uniforme, la durée de sa rotation étant le temps que met chaque étoile à décrire le petit cercle qui est sa trajectoire.

Pour simplifier le langage, nous confondrons cette sphère avec la sphère céleste proprement dite et, considérant les étoiles comme invariablement fixées à la surface de la sphère céleste, nous dirons que celle-ci tourne tout d'une pièce et d'un mouvement uniforme autour d'un de ses diamètres PP′ : c'est ce mouvement que l'on appelle le *mouvement diurne*.

En même temps on voit la vérité de cette loi que nous avons déjà énoncée : la distance angulaire de deux étoiles quelconques reste invariable, quel que soit le moment de l'observation. En d'autres termes, les étoiles forment à la surface de la sphère céleste des figures invariables.

7. Axe du monde. Pôles. Équateur. Parallèles. Méridien. Points cardinaux. Hauteur du pôle au-dessus de l'horizon. Jour sidéral. — La droite PP′ autour de laquelle tourne la sphère céleste s'appelle l'*axe du monde* (fig. 6) ; les points P et P′ sont les *pôles*. Le pôle P qui est situé au-dessus de l'horizon (l'observateur étant toujours supposé à Paris) est le *pôle boréal* ou *pôle nord*, ou encore *pôle arctique* ; le pôle opposé P′ est le *pôle austral* ou *pôle sud*, ou encore *pôle antarctique*. Le grand cercle QQ′ qui a pour pôles les points P et P′ est l'*équateur céleste* ; tout petit cercle AA′ de mêmes pôles est un *parallèle céleste*.

Les plans de l'équateur et des différents parallèles célestes sont tous parallèles entre eux ; les différentes étoiles décrivent dans leur mouvement des parallèles. L'équateur partage la sphère céleste en deux hémisphères dont chacun porte le nom du pôle qu'il contient.

Le grand cercle qui passe par les pôles P et P' et le zénith Z est le *méridien* du lieu O.

Le plan du méridien coupe le plan de l'horizon suivant une ligne NS qui est appelée la *méridienne*. Le point N situé du même côté de l'équateur que le pôle nord P s'appelle le *nord* ou *septentrion*; le point S est le *sud* ou *midi*.

Les plans de l'horizon et de l'équateur se coupent suivant une ligne EW perpendiculaire à la ligne NS. Le point E situé à 90° du point S dans le sens direct est l'*est* ou *orient;* le point W situé à 90° du point S dans le sens rétrograde est l'*ouest* ou *occident*.

Le nord, l'est, le sud et l'ouest sont les quatre

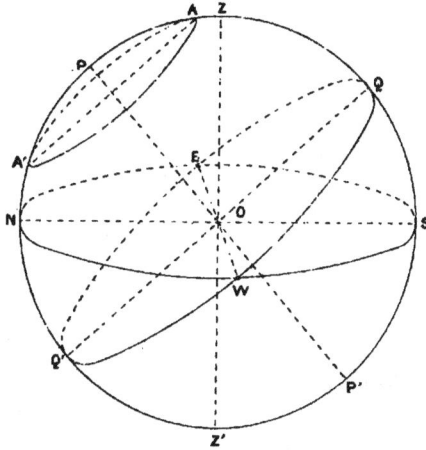

Fig. 6.

points cardinaux de l'horizon ; quand on regarde le nord, on a l'est à sa droite et l'ouest à sa gauche ; les apparences sont inverses quand on regarde le sud.

On prend pour origine des azimuts le sud, c'est-à-dire le point S ; jusqu'à présent nous avions laissé cette origine arbitraire, n'ayant pas de raison pour faire un choix plutôt qu'un autre.

La hauteur du pôle nord P, c'est-à-dire l'arc PN ou l'angle PON, est ce qu'on appelle *la hauteur du pôle au-dessus de l'horizon*.

Enfin le temps que met la sphère céleste à exécuter une rotation complète autour de son axe s'appelle *jour sidéral*. La durée du jour sidéral est, comme nous le verrons plus tard, un peu plus courte que celle du jour civil, de 4 minutes environ.

8. Généralité absolue des lois du mouvement diurne. — Si nous supposons maintenant que l'observateur se déplace d'une façon quelconque à la surface de la terre, les lois du mouvement diurne subsistent entièrement. Les étoiles se meuvent toujours comme si la sphère céleste tournait d'un mouvement uniforme autour d'un de ses diamètres; la période de ce mouvement est d'ailleurs la même que précédemment. En outre, l'axe de rotation est encore le même que précédemment; car 1° comme les dimensions de la terre sont extrêmement petites par rapport aux distances des étoiles à la terre, les diverses sphères célestes qui correspondent aux divers lieux d'observation peuvent être considérées comme coïncidentes, les erreurs qui résulteraient de cette hypothèse étant absolument insensibles; 2° si l'on détermine en des lieux différents les distances au pôle de diverses étoiles, ainsi que nous apprendrons bientôt à le faire, on constate que ces distances sont invariables quel que soit le lieu de l'observation.

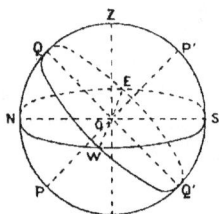

Fig. 7.

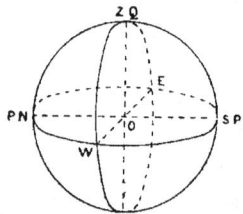

Fig. 8.

La seule chose qui change est la hauteur du pôle au-dessus de l'horizon, qui peut varier depuis — 90° jusqu'à + 90°. A Paris, par exemple,

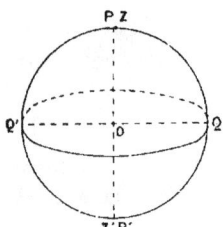

Fig. 9.

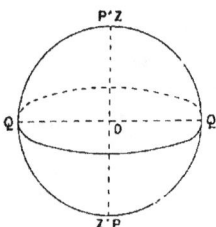

Fig. 10.

elle est de 48°50′11″, tandis qu'au cap Horn elle est de —55°58′28″.

La figure 6 qui convenait pour Paris ne convient donc plus pour le cap Horn et doit être remplacée par une figure telle que la figure 7.

La figure 8 correspond au cas où la hauteur du pôle est nulle; la ligne des pôles est alors la méridienne. Les figures 9 et 10 correspondent aux cas limites où la hauteur du pôle serait

$+90°$ ou $-90°$: dans ces cas, l'équateur coïncide avec l'horizon ; il n'y a plus ni méridien ni points cardinaux, puisque le grand cercle PZ devient indéterminé, les points P et Z étant confondus.

Il résulte de ce qui précède que, comme nous l'avions annoncé, les lois du mouvement diurne s'appliquent encore aux étoiles qui descendent au-dessous de l'horizon d'un lieu déterminé ou même qui sont toujours invisibles en ce lieu, puisque l'on pourra toujours trouver des lieux d'observation tels que ces étoiles restent constamment au-dessus de l'horizon, et que les lois du mouvement diurne sont alors vérifiées par l'observation directe. Concluons donc que *les lois du mouvement diurne sont absolument générales*.

En même temps il est prouvé que la distance de deux étoiles reste invariable, non seulement quel que soit l'instant, mais encore quel que soit le lieu de l'observation.

9. Coordonnées équatoriales. Temps sidéral. — Nous pouvons définir la position de l'astre A (fig. 11) à l'aide de deux nouvelles coordon- nées en prenant pour grand cercle fondamental l'équateur QQ′ et pour pôle principal le pôle nord P. Le demi-grand cercle PAP′ qui rencontre l'équateur en A′ est le *cercle horaire* ou *cercle de déclinaison* de A ; l'arc QA′ compté dans le sens rétrograde à partir du point Q situé sur le méridien au-dessus de l'horizon est l'*angle horaire* de A ; l'arc PA est

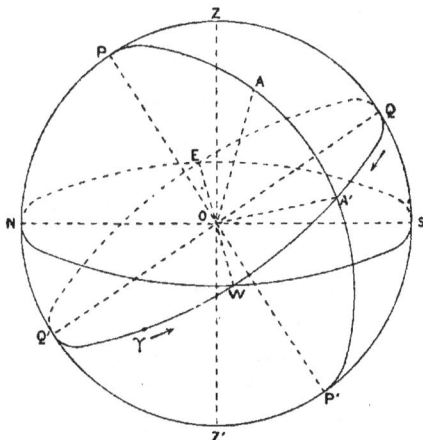

Fig. 11.

la *distance polaire nord* ou simplement la *distance polaire* de A ; son complément A′A est la *déclinaison* de A.

La déclinaison d'une étoile est comprise entre $-90°$ et $+90°$; elle est positive ou négative suivant que le point A est dans l'hémisphère boréal ou dans l'hémisphère austral.

On aperçoit immédiatement les avantages de ce nouveau

système de coordonnées. En effet : 1° *la déclinaison d'une étoile* A *est constante*, puisque A décrit un petit cercle parallèle à l'équateur ; 2° *l'angle horaire d'une étoile* A *varie proportionnellement au temps*, puisque, A décrivant sa trajectoire d'un mouvement uniforme, l'angle QPA du méridien et du cercle horaire de A, mesuré par l'arc QA', varie proportionnellement au temps.

Il résulte de là que si l'on considère une étoile déterminée ou encore un point idéal parfaitement défini et invariablement lié aux étoiles, l'angle horaire de cette étoile ou de ce point sera propre à mesurer le temps.

On choisit pour tel point un certain point γ de l'équateur que l'on appelle l'*équinoxe du printemps* ou *point vernal*, et que nous déterminerons ultérieurement d'une façon précise.

L'angle horaire θ du point γ sert, comme nous venons de le dire, à mesurer le temps. L'origine du jour sidéral en un lieu donné est le moment où θ est nul, c'est-à-dire où le point γ est en Q.

Si le point γ est dans une position quelconque, celle qui est indiquée sur la figure par exemple, il s'est écoulé depuis l'origine du jour sidéral un temps qui est une fraction $\dfrac{\theta}{360}$ de jour sidéral, θ étant exprimé en degrés, puisque l'angle horaire du point γ varie de 360° en un jour sidéral. Cette fraction $\dfrac{\theta}{360}$ est ce qu'on appelle le *temps sidéral* ou l'*heure sidérale* à l'instant considéré et pour le lieu donné.

On divise le jour sidéral en 24 heures sidérales, chaque heure sidérale en 60 minutes sidérales, chaque minute sidérale en 60 secondes sidérales. Les fractions du jour sidéral plus petites qu'une seconde s'évaluent en parties décimales de seconde. Il y a 1 440 minutes et 86 400 secondes dans un jour sidéral.

Si, par exemple, à un instant donné θ est égal à 306° 37' 49",80, l'heure sidérale est une fraction de jour sidéral égale à $\dfrac{1\,103\,869,80}{1\,296\,000}$ puisque θ vaut 1 103 869",80, et qu'il y a 1 296 000 secondes dans la circonférence entière ou 360°. Si l'on exprime cette fraction en heures, minutes et secondes, on trouve pour sa valeur 20ʰ 26ᵐ 31ˢ,32.

Il est facile de parvenir directement à ce résultat en remarquant que 15° correspondent à 1 heure, 15′ à 1 minute de temps, 15″ à une seconde de temps; si en même temps on remarque que 1° correspond à 4 minutes de temps et 1′ à 4 secondes de temps, on fera le raisonnement suivant pour trouver l'heure correspondant à l'angle horaire donné :

306 divisé par 15 donne 20 au quotient, et par suite le nombre des heures dans le résultat cherché est 20; le reste 6 de la division précédente multiplié par 4 donne 24, nombre qui ajouté au quotient 2 de la division de 37 par 15 donne 26 : 26 est le nombre des minutes dans le résultat cherché; enfin, le reste 7 de la division précédente multiplié par 4 donne 28, nombre qui ajouté au quotient 3,32 de la division de 49,80 par 15 donne 31,32 : 31,32 est le nombre des secondes dans le résultat cherché qui est par suite 20ʰ26ᵐ31ˢ,32. L'opération que nous venons de détailler doit s'exécuter rapidement de tête; c'est ce qu'on appelle *convertir un arc en temps*.

Inversement, on peut chercher l'angle horaire θ qui correspond à une heure donnée, 20ʰ26ᵐ31ˢ,32 par exemple. On dira : 20 multiplié par 15 donne 300, nombre qui ajouté au quotient 6 de la division de 26 par 4, donne 306 : 306 est le nombre des degrés dans le résultat cherché; le reste 2 de la division précédente multiplié par 15 donne 30, nombre qui ajouté au quotient 7 de la division de 31,32 par 4 donne 37 : 37 est le nombre des minutes dans le résultat cherché; le reste 3,22 de la division précédente multiplié par 15 donne 49,80, nombre des secondes dans le résultat cherché qui est par suite 306°37′49″,80.

Le plus souvent d'ailleurs, les angles horaires sont remplacés par les heures correspondantes : on dit alors qu'ils sont *exprimés en temps*. Ceci revient à choisir comme unité d'angle non plus le degré, mais la vingt-quatrième partie de la circonférence, qu'on appelle heure; l'heure est divisée en 60 minutes, et la minute en 60 secondes. Ainsi l'angle horaire précédent s'énoncera indifféremment 306°37′49″,80 ou 20ʰ26ᵐ31ˢ,32.

Jusqu'à nouvel ordre, nous nous servirons exclusivement du jour sidéral et de ses subdivisions pour mesurer le temps. Une *pendule sidérale* est une pendule réglée sur le temps sidéral. La longueur du pendule simple qui bat la seconde sidérale à **Paris** est de 988^{mm}. Un *chronomètre sidéral* est de même un chronomètre réglé sur le temps sidéral.

10. Équatorial. — Si l'on dispose un théodolite de façon que l'axe OZ (voir fig. 4) soit dirigé vers le pôle nord, et par suite que le plan du cercle HH′ soit parallèle à celui de l'équateur, il est clair que l'on aura un instrument propre à mesurer l'angle horaire et la distance polaire nord d'un astre quelconque. Un tel instrument s'appelle *équatorial.*

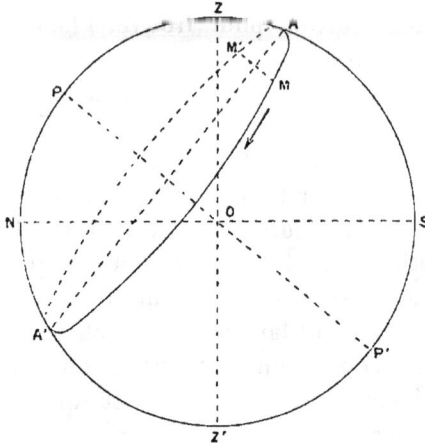

Fig. 12.

En général, un équatorial est muni d'un mouvement d'horlogerie qui fait tourner le cercle **ZZ′** autour de son axe avec une vitesse angulaire égale à celle des étoiles, c'est-à-dire de 15° en une heure sidérale. Il est évident alors que si l'on vise une étoile déterminée, puis qu'on fixe la lunette O′L et que l'on fasse agir le mouvement d'horlogerie, on ne cessera pas d'apercevoir l'étoile fixe dans le champ de la lunette aussi longtemps qu'on voudra; c'est d'ailleurs là une vérification bien facile des lois du mouvement diurne.

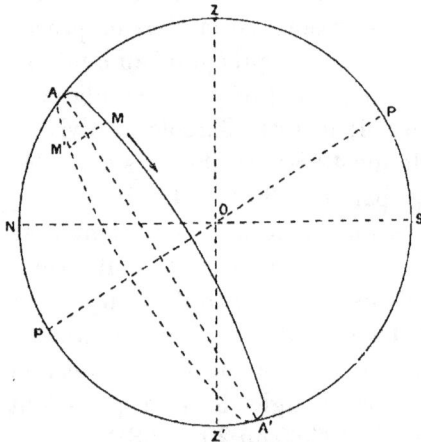

Fig. 13.

11. Étude détaillée du mouvement d'une étoile en un jour sidéral. — Soit un lieu O pour lequel la hauteur du pôle au-dessus de l'horizon est λ, λ étant une quantité positive (fig. 12, 14, 16) ou une quantité négative (fig. 13, 15, 17). La distance zénithale du pôle P est par suite $90° - \lambda$, et celle du pôle P' est $90° + \lambda$.

Soit AA' le parallèle décrit par une étoile quelconque, les points A et A' étant situés sur le méridien, le point A du même côté de PP' que le zénith Z. Quand l'étoile est en A ou en A' on dit qu'elle passe au méridien; en A, elle est à son *passage supérieur*, ou encore à sa *culmination*; en A' elle est à son *passage inférieur*. L'intervalle de temps qui sépare deux passages consécutifs, l'un inférieur, l'autre supérieur, est de 12 heures sidérales, puisque le diamètre AA' partage le petit cercle AA' en deux parties égales. Nous remarquons d'abord que si l'on considère deux positions *correspondantes* de l'étoile, c'est-à-dire deux positions M et M' symétriques par rapport au diamètre AA', en ces deux positions 1° les distances zénithales sont le mêmes; 2° la somme des azimuts est égale à 360°. Si donc nous voulons étudier la variation de la distance zénithale et de l'azimut d'une étoile en un jour sidéral, il

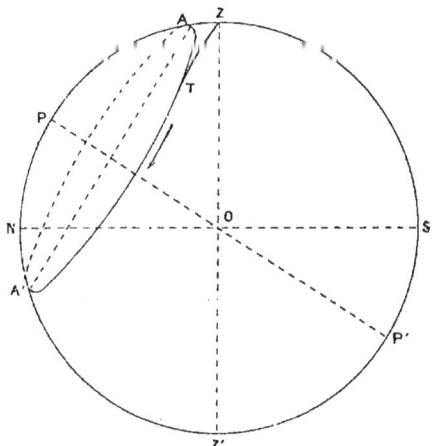

Fig. 14.

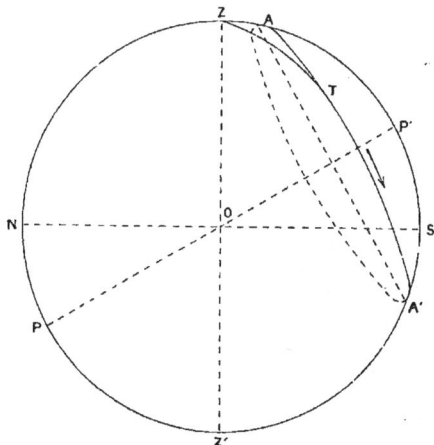

Fig. 15.

nous suffit d'étudier cette variation lorsque l'étoile va de A en A', en décrivant la portion occidentale de sa trajectoire AA'.

Nous avons distingué trois cas : 1° la distance polaire P de l'étoile est comprise entre $90° - \lambda$ et $90° + \lambda$, distances polaires du zénith Z et du nadir Z' (fig. 12 et 13); 2° P est inférieure ou supérieure à $90° - \lambda$ suivant que λ est positive ou négative (fig. 14 et 15); 3° P est supérieure ou inférieure à $90° + \lambda$ suivant que λ est positive ou négative (fig. 16 et 17).

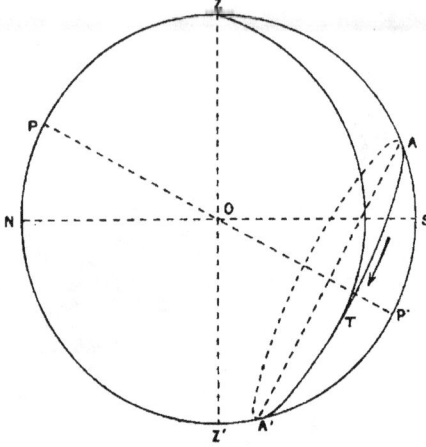

FIG. 16.

Dans tous les cas, la distance zénithale d'une étoile augmente constamment quand celle-ci va de A en A': si en effet (fig. 18, 19) M et M_1 sont deux positions successives de l'étoile sur le demi-cercle occidental AA', les triangles sphériques ZPM, ZPM_1 ont le côté ZP commun et les côtés PM, PM_1 égaux. En outre, l'angle ZPM est plus petit que l'angle ZPM_1 et par suite le côté ZM est plus petit que le côté ZM_1, ainsi que nous l'avions annoncé.

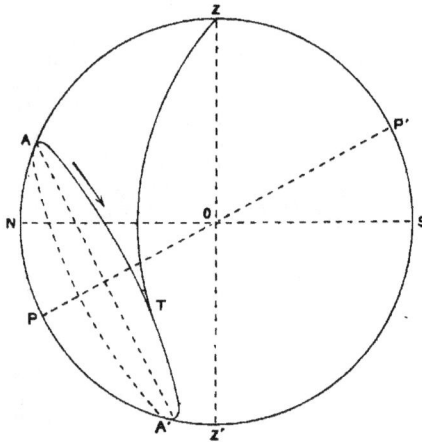

FIG. 17.

La hauteur de l'étoile va donc toujours en diminuant quand celle-ci va de A en A' : elle est maxima en A, passage supérieur (d'où le nom de culmination donné aussi à ce passage), et minima en A', passage inférieur.

Dans le cas de la figure 12, la hauteur maxima, c'est-à-dire l'arc AS, est égale à $180° - NP - PA$, c'est-à-dire à $180° - \lambda - P$.

Il en sera de même toutes les fois que le passage supérieur

a lieu par rapport au zénith du côté du sud (fig. 12, 15 et 16). Lorsque, au contraire, le passage supérieur a lieu par rapport au zénith du côté du nord, la hauteur maxima est $\lambda + P$ (fig. 13, 14 et 17).

Lorsque le passage inférieur a lieu par rapport au zénith du côté du nord, la hauteur minima est $\lambda - P$ (fig. 12, 14 et 17); dans le cas contraire, la hauteur minima est égale à $-180° - \lambda + P$ (fig. 13, 15 et 16).

Étudions maintenant la variation de l'azimut quand l'étoile va de A en A'. Dans le cas de la figure 12, il croît constamment

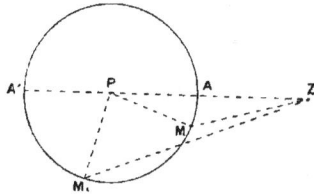

Fig. 18.

de 0° à 180°; dans le cas de la figure 13, il décroît constamment de 180° à 0°.

Dans le cas des quatre autres figures, soit ZT l'arc de grand cercle passant par Z et tangent en T au demi-cercle occidental AA', arc de grand cercle qui n'existait pas précédemment. Dans le cas des figures 14 et 17, c'est-à-dire lorsque les passages au méridien ont lieu par rapport au zénith du côté du nord, l'azimut décroît depuis 180° jusqu'à SZT, puis croît de SZT à 180°. Dans le cas des figures 15 et 16, c'est-à-dire lorsque les passages au méridien ont lieu

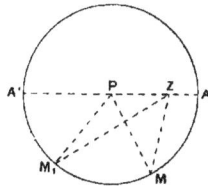

Fig. 19.

par rapport au zénith du côté du sud, l'azimut croît depuis 0° jusqu'à SZT, puis décroît de SZT à 0°.

Dans ces quatre derniers cas, on voit que l'azimut a une valeur maxima ou minima. L'angle AZT, qui est l'azimut maximum ou bien le supplément de l'azimut minimum, est ce qu'on appelle la *plus grande digression* de l'étoile : c'est un angle toujours aigu.

Jusqu'à présent, nous ne nous sommes pas préoccupés de ce fait que les étoiles sont invisibles au-dessous de l'horizon. Supposons d'abord λ positive. Dans ce cas, si P est inférieure à λ, l'étoile sera toujours visible puisqu'elle restera toujours au-dessus de l'horizon : elle est dite alors *circompolaire*. Si P est comprise entre λ et $180° - \lambda$, l'étoile sera tantôt visible, tantôt

invisible, puisque le petit cercle qu'elle décrit rencontre l'horizon. Si enfin P est supérieure à 180° — λ, l'étoile restera toujours au-dessous de l'horizon et par suite toujours invisible.

Si λ est négative, l'étoile sera circompolaire lorsque P sera
supérieure à 180° + λ; elle
sera tantôt visible et tantôt
invisible lorsque P sera
comprise entre 180° + λ et
— λ; enfin elle sera tou-
jours invisible lorsque P
sera inférieure à — λ.

Considérons une étoile
tantôt visible et tantôt
invisible, et soit AA' le
petit cercle qu'elle décrit
(fig. 20), la hauteur du pôle
étant supposée positive.
Ce cercle de centre ω coupe
l'horizon en deux points L

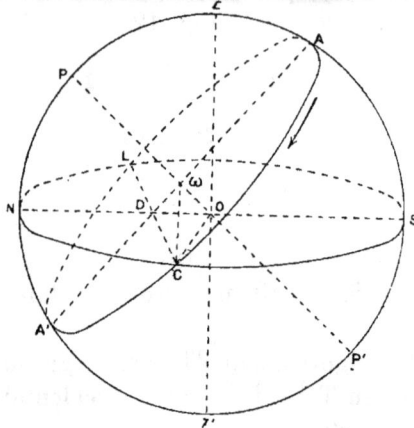

FIG. 20.

et C, le premier du côté de l'est, le second du côté de l'ouest.
La ligne LC est perpendiculaire en D sur AA' et sur la méridienne NS, de sorte que L et C sont deux positions correspondantes de l'étoile. Quand l'étoile est en L, on dit qu'elle *se lève*;
quand elle est en C, elle *se couche*. Elle est au-dessus de l'horizon
depuis son lever jusqu'à son coucher; le moment de sa culmination est équidistant des moments de son lever et de son
coucher.

Il est facile, connaissant λ et la distance polaire P de l'étoile, de calculer
l'azimut SωC et l'angle horaire AωC du point C dont la hauteur est nulle
En prenant le rayon de la sphère céleste pour unité, on a :

$$O\omega = \cos P, \qquad \omega C = \omega A = \sin P.$$

Le triangle ωOD rectangle en ω donne par suite, puisque l'angle ωOD est
égal à λ :

$$\omega D = \cos P \operatorname{tg} \lambda, \qquad OD = \frac{\cos P}{\cos \lambda}.$$

L'azimut $A = SOC$ a pour cosinus $-OD$; donc en premier lieu on a la formule

$$\cos A = -\frac{\cos P}{\cos \lambda}.$$

L'angle horaire $H = A\omega C$ a pour cosinus $-\dfrac{\omega D}{\omega C}$; donc en second lieu on obtient

$$\cos H = -\frac{\cos P \operatorname{tg}\lambda}{\sin P} = -\frac{\operatorname{tg}\lambda}{\operatorname{tg}P}.$$

L'azimut A détermine le point de l'horizon où se couche l'étoile et est égal, supérieur ou inférieur à 90° suivant que P est égale, inférieure ou supérieure à 90°, ce qui était évident *a priori*. Il augmente quand P diminue.

L'angle horaire H est dans le même cas; si on l'exprime en temps, il détermine le temps qui s'écoule depuis la culmination jusqu'au coucher de l'étoile.

En L, l'azimut est 360° — A, l'angle horaire 360°—H. Le temps total que reste l'étoile au-dessus de l'horizon est $2H$.

Si l'on écrit que les cosinus des angles A et H sont compris entre — 1 et + 1, on trouve que P doit être comprise entre λ et 180° — λ, ainsi que nous l'avons déjà reconnu directement.

Si λ est négative, les apparences sont analogues; quant aux formules, elles ne

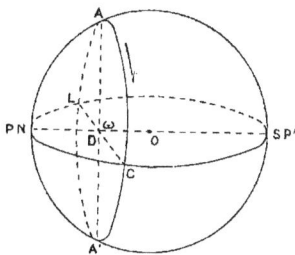

Fig. 21.

changent pas. Remarquons seulement que l'angle horaire H est égal, supérieur ou inférieur à 90° suivant que P est égale, supérieure ou inférieure à 90° et que cet angle varie dans le même sens que P.

Dans le cas particulier où λ est nulle, on a $A = 180° — P$, $H = 90°$; et ceci a d'ailleurs lieu pour toutes les étoiles. Dans ce cas, en effet, chaque étoile décrit un petit cercle perpendiculaire à l'horizon et reste 12 heures au-dessus de l'horizon (fig. 21).

Si λ est égale à 90° ou à — 90°, il n'y a plus que des étoiles circompolaires ou des étoiles complètement invisibles, puisqu'alors chacune d'elles décrit un petit cercle parallèle à l'horizon. Si λ est égale à 90°, les étoiles de déclinaison négative seront toutes invisibles; ce sera le contraire si λ est égale à — 90°.

12. Ascension droite. — Au lieu de définir la position d'un astre A sur la sphère céleste par des coordonnées absolues par rapport à l'observateur, il est souvent préférable de la définir par des coordonnées relatives, en considérant l'ensemble des étoiles comme fixe. C'est toujours l'équateur QQ' (fig. 22) qui sert de grand cercle fondamental dans le nouveau système de coordonnées que nous allons introduire; le pôle nord P est encore le pôle principal, mais l'origine sur l'équateur est le point γ, équinoxe du printemps, invariablement lié aux étoiles; en outre, le sens dans lequel se comptent les arcs sur l'équateur est non plus le sens rétrograde, mais le sens direct. Ceci posé, la première coordonnée de A est l'arc γ A' et s'appelle l'*ascension droite* de l'astre; la seconde coordonnée est la distance polaire de A ou son complément, la déclinaison. Il est évident que l'ascension droite d'une étoile est constante, de même que sa déclinaison. La position d'un astre quelconque est complètement définie par son ascension droite et sa déclinaison, du moins par rapport aux étoiles. Pour définir sa position par rapport à

FIG. 22.

l'observateur, il faut connaître sa déclinaison et son angle horaire. Mais si l'on connaît l'ascension droite α de l'astre et le temps sidéral θ au moment de l'observation, on connaît immédiatement aussi son angle horaire H : en effet, on a la relation

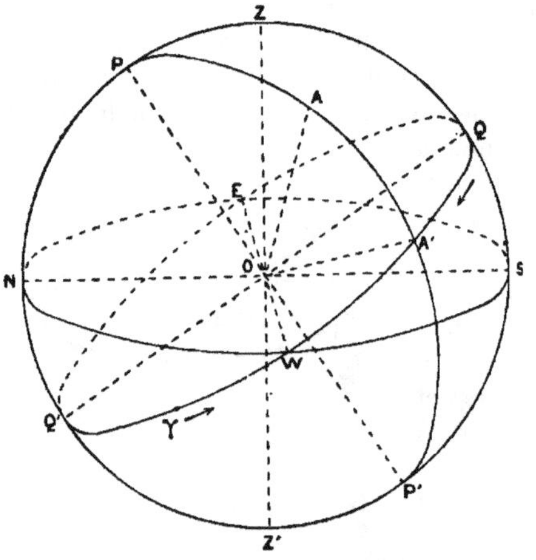

$$\gamma Q = \gamma A' + Q A',$$

c'est-à-dire

$$\theta = \alpha + H;$$

par suite, *le temps sidéral est égal à l'ascension droite de l'astre augmentée de son angle horaire.*

Naturellement, on suppose ici les divers arcs exprimés en temps; si la somme α + H dépasse 24 heures, on en retranchera 24 heures pour que l'égalité continue à subsister : elle n'est établie en effet qu'à un multiple de 24 heures près.

Cette relation très simple est fondamentale, et nous aurons souvent l'occasion de nous en servir ; elle est vraie pour un astre quelconque. En particulier, si l'astre est à son passage supérieur au méridien, son angle horaire H est nul et par suite son ascension droite est égale à l'heure sidérale.

CHAPITRE II

MÉTHODES D'OBSERVATION

13. Lunette méridienne. — Avant de parler des principales méthodes d'observation qui sont en usage soit dans les observatoires, soit en mer, à bord des navires, nous allons décrire les instruments que l'on emploie le plus souvent en même temps que le théodolite et l'équatorial.

Il est clair que chacun de ces deux derniers instruments, accompagné d'une pendule bien réglée, pourrait suffire à faire toutes les observations nécessaires. Mais comme ils possèdent deux mouvements de rotation indépendants, il ne peuvent pas être établis dans de bonnes conditions de stabilité, et par suite ils ne peuvent pas donner aux observations directes toute la précision qu'elles sont susceptibles d'acquérir.

Pour rendre les observations aussi précises que possible, on emploie des instruments qui ne possèdent qu'un seul mouvement de rotation, et l'on observe dans le méridien : ces instruments sont la *lunette méridienne* et le *cercle mural*.

La lunette méridienne est une lunette astronomique LL' dont l'axe optique OO' est mobile autour d'un axe AA' qui lui est perpendiculaire, qui est horizontal et qui est perpendiculaire au plan du méridien (fig. 23). Les tourillons T,T' de l'axe AA' de l'instrument reposent sur deux coussinets C,C' fixés à des piliers P,P' en maçonnerie, profondément engagés dans le sol.

La lunette méridienne est toujours accompagnée d'une pendule sidérale.

Si les conditions indiquées sont rigoureusement réalisées, il est
clair que l'axe optique OO' de la lunette décrit exactement le plan
du méridien. Si donc on note l'heure sidérale au moment où
une étoile passe derrière le fil vertical du réticule de la lunette,
on obtient immédiatement l'ascension droite de cette étoile ; si

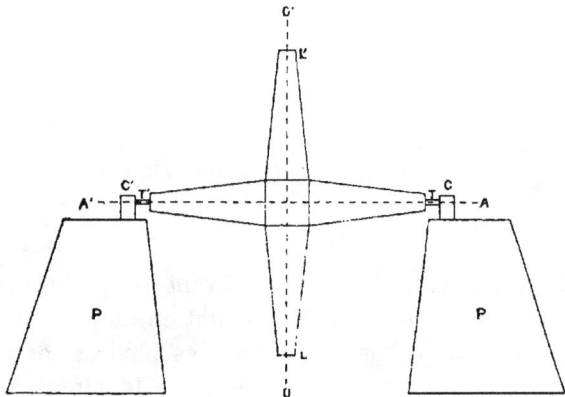

Fig. 23.

en effet le passage est supérieur, cette ascension droite est
égale à l'heure sidérale ; si au contraire le passage est inférieur,
cette ascension droite et l'heure sidérale diffèrent de 12 heures.

Bien que la stabilité d'une lunette méridienne soit très grande, on ne peut
jamais réaliser rigoureusement les conditions indiquées plus haut. Aussi se
sert-on, pour obtenir des résultats exacts, de formules de correction qu'il
est facile de construire quand on connaît : 1° l'inclinaison de l'axe AA' sur
l'horizon ; 2° l'angle de l'axe AA' avec la perpendiculaire au méridien ;
3° l'angle de l'axe optique OO' avec l'axe AA'.

L'inclinaison de l'axe AA' sur l'horizon se détermine facilement à l'aide
d'un grand niveau à bulle d'air qui peut être suspendu aux tourillons de
cet axe.

L'angle de l'axe AA' avec la perpendiculaire au méridien ou *déviation
azimutale* se détermine en observant deux passages consécutifs d'une étoile
circompolaire : l'intervalle de temps qui sépare ces deux passages serait
rigoureusement de douze heures si l'instrument était bien réglé ; de la diffé-

rence entre l'intervalle de temps qui s'est réellement écoulé entre ces deux passages et douze heures, on peut facilement déduire la déviation azimutale.

Enfin, l'angle de l'axe optique OO′ avec la perpendiculaire à l'axe AA′ ou *collimation*, se détermine à l'aide d'une *mire* suffisamment éloignée, constituée par le point d'intersection de deux fils tendus en croix. On vise cette mire une première fois, et l'on amène son image à la croisée des fils du réticule de la lunette; puis on retourne la lunette de façon à échanger les places des deux tourillons, et l'on vise de nouveau la mire : son image se fait alors à une certaine distance de la croisée des fils du réticule, et de l'évaluation de cette distance, on déduit facilement la valeur de la collimation. Dans une lunette méridienne bien établie, les erreurs instrumentales ne dépassent pas quelques secondes d'arc.

Ajoutons que ce sont seulement les principes essentiels de l'usage de la lunette méridienne que nous indiquons ici. Dans la pratique, on n'arrive à de bons résultats qu'en multipliant les précautions et tenant compte de toutes les erreurs produites par les imperfections inévitables de l'instrument lui-même et de son établissement; nous n'avons signalé parmi ces imperfections que les principales.

14. Cercle mural. — Pour déterminer la déclinaison d'un astre, on se sert du cercle mural. Réduit à ses parties essentielles, c'est un cercle gradué C qui peut tourner autour d'un axe horizontal O fixé dans un mur vertical très solide M, mur qui est dirigé suivant le plan du méridien (fig. 24). Ce cercle porte une lunette LL′, qui lui est fixée suivant un diamètre.

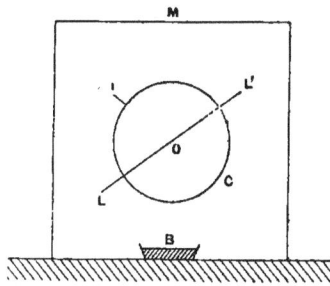

Fig. 24.

Avec cet instrument, on observe encore dans le méridien ; mais il serait désavantageux, à cause de son mode d'installation, de s'en servir pour observer le temps du passage des astres au méridien. Au contraire, son emploi est avantageux pour déterminer la distance zénithale d'un astre au moment de son passage au méridien, parce qu'alors cette distance est maxima ou minima et par suite varie très lentement, de sorte qu'elle est très facile à observer.

Le cercle tourne devant un index fixe I ; si α et α' sont les lectures faites sur le cercle en face de l'index dans deux positions différentes, il est clair que la différence $\alpha - \alpha'$, prise en valeur absolue, ou le complément à 360° de cette différence, lorsqu'elle est supérieure à 180°, représente l'angle que font entre elles les deux positions successives de l'axe optique de la lunette. Si dans l'une de ces positions la lunette est dirigée vers le nadir, et dans l'autre vers un astre donné, on obtient ainsi la distance de cet astre au nadir et par suite sa distance zénithale.

Voici comment on observe le nadir : on dirige la lunette vers un bain de mercure B placé au-dessous de l'axe O, et qui fournit une surface horizontale réfléchissante ; quand la croisée des fils du réticule et son image produite par réflexion à la surface du bain de mercure coïncident, il est évident que l'axe optique de la lunette est vertical.

Si l'on observe avec le cercle mural la distance zénithale d'un astre au moment de son passage au méridien et si l'on connaît la hauteur λ du pôle au-dessus de l'horizon, on en déduira immédiatement la distance polaire P de cet astre. Si, par exemple, le passage observé est supérieur et s'il a lieu du côté du nord par rapport au zénith, la distance zénithale observée Z est alors égale à 90° — λ — P, d'après ce que nous avons dit au n° 11 ; par suite on a :

$$P = 90° - \lambda - Z.$$

Si le passage toujours supérieur avait lieu du côté du sud, la distance zénithale observée Z serait égale à $\lambda + P - 90°$, et par suite on aurait

$$P = 90° - \lambda + Z$$

Ajoutons que, le plus souvent, on réunit ensemble le cercle mural et la lunette méridienne en fixant sur l'axe de cette dernière un cercle qui tourne avec elle ; on obtient ainsi un instrument unique que l'on appelle *instrument méridien* ou *cercle méridien*.

15. Sextant. — Les instruments que nous avons décrits jusqu'à présent ne peuvent pas être utilisés en mer, à bord d'un navire. Les observations faites en mer sont exclusivement des mesures de hauteur ou de distances angulaires ; ces observations se font à l'aide d'un instrument portatif appelé *sextant* (fig. 25). Un châssis en forme de secteur circulaire dont l'ouverture est de 60° (d'où le nom de l'instrument) porte un limbe AB; une alidade OC mobile dans le plan de ce secteur autour de son centre O porte en ce point un miroir étamé M qui se meut avec elle et dont le plan est perpendiculaire au plan OAD, un second miroir fixe, plus petit, N, est placé sur le rayon OA perpendiculairement au plan du limbe et parallèlement à OB; sa face extérieure est étamée seulement sur sa moitié inférieure, de façon qu'à l'aide d'une lunette fixe L placée en face de lui, on puisse apercevoir les objets soit par vision directe, soit par réflexion.

Pour mesurer la distance de deux astres T et T', on vise T directement avec la lunette L, et l'on fait tourner l'alidade jusqu'à ce que l'on obtienne par double réflexion sur les miroirs M et N une image de T' coïncidant avec celle de T. L'angle des directions MT' et TL est alors,

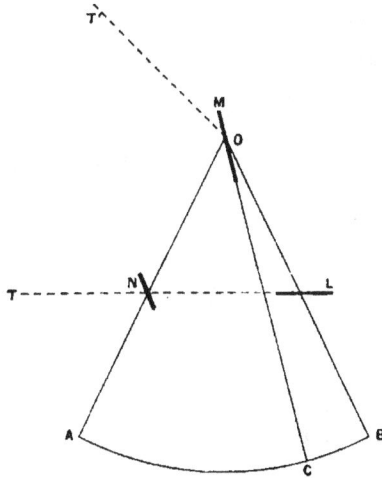

FIG. 25.

d'après un principe connu de la théorie des miroirs, double de l'angle BOC des deux miroirs. Le limbe est gradué de façon que le double de l'angle BOC se lise directement à l'aide d'un vernier.

Dans le cas où l'on veut mesurer une hauteur, l'astre T est remplacé par l'horizon sensible et le sextant est tenu verticalement; toutefois il faut alors tenir compte de la dépression de l'horizon sensible ainsi que nous l'indiquerons au livre II.

16. Détermination du méridien. — Pour établir un instrument fixe quelconque dans la position qu'il doit occuper, il est tout d'abord nécessaire de déterminer avec précision le plan du méridien. Voici les deux principales méthodes que l'on emploie à cet effet.

1° On observe avec un théodolite deux positions correspondantes d'une étoile quelconque. Pour cela, ayant observé l'étoile avant le méridien à un moment quelconque, on note la lecture α du cercle azimutal orienté d'une façon quelconque, et l'on fixe la lunette sur le cercle vertical ; puis, rendant celui-ci libre, on attend le moment où l'on aperçoit de nouveau l'étoile au centre du champ de la lunette et l'on note la nouvelle lecture α' du cercle azimutal. Les deux positions observées de l'étoile sont correspondantes, puisque les deux hauteurs sont égales ; par suite, ces deux positions étant symétriques par rapport au méridien, la lecture qui correspond à celui-ci est $\dfrac{\alpha + \alpha'}{2}$: si donc on place le cercle vertical dans cette position, il sera dans le plan du méridien. Toutefois, la lecture $\dfrac{\alpha + \alpha'}{2}$ peut correspondre au nord ou au sud ; il sera toujours facile dans chaque cas particulier de faire cette distinction.

Cette méthode est dite *méthode des hauteurs égales* ou *correspondantes*.

2° On choisit une étoile qui ait une plus grande digression, et à l'aide d'un théodolite orienté d'une façon quelconque, on observe les lectures α et α' qui correspondent à la plus grande digression orientale et à la plus grande digression occidentale. Comme précédemment, la lecture qui correspond au méridien est $\dfrac{\alpha + \alpha'}{2}$.

Cette méthode est très précise parce que dans le voisinage de sa plus grande digression, l'azimut d'une étoile varie très lentement, de sorte que son maximum ou son minimum s'observe avec une grande précision.

17. Détermination de la hauteur du pôle. — Cette détermination, qu'il est nécessaire de faire pour pouvoir établir un équatorial ou déterminer les distances polaires des étoiles avec un instrument méridien, se fait à l'aide du cercle mural en observant les deux passages supérieur et inférieur d'une étoile circompolaire. Soient Z et Z' les distances zénithales observées et supposons la hauteur du pôle λ positive.

Si le passage supérieur a lieu du côté du nord, on a, en appelant P la distance polaire de l'étoile,

$$Z = 90^\circ - \lambda - P, \qquad Z' = 90^\circ - \lambda + P,$$

et par suite

$$\lambda = 90^\circ - \frac{Z + Z'}{2};$$

si le passage supérieur a lieu du côté du sud, on a

$$Z = \lambda + P - 90^\circ; \qquad Z' = 90^\circ - \lambda + P,$$

et par suite

$$\lambda = 90^\circ - \frac{Z' - Z}{2}.$$

Supposons maintenant λ négative; si le passage supérieur a lieu du côté du sud, on a

$$Z = \lambda + P - 90^\circ, \qquad Z' = 270^\circ + \lambda - P,$$

et par suite

$$\lambda = \frac{Z + Z'}{2} - 90^\circ;$$

si enfin le passage inférieur a lieu du côté du nord, on a

$$Z = 90^\circ - \lambda - P, \qquad Z' = 270^\circ + \lambda - P,$$

et par suite

$$\lambda = \frac{Z' - Z}{2} - 90^\circ.$$

Cette méthode, qui ne suppose aucune donnée connue à l'avance, n'est guère applicable quand la hauteur du pôle est petite en valeur absolue. Dans ce cas, on choisit une étoile qui ait une plus grande digression, et l'on observe, outre sa distance zénithale au moment de sa culmination, le maximum ou le minimum de son azimut; on obtient ainsi deux relations entre λ et P et l'on peut facilement en déduire la valeur de λ.

18. Détermination de l'heure. — Pour déterminer
l'heure sidérale, comme on ne peut observer le passage au
méridien du point γ, on choisit arbitrairement une origine des
ascensions droites, par exemple le point où le cercle horaire
d'une certaine étoile coupe l'équateur, et l'on détermine, comme
nous apprendrons à le faire plus tard, l'ascension droite du
point vernal. Il est alors facile de prendre ce dernier point pour
origine des ascensions droites, et de régler la pendule de façon
qu'elle marque $0^h 0^m 0^s$ au moment de la culmination de ce point.
Comme en outre il est impossible de réaliser une pendule
parfaite, on détermine chaque jour la *correction* de la pendule
employée d'après le mouvement même des étoiles, en se rappel-
lant que l'intervalle de temps qui sépare deux passages
supérieurs consécutifs d'une même étoile au méridien est de
24 heures sidérales.

19. Étoiles fondamentales. Connaissance des temps.
— On conçoit maintenant qu'il a été possible, après de
nombreuses observations répétées pendant très longtemps, de
dresser une liste d'étoiles dont les coordonnées, ascension
droite et déclinaison, sont connues avec une très grande précision. Ces étoiles sont dites *fondamentales*, et l'on trouve leurs
coordonnées, au centième de seconde de temps près pour
l'ascension droite et au dixième de seconde d'arc près pour la
déclinaison, dans les recueils annuels d'éphémérides que publient
les principaux pays du monde à l'usage des astronomes et des
navigateurs, et dont les plus importants sont : la *Connaissance
des temps*, publiée en France par le Bureau des Longitudes ; le
Nautical Almanac, publié en Angleterre, et le *Berliner astro-
nomisches Jahrbuch*, publié en Allemagne.

Ces recueils contiennent en outre les coordonnées du soleil, de
la lune et des principales planètes pour tous les jours de l'année
ainsi que toutes les données nécessaires pour pouvoir utiliser
les divers phénomènes célestes qui doivent se produire dans
l'année. Ils sont indispensables aux astronomes et aux marins.

20. Observations dans les observatoires. — Pour
établir les instruments d'un observatoire, on détermine d'abord
le méridien comme nous l'avons déjà dit, puis la hauteur du
pôle ; cette dernière détermination peut se faire en suivant l'une

des méthodes déjà indiquées ; mais on peut aussi observer au cercle mural la distance zénithale d'une étoile fondamentale au moment de son passage supérieur. Si Z est la distance zénithale observée et P la distance polaire de l'étoile fournie par la *Connaissance des temps*, la hauteur du pôle est $90° - Z - P$ si le passage a lieu du côté du nord par rapport au zénith, et $90° + Z - P$ si le passage a lieu du côté du sud. L'heure se détermine ensuite avec les étoiles fondamentales en observant leur passage au méridien. De la comparaison de l'heure marquée par la pendule avec l'ascension droite fournie par la *Connaissance des temps*, résulte immédiatement la correction de la pendule.

Les instruments méridiens servent donc à déterminer l'heure, et en outre les ascensions droites des astres ainsi que nous l'avons déjà indiqué. Mais comme ces instruments sont en général de dimensions assez restreintes afin de ne pas compromettre leur stabilité, on ne peut voir avec eux les astres très faibles. Pour observer ceux-ci, on se sert des équatoriaux qui peuvent recevoir de très grandes dimensions et par suite avoir une très grande puissance. Pour déterminer à l'aide d'un équatorial les coordonnées d'un astre faible, on le *compare* à une étoile voisine dont on connaît l'ascension droite et la déclinaison, observées avec précision à l'aide d'un instrument méridien. On obtient ainsi les différences d'ascension droite et de déclinaison des deux astres et l'on en déduit immédiatement les coordonnées de l'astre observé. Le défaut de stabilité et de réglage de l'instrument n'influe pas sensiblement sur les petites différences mesurées parce que, les deux astres étant voisins, leurs positions absolues sont altérées sensiblement de la même façon.

Remarquons encore que, dans les équatoriaux et les théodolites, on peut remplacer la lunette astronomique par un télescope.

21. Observations en voyage et en mer. — En voyage, dans les missions scientifiques, on peut faire les mêmes observations : on emploie surtout des instruments méridiens, des équatoriaux et des théodolites de petites dimensions et, par suite, facilement transportables.

En mer, il est important de savoir déterminer la hauteur du pôle, l'heure et le méridien. Pour déterminer la hauteur du pôle, on observe avec le sextant la hauteur méridienne d'un astre dont la déclinaison est connue, le soleil de préférence, parce que la ligne d'horizon est difficile à apercevoir la nuit.

Cette hauteur étant maxima peut se déterminer sans difficulté avec précision : il suffit de commencer l'observation un peu avant le passage de l'astre au méridien, et d'attendre que sa hauteur cesse d'augmenter pour commencer à diminuer. Connaissant la hauteur méridienne de l'astre et sa déclinaison fournie par la *Connaissance des temps*, on obtient immédiatement la hauteur du pôle.

Pour déterminer le méridien et l'heure, on observe la hauteur d'un astre quelconque de distance polaire connue, le soleil de préférence, assez loin du méridien. Connaissant la hauteur du pôle, on peut déduire de la hauteur observée l'azimut de l'astre et par suite la position du méridien; on peut aussi calculer l'angle horaire de l'astre et, connaissant son ascension droite, on a immédiatement le temps sidéral local.

Le plus souvent, pour déterminer le méridien, on se sert de la *boussole* ou *compas*; toutefois il est alors nécessaire de connaître au moins aproximativement la déclinaison magnétique.

CHAPITRE III

DESCRIPTION DU CIEL

22. Catalogues d'étoiles. — Nous avons vu que la position d'une étoile sur la sphère céleste est parfaitement définie par ses deux coordonnées, ascension droite et déclinaison. Aussi a-t-on pu former des recueils contenant les coordonnées d'un certain nombre d'étoiles bien observées; ces recueils s'appellent des *Catalogues d'étoiles*. Parmi eux, nous citerons celui de Lalande, qui contient 47 390 étoiles, et celui dont l'observatoire de Paris achève en ce moment la publication et qui, outre les étoiles de Lalande, observées à nouveau, contient encore un grand nombre d'autres étoiles.

Les étoiles sont disposées dans les catalogues de telle façon que leurs ascensions droites aillent toujours en croissant; elles ont d'ailleurs des numéros d'ordre qui servent suffisamment à les désigner.

20. Grandeur des étoiles. — Les étoiles sont rangées par ordre de grandeur, suivant leur éclat, les plus brillantes étant de première grandeur. La grandeur des étoiles se détermine à l'aide de mesures photométriques, ou, le plus souvent, par une estime qui comporte beaucoup d'incertitude.

Avec des conditions météorologiques favorables, on peut encore voir à l'œil nu les étoiles de la sixième grandeur. Avec les instruments les plus puissants, on voit les étoiles jusqu'à la quinzième ou seizième grandeur.

Le nombre des étoiles visibles à l'œil nu est environ 5 000. Il y a approximativement 200 000 étoiles dans les neuf premiers ordres de grandeur, et dans chacun d'eux on en compte trois fois plus que dans le précédent : c'est ainsi que l'on compte générale-ment 20 étoiles de première grandeur, 65 de deuxième grandeur, 190 de troisième grandeur, etc.

24. Globes et cartes célestes. Cartes photogra-phiques. — En reportant sur un globe les positions des étoiles d'après leurs coordonnées, on obtient un *globe céleste*. De même, on peut construire *des cartes célestes* ; les principes à suivre pour dresser de telles cartes sont les mêmes que ceux qui servent à dresser les cartes géographiques et que nous indiquerons plus loin.

Enfin, MM. Paul et Prosper Henry, astronomes à l'observa-toire de Paris, ont montré récemment que la photographie permet d'obtenir rapidement des cartes très fidèles du ciel qui peuvent même servir à mesurer les coordonnées des étoiles par comparaison avec les étoiles connues. En prolongeant suffisamment les temps de pose, on obtient les images des étoiles jusqu'à la seizième grandeur. C'est à l'aide des procédés photographiques que l'on est en train d'exécuter dans les principaux observatoires du monde entier une carte du ciel qui comprendra toutes les étoiles jusqu'à la quatorzième grandeur inclusivement, et en même temps de construire un catalogue contenant toutes les étoiles jusqu'à la onzième grandeur inclusivement : c'est la France qui a pris l'initiative de cette vaste entreprise internationale. Un spécimen de ces cartes est reproduit dans la planche I, à la fin du volume.

25. Constellations.   Nous avons déjà dit que les étoiles formaient à la surface de la sphère céleste des figures invariables. Pour faciliter leur nomenclature et pour pouvoir les reconnaître aisément, on les a réparties de toute antiquité en groupes, appelés *constellations*, et dont les noms rappellent plus ou moins exactement la forme.

Un certain nombre d'étoiles, parmi les plus brillantes, ont des noms particuliers qui sont pour la plupart arabes. De plus, les étoiles principales de chaque constellation, rangées par ordre de grandeur décroissante, sont en général désignées par les lettres successives de l'alphabet grec; si ces lettres ne suffisent pas pour épuiser les étoiles brillantes d'une constellation, on emploie ensuite d'autres signes, tels que des lettres latines ou encore des numéros.

Voici la liste des constellations; pour faciliter les moyens de les reconnaître, nous avons divisé le ciel en cinq régions par des parallèles, et dans chacune de ces régions nous avons énuméré les constellations par ordre d'ascension droite croissante.

1° *Région polaire boréale.* — La Petite Ourse, Cassiopée, la Girafe, la Grande Ourse, le Dragon, Céphée.

2° *Région moyenne de l'hémisphère boréal.* — Andromède, le Triangle, Persée, le Cocher, les Gémeaux, le Lynx, le Cancer, le Petit Lion, la Chevelure de Bérénice, les Chiens de chasse, le Bouvier, la Couronne boréale, Hercule, la Lyre, le Petit Renard, la Flèche, le Cygne, le Lézard.

3° *Région équatoriale.* — Les Poissons, la Baleine, le Bélier, le Taureau, l'Éridan, Orion, la Licorne, le Petit Chien, l'Hydre, le Sextant, le Lion, la Vierge, la Balance, le Serpent, Ophiucus, l'Écu de Sobieski, l'Aigle, le Dauphin, le Petit Cheval, le Verseau, Pégase.

4° *Région moyenne de l'hémisphère austral.* — Le Phénix, le Sculpteur, le Fourneau, le Burin, le Lièvre, la Colombe, le Grand Chien, le Navire, la Poupe, la Carène, les Voiles, la Boussole, la Machine pneumatique, la Coupe, le Corbeau, le Centaure, le Compas, l'Équerre, le Loup, le Scorpion, le Sagittaire, le Télescope, la Couronne australe, le Capricorne, le Microscope, le Poisson austral, l'Indien, la Grue.

5° *Région polaire australe.* — Le Toucan, l'Hydre mâle, le Réticule, la

Dorade, le Chevalet, le Poisson volant, le Caméléon, la Croix du Sud, la Mouche, le Triangle Austral, l'Oiseau Indien, l'Autel, le Paon, l'Octant.

26. Étoiles de première grandeur. — Les étoiles que l'on peut ranger dans la première grandeur sont les suivantes : d'abord *Sirius* ou α du Grand Chien, qui est de beaucoup la plus brillante ; puis *Achernar* ou α de l'Éridan, la *Chèvre* ou α du Cocher, *Bételgeuse* ou α d'Orion, *Rigel* ou β d'Orion, *Canopus* ou α du Navire, *Procyon* ou α du Petit Chien, α de la Croix du Sud, *Arcturus* ou α du Bouvier, α et β du Centaure, *Véga* ou α de la Lyre, *Altaïr* ou α de l'Aigle, *Aldébaran* ou α du Taureau, l'*Épi* ou α de la Vierge, *Antarès* ou α du Scorpion, *Pollux* ou β des Gémeaux, *Régulus* ou α du Lion, *Fomalhaut* ou α du Poisson Austral, enfin α du Cygne.

Le tableau suivant, destiné à donner une idée des Catalogues d'étoiles, contient les coordonnées moyennes de ces étoiles pour le commencement de l'année 1895 (nous verrons plus tard ce qu'il faut entendre par l'expression : coordonnées moyennes pour une date donnée).

TABLEAU DES COORDONNÉES MOYENNES
des étoiles de première grandeur pour l'époque 1895, 0.

Nom de l'étoile.	Ascension droite.	Déclinaison.
α Éridan (Achernar)	$1^h 33^m 47^s, 87$	— $57° 46' 11'', 5.$
α Taureau (Aldébaran)	$4^h 29^m 55^s, 69$	+ $16° 17' 53'', 0.$
α Cocher (La Chèvre)	$5^h 8^m 55^s, 91$	+ $45° 53' 27'', 1.$
β Orion (Rigel)	$5^h 9^m 29^s, 47$	— $8° 19' 23'', 8.$
α Orion (Bételgeuse)	$5^h 49^m 29^s, 20$	+ $7° 23' 14'', 1.$
α Navire (Canopus)	$6^h 21^m 37^s, 33$	— $52° 38' 18'', 7.$
α Grand Chien (Sirius)	$6^h 40^m 31^s, 21$	— $16° 34' 20'', 7.$
α Petit Chien (Procyon)	$7^h 33^m 48^s, 36$	+ $5° 29' 37'', 3.$
β Gémeaux (Pollux)	$7^h 38^m 53^s, 46$	+ $28° 16' 45'', 9.$
α Lion (Régulus)	$10^h 2^m 46^s, 79$	+ $12° 28' 49'', 0.$
α Croix	$12^h 20^m 44^s, 53$	— $62° 30' 56'', 7.$
α Vierge (l'Épi)	$13^h 19^m 39^s, 60$	— $10° 36' 47'', 9.$
β Centaure	$13^h 56^m 24^s, 54$	— $59° 51' 57'', 7.$
α Bouvier (Arcturus)	$14^h 10^m 52^s, 24$	+ $19° 43' 45'', 4.$
α Centaure	$14^h 32^m 29^s, 43$	— $60° 24' 13'', 7.$
α Scorpion (Antarès)	$16^h 22^m 58^s, 08$	— $26° 11' 55'', 7.$
α Lyre (Véga)	$18^h 33^m 22^s, 93$	+ $38° 41' 9'', 8.$
α Aigle (Altaïr)	$19^h 45^m 39^s, 56$	+ $8° 35' 28'', 5.$
α Cygne	$20^h 35^m 30^s, 99$	+ $44° 54' 18'', 8.$
α Poisson Austral (Fomalhaut)	$22^h 51^m 50^s, 86$	— $30° 10' 44'', 2.$

Comme on le voit d'après ce tableau, Achernar, Canopus, α Croix, α et β Centaure sont toujours invisibles en France.

27. Moyens pratiques pour reconnaître les principales constellations. — La première constellation que l'on doit rechercher dans le ciel est la *Grande Ourse* ou *Chariot*, qui reste toujours au-dessus de l'horizon en France.

Elle se reconnaît facilement à la figure que forment les sept étoiles principales qu'elle renferme (fig. 26) et qui sont toutes de deuxième grandeur, sauf δ qui n'est que de troisième grandeur. Elle occupe d'ailleurs une grande étendue dans le ciel.

Les deux étoiles α et β sont les *Gardes* de la Grande Ourse. L'étoile ζ est connu sous le nom *Mirzar* ; à côté d'elle s'aperçoit, par un beau temps, une étoile beaucoup plus petite, appelée quelquefois le *Postillon*.

La ligne des Gardes de la Grande Ourse, prolongée dans le sens βα d'une

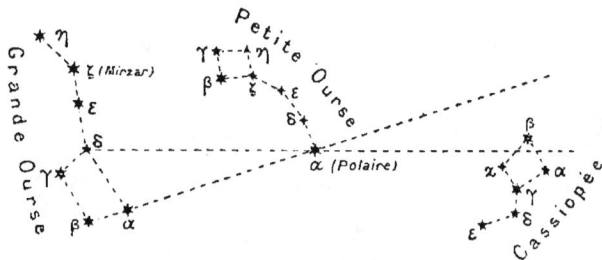

Fig. 26.

distance égale environ à cinq fois sa longueur, rencontre l'étoile α de la *Petite Ourse*, connue sous le nom de *Polaire*.

La Polaire est ainsi nommée parce qu'elle est à une très petite distance, 1°15' environ du pôle nord, de sorte qu'elle paraît presque immobile dans le ciel ; sa direction est celle du nord.

La Petite Ourse, dont α est l'étoile principale, est facile à reconnaître : elle renferme sept étoiles qui forment une figure analogue à celle de la Grande Ourse (fig. 26). Parmi ces étoiles, α et β sont les plus brillantes : elles sont de deuxième grandeur.

La ligne qui joint l'étoile δ de la Grande Ourse à la Polaire va traverser, quand on la prolonge, la constellation de *Cassiopée*, dont les étoiles principales dessinent dans le ciel une sorte de chaise (fig. 26).

Nous allons énumérer maintenant les principales constellations visibles en France et qui passent au méridien vers neuf heures du soir dans chacun des mois de l'année.

Au mois de janvier, on voit le *Cocher*, le *Taureau*, Orion et le *Grand Chien* ; ces constellations sont comprises entre 4ʰ et 6ʰ d'ascension droite.

La *Chèvre*, qui est la plus brillante étoile du Cocher, se reconnaît facilement : elle est sur le prolongement de la queue de la Petite Ourse.

La plus belle constellation du ciel est Orion : elle est formée par un immense trapèze dont l'angle supérieur gauche est occupé par *Bételgeuse* ou l'*épaule*, et l'angle inférieur droit par *Rigel* ou le *pied* (fig. 27) ; à l'angle supérieur droit se trouve encore une belle étoile de deuxième grandeur, appelée *Bellatrix*.

Au milieu de ce trapèze est le *Baudrier*, formé par trois étoiles de deuxième grandeur en ligne droite.

En prolongeant vers la gauche la ligne du baudrier d'Orion, on tombe sur *Sirius*; en prolongeant cette même ligne vers la droite, on tombe sur *Aldébaran* ou l'œil du Taureau.

Un peu au-dessus d'Aldébaran et vers la droite se trouve un groupe de sept étoiles très rapprochées les unes des autres, appartenant au Taureau et que l'on appelle les *Pléiades*.

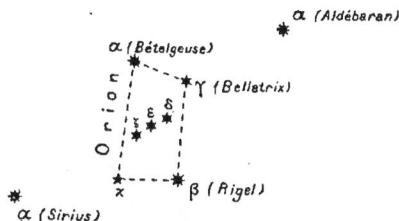

Fig. 27.

Au mois de février, on voit les *Gémeaux* et le *Petit Chien* : ces constellations sont comprises entre 6ʰ et 8ʰ d'ascension droite. Dans les Gémeaux, il faut signaler les deux étoiles principales β et α, qui sont *Castor* et *Pollux*. On rencontre ces deux étoiles sur le prolongement de la ligne qui joint δ et β de la Grande Ourse. Cette même ligne, prolongée encore au delà, passe dans le voisinage de *Procyon* ou α du Petit Chien.

Au mois de mars on trouve le *Cancer*, entre 8ʰ et 10ʰ d'ascension droite.

Au mois d'avril on trouve le *Lion*, entre 10ʰ et 12ʰ d'ascension droite. Le Lion est formé par un grand trapèze que traverse la ligne des gardes de la Grande Ourse, prolongée dans le sens αβ (fig. 28). Les extrémités de la base inférieure de ce trapèze sont, vers la droite, *Régulus* et, vers la gauche, une étoile de deuxième grandeur appelée *Dénébola*.

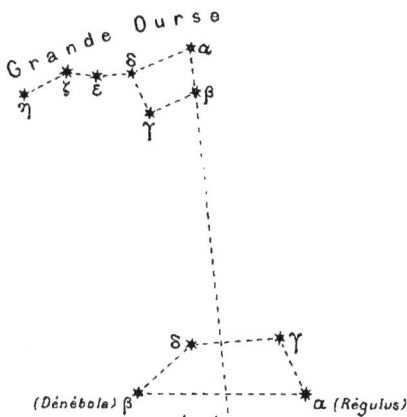

Fig. 28.

Au mois de mai on voit la *Vierge*, comprise entre 12ʰ et 14ʰ d'ascension droite.

La plus belle étoile de cette constellation ou l'*Épi* se trouve sur le prolongement de la ligne qui joint α et γ de la Grande Ourse.

Au mois de juin passent au méridien le *Bouvier*, la *Couronne Boréale* et la *Balance*, constellations comprises entre 14ʰ et 16ʰ d'ascension droite. Le

Bouvier et la Couronne présentent une configuration facile à reconnaître d'après la figure 29. *Arcturus* ou la principale étoile du Bouvier est sensiblement sur le prolongement de la queue de la Grande Ourse; la Couronne Boréale renferme sept étoiles principales très rapprochées les unes des autres et disposées en demi-cercle : la plus brillante, α, est la *Perle*.

Au mois de juillet on voit *Hercule*, le *Serpent*, *Ophiucus* et le *Scorpion* : ces constellations sont comprises entre 16ʰ et 18ʰ d'ascension droite.

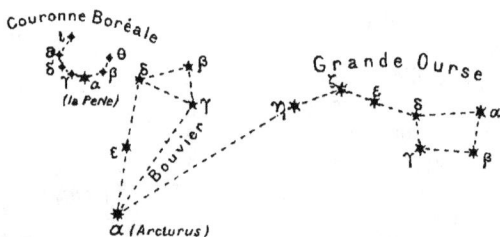

Fig. 29.

Le Scorpion, dont la plus belle étoile est *Antarès* et qui reste toujours voisin de l'horizon, est aisément reconnaissable à sa forme (fig. 30).

Au mois d'août on voit la *Lyre*, l'*Aigle* et le *Sagittaire* ; ces constellations sont comprises entre 18ʰ et 20ʰ d'ascension droite. La Lyre est formée par

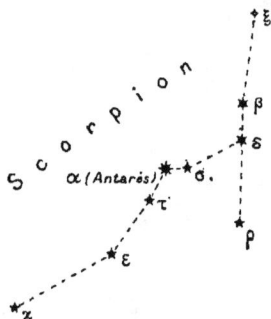

Fig. 30.

Fig. 31.

un triangle et un parallélogramme qui sont opposés par un sommet (fig. 31) : *Véga* est un des sommets du triangle. Dans l'Aigle on remarque trois belles étoiles en ligne droite : celle du milieu est *Altaïr* (fig. 31).

Au mois de septembre on trouve le *Cygne* et le *Capricorne* entre 20ʰ et 22ʰ d'ascension droite. Les étoiles principales du Cygne dessinent une sorte de croix voisine de la Lyre (fig. 31).

Au mois d'octobre, entre 22ʰ et 24ʰ d'ascension droite, on trouve *Pégase*, le *Verseau* et le *Poisson Austral* dont la plus brillante étoile est *Fomalhaut* ; au mois de novembre, entre 0ʰ et 2ʰ d'ascension droite, on trouve *Andro-*

mède, les *Poissons* et la *Baleine* ; enfin, au mois de décembre, entre 2^h et 4^h d'ascension droite, on trouve *Persée*, le *Bélier* et l'*Éridan*.

La ligne qui joint la Polaire à l'étoile β de Cassiopée va traverser le *carré de Pégase* (fig. 32), formé par les étoiles α, β, γ de Pégase et l'étoile α d'Andromède : l'étoile α de Pégase est connue sous le nom de *Markab*.

La figure 32 représente la configuration des trois constellations Pégase,

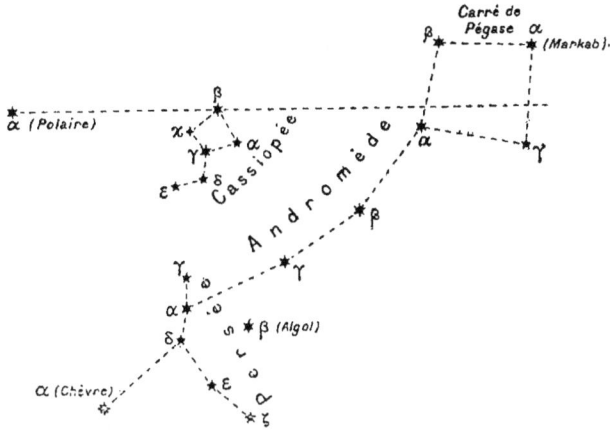

Fig. 32.

Andromède et Persée. Dans Persée il faut remarquer l'étoile β ou *Algol* dont la grandeur varie entre la 2e et la 4e grandeur dans l'espace de 9 heures environ. Remarquons enfin qu'en prolongeant l'arc formé par les étoiles γ α δ de Persée on va rencontrer la *Chèvre* : en prolongeant de même l'arc δ ε ζ on tomberait sur les Pléiades.

LIVRE II

La Terre.

———

CHAPITRE PREMIER

FORME SPHÉRIQUE DE LA TERRE

28. Rondeur de la terre. — L'histoire des voyages autour du monde suffit pour nous faire voir que la *terre* est un corps isolé dans l'espace. On sait en outre que si l'on se place dans un endroit élevé, au bord de la mer, et qu'on regarde s'éloigner un navire, on verra disparaître d'abord le corps du navire, puis les voiles inférieures, et enfin l'extrémité des mâts ; si, au contraire, on regarde un navire s'approcher du rivage, on voit apparaître d'abord le haut de la mâture et en dernier lieu le corps du navire. Ces faits bien simples nous montrent que la surface de la mer est convexe : ils seraient inexplicables en effet s'il n'en était pas ainsi.

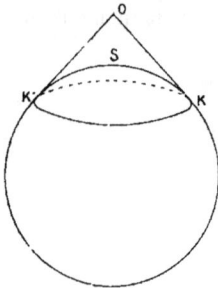

Fig. 33.

Supposons maintenant qu'un observateur soit placé en pleine mer, à une certaine hauteur au-dessus de la surface S des eaux, en O par exemple (fig. 33) ; il constate, comme nous l'avons déjà dit, que l'horizon sensible, c'est-à-dire la ligne nettement définie K K' qui sépare le ciel de la mer, affecte une forme parfaitement circulaire. Cette ligne n'est autre chose que la courbe de contact du cône de sommet O circonscrit à la surface de la mer : puisqu'elle est toujours circulaire, il faut en conclure que *la surface de la mer est sphérique* ; la sphère est en effet la seule surface qui réponde à cette propriété.

Il est clair que nous ne pouvons pas en dire autant de la surface des continents, à cause des accidents de terrain que l'on y rencontre. Toutefois, si l'on se place dans un lieu élevé, au milieu d'une plaine, les apparences sont sensiblement les mêmes que si l'on se trouvait en pleine mer. En faisant abstraction des accidents de terrain, on peut donc supposer que la surface des continents coïncide avec la surface des mers prolongée idéalement au-dessous d'eux, et par suite dire que *la terre est sphérique*.

Pour nous rendre compte tout de suite de la portée réelle de l'hypothèse que nous venons de faire, nous remarquerons que le rayon de la sphère définie par la surface des mers a une longueur d'environ 6 400 kilomètres, ainsi que nous le verrons bientôt. Comme les plus hautes montagnes qui existent à la surface de la terre ne s'élèvent pas à plus de 9 000 mètres au-dessus de la surface de la mer idéalement prolongée sous les continents, on voit que la surface des continents même les plus accidentés et la surface sphérique déterminée par la mer sont toujours à une distance l'une de l'autre moindre que la 700ᵉ partie du rayon de cette dernière. En faisant abstraction des accidents de terrain, c'est-à-dire en supposant la coïncidence des deux surfaces dont nous venons de parler, nous n'altérons donc pas d'une façon sensible la forme de la terre.

La sphéricité de la terre nous est encore prouvée par un phénomène que nous étudierons plus tard, celui des éclipses de lune. Si l'on examine avec soin la forme de l'échancrure déterminée sur la lune par l'ombre de la terre pendant une éclipse de lune, on reconnaît que cette forme est exactement celle d'un arc de cercle ; par suite, la terre ne peut avoir d'autre forme que la forme sphérique, et le relief des continents n'altère pas sensiblement cette forme.

29. Axe. Pôles. Équateur. Parallèles. Méridiens terrestres. — Soit T le centre de la sphère déterminée par la surface de la mer, c'est-à-dire de la *sphère terrestre* (fig. 34). La parallèle à l'axe du monde menée par T est *l'axe de la terre*. Cet axe coupe la sphère T en deux points P et P′ qui sont les *pôles terrestres*; chacun d'eux porte le même nom que le pôle céleste situé du même côté que lui par rapport à T. Le plan perpendiculaire à PP′ passant par T coupe la sphère terrestre suivant un grand cercle QQ′ qui est *l'équateur terrestre* ou *ligne équinoxiale*. L'équateur partage la terre en deux hémisphères dont chacun porte le nom du pôle qu'il contient.

Un petit cercle AA′ dont le plan est parallèle à celui de l'équateur est un *parallèle terrestre*. Un demi-grand cercle passant par PP′, tel que PAP′ ou PBP′, est un *méridien terrestre*.

30. Dépression de l'horizon sensible. — Soit un lieu terrestre quelconque O (fig. 35) et soit A le point où la droite TO coupe la sphère terrestre T. La verticale du lieu A est le rayon TA normal à la surface de

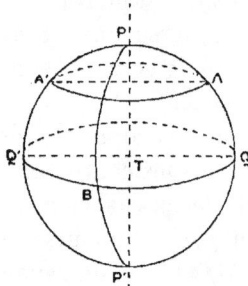

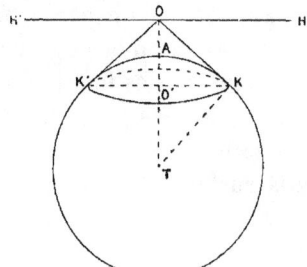

Fig. 34.   Fig. 35.

la mer, puisque la verticale ou direction de la pesanteur est aussi, comme nous l'avons déjà dit, perpendiculaire à la surface des eaux tranquilles : ceci est d'ailleurs conforme aux principes de la mécanique.

Soit HH′ le plan de l'horizon du point O et KK′ la ligne de l'horizon sensible. On constate aisément que le plan HH′ et le plan du petit cercle KK′ sont parallèles : car si l'on mesure l'angle HOK dans autant de directions qu'on voudra, avec un théodolite par exemple, on trouve que cet angle conserve une valeur constante. Comme le plan du cercle KK′ est perpendiculaire à OT, il en est de même du plan HH′ : la verticale du point O est donc, comme celle du point A, le rayon OT.

L'angle HOK dont nous venons de parler est ce qu'on appelle *la dépression de l'horizon sensible* en O. Appelons α cet angle, et soit R le rayon de la sphère T, h la hauteur OA du point O au-dessus du niveau de la mer.

Le triangle rectangle OTK donne
$$TK = OT \cos OTK,$$
c'est-à-dire en remarquant que l'angle OTK est égal à α,
$$R = (R + h) \cos α.$$

Si l'on détermine par l'observation h et α, cette relation peut servir à calculer R ; on a en effet

$$R = \frac{h\cos\alpha}{1 - \cos\alpha}, \text{ ou encore } R = \frac{h\cos\alpha}{2\sin^2\frac{\alpha}{2}}.$$

Si, par exemple, on a $h = 100^m$ et si la valeur observée correspondante de α est 19′ 16″, on trouve $R = 6366^{kil}$.

On comprend tout de suite que cette méthode n'est susceptible d'aucune précision ; en effet, l'angle α est difficile à mesurer exactement, et en outre est très petit, de sorte qu'une faible erreur commise sur sa valeur change beaucoup la valeur de R. Ce que nous venons de dire ne peut donc pas servir à déterminer le rayon de la terre, mais seulement à fournir une valeur grossièrement approchée de ce rayon ; au reste, cette approximation suffit pour justifier ce que nous avons dit au n° 28.

Supposons au contraire le rayon de la terre connu, sa valeur véritable étant en effet de 6 366^{kil}; on peut alors facilement calculer α par la formule

$$\cos\alpha = \frac{R}{R + h} ;$$

on en tire d'abord

$$1 - \cos\alpha = 2\sin^2\frac{\alpha}{2} = \frac{h}{R + h}.$$

Comme h est toujours très petit par rapport à R et par suite que l'angle α a lui-même une valeur très petite, si l'on confond l'arc avec son sinus et si l'on néglige le rapport $\frac{h}{R}$, on a

$$2\left(\frac{\alpha}{2}\right)^2 = \frac{h}{R},$$

d'où finalement

$$\alpha = \sqrt{\frac{2h}{R}}.$$

L'angle α est ici exprimé en parties du rayon ; si on veut l'exprimer en secondes on emploiera la formule

$$\alpha = 206\,265'' \sqrt{\frac{2h}{R}},$$

puisque l'arc égal au rayon vaut 206 265 ″.

On voit que α varie proportionnellement à la racine carrée de h. Ainsi, pour $h = 5^m$ on a $\alpha = 4'\,18''$; pour $h = 300^m$ on a $\alpha = 33'\,23''$.

On peut se proposer encore de calculer le rayon O′K du cercle de l'horizon sensible, c'est-à-dire le rayon de la partie de la surface de la terre que l'on voit du point O. En appelant r ce rayon, le triangle TO'K donne la relation

$$r = R \sin \alpha.$$

Confondant l'arc α avec son sinus et profitant de la formule obtenue plus haut, il vient

$$r = R \alpha = \sqrt{2 \, h \, R}.$$

On voit que r varie encore proportionnellement à $\sqrt{h}$; pour $h = 5^m$ on trouve $r = 8^{kil}$; pour $h = 300^m$ on trouve $r = 61^{kil}$.

Dans les observations de hauteur faites au sextant, on observe en réalité la hauteur de l'astre au-dessus de l'horizon sensible; pour avoir sa hauteur vraie, il est clair qu'il faut retrancher du résultat fourni par l'observation, la dépression de l'horizon sensible qui correspond à la hauteur de l'observateur au-dessus du niveau de la mer.

Remarquons encore que la dépression de l'horizon a pour effet d'avancer le lever et de retarder le coucher des astres, puisque ceux-ci continuent à être visibles tant qu'ils restent compris entre le plan HH' et la surface du cône OKK'.

31. Coordonnées géographiques : longitude et latitude. Altitude.

— La détermination d'un lieu A situé à la surface de la sphère terrestre T (fig. 36) se fait à l'aide de deux coordonnées analogues à celles qui nous ont déjà servi pour déterminer la position d'un point sur la surface de la sphère céleste.

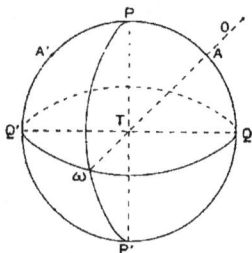

Fig. 36.

La *longitude* de A est l'angle QTω que fait le plan du méridien de A avec celui d'un méridien origine fixe PωP' choisi arbitrairement. Cet angle mesuré aussi par l'arc ωQ d'équateur se compte de 0° à 180° dans les deux sens à partir du méridien origine, et l'on donne à la longitude la qualification d'*orientale* ou *occidentale*, suivant que le lieu A est à l'est ou à l'ouest du méridien origine. Sur la figure, par exemple, la longitude de A est orientale et celle de A' est occidentale.

Tous les points d'un même méridien ont même longitude ; deux points, tels que A et A', dont les méridiens sont différents, mais appartiennent à un même grand cercle, ont des longitudes supplémentaires, l'une orientale et l'autre occidentale.

Le choix du méridien origine ou *méridien principal* ou encore *premier méridien* est arbitraire. On a adopté presque universellement comme premier méridien celui de l'observatoire de Greenwich, près de Londres. En France cependant, on se sert comme méridien principal du méridien de l'observatoire de Paris.

La longitude de l'observatoire de Paris par rapport à celui de Greenwich est orientale et a pour valeur $2°20'13'',5$.

Le plus souvent, les longitudes s'expriment comme les angles horaires et les ascensions droites, en temps; la longitude précédente est alors égale à $9^m 20^s,9$.

Connaissant la longitude L d'un lieu A par rapport au méridien de Greenwich, il est facile de calculer sa longitude par rapport au méridien de Paris.

La *latitude* de A est l'angle ATQ que fait la verticale TA avec le plan de l'équateur. Cet angle, mesuré aussi par l'arc QA du méridien de A, se compte de $-90°$ à $+90°$, positivement lorsque A est situé dans l'hémisphère boréal, et négativement dans le cas contraire. Le plus souvent, on ne donne pas de signe à la latitude, et l'on donne à sa valeur absolue la qualification de *boréale* ou d'*australe*, suivant que le lieu A est situé dans l'hémisphère boréal ou dans l'hémisphère austral.

Tous les points d'un même parallèle ont même latitude.

La position d'un lieu A à la surface de la sphère terrestre est complètement déterminée par ses deux *coordonnées géographiques*, longitude et latitude.

Pour déterminer un lieu terrestre quelconque O situé sur le rayon AT, il faut connaître non seulement la latitude et la longitude de A, qui sont aussi la longitude et la latitude de O, mais encore la distance OA : cette distance, comptée positivement ou négativement suivant que O est à l'extérieur ou à l'intérieur de la sphère T, est ce qu'on appelle l'*altitude* de O par rapport au niveau de la mer. L'altitude d'un lieu se détermine soit par des nivellements géométriques ou géodésiques, soit par l'emploi du baromètre.

32. Détermination de la latitude. — La latitude d'un lieu terrestre quelconque O est l'angle de la verticale avec le plan de l'équateur; comme la verticale est perpendiculaire à l'horizon et que l'axe du monde est perpendiculaire au plan de l'équateur, il en résulte que cet angle est égal à l'angle que fait l'axe du monde avec l'horizon, et, par suite, *la latitude est égale à la hauteur du pôle au-dessus de l'horizon.*

Nous avons dit antérieurement comment on pouvait déterminer la hauteur du pôle soit sur terre soit en mer; nous savons donc aussi déterminer la latitude.

On comprend bien, d'après le théorème précédent, pourquoi la hauteur du pôle varie lorsqu'on se déplace à la surface de la terre, et l'on voit que les phénomènes qui résultent de cette variation sont en réalité une conséquence de la forme de la terre.

Comme nous l'avons déjà dit, la latitude de l'observatoire de Paris est de 48° 50′ 11″.

33. Détermination de la longitude. — Le principe sur lequel repose la détermination de longitude d'un lieu ou plutôt de la différence de longitude de deux lieux est le suivant :

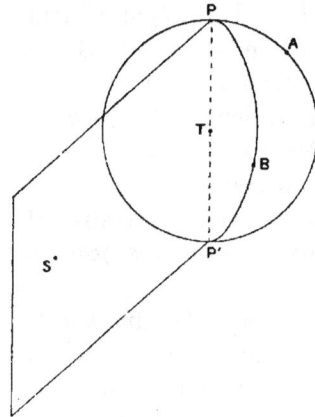

FIG. 37.

La différence des longitudes de deux lieux terrestres est égale à la différence des angles horaires d'un même astre quelconque vu au même instant de ces deux lieux.

Soient en effet A et B deux lieux quelconques à la surface de la terre T (fig. 37) et PAP′, PBP′ leurs méridiens respectifs. Soit S un astre quelconque et considérons le plan PSP′ : l'angle horaire de S vu de A est égal à l'angle dièdre APP′S, puisque le plan passant par A et S parallèle à l'axe du monde est parallèle au plan PP′S, à cause de la distance de S très grande par rapport aux dimensions de la terre; de même l'angle horaire de S vu de B est égal à l'angle dièdre BPP′S. La différence de ces deux angles est l'angle dièdre APP′B qui est précisément la différence des longitudes des deux lieux A et B.

Pour que le théorème que nous venons de démontrer ait un

sens précis, il faut convenir de compter les longitudes de
0° à 360° vers l'est, c'est-à-dire dans le sens inverse de celui
dans lequel on compte les angles horaires : alors toujours, la
différence entre la longitude de A et celle de B et la différence
des angles horaires de S un de A et de B sont égales, à 24 heures
près.

Il suffit, pour se conformer à la convention précédente, de
remplacer toute longitude occidentale par son complément
à 360°, et de supprimer toujours la qualification d'orientale ou
d'occidentale.

Si, en particulier, on choisit pour astre S le point γ, on peut
dire que *la différence des longitudes de deux lieux est égale à la
différence des heures sidérales en ces deux lieux au même
instant*.

Pour déterminer la longitude d'un lieu A, il suffit de déterminer sa différence de longitude avec un autre lieu B de longitude connue. Voici comment on peut opérer, suivant les cas,
en appliquant toujours le principe énoncé ci-dessus.

1° *Emploi des signaux télégraphiques.* — Deux observateurs,
placés l'un en A, l'autre en B, déterminent avec exactitude
l'heure sidérale dans chacun de ces lieux par des observations
méridiennes portant sur des étoiles fondamentales parfaitement
connues. A l'aide du télégraphe, ils peuvent s'envoyer des
signaux ; si chacun d'eux note l'heure d'envoi ou de réception
de chaque signal, il est clair qu'il suffit ensuite de comparer les
heures correspondantes enregistrées par chacun des observateurs pour avoir une détermination de la différence de longitude
cherchée.

C'est à l'aide de cette méthode que l'on détermine la longitude
dans les observatoires.

2° *Emploi des signaux de feu.* — Dans les opérations
géodésiques, quand on ne disposait pas du télégraphe et que
la distance des deux lieux A et B n'était pas trop grande, les
signaux télégraphiques étaient remplacés par des signaux de
feu, la vitesse de la lumière pouvant être considérée comme
infinie par rapport à la distance AB.

Ces signaux étaient produits, soit par la combustion d'une
certaine quantité de poudre, soit par l'explosion d'une fusée.

Avant la découverte de la télégraphie électrique la méthode des signaux de feu était la seule employée.

3° *Emploi des phénomènes célestes.* — Les signaux télégraphiques et les signaux de feu peuvent encore être remplacés par un phénomène céleste visible au même instant dans les deux lieux A et B, par exemple le commencement ou la fin d'une éclipse d'un des satellites de Jupiter. De tels phénomènes sont de véritables signaux qui peuvent être employés comme les précédents.

Toutefois il faut remarquer qu'ils ne peuvent être observés avec une très grande précision et que par suite les déterminations de longitude qui résultent de leur emploi peuvent être entachées de légères erreurs.

Cette méthode peut être modifiée de la façon suivante et devient alors susceptible d'être employée pour déterminer la longitude en mer.

Imaginons que l'on observe un phénomène astronomique dont l'époque est calculée à l'avance et inscrite en temps du premier méridien dans un recueil d'éphémérides ; si l'on connaît l'heure locale au moment de l'observation, heure qui se détermine comme nous l'avons dit au n° 21, la connaissance de la longitude en résulte immédiatement.

Comme phénomènes astronomiques ainsi prévus à l'avance, on utilise principalement les éclipses des satellites de Jupiter, les occultations d'étoiles par la lune, l'ascension droite de la lune, les distances de la lune au soleil, aux planètes brillantes ou aux principales étoiles. Si, par exemple, on observe une valeur L de l'ascension droite de la lune, la *Connaissance des temps* permet de calculer l'heure de Paris au moment où cette ascension droite, qui varie rapidement, est précisément L, et, en comparant cette heure avec l'heure locale, on obtient la valeur de la longitude.

4° *Emploi des chronomètres.* — Supposons qu'un bon chronomètre soit réglé sur l'heure du lieu A et que l'on connaisse sa marche diurne, c'est-à-dire le nombre constant de secondes dont il avance ou il retarde par jour, de sorte que l'on puisse déterminer facilement sa correction à un instant quelconque. En déterminant l'heure locale en B et en la comparant à celle du chronomètre supposé transporté en ce lieu.B, on obtient immédiatement la différence de longitude des deux lieux A et B.

Cette méthode est surtout employée en mer concurremment avec la précédente. Pour éviter le plus possible les erreurs résultant de l'irrégularité de la marche des chronomètres, on en emporte plusieurs à bord, et on les contrôle l'un par l'autre.

Remarque. — Nous verrons plus tard que l'heure vraie en un lieu à un certain instant est l'angle horaire du soleil en ce lieu et à cet instant, et que l'heure moyenne est de même l'angle horaire d'un certain astre fictif appelé soleil moyen. Il en résulte que l'on peut encore dire que la différence de longitude de deux lieux est égale à la différence des heures vraies ou moyennes en ces deux lieux au même instant. Si donc, comme il arrive souvent en mer, il est plus commode de se servir de l'heure vraie ou moyenne, on pourra le faire tout comme s'il s'agissait de l'heure sidérale : on évitera ainsi le calcul qui est nécessaire pour transformer le temps vrai ou le temps moyen en temps sidéral.

34. Dimensions de la terre. — On sait que, par définition, le mètre est la quarante millionième partie de la circonférence de la terre. Nous verrons dans le chapitre suivant comment on a pu déterminer la longueur effective du mètre.

Le rayon de la sphère terrestre évalué en kilomètres est donc égal à $\dfrac{40\,000}{2\,\pi}$, c'est-à-dire à $6\,366^{kil},197\ldots$

La surface de la terre exprimée en kilomètres carrés est égale à $\dfrac{40\,000^2}{\pi}$ c'est-à-dire, en nombres ronds, à 500 millions de kilomètres carrés.

Le volume de la terre exprimé en kilomètres cubes est égal à $\dfrac{40\,000^3}{6\,\pi^2}$ c'est-à-dire, en nombres ronds, à un trillion de kilomètres cubes.

La longueur du degré sur un méridien terrestre, c'est-à-dire du degré de latitude, est égal en kilomètres à $\dfrac{40\,000}{360}$, c'est-à-dire à $111^{kil},111\ldots$

La longueur de l'arc d'une minute ou *mille marin* de 60 au

degré est égale par suite à 1851^m,85...; la longueur de l'arc
d'une seconde est 30^m,86..., et le *nœud* qui est la moitié de
cette longueur vaut 15^m,43. La *lieue marine* de 20 au degré
vaut 3 milles marins.

Pour mesurer la vitesse d'un navire, on se sert d'une ligne
munie de nœuds distants les uns des autres de 15^m,43,
longueur du nœud; à l'extrémité de la ligne est attaché un
triangle en bois lesté de plomb à sa base et qu'on appelle *loch*.

Le loch se tient verticalement dans l'eau et demeure sensiblement immobile dès que le remous du navire ne l'atteint
plus; on compte alors le nombre de nœuds qui passent en une
demi-minute, c'est-à-dire $\frac{1}{120}$ d'heure ; comme la distance entre
deux nœuds consécutifs est la cent-vingtième partie du mille,
la vitesse du navire par heure est égale à autant de milles
qu'on a compté de nœuds. Si on a compté N nœuds, on dit que
le navire file N nœuds, et sa vitesse est de N milles à l'heure.

La longueur du degré sur un parallèle, c'est-à-dire du degré
de longitude, dépend de la latitude λ de ce parallèle; si en effet

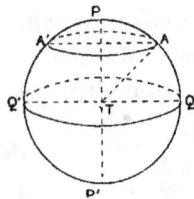

R est le rayon de la terre, le rayon de ce
parallèle est évidemment R cos λ, et par suite
sa longueur est 2πR cos λ. (Fig. 38).

Sans entrer dans l'étude de la constitution
de la terre qui dépend de la géographie et de
la géologie, nous dirons seulement que la
densité moyenne de la terre, c'est-à-dire la
densité d'une sphère de même rayon et de

Fig. 38.

même masse, déterminée par des méthodes que nous ne pouvons
exposer ici, a été trouvée égale à 5,5. En prenant comme unité
de masse celle du décimètre cube d'eau distillée à son maximum
de densité, la masse de la terre est par suite égale en nombres
ronds à 6×10^{24}. Ce nombre exprime aussi le poids de la terre
en kilogrammes.

35. Atmosphère. Réfraction. — La terre est entourée de
toutes parts d'une couche d'air qui est l'*atmosphère*. La densité
de l'atmosphère va en diminuant à mesure qu'on s'élève, et l'on
admet généralement que la hauteur de l'atmosphère est d'au
moins 100 kilomètres.

Parmi les phénomènes qui ont pour cause l'existence de l'atmosphère et qui intéressent l'astronomie, le plus important est celui de la *réfraction*. L'atmosphère étant composée de couches sphériques concentriques homogènes et de densité décroissante à mesure qu'on s'éloigne de la surface de la terre, il est clair, d'après les lois de la réfraction, qu'un rayon lumineux émanant d'un astre S (fig. 39) n'arrive à l'observateur placé en A, sur la

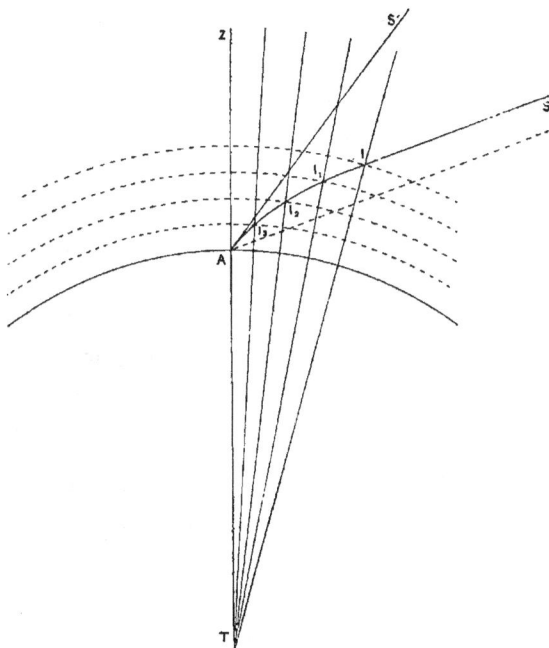

FIG. 39.

terre, qu'après avoir subi une série de déviations en traversant les couches successives de l'atmosphère. Ces déviations lui font décrire une trajectoire telle que la courbe $SII_1I_2I_3$ indiquée sur la figure, puisque chaque fois le rayon lumineux tend à se rapprocher de la normale. L'observateur voit l'astre en S', si AS est la direction de la tangente à cette courbe en A et, par suite, la distance zénithale vraie de l'astre, qui est l'angle SAZ formé par la verticale TAZ avec la droite AS, est plus grande que la

distance apparente S′AZ. La différence entre la distance zénithale vraie et la distance zénithale apparente est la *réfraction
astronomique*. Il faut toujours corriger de la réfraction les
nombres fournis par les observations directes, en remarquant
que, s'il s'agit de coordonnées horizontales, les distances zénithales seules sont altérées : les azimuts n'ont à subir aucune
correction. De l'influence de la réfraction sur les distances
zénithales, on peut déduire facilement son influence sur les
distances polaires et les angles horaires ou les ascensions
droites.

Toutes les observations dont nous parlerons seront toujours
supposées corrigées de la réfraction : nous avons déjà fait
cette hypothèse implici-
tement pour les obser-
vations déjà décrites.

La grandeur de la
réfraction dépend de la
distance zénithale appa-
rente, et aussi, mais
dans une plus faible
mesure, de la tempé-
rature et de la pression
barométrique au lieu de

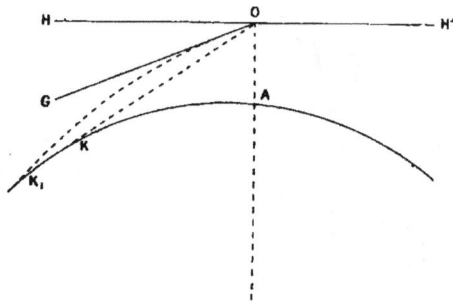

FIG. 40.

l'observation. Lorsque la distance zénithale apparente est inférieure à 80°, la réfraction est sensiblement égale à la tangente
trigonométrique de cette distance zénithale, multipliée par un
nombre fixe que l'on appelle *constante de la réfraction* et qui vaut
environ 60 secondes d'arc. Dans le voisinage de l'horizon, lorsque
la distance zénithale apparente dépasse 80°, la réfraction ne
suit plus cette loi et augmente rapidement. Lorsque la distance
zénithale apparente est égale à 90°, la réfraction correspondante, appelée *réfraction horizontale,* est égale à 33′48″, pour une
température de 10° centigrades et une pression barométrique
de 760mm. Il en résulte qu'au moment de son coucher ou de son
lever apparent, un astre quelconque est en réalité de 33′48″ au-
dessus de l'horizon. Le temps qu'un astre reste au-dessus de
l'horizon est donc en réalité un peu plus grand que celui qui a
été calculé au n° 11 en ne tenant pas compte de la réfraction.

La réfraction a encore pour effet d'éloigner l'horizon sensible et de diminuer sa dépression. En effet, si OK est une tangente à la surface de la terre menée par l'œil O de l'observateur (fig. 40), le point K_1, plus éloigné que le point K, envoie à l'observateur un rayon K_1O tangent à la terre en K_1, et la tangente en O à la trajectoire de ce rayon est une droite telle que OG : l'horizon sensible est donc éloigné jusqu'en K_1, et sa dépression est diminuée, puisqu'elle est égale non plus à l'angle HOK, mais à l'angle HOG.

La réfraction augmentant rapidement à mesure qu'on s'approche de l'horizon, on comprend facilement pourquoi le soleil et la lune nous apparaissent à l'horizon légèrement aplatis dans le sens vertical; le bord inférieur est en effet plus relevé que le bord supérieur.

L'atmosphère est encore la cause de divers phénomènes que nous allons expliquer brièvement. Remarquons d'abord que l'atmosphère éteint partiellement la lumière, et l'extinction produite est d'autant plus grande que l'épaisseur de la couche traversée est elle-même plus grande. La figure 41 montre suffisamment que la distance de l'observateur aux limites de l'atmosphère augmente constamment du zénith à l'horizon; aussi les astres sont moins

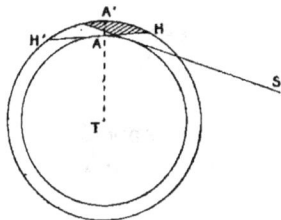

FIG. 41.

brillants à l'horizon, et l'on peut par exemple regarder le soleil couchant sans être ébloui.

La forme surbaissée de la voûte céleste est encore une conséquence de ce fait que l'épaisseur de l'atmosphère augmente du zénith à l'horizon (fig. 41).

Les molécules de l'atmosphère réfléchissent la lumière en tous sens et produisent ainsi la *lumière diffuse*. C'est grâce à ce phénomène que nous pouvons être éclairés par le soleil sans que ses rayons nous parviennent directement; de même, quand le soleil est sous l'horizon, avant son lever ou après son coucher, il éclaire les parties supérieures de l'atmosphère situées de son côté d'autant plus vivement qu'il est plus près de l'horizon (fig. 41); aussi le jour et la nuit ne viennent-ils pas subitement : le jour est précédé de l'aurore et suivi du crépuscule. La lumière réfléchie jusqu'à l'observateur diminue à mesure que le soleil descend sous l'horizon et l'on admet qu'il fait véritablement nuit seulement lorsque le soleil est à plus de 18° au-dessous de l'horizon.

Enfin, on remarque que le soleil et la lune paraissent plus gros à l'horizon que lorsqu'ils atteignent une certaine hauteur; de même les distances angulaires des étoiles paraissent plus grandes vers l'horizon. Ces apparences sont dues à une simple illusion d'optique, car elles sont détruites par des mesures faites avec un instrument : on les explique en remarquant que, lorsque les astres sont voisins de l'horizon, l'œil estime leur grandeur ou leur distance en les comparant aux objets terrestres voisins; lorsqu'au contraire les astres se sont élevés au-dessus de l'horizon, une telle comparaison n'est plus possible et, instinctivement, l'œil estime d'une façon différente ces mêmes quantités.

36. Marées. — Dans tout ce que nous avons dit, nous avons supposé que la surface de la mer était fixe; on sait au contraire qu'elle est constamment mobile et agitée par des mouvements périodiques appelés *marées*, que nous expliquerons plus tard. Toutes les fois que nous avons parlé ou que nous parlerons de la surface de la mer, il faut donc entendre sous ce nom une surface moyenne fictive intermédiaire entre les hautes et les basses mers. (Voir, sur les *Marées*, une note à la fin du volume.)

CHAPITRE II

FIGURE RÉELLE DE LA TERRE

37. Marche à suivre pour déterminer la figure réelle de la terre. — Il suffit de réfléchir un instant sur ce que nous avons dit dans le chapitre précédent pour se convaincre que nous n'avons pas prouvé d'une façon absolue la sphéricité de la surface de la terre, c'est-à-dire de cette surface idéale déterminée par la surface moyenne des mers prolongée sous les continents. Les arguments que nous avons donnés montrent seulement que cette surface est très sensiblement sphérique : si en effet elle s'écarte très peu de cette forme, toutes les apparences que nous avons décrites ne seront pas modifiées.

Pour pouvoir reconnaître la forme exacte de la surface de la terre, supposons-lui une forme quelconque sensiblement sphérique. Un *méridien terrestre* sera alors une ligne telle qu'en chacun de ses points le plan du méridien défini au n° 7 soit parallèle à une direction fixe. On constate d'abord qu'une telle ligne est plane et que l'on peut reconnaître son parcours à la surface de la terre de la façon suivante : partant d'un de ses points, on déterminera la méridienne en ce point, et en visant dans cette direction avec une lunette on pourra planter un jalon sur la ligne de visée ; on obtiendra ainsi un second point du méridien ; en se servant de ce second point comme du premier, on obtiendra un troisième point, et ainsi de suite.

La différence de longitude de deux lieux est toujours l'angle des méridiens de ces deux lieux, et cette définition est indépendante de la forme de la terre.

La latitude d'un lieu est toujours l'angle de la verticale de ce lieu avec le plan de l'équateur, et comme la précédente, cette définition est indépendante de la forme de la terre.

On peut déterminer la forme exacte d'un méridien quelconque en choisissant sur lui un certain nombre de stations suffisamment rapprochées, et mesurant les distances de ces stations successives ainsi que leurs latitudes.

En effet, on aura ainsi déterminé sur la courbe inconnue qui est le méridien, des points successifs, et l'on connaîtra les longueurs des arcs qui les séparent, ainsi que la direction de la normale à la courbe en chacun d'eux, puisque la verticale est normale au méridien : le calcul permettra ensuite de déterminer avec précision la forme de cette courbe. En cherchant ainsi la forme exacte d'autant de méridiens différents qu'on voudra, on pourra reconnaître celle de la surface de la terre.

38. Mesure d'un arc de méridien. — Nous savons déjà déterminer la latitude d'un lieu : pour montrer comment on peut exécuter les opérations indiquées ci-dessus, il ne nous reste donc plus qu'à dire comment on mesure un arc de méridien à l'aide d'une *triangulation*.

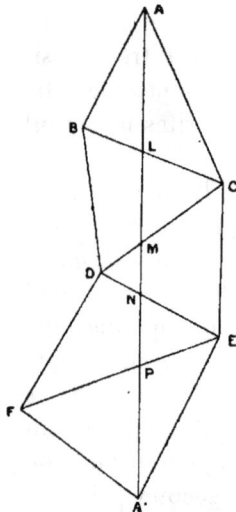

Fig. 42.

Soit AA' l'arc à mesurer (fig. 42) ; choisissons de part et d'autre de cette ligne des points élevés facilement observables B, C, D, E, F, et considérons les triangles ABC, BCD, CDE, DEF, EFA' dont les côtés BC, CD, DE, EF sont rencontrés par AA' en L, M, N, P. On mesure directement sur le terrain l'un des côtés de ces triangles, AB par exemple, qu'on appelle *base*. Cette base est choisie dans une plaine et sa longueur est mesurée avec les plus grandes précautions, et à l'aide d'appareils spéciaux dont la perfection est telle qu'on peut affirmer que l'erreur relative commise sur la longueur de la base ne dépasse pas $\dfrac{1}{200\,000}$.

On mesure ensuite au théodolite les angles du triangle ABC, et l'on en déduit la longueur de BC ; connaissant ainsi BC, on mesure les angles du triangle BCD, et l'on en déduit la longueur de CD ; et ainsi de suite.

En outre, on mesure l'angle BAL en déterminant la direction
du méridien en A, et le triangle ABL fournit alors les mesures
de AL, de BL et par suite de CL, enfin des angles en L. Le
triangle CLM dans lequel on connaît CL et les angles en C et en
L, permet alors de calculer LM, CM et par suite DM et les angles
en M; et ainsi de suite.

Finalement donc on connaît les longueurs des arcs successifs
de méridien AL, LM, MN, NP, PA′, et par suite la longueur
totale de l'arc AA′. En déterminant les latitudes des extrémités
A et A′ on a ainsi la longueur d'un arc de méridien et en même
temps son *amplitude*, c'est-à-dire l'angle des normales à ses
extrémités.

Comme vérification, on mesure directement une seconde
base telle que A′F, et en comparant le résultat de cette mesure
avec celui qui est fourni par le calcul, on apprécie le degré de
confiance que l'on doit accorder à celui-ci.

Il faut faire quelques remarques importantes au sujet des opérations
précédentes. D'abord il est bien clair que tous les points A, B, C... sont
supposés appartenir à la surface de la terre définie précédemment : comme
il n'en est pas ainsi en réalité, il faudra tenir compte de leur altitude et
faire un calcul de correction bien facile pour *réduire les longueurs mesurées
au niveau de la mer*.

Les angles mesurés au théodolite n'auront pas besoin d'être corrigés,
parce que l'instrument mesure effectivement ces angles *réduits à l'horizon*.

En outre, les triangles considérés ne sont pas rectilignes : ce sont des
triangles curvilignes, et sans erreur appréciable, on peut les considérer
comme des triangles sphériques, à la vérité de très petit excès sphérique.
Il faudra donc, pour les résoudre, employer des formules un peu différentes de celle de la trigonométrie rectiligne.

Les triangles employés doivent d'ailleurs, pour diminuer le plus possible
l'influence des erreurs d'observation, se rapprocher de la forme équi-
latérale.

Enfin, on ne peut pas mesurer toujours directement le côté AB; dans ce
cas, on mesure une base voisine de ce côté, et par un réseau de triangles
auxiliaires, on arrive comme précédemment à calculer la longueur AB :
de même, la base de vérification n'est pas nécessairement A′F.

39. La terre est un ellipsoïde de révolution. — La
première mesure d'un arc de méridien fut faite par *Picard*
en 1669. En 1736, deux groupes de savants français partirent,
l'un pour le Pérou, que traverse l'équateur, l'autre pour la

Laponie, dont la latitude est très élevée : la comparaison des résultats obtenus dans cette double expédition permit pour la première fois d'avoir une idée juste de la forme de la terre, jusqu'alors très discutée. Depuis, on a répété sous toutes les latitudes et dans tous les pays des mesures d'arcs de méridien, et les diverses méridiennes mesurées en Europe ont été rattachées les unes aux autres par de vastes réseaux de triangles.

La discussion de toutes ces mesures a conduit aux résultats suivants :

1° *Tous les méridiens sont égaux entre eux, de sorte que la surface de la terre est de révolution autour d'un certain axe paral-*

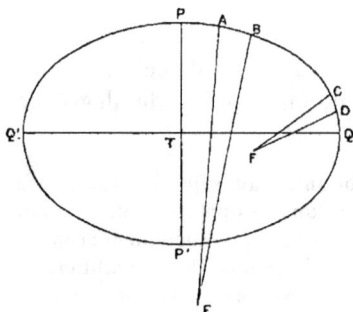

Fig. 43.

lèle à l'axe du monde, et qu'on appelle axe terrestre;

2° *Le méridien terrestre a la forme d'une ellipse de très petite excentricité, dont le petit axe est parallèle à l'axe du monde, et par conséquent, la forme de la terre est celle d'un ellipsoïde de révolution aplati.*

On exprime d'habitude ce fait en disant que la terre est un sphéroïde légèrement aplati aux pôles et renflé à l'équateur. Pour parler d'une façon exacte, il faut dire que la surface de la terre est la surface engendrée par la révolution d'une ellipse PP′QQ′ autour de son petit axe PP′ (fig. 43). Le grand axe QQ′ engendre par sa rotation le plan de l'équateur terrestre ; le centre T de l'ellipse est le centre de la terre ; ses sommets P et P′ sont les pôles de la terre.

40. Augmentation de la longueur du degré quand on va de l'équateur au pôle. — Une conséquence remarquable de l'aplatissement de la terre aux pôles est l'augmentation de la longueur de l'arc de méridien d'amplitude égale à un degré, quand on va de l'équateur au pôle : c'est d'ailleurs la constatation de ce fait qui a été la première preuve réelle de la forme elliptique du méridien.

Pour démontrer cette proposition, considérons deux arcs AB, CD dont l'amplitude soit un degré, le premier aux environs du pôle, le second aux environs de l'équateur (fig. 43). Les normales en A et en B se coupent en un point E ; les normales en C et en D se coupent en un point F. Les lignes AE, BE sont sensiblement égales ; il en est de même des lignes CF et DF, mais la figure montre, et l'on peut prouver rigoureusement ce fait, que la longueur AE est supérieure à CF. Comme les petits arcs AB, CD peuvent être assimilés à des arcs de cercle de rayons AE et CF, il en résulte immédiatement que l'arc AB est supérieur à l'arc CD, ainsi que nous l'avions annoncé.

C'est ainsi que l'on a trouvé, pour la longueur de l'arc d'amplitude égale à un degré, 57 422 toises en Laponie, 57 060 toises en France et 56 750 toises au Pérou.

41. Dimensions de la terre. Mètre. Aplatissement. — On sait que la commission chargée en 1790 par l'Assemblée constituante d'établir le système actuel des poids et mesures, dit *système métrique*, décida en 1791 de choisir pour l'unité de longueur la dix millionième partie du quart du méridien terrestre : cette unité est le *mètre*.

L'arc de méridien qui traverse la France de Dunkerque à Perpignan, et qui avait été mesuré en 1740 par *Lacaille* et *Cassini de Thury*, fut prolongé par *Delambre* et *Méchain* jusqu'à Barcelone. En combinant les résultats ainsi obtenus avec ceux que l'on possédait déjà, et prenant pour unité la *toise du Pérou*, c'est-à-dire une règle de fer longue d'une toise et déjà employée par les savants envoyés au Pérou en 1736, la longueur du quart du méridien terrestre fut fixée à 5 130 740 toises. Ce résultat fut adopté par le Corps législatif le 4 messidor an VII (22 juin 1799), et *le mètre légal* est la longueur à 0° centigrade d'une règle en platine déposée aux Archives nationales : cette longueur est de 0^t,513074 ou 3 pieds 11 lignes, 296.

Depuis, les nouvelles mesures géodésiques exécutées dans tous les pays du monde, en particulier la prolongation de l'arc de méridien français jusqu'aux Baléares par *Biot* et *Arago* et jusqu'en Algérie par le général *Perrier*, ont montré que le mètre légal défini plus haut était plus court que la dix millionième partie du quart de méridien terrestre de 2 dixièmes de millimètre environ. On le conserve cependant comme unité de longueur.

Voici, d'après M. Faye, les dimensions de la terre obtenues en combinant les mesures des arcs du méridien russo-suédois, anglo-français, des Indes, du Pérou, du Cap, de Prusse, de Danemark et de Hanovre :

Quart du méridien elliptique.	10002008^m
Demi-grand axe.	6378393^m
Demi-petit axe.	6356549^m
Circonférence équatoriale.	40076625^m
Surface en kilomètres carrés.	510082000
Volumes en millions de kilomètres cubes. . .	1083260

On voit que la différence entre le demi-grand axe et le demi-petit axe est de 21844^m seulement ; le rapport de cette longueur au demi-grand axe est ce qu'on appelle l'*aplatissement* de la terre : sa valeur est $\frac{1}{292}$.

Les degrés du méridien ne sont plus égaux ; leur valeur moyenne est en réalité de $111133^m,4$, et par suite la longueur du mille marin est de $1852^m,22$.

La terre diffère très peu d'une sphère, et si l'on néglige cette différence, et *a fortiori* la différence entre le mètre légal et la dix millionième partie du quart du méridien terrestre, on peut, comme nous l'avons fait dans le chapitre précédent, considérer la terre comme une sphère de 40000000^m de circonférence.

42. — Latitude géocentrique ou réduite. — La terre étant une surface de révolution, on peut, comme si elle était une sphère, tracer sur elle un réseau de méridiens déterminés par des plans passant par son axe et un réseau de parallèles déterminés par des plans perpendiculaires à son axe, c'est-à-dire parallèles à l'équateur. Tous les points d'un même parallèle ont même latitude, et leurs verticales concourent toutes en un même point de l'axe : mais ce point n'est pas le centre de la terre. Si l'on considère un point A de l'hémisphère boréal (fig. 44), le point où la verticale de ce lieu, c'est-à-dire la normale au méridien en A, coupe l'axe PP' n'est pas le centre T, mais un certain point V' situé du même côté que P' par rapport à T.

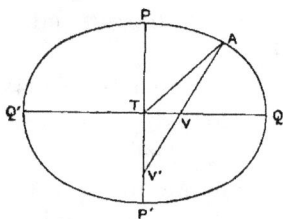

FIG. 44.

L'angle ATQ que fait le rayon TA avec l'équateur n'est pas égal à la latitude : c'est la *latitude géocentrique*, encore appelée *latitude réduite*, parce qu'elle est plus petite que la latitude vraie ou géographique mesurée par l'angle AVQ.

CHAPITRE III

ROTATION DE LA TERRE. — GRAVITÉ

43. La terre n'est pas fixe dans l'espace. — Nous avons décrit au livre I le mouvement *apparent* des étoiles par rapport à la terre considérée comme fixe dans l'espace, et nous avons vu que tout se passait comme si, les étoiles étant invariablement fixées à la surface de la sphère céleste, celle-ci tournait autour de l'axe du monde d'un mouvement uniforme et dans le sens rétrograde en un jour sidéral.

La terre est-elle fixe en réalité? Si l'on admet cette hypothèse, les étoiles tournent effectivement autour de nous, comme nous venons de le dire. L'invraisemblance de ce résultat est manifeste : les étoiles sont des corps isolés, placés en réalité à des distances très diverses de la terre. Peut-on admettre qu'elles décrivent toutes, avec des vitesses prodigieusement grandes, dans le même sens et dans le même temps, des cercles dont les plans sont parallèles et dont les centres se trouvent sur une même droite, l'axe du monde? Quelles seraient d'ailleurs les forces capables de produire ce mouvement? car, d'après les principes de la mécanique, tout mouvement non rectiligne et uniforme a pour cause une force.

Si d'ailleurs la terre était fixe dans l'espace, ce serait le seul corps céleste jouissant de cette propriété, le seul corps qui ne serait soumis à aucune force. Il faut rejeter cette hypothèse et conclure que la terre est en mouvement.

44. Mouvement de rotation de la terre.

— La terre n'étant pas fixe, son mouvement, comme celui de tout corps solide, peut être considéré comme composé d'un mouvement de translation et d'un mouvement de rotation autour de son centre. Rappelons qu'on appelle mouvement de translation un mouvement dans lequel tous les points du corps ont des vitesses égales, parallèles et de même sens, tandis qu'un mouvement de rotation autour d'un point est un mouvement dans lequel ce point reste fixe. Actuellement nous pouvons faire abstraction du mouvement de translation de la terre; en effet, à cause de la distance immense des étoiles à la terre, ce mouvement n'a pas d'influence : qu'il existe ou non, les apparences sont les mêmes. Répétant par suite les raisonnements du numéro précédent, il faut admettre que la terre a un mouvement de rotation sur elle-même autour de son centre. Pour expliquer alors toutes les apparences du mouvement diurne, il suffit de supposer que la terre tourne autour de son axe d'un mouvement uniforme et dans le sens direct en un jour sidéral et, en outre, que les étoiles restent fixes ou, du moins, que leurs mouvements sont sans influence à cause de l'énormité de leur distance. En effet, le mouvement diurne s'expliquant en supposant la terre fixe et la sphère céleste tournant d'un mouvement uniforme autour de la ligne des pôles dans le sens rétrograde en un jour sidéral, on peut aussi bien l'expliquer en supposant les étoiles fixes et en donnant à la terre un mouvement inverse de celui de la sphère céleste, c'est-à-dire un mouvement de rotation uniforme autour de son axe en sens inverse et de même période. En outre, il est clair que toute autre hypothèse sur le mouvement de rotation de la terre autour de son centre laisserait subsister des difficultés tout à fait analogues à celles que nous avons signalées précédemment.

Il faut donc conclure avec *Copernic* que :

La terre tourne sur elle-même autour de son axe, c'est-à-dire la ligne de ses pôles, d'un mouvement uniforme et dans le sens direct, ou bien d'occident en orient, en un jour sidéral.

45. Preuves de la rotation de la terre.

— La conclusion à laquelle nous venons d'arriver en nous fondant simplement sur l'invraisemblance du mouvement d'ensemble de la sphère céleste peut être appuyée de nombreuses preuves. On peut remarquer d'abord que le soleil, la lune et les planètes tournent sur eux-mêmes autour d'axes de rotation parfaitement définis : il serait invraisemblable de supposer que la terre, qui est une planète, fait seule exception à cette loi. On peut donner plusieurs preuves mécaniques que nous allons indiquer brièvement, ne pouvant les développer ici :

1° Le mouvement de rotation de la terre autour de son axe de révolution est conforme aux lois de la mécanique : il suffit qu'il ait commencé sous l'action d'une impulsion quelconque pour qu'il se continue ensuite indéfiniment sans altération.

2° Si on laisse tomber un corps verticalement d'une très grande hauteur, dans un puits de mine par exemple, il doit dévier légèrement de la verticale vers l'est parce que le mouvement de la terre se fait de l'ouest vers l'est : en effet, la vitesse du point de départ due à la rotation de la terre, est plus grande que celle du point d'arrivée, plus rapproché de l'axe terrestre, et par suite le corps doit tomber en avant dans le sens du mouvement, c'est-à-dire vers l'est. C'est ce que l'on constate en effet : il faut d'ailleurs ajouter que cette déviation est toujours très petite et difficile à mesurer.

3° L'expérience du *pendule de Foucault*, faite en 1851, à l'aide d'un pendule simple de grande longueur suspendu dans la coupole du Panthéon, montre que le plan d'oscillation du pendule ne reste pas fixe, mais se déplace lentement d'un mouvement uniforme dans le sens rétrograde : ce fait est une conséquence du mouvement de rotation de la terre.

L'expérience du *gyroscope* de Foucault est de même une preuve absolument convaincante de la rotation de la terre.

4° Il en est encore de même de la déviation des projectiles vers la droite dans l'hémisphère boréal et vers la gauche dans l'hémisphère austral. Ce phénomène s'explique en effet sans difficulté en admettant la rotation de la terre : si l'on se suppose placé par exemple au pôle nord et qu'on lance horizontalement un projectile, il décrit une courbe dans le plan vertical qui contient la vitesse initiale; ce plan est fixe, tandis que la terre tourne de la droite vers la gauche : donc au bout d'un certain temps le projectile aura dévié par rapport aux objets terrestres en sens inverse, c'est-à-dire vers la droite. Il en est de même pour tout point de l'hémisphère boréal parce que les différents points de la terre n'ont pas la même vitesse : sur le parallèle de latitude λ, la vitesse d'un point, due à la rotation de la terre est égale, par seconde sidérale, au rayon de ce parallèle multiplié par la vitesse angulaire de la terre, vitesse qui est égale elle-même à $\dfrac{2\pi}{86400}$ puisque le jour sidéral contient 86 400 secondes.

Ainsi, à l'équateur, la vitesse d'un point est égale à 463^m environ tandis que cette vitesse n'est plus que de 325^m à la latitude de 45°.

Dans l'hémisphère austral, les apparences sont inverses.

L'existence des vents *alizés* et *contre-alizés* dans les régions intertropicales s'explique de même. L'air chaud de ces régions monte à la partie supérieure de l'atmosphère et se précipite vers les pôles en même temps qu'il est remplacé par l'air froid qui vient des pôles : il se produit donc deux courants, l'un inférieur et l'autre supérieur, et si la terre était immobile, le premier serait dirigé dans l'hémisphère boréal du nord au sud, le second du sud au nord. En vertu de la rotation de la terre, le premier s'infléchit vers la droite et produit l'alizé qui souffle du nord-est ; le second s'infléchit dans le même sens et produit le contre-alizé qui souffle du sud-ouest. Ce contre-alizé ne devient sensible qu'en se rapprochant de la terre, c'est-à-dire quand l'air qu'il entraîne s'est suffisamment refroidi, au voisinage des tropiques. Dans l'hémisphère austral, l'alizé souffle au contraire du sud-est et le contre-alizé du nord-ouest.

Les grands courants marins s'expliquent de la même façon.

5° Enfin la forme de la terre prouve encore sa rotation. On doit supposer, en effet, qu'à l'origine la terre était une masse entièrement fluide dont la surface ne s'est solidifiée que plus tard ; or, l'ellipsoïde de révolution aplati aux pôles et renflé à l'équateur est précisément une figure d'équilibre pour une telle masse tournant d'un mouvement uniforme autour d'un axe : les belles expériences de M. Plateau ont d'ailleurs rendu ce fait sensible à l'œil. Inversement encore, on peut démontrer que la rotation de la terre exige son aplatissement aux pôles : car, en supposant l'existence de la rotation, les molécules de la terre supposée fluide étaient soumises à l'action de la *force centrifuge* qui tendait à les écarter de l'axe de rotation, d'autant plus qu'elles en étaient plus éloignées, et ainsi se produisait le renflement équatorial.

46. Gravité. — Nous verrons plus tard qu'en vertu de la loi de la gravitation universelle, deux corps quelconques exercent l'un sur l'autre une attraction proportionnelle aux masses de ces corps et en raison inverse du carré de leur distance. Par suite, la masse de la terre exerce sur les corps placés à sa surface une attraction qui est la cause de leur chute. Mais, en outre, un corps placé à la surface de la terre est soumis encore, à cause de la rotation de la terre, à l'action de la force centrifuge, comme nous l'avons dit plus haut. Il en résulte que la verticale, c'est-à-dire la direction du fil à plomb, est la direction du fil d'un pendule simple en équilibre sous l'action de l'attraction terrestre et de la force centrifuge : c'est cette double action que l'on appelle la *gravité* ou *pesanteur*.

En vertu de la gravité, tout corps abandonné à lui-même à la surface de la terre tombera suivant la verticale en étant soumis à un mouvement uniformément accéléré, et l'accélération de ce mouvement est indépendante des dimensions et de la nature du corps. Cette accélération due à la gravité, ou encore accélération de la pesanteur, se représente par la lettre g : la valeur de g à Paris, réduite au vide et au niveau de la mer, a été trouvée égale à $9^m,809$, l'unité de temps étant la seconde de temps moyen. Cette valeur se mesure avec précision en comptant le nombre des oscillations d'un pendule simple de longueur connue dans un temps donné.

La terre peut-être considérée comme formée de couches concentriques homogènes, et par suite est symétrique par rapport à son centre. Si donc la terre était sphérique et immobile, la valeur de g, toujours supposée réduite au niveau de la mer, serait constante. Il n'en est pas ainsi : les observations précises faites avec le pendule ont montré que g variait avec la latitude, et cette variation résulte à la fois de la forme de la terre et de sa rotation.

On en a conclu que l'aplatissement était égal à $\frac{1}{292}$, valeur qui s'accorde parfaitement avec celles que fournissent les mesures géodésiques. On trouve d'ailleurs pour calculer g en un lieu de latitude λ la formule

$$g = 9^m,806 - 0^m,025 \cos 2\lambda,$$

et la longueur correspondante du pendule simple qui bat la seconde de temps moyen est

$$l = 0^m,9936 - 0^m,0025 \cos 2\lambda.$$

La variation de l'intensité de la pesanteur est donc à la fois une preuve de la rotation de la terre et de son aplatissement.

Il est clair que g varie encore avec l'altitude h du lieu de l'observation : si g_0 est la valeur correspondante de l'accélération de la pesanteur réduite au niveau de la mer et si R désigne le rayon de la terre, on a

$$g = g_0 \frac{R^2}{(R + h)^2}.$$

Toutefois cette formule n'est applicable que si h est positive ; dans le cas contraire, g va d'abord en augmentant jusqu'à une distance de la surface égale environ au sixième du rayon, et ensuite en diminuant jusqu'au centre où elle est nulle. Ces faits tiennent à ce que la densité de la terre va en augmentant du centre à la surface ; elle est de 2,1 à la surface et de 10,6 au centre.

47. Déviation de la verticale. — La valeur de g et la direction de la verticale peuvent être altérées par des attractions locales, produites par le voisinage d'une montagne, par exemple. C'est ainsi que l'on a trouvé parfois des écarts sensibles entre la latitude d'un lieu déterminée par des observations astronomiques et cette même latitude déterminée par des opérations géodésiques en rattachant le lieu considéré par des triangulations à un autre lieu de latitude connue. On peut donc faire une différence entre la latitude astronomique qui correspond à la verticale réelle et la latitude géographique qui correspond à la verticale telle qu'elle serait s'il n'y avait pas de déviation, c'est-à-dire à la normale à la surface de l'ellipsoïde terrestre.

CHAPITRE IV

CARTES GÉOGRAPHIQUES

48. Problème des cartes géographiques. — On peut construire des globes terrestres analogues aux globes célestes; mais si l'on veut dresser la *carte* de la terre ou d'une portion de la terre, c'est-à-dire représenter sur un plan par un dessin la terre ou cette portion de la terre, on ne peut pas faire ce dessin semblable à la surface à représenter, parce que ni la sphère ni l'ellipsoïde de révolution ne sont des surfaces applicables sur le plan. Il est donc nécessaire d'employer une *projection*, qui altère plus ou moins les rapports des dimensions des objets à représenter. Nous nous proposons dans ce chapitre d'indiquer quelques-uns des principaux modes de projection.

Pour construire une carte dans un système de projection donné, il suffit de savoir représenter sur le plan le réseau des méridiens et des parallèles; car, pour représenter un lieu quelconque, il n'y aura plus ensuite qu'à déterminer sa longitude et sa latitude, opération qui peut se faire, soit à l'aide des procédés astronomiques que nous avons déjà indiqués, soit à l'aide de procédés géodésiques, par des triangulations couvrant toute la surface à représenter.

On n'opère d'ailleurs ainsi que pour les points les plus importants : les autres sont reliés à ceux-ci topographiquement.

Si en outre on veut indiquer le relief du terrain, il faudra encore déterminer les altitudes des différents lieux à représenter, et l'on indiquera ces altitudes sur la carte à l'aide de procédés conventionnels bien connus qu'il est inutile d'indiquer ici.

Tout revient donc à indiquer pour chacun des modes de projection décrits la construction des méridiens et des parallèles;

en même temps, nous dirons quelles sont les déformations produites par chacun de ces systèmes et quels sont les avantages ou les désavantages qu'ils présentent.

Ce que nous allons dire s'applique d'ailleurs aussi bien à la construction des cartes célestes ou des cartes relatives à un corps sphérique quelconque.

49. Projection orthographique. — Ce procédé est employé quelquefois pour la construction des mappemondes, et surtout pour celle des cartes de la lune, parce qu'il donne un dessin semblable à celui de la lune telle qu'elle se présente à nous. Il consiste à représenter chaque point de la surface de la

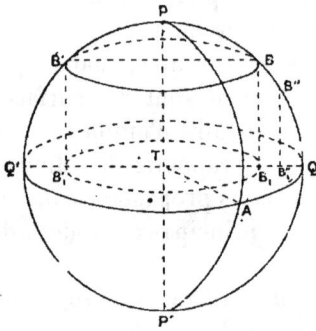
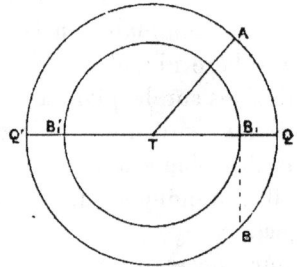

Fig. 45.   Fig. 46.

terre supposée sphérique par sa projection orthogonale sur le plan d'un grand cercle.

On choisit d'habitude pour plan de projection soit le plan de l'équateur, soit le plan d'un méridien.

1° *Projection sur le plan de l'équateur.* — Si l'on veut construire la projection orthographique de l'hémisphère boréal, par exemple, sur le plan de l'équateur (fig. 45), on remarquera : 1° qu'un méridien quelconque PAP′ se projette suivant le rayon TA ; 2° que l'angle de deux méridiens est égal à celui de leurs projections ; 3° qu'un parallèle quelconque BB′ se projette suivant un cercle égal $B_1 B'_1$ qui a le point T pour centre et dont le rayon est égal au cosinus de la latitude du parallèle donné, le rayon de la terre étant pris pour unité.

Soit alors QQ′ le cercle de centre T qui représente l'équateur sur la carte (fig. 46), et supposons que TQ soit la projection du

premier méridien. Pour construire la projection du méridien
dont la longitude est L°, on prendra sur le cercle QQ' à partir du
point Q, et dans le sens direct ou dans le sens rétrograde, suivant
que la longitude donnée est orientale ou occidentale, un arc QA
d'amplitude L, et le rayon TA sera la projection cherchée.
Pour construire la projection du parallèle dont la latitude
est λ°, on prendra dans le sens qu'on voudra un arc QB d'amplitude λ° et l'on abaissera du point B la perpendiculaire BB_1
sur QQ'; le cercle $B_1B'_1$, de centre T et de rayon TB_1, sera la projection cherchée.

Comme on le voit immédiatement, les parties voisines du
pôle sont représentées sur la carte sans grande altération [1];
mais il n'en est pas de même des parties voisines de l'équateur
qui sont très rétrécies dans le sens des rayons. D'une façon
précise, un arc de parallèle se projette toujours en vraie grandeur, tandis qu'un petit arc BB'' de méridien, de latitude
moyenne λ, se projette suivant une ligne $B_1B''_1$, sensiblement
égale à BB'' sin λ, puisque l'angle de la corde BB'' avec QQ'
est sensiblement égal à 90° — λ. En un lieu donné de latitude λ,
la projection d'une petite distance d est donc comprise entre d
et d sin λ, sa valeur variant suivant la direction : si λ est voisin
de 90°, sin λ est voisin de l'unité, et les déformations restent
petites; si λ est voisin de 0°, sin λ diffère peu de zéro, et les
altérations sont très grandes.

On voit encore tout de suite, comme conséquence de ce que
nous venons de dire, qu'une petite surface s, de latitude
moyenne λ, se projette suivant une surface sensiblement égale
à s sin λ.

2° *Projection sur le plan d'un méridien.* — Si l'on veut
construire la projection orthographique de l'hémisphère déterminé par le méridien PQP' et situé en avant du plan du tableau
par exemple, sur le plan de ce méridien (fig. 47), on remarquera :
1° qu'un parallèle quelconque AA' se projette suivant la droite
d'intersection de son plan avec le plan de projection; 2° qu'un

(1) Ici comme dans tous les cas analogues, il est bien entendu que nous ne parlons
pas des altérations subies par les lignes tracées sur la terre elle-même, mais
seulement des altérations que subissent les lignes tracées sur le globe terrestre
considérablement réduit que l'on projette réellement.

méridien quelconque PBP′ se projette suivant une demi-ellipse
PB₁P′ ayant pour grand axe PP′ et pour demi-petit axe la
longueur TB₁ égale au cosinus de la longitude du méridien considéré par rapport au méridien PQP′, le rayon de la terre étant
toujours pris pour unité; cette longueur TB₁ sera portée dans
le sens TQ quand elle sera positive et en sens inverse dans le cas
contraire.

Soit alors PP′ le cercle de centre T qui représente sur la carte
le méridien PQP′ que nous prendrons pour premier méridien
(fig. 48). Le diamètre QQ′ perpendiculaire à PP′ est la projection

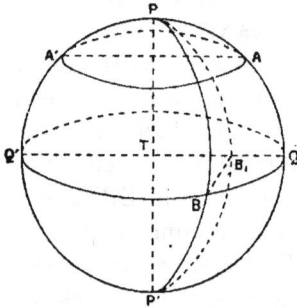 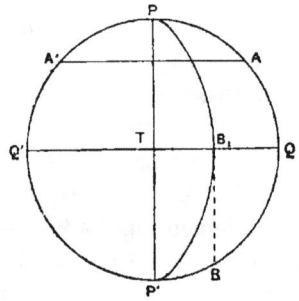

Fig. 47.   Fig. 48.

de l'équateur. Pour construire la projection du parallèle dont la
latitude est λ°, on prendra à partir de Q dans le sens QP ou dans
le sens QP′, suivant que la latitude donnée est boréale ou australe,
un arc QA d'amplitude λ°; la corde AA′ perpendiculaire à PP′
sera la projection cherchée. Pour construire la projection du
méridien dont la longitude est L°, on prendra à partir de Q et
dans le sens qu'on voudra un arc QB d'amplitude L° et l'on
abaissera la perpendiculaire BB₁ sur QQ′. La demi-ellipse ayant
pour grand axe PP′ et pour demi-petit axe TB₁ sera la projection cherchée.

Comme dans le cas précédent, les parties centrales de la carte
sont seules une bonne représentation des parties correspondantes de la terre.

50. Projection stéréographique. — Ce procédé, souvent
employé pour la construction des mappemondes, est surtout

intéressant au point de vue géométrique. Il consiste à représenter chaque point de la surface de la terre supposée sphérique par sa perspective sur le plan d'un grand cercle, l'œil étant supposé placé en l'un des pôles de ce grand cercle.

Si, par exemple, SS′ est le plan de projection (fig. 49), le point de vue est l'un des pôles O du grand cercle SS′, et chaque point M de la surface de la terre est représenté par sa perspective M₁ sur le plan SS′.

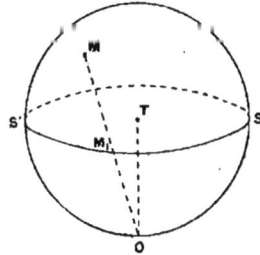

Fig. 49.

Les deux théorèmes suivants expriment les propriétés fondamentales de la projection stéréographique.

1° *La projection stéréographique conserve les angles.* — Soit M un point de la sphère (fig. 50) ; si deux courbes tracées sur la

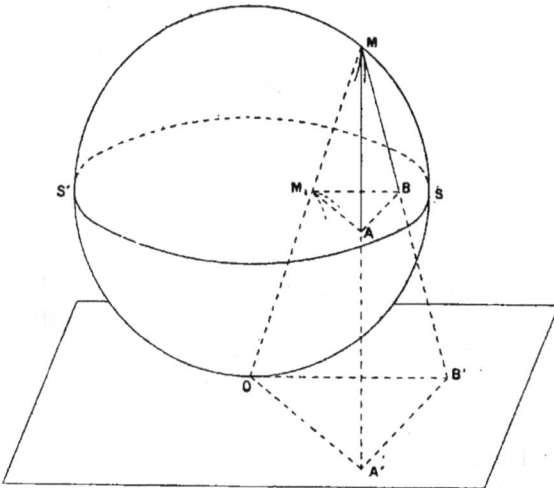

Fig. 50.

sphère se coupent en ce point, l'angle de ces courbes est celui de leurs tangentes MA et MB. Soit M₁ la projection de M ; l'angle des projections des deux courbes en M₁ est égal à l'angle de leurs tangentes : ces tangentes sont d'ailleurs les perspectives des tangentes MA et MB, c'est-à-dire les droites M_1A et M_1B, en supposant les points A et B contenus dans le plan de projection. Nous allons faire voir que les angles AMB et AM_1B sont égaux, c'est à dire que la projection stéréographique conserve les angles.

Soient (fig. 50) A′ et B′ les points où les droites MA et MB rencontrent le plan tangent en O à la sphère. Ce plan étant

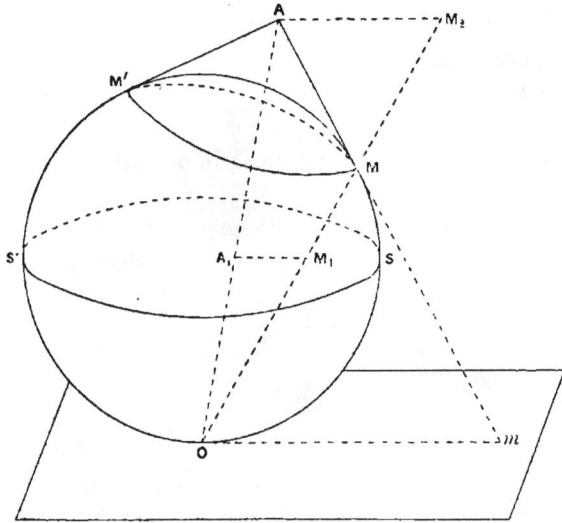

FIG. 51.

parallèle au plan de projection, l'angle AM_1B est égal à l'angle A′OB′, et il suffit de faire voir l'égalité des angles A′OB′ et AMB.

Les droites A′M et A′O sont égales comme tangentes issues du point A′ à la sphère ; de même les droites B′M et B′O sont égales. Les deux triangles A′MB′, A′OB′ sont donc égaux, comme ayant les côtés égaux chacun à chacun, et par suite, les angles en O et en M sont égaux, c. q. f. d.

2° *La projection stéréographique d'un petit cercle de la sphère est un cercle dont le centre est la perspective du sommet du cône circonscrit à la sphère suivant le cercle donné.* — Soit MM′ le petit cercle à représenter et A le sommet du cône circonscrit à la sphère suivant ce petit cercle (fig. 51). Si A_1 est la perspective de A et M_1 la projection d'un point quelconque M du petit cercle MM′, il faut démontrer que la distance A_1M_1 est constante. Considérons le plan mené par A parallèlement au plan de projection, et soit M_2 le point où la droite OM coupe ce plan ; les triangles OA_1M_1, OAM_2 étant semblables, et leur rapport de similitude $\frac{OA_1}{OA}$ étant constant, il suffit de démontrer que la distance AM_2 est constante. Soit m le point où la droite AM coupe le plan tangent en O à la sphère ; les triangles OMm, AMM_2 sont semblables ; de plus les droites mM et mO sont égales comme tangentes à la sphère issues d'un même point. Il en est par suite de même des droites M_2A et AM ; mais AM conserve une longueur constante lorsque M varie ; il en est donc de même de M_2A, c. q. f. d.

51. Projection stéréographique sur le plan de l'équateur. — Si l'on veut construire la projection stéréographique de l'hémisphère boréal, par exemple, sur le plan de l'équateur QQ′ (fig. 52), on remarquera : 1° qu'un méridien quelconque

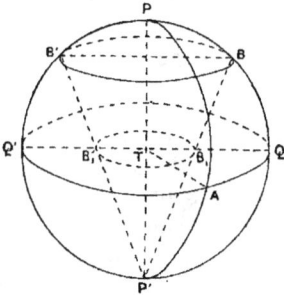

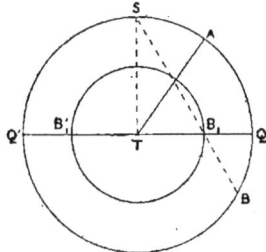

Fig. 52. Fig. 53.

PAP′ se projette suivant le rayon TA ; 2° que l'angle de deux méridiens est égal à celui de leurs projections ; 3° qu'un parallèle quelconque BB′ se projette suivant un cercle $B_1B'_1$ de centre T, dont le rayon est immédiatement fourni par une proportion. Soit alors QQ′ le cercle de centre T qui représente l'équateur sur la carte (fig. 53), et supposons que TQ soit la projection du premier méridien. Pour construire la projection du méridien dont la longitude est L°, on prendra sur le cercle QQ′ à partir du point Q, et dans le sens direct ou dans le sens rétrograde, suivant que la longitude donnée est orientale ou occidentale, un arc QA d'amplitude L°, et le rayon TA sera la projection cherchée. Pour construire la projection du parallèle dont la latitude est λ°, on prendra dans le sens qu'on voudra un arc QB d'amplitude λ°, et l'on joindra le point B au point S, milieu de celui des deux arcs QQ' qui ne contient pas B ; si B₁ est le point de rencontre de SB avec QQ', le cercle de centre T et de rayon TB₁ sera la projection cherchée.

La projection stéréographique n'altérant pas les angles, il en résulte que les figures très petites tracées sur la sphère terrestre se projettent suivant des figures semblables, parce qu'elles sont assimilables à des figures planes. Aux environs d'un point donné B, de latitude λ, l'altération des longueurs est donc toujours la même : il est facile de voir sur la figure 52 qu'une petite longueur d a pour projection une longueur sensiblement égale à $\dfrac{d}{1 + \sin \lambda}$. Le rapport d'une petite longueur à sa projection varie donc d'une façon continue de 2 à 1, quand on va du pôle à l'équateur.

Comme conséquence, le rapport d'une petite surface à sa projection varie de 4 à 1, quand on va du pôle à l'équateur.

Les avantages de la projection stéréographique sur la projection orthographique sont évidents.

52. Projection stéréographique sur le plan d'un méridien. — Si l'on veut construire la projection stéréographique de l'hémisphère déterminé par le méridien PQP' et situé en avant du plan du tableau, par exemple, sur ce méridien (fig. 54), on remarquera : 1° qu'un méridien quelconque PAP' se projette suivant un arc de cercle PA₁P' faisant avec le demi-cercle PQP' un angle égal à la longitude du méridien considéré par rapport au méridien PQP' ; 2° qu'un parallèle quelconque BB' se projettera suivant un arc de cercle BCB' ayant pour centre le point S où les tangentes en B et B' au cercle PQP'Q' rencontrent la droite QQ'.

Soit alors PP' le cercle de centre T qui représente sur la carte le méridien PQP' que nous prendrons comme premier méridien (fig. 55). Le diamètre QQ' perpendiculaire à PP' est la projection de l'équateur. Pour construire la projection du méridien dont la longitude est L°, on prendra à partir de P′ et dans le sens P′Q′ un arc P′D d'amplitude 2L°; la droite PD coupe QQ′ en E; l'arc de cercle PA₁P′ de centre E sera la projection cherchée, car il fait avec le demi-cercle PQP′ un angle de L°. Pour

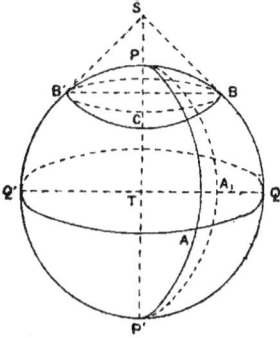

Fig. 54.

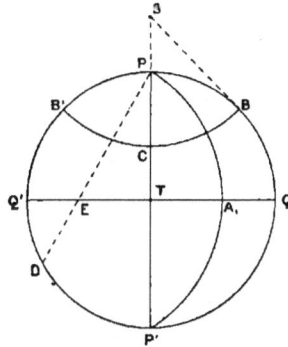

Fig. 55.

construire la projection du parallèle dont la latitude est λ°, on prendra à partir de Q, dans le sens QP ou dans le sens QP′, suivant que la latitude donnée est boréale ou australe, un arc QB, d'amplitude λ°; la tangente en B rencontre PP′ en S, et l'arc de cercle BCB′ de centre S sera la projection cherchée.

Comme dans le cas précédent, le rapport d'une petite longueur à sa projection varie d'une façon continue de 2 à 1, quand on va du centre de la carte vers les bords.

53. Projection stéréographique sur l'horizon. — Supposons un lieu terrestre quelconque M (fig. 56) et projetons l'hémisphère qui contient ce lieu sur le plan HH′ du grand cercle parallèle à l'horizon de ce lieu. Le point de vue est le point O diamétralement opposé à M. On tracera d'abord un cercle HH′ (fig. 57) égal au cercle PP′, et le diamètre HH′ de ce cercle sera la projection

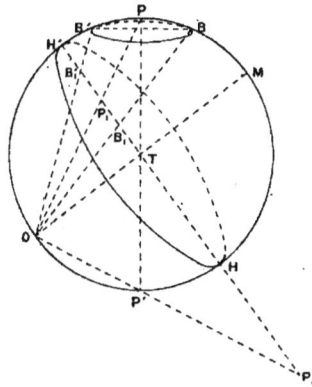

Fig. 56.

du méridien de M; la projection du lieu M lui-même sera en M₁, centre de ce cercle.

Menons les lignes OP et OP′ qui coupent HH′ dans la première figure en P₁ et P′₁; en reportant sur la seconde figure les longueurs HP₁ et HP′₁, on aura les projections P₁ et P′₁ des deux pôles.

Pour construire la projection du méridien de longitude L°, le méridien de M étant considéré comme le premier méridien,

ou mènera par P₁ une droite faisant avec P₁P′₁ un angle égal à 90° — L°, dans un sens ou dans l'autre suivant que la longitude donnée est orientale ou occidentale, et du point K où cette droite coupe la perpendiculaire KK′, élevée sur le milieu de P₁P′₁, comme centre, on décrira un arc de cercle A₁A′₁ passant par P₁ et P′₁; ce sera la projection cherchée.

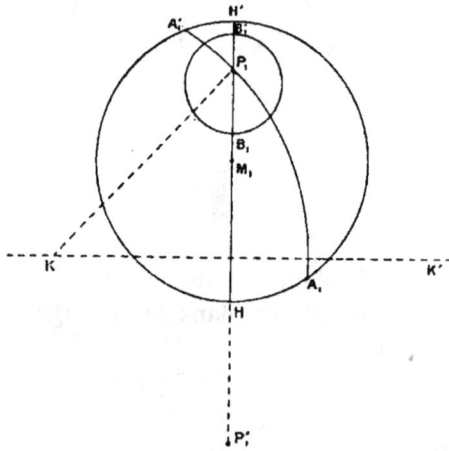

FIG. 57.

Pour construire la projection d'un parallèle quelconque BB′ de latitude λ° représenté sur la première figure, on mènera les droites OB, OB′ qui coupent HH′ en B₁ et B′₁, et l'on reportera sur la seconde figure les longueurs HB₁, HB′₁; le cercle décrit sur B₁B′₁ comme diamètre sera la projection cherchée.

Les deux faisceaux de cercles qui représentent les projections des méridiens et des parallèles sont composés de cercles orthogonaux.

On peut encore faire les mêmes remarques que dans les cas précédents sur l'altération des longueurs.

54. Cartes marines. — Les navigateurs ont l'habitude de suivre dans leur marche pour aller d'un point à un autre, non pas l'arc de grand cercle qui joint ces deux points et qui serait le chemin le plus court, mais une courbe passant par ces deux points, et qui coupe tous les méridiens qu'elle rencontre sous un même angle : cette courbe est appelée *loxodromie*. Les navigateurs suivent la loxodromie, parce qu'il leur est facile, à l'aide de la boussole, de maintenir constamment le navire dans le même *rumb de vent*, c'est-à-dire dans la même direction par rapport au méridien.

Afin de pouvoir facilement reconnaître la route à suivre entre deux points connus et déterminer le rumb de vent de la loxodromie correspondante, on se sert de cartes, dites *cartes marines*, construites dans un système de projection particulier, qui fait correspondre aux loxodromies des lignes droites. Ce mode de projection est dû à *Mercator*. Voici en quoi il consiste. Les méridiens sont représentés par des droites parallèles ; si OO′ représente le premier méridien, la droite AA′ qui représente le méridien de longitude L° sera distante de OO′ d'une longueur égale à *k*L, *k* étant une longueur arbitraire (fig. 58).

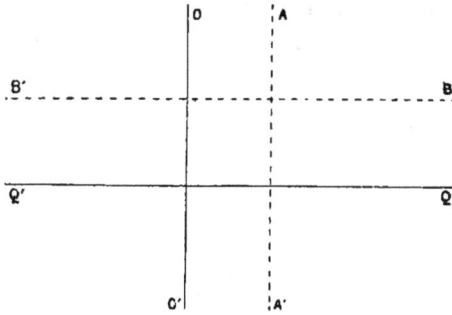

Fɪɢ. 58.

Les parallèles sont représentés par des droites parallèles entre elles et perpendiculaires aux droites qui représentent les méridiens. Si QQ′ est la droite qui représente l'équateur, la droite BB′ qui représente le parallèle de latitude λ° sera distante de QQ′ d'une longueur égale à k' log tg $\left(45° + \dfrac{\lambda}{2}\right)$, k' étant une longueur liée à k par une relation qu'il est inutile d'indiquer ici.

Comme la projection stéréographique, la projection de Mercator conserve les angles ; mais elle altère considérablement les longueurs dès que l'on s'écarte de l'équateur. Si l'on suppose qu'une petite longueur d se projette en vraie grandeur à l'équateur, à la latitude λ, sa projection sera $\dfrac{d}{\cos \lambda}$.

55. Carte de France. — Pour construire la carte d'un pays de médiocre étendue, on emploie divers modes de projection présentant certains avantages les uns par rapport aux autres. Nous nous contenterons d'exposer brièvement celui qui a été adopté par le Dépôt de la guerre pour construire la carte de France, dite Carte de l'état-major.

Soient PMP′, AMA′ le méridien moyen et le parallèle moyen de la contrée à représenter, et soit S le point où la tangente en M au méridien moyen rencontre l'axe terrestre PP′ (fig. 59). Le méridien moyen est représenté sur la carte par une droite S_1M_1 (fig. 60) ; le parallèle moyen par un arc de cercle $A_1A'_1$ décrit avec SM comme rayon de S_1 comme centre. Un autre parallèle quelconque BB' qui coupe en N le méridien moyen est représenté par un arc de cercle $B_1B'_1$ ayant S_1 pour centre et passant en un point N_1 de la droite S_1M_1 tel que la longueur M_1N_1 soit égale à celle de l'arc de méridien MN.

Un méridien quelconque qui coupe les parallèles AA', BB', CC', ... en A'', B'', C'', ... est représenté par une courbe obtenue

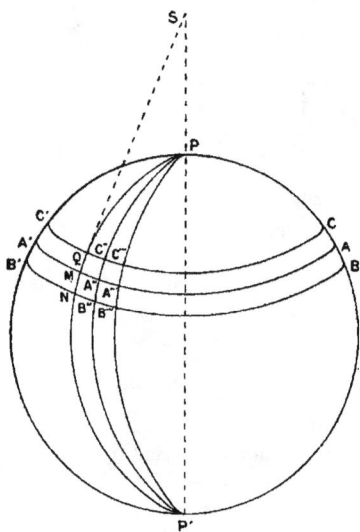

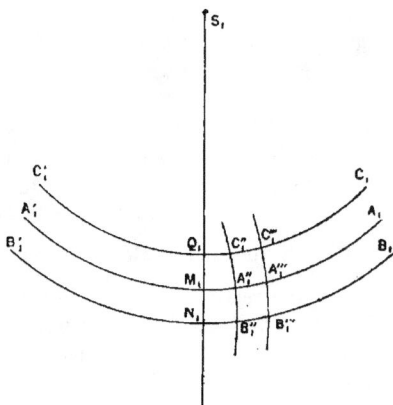

Fig. 59.　　　　　　　　　　Fig. 60.

de la façon suivante : prenons sur les arcs de cercle $A_1A'_1$, $B_1B'_1$, $C_1C'_1$ des longueurs $M_1A''_1$, $N_1B''_1$, $Q_1C''_1$, ... respectivement égales aux longueurs des arcs de parallèles MA'', NB'', QC'', ... ; les points A''_1, B''_1, C''_1, ... appartiennent à la projection cherchée.

Les angles et les longueurs sont conservés sur le méridien et le parallèle moyens ; dans les autres parties de la carte, ils subissent des altérations qui restent toujours très faibles.

Les aires sont conservées par ce mode de projection dans toute l'étendue de la carte, et c'est là sa propriété la plus importante : en effet, les parallèles et les méridiens successifs découpent la contrée en trapèzes très petits tels que $A''C''A'''C'''$ qui sont représentés par des trapèzes tels que $A''_1 C''_1 A'''_1 C'''_1$. Mais les bases $A''A'''$ et $A''_1 A'''_1$ sont égales ; il en est de même des bases $C''C'''$ et $C''_1 C'''_1$, ainsi que des hauteurs respectivement égales à MQ et $M_1 Q_1$; les aires de deux trapèzes correspondants sont donc égales, et cela dans toute l'étendue de la carte.

LIVRE III

Le Soleil.

CHAPITRE PREMIER

MOUVEMENT APPARENT DU SOLEIL SUR LA SPHÈRE CÉLESTE

56. Le soleil n'est pas fixe sur la sphère céleste. — Nous avons vu au livre I que le mouvement des étoiles par rapport à la terre était un mouvement d'ensemble dû à la rotation de la sphère céleste autour de son axe. Le mouvement des autres astres que nous avons à étudier n'est pas aussi simple : nous nous occuperons d'abord du *soleil*. Le soleil participe au mouvement diurne ; car, comme les étoiles, à Paris, par exemple, il se lève chaque jour du côté de l'orient, s'élève à une certaine hauteur au-dessus de l'horizon, puis se couche du côté de l'occident ; mais les observations les plus simples suffisent pour montrer que le soleil ne reste pas fixe sur la sphère céleste, c'est-à-dire fixe par rapport aux étoiles. En effet, contrairement aux étoiles, le soleil ne se lève pas et ne se couche pas tous les jours au même point de l'horizon, et il ne s'élève pas non plus à une hauteur maxima constante au-dessus de l'horizon ; il n'a donc pas, comme les étoiles, une déclinaison constante, ce qu'on exprime en disant qu'il a un mouvement propre en déclinaison.

Si l'on observe encore les constellations qui se lèvent ou se couchent peu de temps avant le lever ou après le coucher du soleil, on constate que ces constellations ne sont pas toujours les mêmes ; dans le courant d'une année, par exemple, à partir de la fin du mois de mai, on verra successivement le lever du soleil suivre de peu de temps le lever du Bélier, du Taureau, des Gémeaux, du Cancer, du Lion, de la Vierge, de la Balance, du Scorpion, du Sagittaire, du Capricorne, du Verseau et des Poissons; puis les mêmes phénomènes se reproduisent dans le même ordre les années suivantes. Comme les ascensions droites de ces constellations vont constamment en augmentant, il en résulte que le soleil a un mouvement propre en ascension droite, dans le sens des ascensions droites croissantes, c'est-à-dire dans le sens direct, inverse de celui du mouvement diurne, de l'ouest à l'est. Enfin, on peut aisément constater à chaque instant le mouvement propre du soleil sur la sphère céleste de la façon suivante : supposons que l'on dirige sur le soleil la lunette d'un équatorial entraîné par un mouvement d'horlogerie suivant les lois du mouvement diurne; si le soleil était fixe sur la sphère céleste, il apparaîtrait fixe dans le champ de la lunette; au contraire, on voit l'image du soleil se déplacer lentement dans le champ de l'instrument.

En résumé, concluons de ces premières observations si simples que le soleil a un mouvement propre et qu'il fait le tour de la sphère céleste en un an à peu près; sa route est déterminée par les douze constellations que nous avons nommées plus haut.

En même temps qu'il a ce mouvement propre sur la sphère céleste, il est entraîné par celle-ci, c'est-à-dire qu'il participe au mouvement diurne, et ce dernier mouvement est la cause des jours et des nuits, tandis que le premier, comme nous le verrons plus loin, est la cause des saisons et de l'inégalité des jours et des nuits aux différentes époques de l'année.

Il est d'ailleurs facile de comprendre que, pour un observateur inattentif, le soleil semble se comporter comme les étoiles, et obéir simplement aux lois du mouvement diurne; son mouvement propre est en effet très lent par rapport à ce dernier mouvement, de sorte que, durant un court espace de temps, le soleil paraît immobile sur la sphère céleste.

57. Observations du soleil. — Pour étudier avec précision le mouvement du soleil, il est tout d'abord nécessaire de savoir observer le soleil. Si l'on regarde le soleil dans une lunette dont l'oculaire est recouvert d'un verre très foncé afin d'adoucir l'éclat et la chaleur des rayons, on le voit comme un disque parfaitement rond, d'un diamètre sensible. Pour s'assurer que l'image du soleil est exactement circulaire, on peut procéder de la façon suivante : supposons le réticule de la lunette muni de deux fils parallèles, l'un fixe et l'autre mobile, mû par une vis micrométrique. Si l'on amène l'image du soleil tangente au fil fixe, puis que l'on fasse mouvoir le fil mobile de façon à l'amener aussi tangentiellement à l'image, mais du côté opposé, la distance des deux fils, fournie par une lecture du tambour de la vis, sera le diamètre de l'image dans le sens perpendiculaire au fil ; si l'on répète cette mesure après avoir fait tourner l'oculaire de façon à donner aux fils une direction quelconque différente de la première, on trouve toujours la même valeur pour le diamètre de l'image, de sorte que celle-ci est parfaitement circulaire.

Pour pouvoir rendre les observations comparables, on détermine toujours les coordonnées du centre du soleil. Supposons, par exemple, que l'on veuille déterminer l'heure du passage au méridien du centre du soleil : on observe à la lunette méridienne les heures des passages des deux bords verticaux de l'image, et il est clair que la moyenne arithmétique des temps observés est l'heure du passage au méridien du centre du soleil. Si l'observation a été faite avec une pendule sidérale bien réglée, le temps observé est l'ascension droite du centre du soleil au moment de son passage au méridien ou encore au moment de l'observation.

Si de même on observe au cercle méridien ou au cercle mural les déclinaisons des deux bords horizontaux du soleil, corrigées bien entendu de la réfraction, la demi-somme de ces deux déclinaisons sera la déclinaison du centre du soleil au moment de l'observation. Plus généralement, on pourra observer à un instant quelconque soit la déclinaison et l'angle horaire du centre du soleil avec un équatorial, soit la hauteur et l'azimut de ce centre avec un théodolite, et en déduire, connaissant l'heure sidérale de l'observation, l'ascension droite et la déclinaison du centre du soleil à cet instant ; il suffira de prendre des précautions analogues à celles que nous venons d'indiquer relativement à l'emploi de l'instrument méridien.

58. Écliptique. Équinoxes. Solstices. Tropiques. Cercles polaires. Saisons. — Imaginons que l'on ait déterminé à divers instants aussi rapprochés qu'on voudra, et pendant une période de temps aussi longue qu'on voudra, l'ascension droite et la déclinaison du centre du soleil. Si l'on reporte les positions successives ainsi observées sur un globe, ou plutôt si l'on se sert des moyens infiniment plus parfaits que le calcul met à notre disposition, on arrive à ce résultat que :

Le soleil décrit, dans son mouvement apparent sur la sphère céleste, un grand cercle incliné sur l'équateur ; ce mouvement, sensiblement mais non rigoureusement uniforme, se fait dans le sens direct.

Le grand cercle décrit par le soleil a reçu le nom d'*écliptique* ; le plan de l'écliptique coupe le plan de l'équateur QQ′ (fig. 61) suivant une ligne γγ′ qui est la *ligne des équinoxes* : les points γ et γ′ eux-mêmes sont les *équinoxes*. Le mouvement du soleil s'effectue dans le sens direct indiqué sur la figure par une flèche ;

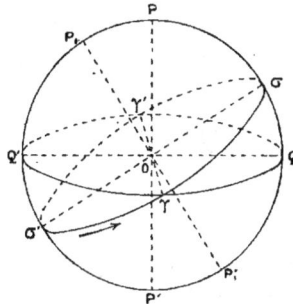

Fig. 61.

le point γ où le soleil rencontre l'équateur en passant de l'hémisphère austral dans l'hémisphère boréal est l'*équinoxe du printemps* ou *point vernal* : c'est ce point que l'on adopte comme origine des ascensions droites ; c'est par suite l'angle horaire de ce point qui mesure le temps sidéral. Le point γ′ où le soleil rencontre l'équateur en passant de l'hémisphère boréal dans l'hémisphère austral est l'*équinoxe d'automne*.

Le diamètre σσ′ de l'écliptique perpendiculaire à γγ′ est la *ligne des solstices* ; le point σ, situé dans l'hémisphère boréal, est le *solstice d'été* ; le point σ′ situé dans l'hémisphère austral, est le *solstice d'hiver*.

L'angle du plan de l'écliptique avec le plan de l'équateur est l'*obliquité de l'écliptique* ; sa valeur, qui peut se déduire du calcul indiqué précédemment, est de 23°27′ environ.

Les *pôles de l'écliptique* sont les extrémités du diamètre P₁P′₁ perpendiculaire au plan de l'écliptique. P₁ est le pôle boréal,

P′, le pôle austral. Si P et P′ sont les pôles boréal et austral de l'équateur, les arcs PP, et P′P′, sont mesurés précisément par l'obliquité de l'écliptique.

Les petits cercles de la sphère céleste dont les plans sont parallèles à celui de l'équateur et passent par les solstices σ et σ' reçoivent les noms de *tropique du Cancer* et *tropique du Capricorne*; le premier est dans l'hémisphère boréal, le second dans l'hémisphère austral.

Les petits cercles dont les plans sont parallèles à celui de l'équateur et qui passent par les pôles P, et P′, de l'écliptique sont le *cercle polaire arctique* ou *boréal* et le *cercle polaire antarctique* ou *austral*.

Les cônes qui ont pour sommet le centre de la terre supposé en coïncidence avec le centre de la sphère céleste, et pour bases les tropiques et les cercles polaires, déterminent sur la terre des parallèles qui, portent les mêmes noms; la latitude géographique d'un tropique est égale en valeur absolue à l'obliquité de l'écliptique; la latitude d'un cercle polaire est égale en valeur absolue au complément de cette obliquité. Les tropiques et les cercles polaires partagent la terre en cinq zones qui, en partant du pôle nord, sont : la *zone glaciale arctique*, la *zone tempérée boréale*, la *zone torride*, la *zone tempérée australe*, la *zone glaciale antarctique*.

Le temps que met le soleil, partant de l'équinoxe du printemps pour y revenir, diffère peu, comme nous l'avons déjà dit, de l'année civile; nous en parlerons plus loin.

Le mouvement du soleil se faisant dans le sens direct, le soleil partant du point γ passe ensuite successivement par les points σ, γ' et σ'. Les temps qu'il met à parcourir les quatre arcs $\gamma\sigma$, $\sigma\gamma'$, $\gamma'\sigma'$, $\sigma'\gamma$ sont les *saisons*; les saisons qui correspondent respectivement à ces quatre arcs sont le *printemps*, l'*été*, l'*automne*, l'*hiver*.

Les saisons n'ont pas des durées égales, car, comme nous l'avons déjà dit, le mouvement angulaire du soleil dans l'écliptique n'est pas rigoureusement uniforme.

59. Coordonnées écliptiques. Longitude et latitude. — Au lieu de définir la position d'un astre A sur la sphère céleste par son ascension droite et sa déclinaison, on peut encore le faire à l'aide de deux nouvelles coordonnées en·prenant pour grand cercle fondamental l'écliptique EE′ et pour pôle principal le pôle boréal P_1 de l'écliptique (fig. 62). Si le demi-grand cercle $P_1AP'_1$ rencontre l'écliptique en A′, l'arc γA′ compté dans le sens direct à partir de l'équinoxe du printemps, de 0° à 360°, est la longitude de A; l'arc A′A compté de 0° à + 90° ou de 0° à — 90°, suivant le cas, est la latitude de A.

Ces coordonnées célestes ne doivent pas être confondues avec les coordonnées géographiques de mêmes noms.

La longitude et la latitude d'un astre ne s'observent pas directement,

FIG. 62.

mais on peut les calculer connaissant l'ascension droite et la déclinaison, et inversement; pour faire ce calcul, il faut encore connaître l'obliquité de l'écliptique.

60. Mouvement du soleil en longitude, en ascension droite et en déclinaison. — La latitude du soleil est toujours nulle. Sa longitude, que l'on peut calculer comme nous venons de le dire, après chaque observation, va constamment en croissant d'une façon sensiblement uniforme; il en est de même de son ascension droite; nous étudierons avec plus de détails les variations de ces deux quantités dans les chapitres suivants.

Le printemps commence chaque année vers le 20 mars; pendant toute sa durée, la déclinaison du soleil est boréale; elle croît d'abord rapidement pour devenir maxima au moment où le printemps finit et l'été commence, c'est-à-dire vers le 21 juin: Pσ étant en effet la plus courte distance sphérique du pôle nord P à l'écliptique (fig. 61), l'arc σQ est la plus grande déclinaison possible d'un point situé sur l'écliptique. La déclinaison passant alors par un maximum varie très lentement, de sorte que, pendant plusieurs jours consécutifs, le soleil, ayant une déclinaison sensiblement constante, s'élève à la même hauteur au-dessus de l'horizon; de là vient le nom de solstice donné à ce moment (sol stat).

Pendant l'été, qui se termine vers le 22 septembre, la déclinaison du soleil est toujours boréale, mais va en diminuant

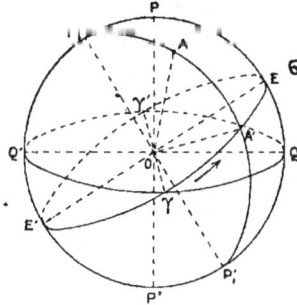

constamment et s'annule au moment de l'équinoxe d'automne. Pendant l'automne, la déclinaison du soleil est australe, et augmente constamment en valeur absolue; elle atteint son maximum au moment du solstice d'hiver qui arrive vers le 21 décembre. Enfin, pendant l'hiver, la déclinaison du soleil est toujours australe et diminue en valeur absolue jusqu'à ce qu'elle s'annule au moment de l'équinoxe du printemps. Pour donner une idée exacte de la rapidité avec laquelle varie la déclinaison du soleil, disons que cette variation est par jour de 24′ au 20 mars, de 20′ au 20 avril, de 12′ au 20 mai, de 6′ au 5 juin et de 2′ seulement au 15 juin. Les mêmes phénomènes se reproduisent pendant les autres saisons dans le même ordre ou en ordre inverse, à des époques également éloignées de l'équinoxe qui commence ou qui termine cette saison.

Ajoutons que, pendant un temps assez court, un jour par exemple, le mouvement du soleil en longitude, en ascension droite et en déclinaison peut être considéré sans erreur sensible comme uniforme, surtout aux environs des équinoxes.

61. Détermination de l'écliptique. — Les éléments de l'écliptique, c'est-à-dire son obliquité et la position du point vernal sur l'équateur, peuvent être déterminés avec précision par les calculs que nous avons déjà indiqués. Il est important de savoir faire cette détermination par des observations simples et directes que nous allons décrire maintenant.

1° *Détermination de l'obliquité de l'écliptique.* — D'après ce que nous avons dit au numéro précédent, au solstice d'été par exemple, la déclinaison du soleil est maxima et varie très lentement, de sorte qu'il est facile de déterminer son maximum par une observation continue; mais on voit tout de suite que la valeur de ce maximum est précisément égale à l'obliquité de l'écliptique : pour déterminer celle-ci, il suffira donc d'observer la déclinaison maxima du soleil au moment du solstice d'été.

2° *Détermination de la position du point vernal.* — Comme le point vernal est l'origine des ascensions droites, ce n'est qu'après avoir déterminé son ascension droite provisoire, par rapport à une origine arbitrairement choisie, que l'on peut ensuite le prendre pour origine définitive. Observons le soleil à deux époques assez rapprochées, et supposons la première déclinaison observée négative, la seconde positive : les deux époques d'observation comprennent par conséquent l'équinoxe du printemps. Soient S et S′ les deux positions observées du soleil (fig. 63), α et α', δ et δ' les ascensions droites et les déclinaisons correspondantes ; pendant l'intervalle de temps considéré, on peut considérer l'ascension droite et la déclinaison du soleil comme variant d'une façon uniforme ; par suite, si l'on mène des points S et S′ des arcs de grand cercle SS₁, S′S′₁

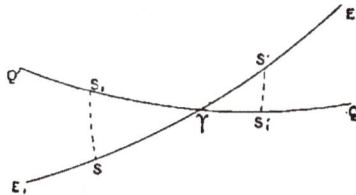

FIG. 63.

perpendiculaires sur l'équateur QQ′, les petits triangles sphériques SγS₁, S′γS′₁ peuvent être considérés comme rectilignes et ayant les côtés proportionnels. On a donc

$$\frac{\gamma S_1}{\gamma S'_1} = \frac{SS_1}{S'S'_1};$$

si A est l'ascension droite du point γ, cette proportion peut s'écrire

$$\frac{A - \alpha}{\alpha' - A} = -\frac{\delta}{\delta'},$$

et l'on en tire

$$A = \alpha - \frac{\delta\,(\alpha' - \alpha)}{\delta' - \delta}.$$

Cette formule détermine l'ascension droite du point γ par rapport à l'origine provisoirement adoptée.

On peut de même calculer l'époque T de l'équinoxe ; si t et t' sont les époques des deux observations, on a encore la proportion

$$\frac{T - t}{t' - T} = -\frac{\delta}{\delta'},$$

d'où l'on tire

$$T = t - \frac{\delta\,(t' - t)}{\delta' - \delta}.$$

On peut faire le même calcul au moment de l'équinoxe d'automne, et l'on vérifie ainsi par l'expérience que ce point est diamétralement opposé au point vernal.

Application. — Le 20 mars 1895, à midi moyen (nous verrons plus loin la définition précise du temps moyen qui ne diffère pas du temps civil), on a

$$\alpha = 23^h 58^m 38^s, 3, \ \hat{\epsilon} = -0^o 8' 52'',$$

et le 21 mars à midi moyen, on a

$$\alpha' = 0^h 2^m 16^s, 8, \ \hat{\epsilon}' = +0^o 14' 50''.$$

On en déduit, en augmentant α' de 24 heures,

$$A = 23^h 58^m 38^s, 3 + \frac{8' 52''}{23' 42''} \times 3^m 38^s, 5 = 24^h 0^m 0^s.$$

En prenant le midi moyen du 20 mars pour origine du temps et le jour moyen pour unité, on a encore

$$T = \frac{8' 52''}{23' 42''} = 0^j, 374 = 8^h 58^m.$$

De même, le 22 septembre 1895 à midi moyen, on a

$$\alpha = 11^h 57^m 6^s, 3, \ \hat{\epsilon} = +0^o 18' 50'',$$

et le 23 septembre à midi moyen,

$$\alpha' = 12^h 0^m 42^s, 0, \ \hat{\epsilon}' = -0^o 4' 34''.$$

On en déduit $12^h 0^m 0^s$ pour l'ascension droite de l'équinoxe d'automne; l'époque de cet équinoxe est le 23 septembre à $7^h 19^m$ du matin.

62. Zodiaque. Constellations zodiacales. — Les anciens ont donné le nom de *zodiaque* à une zone dont les bases, parallèles au plan de l'écliptique, ont des latitudes de $+ 8^o$ et $- 8^o$. Cette zone était partagée en douze parties égales par douze arcs de grand cercle perpendiculaires à l'écliptique, le premier d'entre eux passant par le point vernal : chacune de ces parties était un *signe du zodiaque*. On voit que le soleil parcourt successivement les douze signes du zodiaque à partir de l'équinoxe du printemps : le temps qu'il met à parcourir chacun d'eux est voisin d'un mois.

Les signes du zodiaque ont reçu des anciens les noms des constellations qui s'y trouvaient renfermées, et qui sont les *constellations zodiacales*, savoir : le *Bélier*, le *Taureau*, les *Gémeaux*, le *Cancer*, le *Lion*, la *Vierge*, la *Balance*, le *Scorpion*, le *Sagittaire*, le *Capricorne*, le *Verseau* et les *Poissons*. Il est facile de retenir ces noms dans leur ordre, en apprenant les deux vers suivants :

Sunt : Aries, Taurus, Gemini, Cancer, Leo, Virgo,
Libraque, Scorpius, Arcitenens, Caper, Amphora, Pisces.

Le soleil traverse par suite dans son mouvement ces douze constellations, et du temps des anciens son passage à travers ces constellations coïncidait avec son passage à travers les signes de même nom. Il n'en est plus de même maintenant : la cause en est un phénomène que nous étudierons plus loin sous le nom de précession des équinoxes : nous verrons qu'au moment de l'équinoxe du printemps, c'est-à-dire quand le soleil entre dans le *signe* du Bélier, il est encore dans la *constellation* des Poissons. La coïncidence entre les signes du zodiaque et les constellations de mêmes noms n'existe donc plus.

CHAPITRE II

MOUVEMENT ELLIPTIQUE DU SOLEIL

63. Marche à suivre pour déterminer l'orbite du soleil. — Ce que nous avons dit dans le chapitre précédent prouve simplement que le soleil se meut sur une orbite située tout entière dans un plan, et que ce plan contient lui-même la terre : en outre, nous avons appris à déterminer la position de ce plan, qui est celui de l'écliptique.

Pour déterminer la nature de la courbe décrite par le soleil dans le plan de l'écliptique et la loi suivant laquelle il décrit

cette courbe, on peut procéder de la façon suivante. Après
chaque observation du soleil, on peut, comme nous l'avons déjà
dit, calculer sa longitude, c'est-à-dire l'angle γOS que fait la
droite OS qui va de l'observateur au soleil avec la ligne γ'Oγ des

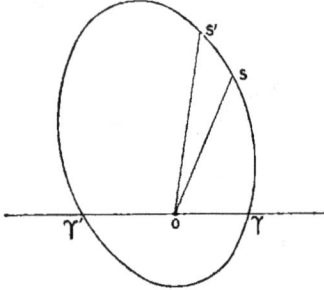

Fig. 64.

équinoxes (fig. 64). On peut aussi
calculer, comme nous allons le
dire plus loin, la longueur du
rayon vecteur OS. Si donc on fait
dans l'année des observations
répétées du soleil, on connaîtra
autant de points S,S',... de la
courbe inconnue qu'il décrit, et
connaissant ces points, on pourra
déterminer cette courbe avec précision ; si en outre on connaît les
époques des observations, on pourra déterminer aussi la loi
suivant laquelle le soleil décrit son orbite.

64. Diamètre apparent du soleil. — Pour calculer la
distance du soleil à la terre au moment de chaque observation,

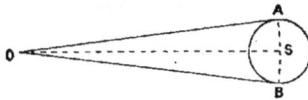

Fig. 65.

on mesure son *diamètre apparent*, c'est-à-dire l'angle sous
lequel on le voit.

Le soleil est une sphère S
(fig. 65) : coupons cette sphère par
un plan passant par son centre et par le point O d'où on l'observe, et menons les tangentes OA,OB au cercle d'intersection ;
l'angle AOB est l'angle sous lequel on voit le soleil du point O,
c'est-à-dire le diamètre apparent du soleil.

Le diamètre apparent du soleil, ou plus généralement d'un
astre quelconque dont l'image est circulaire, se mesure facilement : il est évidemment égal à la différence des hauteurs des
deux bords horizontaux ou des déclinaisons des deux bords
parallèles à l'équateur. Toute observation de hauteur ou de
déclinaison du soleil, faite comme nous l'avons déjà dit, fournira
donc en même temps le diamètre apparent de soleil.

65. Évaluation de la distance du soleil à la terre. —
Si R est le rayon du soleil, ou plus généralement de l'astre
observé, d la distance de son centre au point d'observation O,

δ son diamètre apparent, le triangle OSA rectangle en A donne la relation

$$R = d \sin \frac{\delta}{2},$$

ce qui nous montre que *la distance du soleil est inversement proportionnelle au sinus de son demi-diamètre apparent*.

Comme δ est petit, environ un demi-degré, on peut sans erreur sensible confondre $\sin \frac{\delta}{2}$ avec $\frac{\delta}{2}$ exprimé en parties du rayon, et écrire

$$2R = d\delta,$$

c'est-à-dire que la *distance du soleil à la terre est inversement proportionnelle à son diamètre apparent*.

Cette proposition nous permet de calculer la distance du soleil à la terre à chaque instant ; on a en effet :

$$d = \frac{2R}{\delta}.$$

Il est vrai que nous ne connaissons pas R ; mais il faut remarquer que nous n'avons pas besoin de connaître cette quantité pour effectuer les opérations indiquées au n° 63 : en lui donnant une valeur arbitraire, on obtiendra une courbe homothétique à celle qui est véritablement décrite par le soleil, le centre d'homothétie étant le point O (fig. 64), et en outre la loi du mouvement du soleil sur son orbite ne sera pas changée.

En réalité, ce ne sont pas les distances mêmes du soleil à la terre qui nous sont nécessaires, mais des quantités proportionnelles à ces distances : le théorème précédent nous fournit ces quantités à chaque instant par la mesure du diamètre apparent du soleil.

66. Le soleil décrit une ellipse dont la terre occupe un des foyers. — Si le diamètre apparent du soleil était constant, l'orbite du soleil serait un cercle ayant pour centre la terre. Il n'en est pas ainsi : le diamètre apparent du soleil atteint un maximum égal à 32′36″ vers le 1er janvier, puis il diminue constamment, et devient minimum vers le 1er juillet ;

sa valeur est alors 31′32″; il augmente ensuite constamment jusqu'au 1ᵉʳ janvier, et ainsi de suite.

La distance du soleil à la terre est donc maxima vers le 1ᵉʳ juillet, et minima vers le 1ᵉʳ janvier; entre ces deux époques, elle augmente ou diminue d'une façon continue. L'orbite du soleil est donc semblable à la courbe représentée par la figure 66;

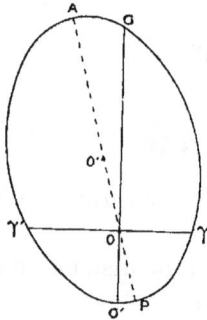

γγ′ est la ligne des équinoxes, σσ′ celle des solstices; le point A qui correspond à la distance maxima est l'*apogée*; le point P qui correspond à la distance minima est le *périgée* de l'orbite du soleil. Ces deux points se trouvent en ligne droite avec la terre O : cette ligne AP est la ligne des *apsides*.

Si l'on étudie avec soin la courbe décrite par le soleil, on reconnaît que c'est une ellipse, dont le point O est un foyer et dont la ligne AP des apsides est le grand axe. Donc :

FIG. 66.

Le soleil décrit autour de la terre, dans le plan de l'écliptique et dans le sens direct, une ellipse dont la terre occupe un des foyers.

On constate en outre que :

Le grand axe de cette ellipse est incliné d'environ 11° 8′ sur la ligne des solstices, c'est-à-dire que la longitude du périgée P est 281° 8′.

L'*excentricité* de cette ellipse est facile à calculer, au moins d'une façon approchée. Si O′ est le centre de l'ellipse, l'excentricité est

$$e = \frac{OO'}{O'A} = \frac{\dfrac{OA - OP}{2}}{\dfrac{OA + OP}{2}} = \frac{OA - OP}{OA + OP}.$$

Si δ_1 et δ_2 sont les valeurs maxima et minima du diamètre apparent, on a donc, en vertu de ce qui a été dit précédemment :

$$e = \frac{\dfrac{1}{\delta_2} - \dfrac{1}{\delta_1}}{\dfrac{1}{\delta_2} + \dfrac{1}{\delta_1}} = \frac{\delta_1 - \delta_2}{\delta_1 + \delta_2}.$$

Les valeurs de δ_1 et δ_2 rapportées plus haut donnent $e = \dfrac{1}{60}$ environ.

Cette excentricité est très faible, et par suite l'orbite du soleil est très voisine d'une circonférence.

67. Mouvement du soleil en longitude. Loi des aires.

— Étudions maintenant le mouvement du soleil en longitude, c'est-à-dire cherchons la loi suivant laquelle le soleil décrit son orbite.

Soient λ et λ' les longitudes du soleil à deux époques t et t' suffisamment rapprochées ; entre ces deux époques, le soleil peut être considéré comme animé d'un mouvement uniforme en longitude, et $\dfrac{\lambda' - \lambda}{t' - t}$ sera, si $t' - t$ est exprimé en jours et fractions de jour, la *vitesse angulaire* du soleil pendant un jour, ou simplement sa vitesse angulaire.

Si cette vitesse angulaire était constante, le rayon vecteur du soleil tournerait d'un mouvement uniforme ; mais il n'en est pas ainsi. La vitesse angulaire du soleil atteint un maximum égal à $1° 1' 10''$ vers le 1er janvier, et un minimum égal à $57' 11''$ vers le 1er juillet : entre ces deux époques elle augmente ou diminue constamment.

On remarque immédiatement que la vitesse angulaire du soleil et son diamètre apparent varient toujours dans le même sens et atteignent en même temps leurs plus grandes et leurs plus petites valeurs : avec plus d'attention, on reconnaît que *la vitesse angulaire du soleil varie proportionnellement au carré du diamètre apparent, et par suite en raison inverse du carré de la distance du soleil à la terre.*

FIG. 67.

Si ω est la vitesse angulaire du soleil et d sa distance à la terre, le produit ωd^2 garde donc une valeur constante.

Soient alors S et S' (fig. 67) les deux positions du soleil aux époques t et t', très rapprochées l'une de l'autre ; soit SS' l'arc d'ellipse décrit pendant cet intervalle de temps, et envisageons le secteur OSS' balayé par le rayon vecteur du soleil pendant ce même intervalle. L'arc SS' peut être considéré comme un arc de cercle de centre O, et par suite l'aire du secteur OSS' a pour valeur $\pi \, \overline{OS}^2 \dfrac{SOS'}{360°}$. Mais l'angle SOS' est égal à $\omega \, (t' - t)$, ω étant exprimé en degrés, et $t' - t$ en fractions de jour; l'aire du secteur considéré est donc égale à $\dfrac{\pi \omega d^2 (t' \quad t)}{360}$.

Or le produit ωd^2 est constant; l'aire du secteur est donc proportionnelle au temps $t' - t$ employé par le rayon vecteur pour le décrire.

Ce résultat s'étend immédiatement à un secteur quelconque correspondant à un intervalle de temps $t' - t$ aussi grand qu'on veut : il suffit en effet de décomposer ce secteur en secteurs plus petits et d'appliquer à ceux-ci le théorème précédent. On peut donc énoncer la loi suivante, connue sous le nom de *loi des aires :*

Les aires décrites par le rayon vecteur du soleil sont proportionnelles aux temps employés à les décrire.

68. Longitude du soleil. Équation du centre. — La loi des aires permet de calculer la longitude du soleil en fonction du temps; sans entrer dans le détail des opérations nécessaires, indiquons seulement les résultats auxquels on parvient. Imaginons un *soleil fictif* tournant autour de la terre avec une vitesse angulaire constante, et coïncidant toujours avec le soleil vrai au moment du périgée, et par suite aussi au moment de l'apogée, puisque la ligne des apsides partage l'orbite du soleil en deux parties égales, et par conséquent décrites dans le même temps. La *longitude moyenne* du soleil sera la longitude de ce soleil fictif: elle varie proportionnellement au temps. La *longitude vraie* du soleil est la somme de la longitude moyenne et d'une seconde partie appelée *équation du centre :* cette seconde partie est toujours assez faible à cause du peu d'excentricité de l'orbite du soleil.

Au périgée, l'équation du centre est nulle; puis elle augmente jusqu'à un certain maximum égal à $1° 55' 33''$, et elle diminue ensuite pour redevenir nulle à l'apogée. Elle continue à diminuer et devient par suite négative; elle atteint en valeur absolue un maximum égal au précédent et s'annule de nouveau au périgée.

Il est facile de comprendre qu'il doit en être ainsi, puisque, au moment du périgée, le soleil a une vitesse angulaire maxima, et par suite plus grande que la vitesse angulaire du soleil fictif, de sorte qu'il prend l'avance sur celui-ci et que l'équation du centre est positive ; au moment de l'apogée, la vitesse angulaire du soleil étant minima, le contraire se produit.

L'équation du centre peut se calculer connaissant la longitude moyenne. Pour calculer cette dernière elle-même, il faut connaître sa valeur L_0 à une certaine époque t_0, et sa variation n par jour : si alors L est la longitude moyenne à l'époque t, et si l'on exprime $t - t_0$ en jours et L_0 ainsi que n en degrés, on aura :

$$L = L_0 + n \ (t - t_0).$$

On peut facilement déduire l'excentricité de l'orbite solaire des valeurs maxima et minima, ω_1 et ω_2, de sa vitesse angulaire. Procédant comme au n° 66, on trouvera

$$e = \frac{\sqrt{\omega_1} - \sqrt{\omega_2}}{\sqrt{\omega_1} + \sqrt{\omega_2}} = \frac{1}{60}.$$

En réalité, on ne procède pas de cette façon qui n'offre que peu d'exactitude : on déduit l'excentricité, par des procédés que nous n'avons pas à expliquer ici, du maximum facile à observer de l'équation du centre, et l'on trouve

$$e = 0,01677.$$

69. Inégalité des saisons. — Nous avons déjà dit que les durées des saisons étaient inégales : il est maintenant facile d'en comprendre la raison. Si nous nous reportons à la figure 66 et si nous appliquons la loi des aires, nous voyons que les durées du printemps, de l'été, de l'automne et de l'hiver sont respectivement proportionnelles aux aires des quatre secteurs elliptiques $\gamma O\sigma$, $\sigma O\gamma'$, $\gamma'O\sigma'$, $\sigma'O\gamma$, et ces aires sont manifestement inégales, d'abord parce que le point O n'est pas le centre, mais un foyer de l'ellipse décrite par le soleil, ensuite parce que le grand axe AP de l'ellipse est incliné sur la ligne $\sigma\sigma'$. Il est facile de s'assurer que la saison la plus longue est l'été, qui dure

$93^j 14^h$(1); ensuite vient le printemps qui dure $92^j 21^h$; puis l'automne, qui dure $89^j 19^h$, et enfin l'hiver, qui dure $89^j 0^h$.

Le printemps et l'été réunis durent $186^j 11^h$, tandis que l'automne et l'hiver réunis durent $178^j 19^h$: le soleil reste donc environ 8 jours de plus dans l'hémisphère boréal que dans l'hémisphère austral.

Remarque. — Les anciens avaient déjà remarqué que le mouvement du soleil en longitude n'était pas uniforme, et ils avaient essayé de représenter son mouvement en supposant qu'il décrivait d'une façon uniforme une circonférence dont le centre ne coïncidait pas avec la terre. C'est *Képler* qui, le premier, découvrit les lois qui régissent véritablement le mouvement du soleil ; ces lois s'appliquent plus généralement : nous les retrouverons plus tard sous le nom de *lois de Képler*.

CHAPITRE III

DISTANCE DU SOLEIL A LA TERRE. — DIMENSIONS DU SOLEIL

70. Parallaxe du soleil. — La distance du soleil à la terre ne peut pas être regardée comme infinie par rapport aux dimensions de la terre, puisque le soleil nous apparaît avec un diamètre apparent sensible. Il en résulte tout d'abord que pour pouvoir rendre comparables les observations du soleil faites en divers points de la terre, il faut les rapporter à un même point de celle-ci : on en choisit naturellement le centre T (fig. 68).

Si du point A de la surface de la terre, de zénith Z, on voit le soleil S dans la direction AS, du point T, au même moment, on le voit dans la direction TS. Comme le plan ATS est vertical,

---

(1) Il s'agit ici, comme dans tout ce chapitre, de jours civils ; le jour civil sera défini plus loin avec précision.

l'azimut du soleil est le même dans les deux cas ; il n'en est pas de même de la distance zénithale, qui est SAZ ou z' dans le premier cas, et STZ ou z dans le second ; comme on a d'ailleurs

$$z' = z + \text{TSA},$$

on voit que la distance zénithale *géocentrique* est égale à la distance zénithale observée, diminuée de l'angle TSA : si l'on connaît cet angle, on peut donc aisément rapporter au centre de la terre une observation quelconque faite en A.

Cet angle est la *parallaxe* du soleil : c'est l'angle sous lequel on voit du soleil le rayon TA au moment de l'observation.

Si le soleil est en S' dans l'horizon du point A au moment de l'observation,

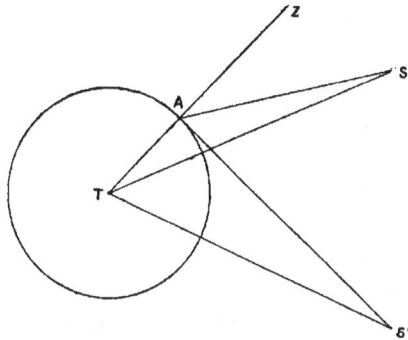

Fig. 68.

la parallaxe TS'A est dite *horizontale* ; dans les autres cas, c'est une *parallaxe de hauteur*.

Soit p' la parallaxe de hauteur TSA et p la parallaxe horizontale correspondante, c'est-à-dire que l'on suppose TS'=TS. Les triangles TAS' et TAS donnent

$$\text{TA} = \text{TS}' \sin p,$$
$$\frac{\text{TA}}{\text{TS}} = \frac{\sin p'}{\sin z'},$$

d'où, à cause de TS'=TS, on déduit

$$\sin p' = \sin p \, \sin z'.$$

Il suffit donc de connaître p pour obtenir immédiatement la parallaxe de hauteur p', en se servant de la distance zénithale observée z' ; on a ensuite $z = z' - p'$.

Si p et p' sont suffisamment petits, on peut confondre les arcs avec leurs sinus et écrire simplement

$$p' = p \sin z'.$$

Comme en outre la terre n'est pas rigoureusement sphérique, on distingue encore la *parallaxe horizontale équatoriale*, qui est (la distance TS restant toujours la même) celle qui correspond au cas où le lieu d'observation A est dans l'équateur ; comme alors TA est maximum, cette parallaxe est la plus grande possible. Quand on la connaît, on obtient aisément la parallaxe horizontale pour un lieu terrestre quelconque, en se servant de la latitude de ce lieu. Aussi nous occuperons-nous exclusivement de la parallaxe horizontale équatoriale du soleil, que nous appellerons simplement parallaxe du soleil. Remarquons encore que tout ce qui précède s'applique aussi bien à tout astre autre que le soleil ; les étoiles, à cause de leur éloignement infini, ont une parallaxe nulle.

Les observations dont nous parlerons seront toujours supposées corrigées de la parallaxe, c'est-à-dire rapportées au centre de la terre : nous avons déjà fait cette hypothèse implicitement pour les observations du soleil décrites antérieurement.

71. Distance moyenne du soleil à la terre. — Si r est le rayon TA de l'équateur terrestre, et si d est la distance TS du centre de la terre au soleil, on a, en appelant P′ la parallaxe de celui-ci

$$r = d \sin P' :$$

déterminer la distance du soleil à la terre ou la parallaxe du soleil est donc la même question.

Si a est le demi-grand axe de l'orbite du soleil, c'est-à-dire la *distance moyenne du soleil à la terre*, la parallaxe correspondante P est déterminée par

$$r = a \sin P.$$

On l'appelle *parallaxe moyenne* : elle est fort petite et égale à 8″,81 ; nous indiquerons plus tard quelques-uns des moyens qui ont servi à la déterminer. On en déduit aisément P′ puisque l'on a

$$\sin P' = \frac{a}{d} \sin P \; ;$$

confondant les sinus avec les arcs, à cause de la petitesse de ceux-ci, on peut écrire

$$P' = \frac{a}{d} \, 8'',81.$$

Si e est l'excentricité de l'orbite solaire, d varie entre $a(1-e)$ et $a(1+e)$; P′ varie donc entre $\frac{8'',81}{1-e}$ et $\frac{8'',81}{1+e}$; le maximum a lieu au périgée et a pour valeur $8'',96$; le minimum a lieu à l'apogée et a pour valeur $8'',66$.

Connaissant P, on a

$$a = \frac{r}{\sin P} \; ;$$

mais P étant très petit, on peut écrire

$$\sin P = \frac{2\pi \times 8,81}{1\,296\,000}$$

puisque la circonférence vaut $1\,296\,000$ secondes. On a donc

$$a = \frac{1\,296\,000 \; r}{8,81 \times 2\pi} \, .$$

La distance moyenne du soleil à la terre est trouvé ainsi égale environ à 23000 fois le rayon équatorial de celle-ci, c'est-à-dire, en nombres ronds, à 150 millions de kilomètres.

72. Dimensions du soleil. — Si R est le rayon du soleil et δ son diamètre apparent à la distance moyenne, on a, comme nous l'avons déjà dit

$$R = a \sin \frac{\delta}{2}$$

et par suite

$$R = r \, \frac{\sin \frac{\delta}{2}}{\sin P};$$

δ a pour valeur $32'3'',6$, d'où $\frac{\delta}{2} = 961''8$, et confondant les arcs avec les sinus, il vient

$$R = r \, \frac{961,8}{8,81}.$$

Le rayon du soleil vaut donc environ 109 fois le rayon équatorial de la terre; il est égal en nombres ronds à 700 000 kilomètres.

La masse du soleil peut être facilement déterminée par des méthodes qui n'ont pas leur place ici; on la trouve égale à 324 000 fois celle de la terre. La densité moyenne de la terre est, comme nous l'avons dit, 5,5; il en résulte que celle du soleil est environ $\frac{324\,000 \times 5,5}{109^3}$, c'est-à-dire 1,4.

CHAPITRE IV

DÉPLACEMENT DES PLANS DE L'ÉCLIPTIQUE ET DE L'ÉQUATEUR VARIATIONS DES ÉLÉMENTS DE L'ORBITE SOLAIRE

73. Précession et nutation. — Les choses ne se passent pas en réalité aussi simplement que nous l'avons dit jusqu'à présent. Les plans fondamentaux de l'écliptique et de l'équateur ne sont pas absolument fixes; les éléments de l'orbite solaire ne sont pas absolument constants. Nous allons indiquer sommairement en quoi consistent ces déplacements et ces variations.

Le plan de l'écliptique EE' (fig. 69) n'est pas fixe dans

l'espace : toutefois son déplacement est extrêmement lent, et nous en ferons ici abstraction, en supposant l'écliptique fixe.

Le plan de l'équateur se déplace aussi, mais ses déplacements sont plus importants : si $Q_0 Q'_0$ est la trace de l'équateur sur la sphère céleste à une certaine époque t_0, à une autre époque t, sa trace sera un nouveau grand cercle QQ'; par suite, si l'équinoxe du printemps était primitivement en γ_0, à la seconde époque, il se trouve en γ.

Pour définir la position de QQ' par rapport à l'écliptique et par rapport à $Q_0 Q'_0$, il faut connaître l'arc $\gamma_0\gamma$ et l'angle $E\gamma Q$, c'est-à-dire l'obliquité ε de l'écliptique à l'époque t. Ces deux quantités varient avec le temps ; mais leurs variations principales, les seules que nous considérions ici, sont de deux sortes : les unes sont proportionnelles au temps, et sont dites pour cette raison *séculaires* :

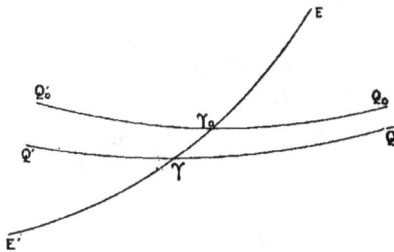

Fig. 69.

elles constituent la *précession*; les autres sont *périodiques*, c'est-à-dire ont pour effet de faire osciller les quantités $\gamma_0\gamma$ et ε autour de valeurs moyennes : elles constituent la *nutation*, découverte par l'illustre astronome anglais *Bradley* en 1736.

L'effet de la précession est le suivant : si l'intervalle de temps $t - t_0$ est exprimé en années juliennes de 365 jours un quart (voir chap. v), on a d'abord

$$\gamma\gamma_0 = 50'',2\,(t - t_0);$$

le point γ se déplace d'ailleurs toujours dans le sens rétrograde. En second lieu, si ε_0 est l'obliquité de l'écliptique à l'époque t_0, on a

$$\varepsilon - \varepsilon_0 = -0'',48\,(t - t_0).$$

En d'autres termes, le point γ rétrograde de $50'',2$ par an sur l'écliptique, et l'obliquité de l'écliptique diminue de $0'',48$ par an.

La valeur de l'obliquité de l'écliptique au 1er janvier 1850 était $23° 27' 32''$.

Relativement à la nutation, nous dirons simplement qu'elle

fait osciller l'arc $\gamma\gamma_0$ autour de sa valeur moyenne don̶ ̶ ̶ ̶ ̶ar la formule précédente, d'une quantité qui n'excède pas 18″; de même l'obliquité de l'écliptique oscille autour de sa valeur moyenne de 9″ environ : la période de ces oscillations est d'environ 18 ans $\frac{2}{3}$.

La position moyenne de l'équinoxe déterminée en ne tenant compte que de la précession est l'*équinoxe moyen* à l'époque t : si en outre on tient compte de la nutation au temps t, on a l'*équinoxe vrai* à cette époque. On distinguera de même l'*obliquité moyenne* et l'*obliquité vraie* de l'écliptique.

On peut se représenter aisément les phénomènes de précession et de nutation de la façon suivante.

Si l'on néglige la variation séculaire très faible de l'obliquité de l'écliptique, tout se passe en vertu de la précession, comme

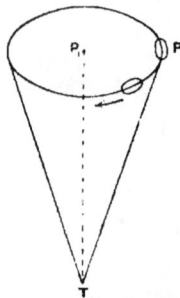

Fig. 70.

si l'axe TP de la terre (fig. 70) décrivait lentement autour de la perpendiculaire TP₁ au plan de l'écliptique un cône de révolution ayant pour demi-angle au sommet l'obliquité constante de l'écliptique, puisque l'angle des droites TP et TP₁ est égal à cette obliquité. Ce mouvement se fait d'ailleurs dans le sens rétrograde, comme celui du point γ, et est uniforme, puisque l'arc $\gamma_0\gamma$ varie proportionnellement au temps ; sa période est facile à calculer : l'axe de la terre aura en effet achevé sa révolution sur ce cône lorsque l'arc $\gamma_0\gamma$ sera de 360°, c'est-à-dire au bout d'un nombre d'années égal à $\dfrac{1\,296\,000}{50,2}$, soit 26 000 environ.

En vertu de la nutation, pendant le mouvement précédent, l'axe de la terre oscille d'une façon périodique en décrivant une petite ellipse autour de sa position moyenne, l'amplitude de cette oscillation étant de 18″ environ dans le sens du mouvement et de 9″ dans le sens perpendiculaire, et sa période de 18 ans $\frac{2}{3}$.

74. Variations des éléments de l'orbite solaire. — Le mouvement du soleil lui-même dans le plan de l'écliptique

n'es⬛⬛ réglé d'une façon absolue par les lois de Képler énon-
cées précédemment. Sa longitude et son rayon vecteur sont
soumis à de petits écarts très faibles, et de même sa latitude
n'est pas rigoureusement nulle. Les éléments de l'orbite elle-
même ne sont pas fixes ; ils subissent des variations périodiques et séculaires. Nous bornant à ces dernières, nous dirons
que l'excentricité diminue actuellement de 0,00004 par siècle,
ce qui correspond à une diminution de la distance apogée ou
une augmentation de la distance périgée d'environ 60 kilomètres par an. Toutefois cette diminution cessera pour faire
place à une augmentation, mais à une époque extrêmement
reculée. En outre, la longitude du périgée comptée à partir
d'un équinoxe fixe, augmente d'environ $11'',7$ par an : au
1er janvier 1850, rapportée à l'équinoxe moyen de cette date,
elle était égale à $280° 21' 22''$.

75. Précession des équinoxes. — Étudions maintenant
quelques-unes des principales conséquences des phénomènes
que nous venons de décrire. Revenons à la figure 69 et supposons qu'au temps t_0, le soleil soit en γ_0 équinoxe du printemps.
Quand le soleil reviendra, par suite de son mouvement propre,
à l'équinoxe du printemps, au temps t, un an après, ce sera en γ
qu'il rencontrera le nouvel équateur, l'arc $\gamma\gamma_0$ étant égal à $50'',2$
environ. Il en résulte que l'équinoxe reviendra avant que le
soleil soit revenu en γ_0, et par suite, il y aura avance ou *précession* de l'équinoxe; d'où le nom donné au phénomène décrit
plus haut. Le point équinoxial rétrograde sur l'écliptique, et
par suite l'équinoxe avance chaque année, c'est-à-dire qu'il a
lieu avant que le soleil ait repris la même position dans le ciel
par rapport aux étoiles.

Ceci nous explique pourquoi les signes du zodiaque ne
coïncident plus avec les constellations de mêmes noms.

Au temps d'Hipparque, vers l'an 140 av. J.-C., cette coïncidence avait lieu, c'est-à-dire que le point γ_0 était le commencement de la constellation du Bélier; mais depuis ce temps, c'est
à-dire depuis 2 035 ans, le point γ a rétrogradé d'environ 28° ;
par suite, ce n'est que lorsque le soleil a décrit 28° après
le point vernal dans l'écliptique qu'il entre dans la constellation du Bélier, c'est-à-dire près d'un mois après l'équi-

noxe : au moment de l'équinoxe, il ne fait qu'entrer dans la constellation des Poissons, tandis qu'il entre dans le signe du Bélier.

76. Variation des coordonnées d'une étoile. — La longitude d'un astre A est l'arc $\gamma A'$ compté sur l'écliptique EE' à partir du point γ, le point A' étant l'intersection des grands cercles EE' et P_1A (fig. 71). Comme le point γ n'est pas fixe sur l'écliptique, on voit qu'il est nécessaire, pour définir complètement la longitude d'un astre, de dire quel est l'équinoxe à partir duquel on la compte. La longitude rapportée à une époque donnée

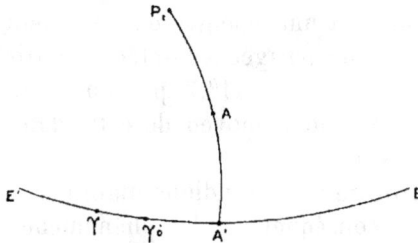

Fig. 71.

est comptée à partir de l'équinoxe correspondant à cette époque : elle est *vraie* ou *moyenne*, suivant qu'elle est comptée de l'équinoxe vrai ou de l'équinoxe moyen. Si l'on ne tient compte que de la précession telle que nous l'avons décrite, la longitude moyenne d'une étoile augmente de 50″,2 environ par an, puisque le point γ se déplace de cette quantité dans le sens rétrograde, inverse de celui dans lequel on compte les longitudes.

La latitude d'une étoile, constante dans l'hypothèse que nous venons de faire, subit en réalité de très petites variations.

De même, la position de l'équateur changeant avec le temps, l'ascension droite et la déclinaison d'un astre changent elles-mêmes suivant l'époque à laquelle on les rapporte. Ces coordonnées, rapportées à une époque donnée, sont d'ailleurs *vraies* ou *moyennes* suivant qu'on les compte à partir de l'équinoxe vrai ou moyen, relativement à l'équateur correspondant.

Ce que nous venons de dire explique pourquoi, si l'on ouvre deux catalogues différents d'étoiles, on ne trouve pas les mêmes nombres pour les coordonnées d'une même étoile : les deux catalogues ne sont pas en effet rapportés à la même date. L'étoile n'a pas changé de place dans le ciel ; c'est l'équateur et l'équinoxe qui se sont déplacés.

C'est ainsi que l'étoile polaire actuelle était à 12° du pôle lors des plus anciennes observations ; elle en est actuellement à 1°17′ et cette distance diminuera jusqu'en 2605 où elle ne sera plus que 26′ ; à partir de ce moment, la distance ira en augmentant jusqu'à 46° dans l'espace de 13 000 ans, et diminuera ensuite de nouveau. Le pôle de l'équateur se déplace en effet sur la sphère céleste : il est actuellement voisin de la Polaire, mais il s'en éloignera et passera successivement près de nouvelles étoiles parmi lesquelles nous citerons α du Cygne et Véga de la Lyre.

77. Variation de la durée des saisons. — Une conséquence de la précession et du mouvement de la ligne des apsides de l'orbite solaire est la variation des durées des saisons. Ces durées dépendent en effet, comme nous l'avons expliqué déjà, de la position de l'équinoxe par rapport à la ligne des apsides. Or celle-ci avançant dans le sens direct de 11″,7 par an, et en même temps l'équinoxe reculant de 50″,2 par an, il en résulte que l'angle formé par les directions de l'équinoxe et du périgée, compté dans le sens direct, augmente de 61 ,9 par an. Cet angle était de 270° vers l'an 1251 de notre ère : alors la ligne des apsides coïncidait avec celle des solstices, et d'après la loi des aires, le printemps était égal à l'été, l'automne à l'hiver. De même, quand cet angle sera égal à 360°, c'est-à-dire dans 4 800 ans environ, la ligne des apsides coïncidera avec celle des équinoxes, et l'hiver sera égal au printemps, l'été à l'automne.

CHAPITRE V

MESURE DU TEMPS — CALENDRIER

78. Temps sidéral. — En astronomie, on distingue plusieurs sortes de *temps* ou *heures*. Nous avons déjà parlé au n° 9 du *temps sidéral* : le temps sidéral en un lieu donné est l'angle horaire du point vernal à chaque instant. Mais il faut remarquer que, contrairement à ce que nous avions supposé, l'équinoxe du printemps n'est pas un point fixe dans le ciel. Le temps sidéral ne varie donc pas d'une façon uniforme ; mais il subit des variations qui correspondent aux déplacements de l'équinoxe lui-même. Si toutefois l'on ne tient compte que de la précession telle que nous l'avons décrite, et c'est ce que nous ferons toujours dorénavant, on voit que le temps sidéral varie d'une façon rigoureusement uniforme, et que par suite, le jour sidéral, c'est-à-dire l'intervalle de temps qui sépare deux passages supérieurs consécutifs du point vernal au méridien, est constant. Il faut faire attention seulement qu'à cause de la précession, le jour sidéral n'est pas absolument égal, comme nous l'avons dit jusqu'à présent, à l'intervalle de temps qui s'écoule entre deux passages supérieurs consécutifs d'une même étoile au méridien, c'est-à-dire encore au temps que met la terre à exécuter une révolution complète autour de son axe : la différence entre ces deux .temps est à la vérité très petite, et ne dépasse pas $\frac{1}{120}$ de seconde. Pendant un temps égal à la période de la précession, c'est-à-dire 26 000 ans environ, la terre a fait autour de son axe une révolution de moins qu'on n'a compté de jours sidéraux.

79. Temps solaire vrai. — Le temps sidéral n'est pas approprié aux usages de la vie courante, qui sont réglés par le soleil : il convient donc de mesurer le temps par le mouvement du soleil.

Le *temps solaire vrai*, ou simplement *temps vrai* en un lieu donné, est l'angle horaire du soleil à chaque instant. Le *jour solaire vrai* est l'intervalle de temps qui s'écoule entre deux passages supérieurs consécutifs au méridien.

Si l'on appelle, à un instant donné, t_s le temps sidéral, t_v le temps vrai, α l'ascension droite du soleil, on a la relation connue

$$t_s = t_v + \alpha ;$$

il en résulte que le jour solaire vrai n'a pas une durée constante, et que le temps vrai ne varie pas d'une façon uniforme ; pour qu'il en fût ainsi, il faudrait en effet, d'après la relation précédente, que l'ascension droite α du soleil variât elle-même comme t_s d'une façon uniforme, ce qui n'est pas, comme nous l'avons déjà dit.

L'ascension droite du soleil ne varie pas proportionnellement au temps : 1° parce que le mouvement du soleil en longitude n'est pas uniforme ; 2° parce que le plan de l'écliptique est incliné sur celui de l'équateur. Si L est la longitude moyenne du soleil, rapportée à chaque instant à l'équinoxe moyen, c'est-à-dire la longitude du *soleil fictif* défini au n° 68, et si C désigne l'équation du centre, la longitude du soleil vrai est

$$\lambda = L + C ;$$

on obtient l'ascension droite du soleil, rapportée au même

équinoxe, en ajoutant à λ une quantité périodique Q appelée *réduction à l'équateur*, de sorte que

$$\alpha = L + C + Q.$$

La réduction à l'équateur s'annule évidemment aux équinoxes et aux solstices ; entre ces intervalles elle est soit positive, soit négative, et atteint en valeur absolue un maximum égal à 2° 1/2 environ. On voit que l'ascension droite du soleil se compose de deux parties, l'une L qui varie proportionnellement au temps, d'après la définition du soleil fictif et la nature de la précession, l'autre C + Q qui est périodique.

80. Temps solaire moyen. — Le temps vrai ne variant pas d'une façon uniforme, il convient d'employer à sa place une troisième espèce de temps ne présentant pas ce désavantage ; c'est le *temps solaire moyen*, ou simplement *temps moyen*.

Imaginons un second soleil fictif, appelé *soleil moyen*, dont l'ascension droite α′ rapportée à l'équinoxe moyen de chaque instant, soit toujours égale à la première partie non périodique de α, c'est-à-dire à la longitude moyenne du soleil. Le temps moyen en un lieu donné est l'angle horaire du soleil moyen à chaque instant. Il se compte de 0^h à 24^h, comme le temps sidéral et le temps vrai, et varie d'une façon rigoureusement uniforme.

Le *jour solaire moyen* est le temps qui s'écoule entre deux passages supérieurs consécutifs du soleil moyen au méridien : il est constant. Il se divise en 24 heures, que l'on compte à partir de *midi moyen*, c'est-à-dire à partir du passage supérieur du soleil moyen au méridien.

Le *jour civil* commence à *minuit moyen*, 12 heures plus tôt que le jour moyen astronomique ; il se divise en deux périodes de 12 heures, les unes du matin, les autres du soir. C'est ainsi que le 21 janvier à 10^h10^m du matin est en temps moyen astronomique le 20 janvier à 22^h10^m.

Nous n'emploierons plus dorénavant que le temps moyen, à moins que le contraire ne soit spécifié.

Remarque. — Le temps étant toujours un angle horaire, quel que soit celui que l'on emploie, la différence des heures de même

nom en deux lieux différents est toujours égale à la différence
des longitudes de ces deux lieux (33).

81. Équation du temps. — Si l'on appelle t_m le temps
moyen, on a encore la relation

$$t_s = t_m + \alpha' ;$$

par comparaison avec la relation

$$t_s = t_v + \alpha,$$

on en déduit

$$t_m - t_v = \alpha - \alpha' = L + Q.$$

Cette différence entre le temps moyen et le temps vrai est
l'*équation du temps*. C'est aussi la différence entre l'ascension
droite du soleil vrai et celle du soleil moyen, ou encore la somme
de l'équation du centre et de la réduction à l'équateur. Cette

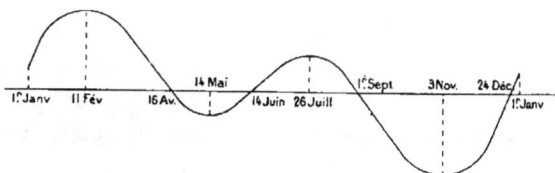

Fig. 72.

quantité est donc périodique : au 1ᵉʳ janvier, elle est égale à 4ᵐ
environ, puis elle va en croissant jusqu'au 11 février, et atteint
alors un maximum égal à $14^m 26^s$; elle diminue ensuite,
s'annule vers le 16 avril, devient négative et atteint en valeur
absolue un maximum égal à $3^m 52^s$ vers le 14 mai ; elle
croît de nouveau, s'annule vers le 14 juin, devient positive et
atteint vers le 26 juillet un maximum égal à $6^m 18^s$; elle
décroît ensuite, s'annule au 1ᵉʳ septembre, devient négative et
atteint vers le 3 novembre un minimum égal à $- 16^m 20^s$;
enfin, elle croît de nouveau, s'annule vers le 24 décembre, et
redevient positive. Le diagramme de la figure 72 représente les
variations de l'équation du temps. Le signe de l'équation du
temps explique pourquoi la durée du jour paraît quelquefois plus
longue le soir que le matin ou inversement. Ainsi, pendant le
mois de décembre, jusqu'au 24, l'équation du temps est négative ; par suite le midi vrai précède le midi moyen, de sorte que la

matinée paraît plus longue que la soirée ; à partir du 24 décembre et pendant le mois de janvier, l'équation du temps est positive, et le contraire se produit : en effet du 24 décembre au 6 janvier, les jours restent stationnaires dans la matinée et augmentent de 11^m dans la soirée. Ces apparences n'existeraient naturellement pas, si l'on employait le temps vrai.

82. Heure légale. — Ainsi que nous avons déjà eu occasion de le dire plusieurs fois, l'heure est différente en chaque lieu : elle dépend de la longitude. Cependant dans un pays de médiocre étendue, il est commode, surtout à cause des communications par chemin de fer, d'avoir partout la même heure : aussi la loi du 15 mars 1891 a-t-elle imposé comme *heure légale* en France et en Algérie le temps moyen de Paris. Les inconvénients dus à cette mesure sont loin d'être comparables aux avantages qui en résultent ; le plus grand écart entre l'heure locale et l'heure légale a lieu à Brest : il est égal à 27^{m}19^s.

Plus récemment, la plupart des pays civilisés ont adopté comme heure légale une heure déterminée de la façon suivante : si l'on divise la terre en 24 fuseaux égaux, chacun de 15 degrés, à partir du méridien de Greenwich, chaque capitale adopte pour heure légale l'heure locale du méridien qui sert d'origine au fuseau dans lequel elle est située, et chaque pays adopte l'heure de sa capitale. De cette façon la différence entre les heures légales de deux lieux différents est toujours égale à un nombre entier d'heures. C'est ainsi qu'en Europe on distingue trois heures : celle de l'Europe occidentale, qui est celle de Greenwich ; celle de l'Europe centrale, en avance d'une heure sur la précédente, et celle de l'Europe orientale, en avance de deux heures sur celle de Greenwich. Cette convention n'a pas été adoptée par la France.

83. Année tropique. Année sidérale. Rapport du jour moyen au jour sidéral. — L'*année tropique* est l'intervalle de temps qui s'écoule entre deux retours consécutifs du soleil fictif défini au n° 68 ou du soleil moyen à l'équinoxe du printemps. Cette durée est constante : elle a pu être déterminée avec une grande précision par des observations répétées portant sur un grand nombre d'années ; sa valeur en jours sidéraux est de 366^j,242217. Elle diminue toutefois de 10^s en 2000 ans parce

LEÇONS DE COSMOGRAPHIE.

que la précession n'est pas rigoureusement proportionnelle au temps.

De ce résultat, nous pouvons facilement conclure le rapport des durées j_m et j_s du jour moyen et du jour sidéral. Pendant une année tropique, en vertu du mouvement diurne, l'équinoxe a tourné d'un angle égal à $360° \times 366,242217$; mais le soleil moyen, pendant le même temps, à cause de son mouvement en sens inverse du mouvement diurne, a tourné de $360°$ en moins, puisqu'il revient alors pour la première fois à sa position primitive, et par suite seulement de $360° \times 365,242217$. L'année tropique contient donc précisément $365,242217$ jours moyens, c'est-à-dire $365^j 5^h 48^m 47^s,51$. Quant au rapport de j_m à j_s, il est déterminé par la relation

$$j_m \times 365,242217 = j_s \times 366,242217,$$

d'où

$$\frac{j_m}{j_s} = 1,0027379,$$

et l'on en déduit

$$j_s = j_m - 3^m 56^s,453 \text{ (temps moyen)},$$
$$j_m = j_s + 3^m 56^s,555 \text{ (temps sidéral)}.$$

Nous pouvons aussi calculer la quantité n qui représente l'accroissement de la longitude moyenne du soleil en un jour moyen : on a en effet

$$n = \frac{360°}{365,242217} = 59' 8'',33.$$

C'est aussi de cette même quantité que varie l'ascension droite du soleil moyen en un jour moyen.

Ajoutons que la longitude moyenne du soleil au midi moyen du 1er janvier 1850, temps moyen de Paris, était $280°46'44''$.

On appelle *année sidérale* l'intervalle de temps pendant lequel la longitude du soleil, comptée à partir d'un équinoxe fixe, augmente de $360°$: c'est en somme le temps que met le soleil pour revenir au même point du ciel. Sa valeur théorique est absolument constante; pour la calculer, il suffit d'ajouter à l'année tropique le temps nécessaire au soleil pour parcourir les

50″, 2 dues à la précession et qui lui manquent pour revenir au même point du ciel. Si a_t et a_s sont les durées de l'année tropique et de l'année sidérale, on a évidemment

$$\frac{a_s}{a_t} = \frac{360°}{360° - 50″,2}$$

d'où, en jours moyens,

$$a_s = 365^j, 256374.$$

Le *moyen mouvement sidéral* du soleil est la quantité dont s'accroît sa longitude moyenne comptée à partir d'un équinoxe fixe en un jour solaire moyen, c'est-à-dire

$$\frac{360°}{365, 256374} = 59′ 8″, 19.$$

L'*année anomalistique* est le temps que met le soleil fictif pour revenir au périgée; comme celui-ci avance de 11″, 7 par an, l'année anomalistique est un peu supérieure à l'année sidérale; elle vaut $365^j, 259663$.

84. Année civile. Calendriers. — L'*année civile* est la réunion d'un certain nombre de jours solaires moyens; comme il y a un intérêt manifeste à ce que le soleil se retrouve dans la même position à la même époque de l'année civile, il est clair que celle-ci doit concorder autant que possible avec l'année tropique. Cette concordance absolue étant impossible, puisque l'année tropique n'est pas égale à un nombre entier de jours, on essaye de la réaliser le mieux possible en se servant d'années qui n'ont pas un nombre de jours constant : on conçoit en effet que, de cette façon, les erreurs peuvent être annulées successivement sans qu'elles puissent s'accumuler.

Les divers procédés employés pour réaliser ce que nous venons de dire constituent les divers *calendriers* : nous allons en examiner quelques-uns parmi les principaux.

Disons d'abord que les Égyptiens, après avoir fait usage d'une année de 360 jours divisée en 12 mois de 30 jours, arrivèrent vite à employer une année constante de 365 jours. Cette année était trop courte de $0^j,242217$, c'est-à-dire de un quart de jour environ; par suite, au bout de 120 ans, on se trouvait en retard

d'un mois; au bout d'une période de 1400 ans, ou *période
sothiaque*, on se retrouvait à peu près en concordance avec
l'année tropique, après avoir compté une année de trop. Pendant
cette période, à une même époque de l'année, le soleil avait
occupé toutes les positions dans le ciel : aussi cette année fut-
elle appelée *année vague*.

85. Calendrier Julien. — Jules César, aidé de l'astronome
Sosigène, fit en l'an 45 av. J.-C. la réforme appelée de son nom
réforme Julienne, et établit le *calendrier Julien*.

Croyant que l'année tropique avait exactement une durée de
365^j 1/4, Jules César prescrivit l'intercalation d'un jour tous les
quatre ans, de sorte que trois années *communes* de 365 jours sont
suivies d'une année *bissextile* de 366 jours. De cette façon, au
bout de quatre ans, la concordance avec l'année tropique est
rétablie, en admettant l'hypothèse faite. Le jour complémentaire
ou intercalaire s'ajoute au mois de février qui alors a 29 jours
au lieu de 28.

Dans une année bissextile, les Romains comptaient deux fois
le 24 février, une première fois comme d'habitude : *ante diem
sextum kalendas martias* et une seconde fois : *ante diem* BISSEXTUM
kalendas martias : de là précisément vient le nom de *bissextile*.

Une année est ou n'est pas bissextile suivant que son millésime
est ou n'est pas divisible par 4 ; ainsi les années 1892, 1896, 1900
sont bissextiles dans le calendrier Julien.

Le calendrier Julien a été en usage dans l'empire romain, et
ensuite dans les pays chrétiens jusqu'à la fin du seizième siècle ;
les Russes, les Grecs et les chrétiens d'Orient s'en servent encore.
On le désigne souvent sous le nom de *vieux style*.

On divise l'année du calendrier Julien en *mois* qui ont les
mêmes noms et les mêmes nombres de jours que les nôtres. De
même, les jours sont répartis en *semaines*, semblables aux nôtres.

On appelle *année julienne* une durée de 365^j 1/4 ; le *siècle* est
une période de 100 années juliennes ; il comprend 36525 jours.

La *période julienne* est une période artificielle de 7980 années juliennes,
inventée par *Joseph Scaliger*, chronologiste du XVI° siècle et servant à fixer
et comparer entre elles les dates historiques. Elle a été formée par le
produit des trois nombres 28, 19 et 15 qui représentent en années juliennes
les cycles solaire, lunaire et d'indiction romaine

Le *cycle solaire* se compose de 28 ans; comme $28 = 4 \times 7$, qu'il y a une année bissextile tous les quatre ans et sept jours par semaine, on voit que la propriété du cycle solaire est de ramener après 28 ans les mêmes jours de la semaine aux mêmes dates du mois.

Le *cycle lunaire* comprend 19 ans et 235 lunaisons, après lesquelles les nouvelles lunes reviennent aux mêmes dates de l'année; on l'appelle aussi *nombre d'or*.

Le *cycle d'indiction romaine* est de 15 ans; son origine n'a pas de rapport avec l'astronomie.

Les nombres 28, 19 et 15 étant premiers entre eux, il n'y a dans une période julienne qu'une seule année qui ait des nombres donnés de cycle solaire, lunaire et d'indiction romaine.

L'année 4713 av. J.-C. ayant à la fois 1 de cycle solaire, 1 de cycle lunaire et 1 de cycle d'indiction romaine est l'an 1 de la période julienne, et par suite l'année 1895 est l'an $4713 + 1895$ de la période julienne, ou l'an 6608. Divisant 6608 par 28, 19 et 15 les restes 28, 15 et 8 sont les nombres de cycle solaire, lunaire et d'indiction romaine pour l'année 1895.

86. Calendrier grégorien. — L'année julienne est trop grande de $365,25 - 365^j,242217$, soit $0^j,007783$. Cette différence en 400 ans s'élève à $3^j,1132$, et à la fin du seizième siècle elle était de 10 jours, de sorte que l'équinoxe du printemps arrivait vers le 11 mars. Pour faire disparaître ce retard de l'année civile sur l'année tropique, le pape *Grégoire XIII*, aidé du savant calabrais *Lilio*, ordonna d'abord que le lendemain du jeudi 4 octobre 1582 s'appellerait le vendredi 15 octobre 1582; puis, continuant l'intercalation julienne d'un jour tous les quatre ans, il arrêta que les années séculaires ne seraient pas bissextiles, sauf celles dont le nombre séculaire du millésime est divisible par 4 : c'est ainsi que les années 1600 et 2000 sont bissextiles et que les années 1700, 1800, 1900 ne le sont pas dans le *calendrier grégorien*. Comme l'intercalation julienne produit un retard de $3^j,1132$ en 400 ans, la *réforme grégorienne* supprimant 3 jours en 400 ans, ne produit qu'un retard de $0^j,1132$ pendant cette période.

Le nouveau calendrier, ou *nouveau style,* fut adopté successivement par presque tous les pays d'Europe. L'année 1600 ayant été bissextile dans les deux calendriers julien et grégorien, l'avance du calendrier grégorien sur le calendrier julien est restée de 10 jours pendant le dix-septième siècle; les années 1700 et 1800 ayant été bissextiles seulement dans le calendrier julien, l'avance est maintenant de 12 jours, après avoir été de 11 jours pendant le dix-huitième siècle. C'est ainsi que, dans les relations entre deux nations qui ont l'une le calendrier julien, l'autre le calendrier grégorien, on date ainsi $\dfrac{19 \text{ février}}{3 \text{ mars}}$ 1895.

Le calendrier grégorien produit un retard de l'année civile sur l'année tropique, égal à $1^j,132$ en 4000 ans ; ce retard pourrait être réduit à $0^j,132$ en décidant que les années 4000, 8000... seraient communes.

L'année civile commence au 1er janvier, à minuit, depuis Charles IX (1564) ; auparavant elle commençait le 25 mars.

Les dates des fêtes religieuses, dites mobiles, de l'Église catholique dépendent à la fois du mouvement du soleil et de celui de la lune. Elles sont toutes fixées par celle de la fête de Pâques, qui est célébrée le premier dimanche après la pleine lune qui arrive le jour de l'équinoxe du printemps ou qui le suit : c'est au plus tôt le 22 mars et au plus tard le 25 avril (concile de Nicée, 325). Les règles des computistes diffèrent d'ailleurs un peu de celles des astronomes : l'équinoxe est fixé au 21 mars et la pleine lune ecclésiastique ne coïncide pas rigoureusement avec la véritable pleine lune.

87. Calendrier républicain. — Le calendrier républicain français a été en usage pendant treize années. On compte les années à partir du 22 septembre 1792, époque de l'équinoxe d'automne et de la fondation de la République. L'année commence à minuit avec le jour civil où tombe l'équinoxe vrai d'automne pour l'observatoire de Paris. Le commencement d'une année, et par suite sa durée ne peuvent donc être obtenus à l'avance que par un calcul astronomique précis.

L'année est divisée en 12 mois de 30 jours : *vendémiaire, brumaire, frimaire, nivôse, pluviôse, ventôse, germinal, floréal, prairial, messidor, thermidor, fructidor.* Il y a en outre 5 ou 6 *jours complémentaires* comptés après fructidor, suivant que l'année doit avoir 365 ou 366 jours.

Les mois sont composés de *trois décades* ; chaque décade est de 10 jours : *primidi, duodi, tridi, quatridi, quintidi, sextidi, septidi, octidi, nonidi, décadi.*

88. Autres calendriers. — Nous ne dirons rien des calendriers israélite, musulman et cophte qui sont lunisolaires, ou purement lunaires. Mais nous signalerons le calendrier persan, purement solaire, qui établit une concordance presque parfaite entre l'année civile et l'année tropique.

Les années sont communes ou bissextiles, et dans une période de 33 ans, il y en a 8 bissextiles, savoir celles qui ont les rangs 4, 8, 12, 16, 20, 24, 28, 33.

L'écart est par suite une avance de l'année civile sur l'année tropique égale à $0^j,00685$ en 33 ans, ou $0^j,2$ environ en 1 000 ans. La compensation est donc plus exacte que dans le calendrier grégorien ; en outre, dans celui-ci on a pendant la période de 400 ans une avance maxima de $0^j,75$ et un retard maximum de $1^j,39$; dans le calendrier persan, pour une période de 33 ans, l'avance maxima est $0^j,93$, et le retard maximum $0^j,75$ seulement.

CHAPITRE VI

INÉGALITÉ DES JOURS ET DES NUITS

89. Marche à suivre pour déterminer les durées du jour et de la nuit en un lieu donné et à une date donnée. — Le soleil, n'ayant pas toujours la même déclinaison, ne reste pas tous les jours de l'année le même temps au-dessus de l'horizon. Le *jour* est le temps pendant lequel le soleil reste au-dessus de l'horizon ; la *nuit* est le temps pendant lequel il reste au-dessous de l'horizon.

Pour traiter simplement le problème de l'*inégalité des jours et des nuits*, c'est-à-dire pour déterminer en un lieu terrestre quelconque et à une date quelconque les durées respectives du jour et de la nuit, nous assimilerons le soleil à une étoile pendant la durée d'un jour. L'erreur qui résultera de cette hypothèse ne sera jamais considérable ; en effet, la plus grande variation de la déclinaison du soleil est de 24′ par jour, aux environs des équinoxes, et la variation de son ascension droite est toujours de 1° par jour environ. Pour calculer les durées du jour et de la nuit à une date donnée, nous pouvons donc sans inconvénient considérer le soleil comme une étoile ayant pour déclinaison la déclinaison du soleil au midi moyen du jour considéré ; la trajectoire du soleil pendant ce jour sera par suite un parallèle de la sphère céleste.

Nous sommes ainsi ramenés au problème du n° 11, avec cette différence que la déclinaison du soleil reste toujours comprise entre $-\varepsilon$ et $+\varepsilon$, ε désignant l'obliquité de l'écliptique, c'est-à-dire 23°27' environ. Nous allons reprendre la discussion de ce problème par une méthode directe géométrique.

90. Discussion géométrique du problème. — Considérons la sphère céleste qui a pour centre le lieu O d'observation de latitude λ, latitude que nous supposerons d'abord boréale (fig. 73, 74 et 75). Soit HH' l'horizon et Z le zénith, le plan du tableau étant celui du méridien. La ligne des pôles est PP', et, comme l'on sait, l'angle POH' est égal à la latitude λ. Si δ est la déclinaison du soleil au jour considéré, le soleil décrit pendant ce jour un parallèle SS', et l'arc PS est égal à 90° — δ. Si le parallèle SS' est tout entier au-dessus ou au-dessous de l'horizon, il n'y a pas de nuit ou il n'y a pas de jour. Si le parallèle SS' coupe l'horizon en deux points L et C, il fait jour pendant que le soleil décrit l'arc LSC, et nuit pendant qu'il décrit l'arc CS'L ; les durées du jour et de la nuit sont proportionnelles aux longueurs de ces arcs, longueurs qu'il est facile d'obtenir en vraie grandeur par un rabattement du parallèle SS' autour de son diamètre SS' sur le plan de la figure, en remarquant que la ligne LC est perpendiculaire à HH' et passe par le point de rencontre de HH' avec SS'. En outre, il est clair qu'en un même lieu la durée du jour est d'autant plus grande que δ est plus grande elle-même ; lorsque δ est nulle, c'est-à-dire quand le soleil décrit l'équateur, aux époques des équinoxes, le jour est toujours égal à la nuit, et c'est précisément de ce phénomène que les équinoxes tirent leur nom.

Comme le parallèle SS' prend pendant l'année toutes les positions possibles entre deux parallèles limites symétriques $S_1S'_1$ et $S_2S'_2$, qui ont respectivement pour déclinaisons ε et $-\varepsilon$, il en résulte que nous devons distinguer trois cas de figure :

1° *Le lieu O appartient à la zone glaciale*, c'est-à-dire que sa latitude est supérieure à 90° — ε (fig. 73). Le parallèle $S_1S'_1$ est tout entier au-dessus de l'horizon, et le parallèle $S_2S'_2$ tout entier au-dessous de l'horizon. Si donc on part de l'équinoxe du printemps, le jour augmente d'autant plus rapidement que λ est plus grande, en devenant plus grand que la nuit, qui diminue d'autant, et dès que le soleil atteint la déclinaison $90° - \lambda$, il n'y a plus de nuit : l'époque où se produit ce phénomène est d'autant plus rapprochée que λ est plus grande. Pendant l'été, les mêmes phénomènes se reproduisent en sens inverse, puisque δ reprend en décroissant les mêmes valeurs depuis ε jusqu'à 0. Il n'y a pas de nuit jusqu'au moment où δ reprend la valeur $90° - \lambda$; ensuite le jour décroît en restant toujours plus grand que la nuit.

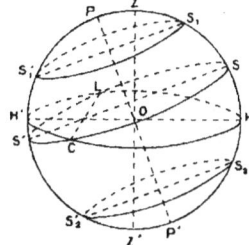

FIG. 73.

Pendant l'automne, le jour diminue en devenant plus petit que la nuit qui augmente d'autant ; à partir du moment où δ prend la valeur $-(90° - \lambda)$, il n'y a plus de jour. Pendant l'hiver, les mêmes phénomènes se reproduisent en sens inverse : le jour reparaît quand δ reprend la valeur $-(90° - \lambda)$, et augmente ensuite en restant plus petit que la nuit. Pendant l'année, le soleil passe toujours au méridien à midi, au sud du zénith : sa hauteur méridienne maxima est de $90° + \varepsilon - \lambda$, le jour du solstice d'été. Le même jour, à minuit, sa hauteur est égale à $- 90° + \varepsilon + \lambda$.

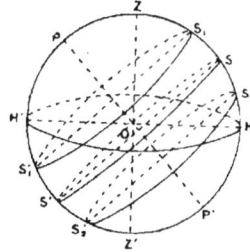

FIG. 74.

$2°$ *Le lieu* O *appartient à la zone tempérée*, c'est-à-dire que sa latitude est comprise entre ε et $90° - \varepsilon$ (fig. 74). Les parallèles $S_1S'_1$ et $S_2S'_2$ sont placés comme l'indique la figure, les points S_1 et S_2 étant sur le quadrant HZ. Si donc on part de l'équinoxe du printemps, le jour augmente d'autant plus rapidement que λ est plus grande, et devient plus grand que la nuit, qui diminue d'autant ; il atteint un maximum J au solstice d'été, et J est d'autant plus grand que λ est plus grande. Pendant l'été, les mêmes phénomènes se passent en sens inverse. Pendant l'automne, le jour diminue et atteint au solstice d'hiver un minimum $24^h - J$; pendant l'hiver, le jour augmente de nouveau. Comme précédemment, le soleil passe toujours au méridien au sud du zénith : sa hauteur méridienne maxima est $90° + \varepsilon - \lambda$, le jour du solstice d'été : à Paris, elle est de $64°37'$. Sa hauteur méridienne minima est $90° - \varepsilon - \lambda$ le jour du solstice d'hiver ; à Paris, elle est de $17°43'$.

3° *Le lieu* O *appartient à la zone torride*, c'est-à-dire que sa latitude est inférieure à ε (fig. 75). Les parallèles limites $S_1S'_1$ et $S_2S'_2$ sont placés comme l'indique la figure, les points S_1 et

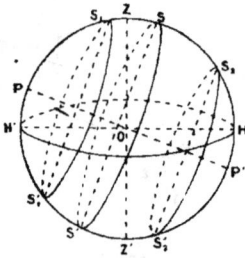

FIG. 75.

S_2 étant situés respectivement sur les quadrants H'Z et HZ. Les durées du jour et de la nuit varient tout à fait comme dans le cas précédent, et le maximum du jour est d'autant plus faible que la latitude est plus petite. Mais le soleil ne passe pas toujours au méridien au sud du zénith ; quand sa déclinaison est égale à λ, il passe au zénith même ; et quand sa déclinaison est plus grande que λ, il passe au delà du zénith, c'est-à-dire que les ombres sont dirigées non pas vers le nord, mais vers le sud. Sa hauteur méridienne, après avoir atteint $90°$, diminue et devient minima le jour du solstice d'été : sa valeur est alors $90° - \varepsilon + \lambda$. Le jour du solstice d'hiver, sa hauteur méridienne est encore minima et a pour valeur $90° - \varepsilon - \lambda$.

On voit nettement, d'après ce qui précède, quels sont les caractères qui distinguent les trois zones torride, tempérée et glaciale. Dans la zone torride, le soleil se lève et se couche toujours, mais passe au zénith deux jours dans l'année, et dépasse le zénith aux environs du solstice d'été. Dans la zone tempérée, le soleil se lève et se couche toujours, mais reste toujours à midi au sud du zénith. Dans la zone glaciale, non seulement le soleil reste toujours à midi au sud du zénith, mais il y a une période de jour perpétuel comprenant le solstice d'été, et une période correspondante de nuit perpétuelle comprenant le solstice d'hiver.

Il est encore facile de voir ce qui arrive dans les cas limites qui nous restent à examiner :

1° Si le lieu O est le pôle nord, le soleil décrit chaque jour un petit cercle parallèle à l'horizon, et ce petit cercle est au-dessus ou au-dessous de l'horizon, suivant que la déclinaison du soleil est positive ou négative. Il fait donc jour pendant les six mois de printemps et d'été, nuit pendant les six mois d'automne et d'hiver.

2° Si le lieu O est sur le cercle polaire arctique, il n'y a de jour perpétuel que le jour même du solstice d'été; de même il n'y a de nuit perpétuelle que le jour même du solstice d'hiver.

3° Si le lieu O est sur le tropique du Cancer, le soleil ne passe au zénith qu'une fois dans l'année, le jour même du solstice d'été.

4° Si le lieu O est dans l'équateur, le soleil décrit chaque jour un petit cercle perpendiculaire à l'horizon, et par suite le jour est toujours égal à la nuit. Le soleil passe au zénith les jours des équinoxes.

Il serait facile de décrire pour un point de l'hémisphère austral les phénomènes qui correspondent à ceux que nous venons d'étudier pour un point de l'hémisphère boréal. Mais on voit immédiatement qu'en deux points de même latitude, boréale et australe, les phénomènes sont identiques, si l'on a soin de remplacer le printemps par l'automne, l'été par l'hiver et le nord par le sud. Contentons-nous donc de dire que le jour est plus grand que la nuit pendant l'automne et l'hiver, et plus petit que la nuit pendant le printemps et l'été; que pour un point non situé dans la zone glaciale, le jour atteint son maximum au solstice d'hiver et son minimum au solstice d'été; que pour un point de la zone glaciale, il y a une période de jour perpétuel comprenant le solstice d'hiver, et une période de nuit perpétuelle comprenant le solstice d'été.

91. Cercle d'illumination. — Pour les différents points d'un même parallèle terrestre, le jour et la nuit ont chaque jour la même durée, mais ils ne commencent pas en même temps. La différence des heures du lever et du coucher du soleil en deux lieux différents de même latitude est égale à la différence de la longitude de ces deux lieux. A chaque instant, il y a toujours un hémisphère de la terre éclairé et un hémisphère plongé dans la nuit, la distance du soleil à la terre étant assez grande par rapport aux dimensions de celle-ci pour qu'on puisse considérer comme un grand cercle la courbe de contact avec la terre du cône circonscrit au soleil et à la terre. Ce grand cercle, qui sépare les deux hémisphères éclairé et obscur, porte le nom de *cercle d'illumination*. Si à une date donnée la déclinaison du soleil est δ, le cercle d'illumination II' sera un grand cercle de la terre T, faisant avec la ligne des pôles PP' un angle ITP égal à la valeur absolue de δ, vers la gauche ou vers la droite, selon que δ est positive ou négative, si l'on suppose le soleil situé vers la droite (fig. 76). Il est facile de déterminer la durée du jour et de la nuit sur un parallèle quelconque en se servant du cercle d'illumination. Si ce parallèle, tel que BB', est tout entier situé dans l'hémisphère éclairé, il y a jour perpétuel; si ce parallèle, tel que CC', est tout entier situé dans l'hémisphère obscur, il y a nuit perpétuelle. Si enfin ce parallèle, tel que AA', rencontre le cercle d'illumination en deux points M et N,

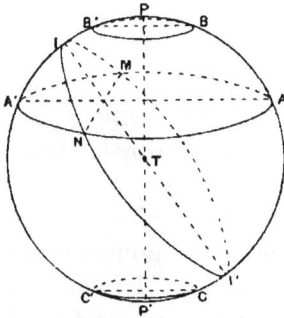

Fig. 76.

les durées du jour et de la nuit sont respectivement proportionnelles aux longueurs des arcs MAN, MA'N, longueurs qu'il est facile d'obtenir en vraie grandeur par un rabattement du parallèle AA' autour de son diamètre AA', en remarquant que la droite MN est perpendiculaire à AA' et passe par le point de rencontre des lignes II' et AA'.

On pourrait discuter aisément le problème de l'inégalité des jours et des nuits par la méthode que nous venons d'indiquer, et l'on parviendrait sans difficulté aux résultats déjà trouvés.

92. Calcul de la durée du jour et de la nuit. — Heures du lever et du coucher du soleil. — Si T représente la durée du jour qui correspond à une latitude λ et à une déclinaison δ du soleil, on peut calculer T exprimé en arc par la formule établie au n° 11 :

$$\cos \frac{T}{2} = -\operatorname{tg} \lambda \operatorname{tg} \delta.$$

Cette même formule permettrait encore de discuter le problème de l'inégalité des jours et des nuits.

Pour trouver le maximum J du jour en un lieu non situé dans la zone glaciale, il suffira de faire $\delta = \varepsilon$ dans la formule précédente, ce qui donne

$$\cos \frac{J}{2} = - \operatorname{tg} \lambda \operatorname{tg} \varepsilon.$$

Les heures vraies du lever et du coucher du soleil sont par suite $24^h - \dfrac{T}{2}$ et $\dfrac{T}{2}$, en temps astronomique.

Si E désigne l'équation du temps au jour considéré, les heures moyennes correspondantes seraient en temps civil $12^h - \dfrac{T}{2} + E$ du matin et $\left(\dfrac{T}{2} + E\right)^h$ du soir.

On pourra aussi calculer l'azimut A du point de l'horizon où se couche le soleil par la formule du n° 11

$$\cos A = - \frac{\sin \delta}{\cos \lambda};$$

l'azimut du point où se lève le soleil sera $360° - A$.

Remarquons que l'azimut A varie lui-même comme la durée du jour, puisque $\sin \delta$ et $\dfrac{1}{\cos \lambda}$ varient comme $\operatorname{tg} \delta$ et $\operatorname{tg} \lambda$.

Les calculs que nous venons d'indiquer ne sont qu'approchés, car, comme nous l'avons déjà dit, le soleil ne peut pas être considéré rigoureusement comme obéissant aux seules lois du mouvement diurne. Son mouvement propre en ascension droite allonge le jour d'environ 4 minutes. En outre, pour déterminer les heures exactes du lever et du coucher du soleil, il faudrait tenir compte de la réfraction qui nous fait voir les astres dans l'horizon, alors qu'ils sont à 34' au-dessous de lui : le lever en est par suite avancé et le coucher retardé.

Les calculs que nous avons faits se rapportent d'ailleurs au centre du soleil, tandis que le jour commence ou finit dès le lever ou le coucher du bord supérieur.

Enfin, comme on n'observe pas du centre de la terre, il faudrait encore tenir compte de la parallaxe qui retarde le lever et avance le coucher du soleil d'une quantité très petite, puisque son effet est de nous montrer un astre dans l'horizon, alors qu'il est au-dessus de lui.

Quoi qu'il en soit, l'approximation que nous venons d'indiquer est suffisante dans bien des cas, et nous allons le montrer par un exemple choisi dans des conditions peu favorables, le mouvement du soleil en déclinaison à l'époque considérée étant assez fort.

Calculer les heures du lever et du coucher du soleil à Paris le 1er mars 1895, sachant que

$$\lambda = + 48°50' \qquad \delta = - 7°34' \qquad E = + 12^m 32^s.$$

L'application des formules ci-dessus donne :

$$T = 10^h 50^m$$

et par suite :

Houre du lever : $6^h 18^m$ du matin.

Heure du coucher : $5^h 38^m$ du soir.

Les heures exactes sont $6^h 45^m$ du matin et $5^h 41^m$ du soir, et la vraie valeur de T est $10^h 56^m$.

La durée maximum J du jour à Paris calculée par la formule

$$\cos \frac{J}{2} = - \operatorname{tg} \lambda \operatorname{tg} \iota,$$

donne $J = 15^h 58^m$; la vraie valeur de J est $16^h 7^m$.

93. Crépuscule. — L'existence de l'atmosphère qui réfléchit la lumière solaire comme lumière diffuse nous permet, comme nous l'avons déjà dit, d'être encore éclairés, même quand les rayons du soleil ne nous parviennent plus directement, en particulier avant le lever du soleil, pendant le *crépuscule* du matin ou *aurore*, et après le coucher du soleil, pendant le crépuscule du soir ou *brune*.

Le *crépuscule civil* commence ou finit au moment où le soleil est à 6° au-dessous de l'horizon; à ce moment, les planètes et les

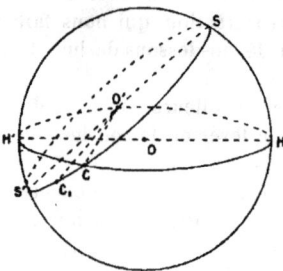

FIG. 77.

étoiles de première grandeur disparaissent tout à fait le matin ou commencent à paraître le soir.

Le *crépuscule astronomique* commence ou finit au moment où le soleil est à 18° au-dessous de l'horizon; c'est quand il n'y a plus de crépuscule que l'on voit par une belle nuit sans lune toutes les étoiles visibles à l'œil nu, c'est-à-dire jusqu'à la sixième grandeur.

La durée du crépuscule dépend de la latitude du lieu O d'observation et de la déclinaison du soleil. En effet, soit HH′ le plan de l'horizon et SS′ le parallèle décrit par le soleil au jour considéré (fig. 77). Si C est le point où le soleil se couche, le crépuscule du soir finit lorsque le soleil est venu en un point C_1 situé à une hauteur de 18° au-dessous de l'horizon; si O' est le centre du cercle SS', la durée du crépuscule est l'angle $CO'C_1$ converti en temps, angle dont la grandeur dépend évidemment de la position du cercle SS' par rapport à l'horizon, c'est-à-dire de la latitude de O et de la déclinaison du soleil. Il est clair d'ailleurs que pour une même époque, le crépuscule est d'autant plus long que la latitude λ est plus grande en valeur absolue, puisqu'alors l'angle des plans du cercle SS' et de l'horizon, c'est-à-dire 90° — λ (en supposant λ positive), est plus petit. C'est ce qui explique pourquoi dans la zone torride la nuit et le jour se succèdent très brusquement, tandis qu'à mesure qu'on s'éloigne vers le nord, les nuits d'été restent claires, le crépuscule étant très long.

La durée du crépuscule civil à Paris varie entre 34^m au moment des équinoxes et 44^m au moment du solstice d'été. Le crépuscule astronomique a une valeur à peu près constante de 1^{h}13^m à l'équateur; à Paris, son minimum est de 1^{h}49^m vers le 12 mars et le 13 octobre; au 31 mai, il est de 3^{h}45^m. Il n'y a pas de nuit proprement dite, c'est-à-dire que la brune empiète sur l'aurore dès que le soleil ne s'abaisse pas à 18° au-dessous de l'horizon, ce qui arrive depuis le 12 juin jusqu'au 30 juin. En effet, la dépression maxima du soleil au-dessous de l'horizon est égale à 90° — λ — δ, en appelant λ la latitude du lieu et δ la déclinaison du soleil. A Paris, où $\lambda = 48° 50'$, il n'y a plus de nuit tant que l'on a 90° — λ — δ < 18°, d'où δ > 23° 10', c'est-à-dire du 12 au 30 juin environ.

CHAPITRE VII

ROTATION DU SOLEIL

94. Taches du soleil. — Si l'on observe avec une lunette la surface du soleil, on y remarque en général la présence de *taches*. Ces taches se déplacent d'un jour à l'autre, et si l'on étudie graphiquement ou par le calcul leur trajectoire sur la surface du soleil, on constate que chacune d'elles décrit une demi-ellipse très aplatie, ce qui indique que le point de la surface sphérique du soleil qui lui correspond décrit une circonférence dont l'ellipse est la projection orthographique sur le plan du disque, et dont le plan est peu incliné sur celui de l'écliptique. Le sens du mouvement est d'ailleurs du bord oriental vers le bord occidental, c'est-à-dire le sens direct.

Si l'on étudie les diverses courbes décrites par les diverses taches et la loi de leur mouvement sur ces courbes, on constate encore que les taches sont entraînées par un mouvement d'ensemble : elles décrivent dans le même temps des cercles dont les plans sont parallèles. Il faut en conclure que le soleil tourne sur lui-même autour d'un axe presque perpendiculaire au plan de l'écliptique. Cette conclusion est confirmée par ce fait que certaines taches, après avoir disparu par le bord occidental du soleil, reviennent après un temps constant se montrer de nouveau au bord oriental. Pour obtenir une grande certitude dans la détermination du temps de la rotation du soleil et la position de son axe, il faut combiner les observations d'un grand nombre de taches. Les taches sont en effet des formations plus ou moins éphémères qui ne se produisent que dans deux bandes de la surface du soleil comprises entre 10° et 35° de latitude héliocentrique boréale et australe ; elles subissent des changements continuels et sont animées de faibles mouvements propres; c'est ainsi que celles qui sont rapprochées de l'équateur tournent un peu plus rapidement que celles qui sont voisines des pôles. La durée des taches varie de quelques jours à deux ou trois mois. Le nombre des taches sur le soleil est d'ailleurs très variable; il présente des maxima et des minima très prononcés. Il s'écoule 11 ans environ entre deux maxima ou deux minima consécutifs, et une période de 5 ou 6 ans entre un maximum et un minimum consécutifs.

Le dernier maximum, en retard de près de deux années, a eu lieu à la fin de 1883; le dernier minimum en 1890; il n'y avait alors pour ainsi dire pas de taches sur le soleil.

95. Rotation du soleil. — La discussion des observations des taches du soleil donne les résultats suivants : l'équateur du soleil est incliné de 6°58′ sur le plan de l'écliptique; la longitude du point où l'équateur rencontre l'éclip-tique en passant dans le sens du mouvement de l'hémis-phère austral dans l'hémis-phère boréal, le centre de la sphère céleste étant supposé coïncider avec celui du soleil, est de 75° environ en 1895.

La rotation du soleil se fait dans le sens direct, comme celle de la terre; sa durée *apparente* est de

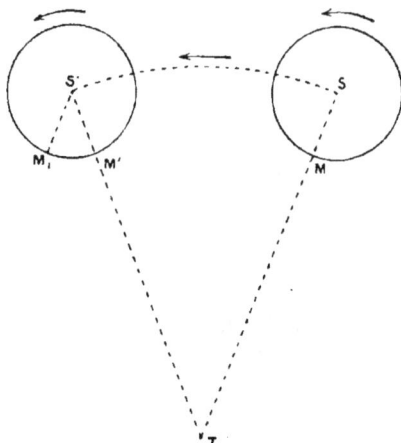

Fig. 78.

$27^j,3$; sa durée réelle est de $25^j 4^h 29^m$. Il est facile de comprendre la différence qui existe entre la durée apparente et la durée réelle de la rotation. Soit S le soleil et T la terre au moment où l'on voit une tache M dans la direction TS (fig. 78); quand on reverra cette tache dans la même direction, celle du centre du soleil, celui-ci sera en S′, en vertu de son mouvement autour de la terre, et la tache en M′. Pour plus de simplicité, supposons l'équateur solaire coïncidant avec l'écliptique, et le mouvement du soleil autour de la terre circulaire et uniforme. Le temps qui sépare les deux observations est la durée apparente de la rotation, $27^j,3$. Mais si par S′ nous menons S′M₁ parallèle à SM et de même sens, la durée réelle de la rotation du soleil est le temps qui est nécessaire pour que M vienne, en se mouvant dans le sens de la flèche, en M_1 et non en M′; elle est donc plus courte que la durée apparente, et en l'appelant x, on a évidemment, en supposant la rotation uniforme,

$$\frac{x}{27^j,3} = \frac{360^\circ}{360^\circ + M'S'M_1}.$$

Mais l'angle $M'S'M_1$ est égal à l'angle STS′, et l'on a en vertu des hypothèses faites

$$STS' = 360^\circ \times \frac{27,3}{365,25},$$

d'où
$$x = \frac{27^j,3 \times 365,25}{392,55} = 25^j,4.$$

En réalité on a
$$x = 25^j 4^h 29^m.$$

La planche II, placée à la fin du volume, représente le soleil avec quelques taches.

Nous reviendrons plus tard sur la constitution physique du soleil en parlant de celle des étoiles; le soleil doit être regardé en effet comme une étoile.

CHAPITRE VIII

MOUVEMENT RÉEL DE TRANSLATION DE LA TERRE

96. La terre est animée d'un mouvement de translation. — Nous avons décrit jusqu'à présent le mouvement *apparent* du soleil et les phénomènes qui s'y rapportent en supposant la terre immobile. Le mouvement du soleil résulte, comme nous l'avons reconnu, de deux mouvements : le premier qui lui est propre et le second, le mouvement diurne, qui est commun à tous les astres. Mais nous savons que la terre tourne sur elle-même, et par suite, si l'on suppose le centre de la terre immobile, le soleil n'a plus que le mouvement propre annuel que nous avons décrit.

Bien des raisons nous forcent à penser que le centre de la terre n'est pas immobile, et que par suite la terre est animée d'un mouvement de translation.

Parmi ces raisons, nous pouvons citer en premier lieu l'existence de la *parallaxe annuelle* des étoiles, dont nous parlerons plus tard. Le phénomène de l'*aberration annuelle* de la lumière, découvert par Bradley, est une preuve suffisante de la non-immobilité de la terre ; nous le décrirons sommairement plus tard. Enfin, si l'on envisage les autres planètes, absolument comparables à la terre, leur mouvement très compliqué par rapport à la terre devient très simple si on le rapporte au soleil considéré comme immobile ; ce mouvement est réglé alors par des lois identiques à celles qui régissent le mouvement de translation de la terre par rapport au soleil.

D'ailleurs, la Mécanique céleste, adoptant la loi de la gravitation universelle découverte par Newton, et dont toutes les conséquences se sont toujours trouvées vérifiées dans les plus petits détails, nous enseigne que les choses se passent de la façon suivante :

Par rapport au soleil supposé immobile, la terre a un mouvement relatif : elle décrit une courbe plane, une ellipse dont l'un
des foyers est le soleil; ce mouvement se fait dans le sens direct
et est réglé par la loi des aires.

En outre, la terre tourne sur elle-même autour de son axe
incliné de 23°27′ environ sur l'axe de l'écliptique, et qui se
transporte parallèlement à lui-même.

Enfin, l'écliptique et l'équateur sont soumis à de petites
variations (précession et nutation), et de même le mouvement
de la terre dans l'écliptique est soumis à de faibles inégalités.

Pour montrer que tous ces faits sont prouvés par l'observation
directe, il nous suffira de faire voir que si l'on suppose la terre
fixe, le soleil décrit autour d'elle, comme foyer, une ellipse, et
que son mouvement sur cette ellipse est réglé par la loi des
aires.

Considérons, en effet, l'ellipse décrite par la terre autour du
soleil S considéré comme fixe, et soient à des instants donnés,
T′, T″, T‴…, les positions de la terre (fig. 79). Par un point

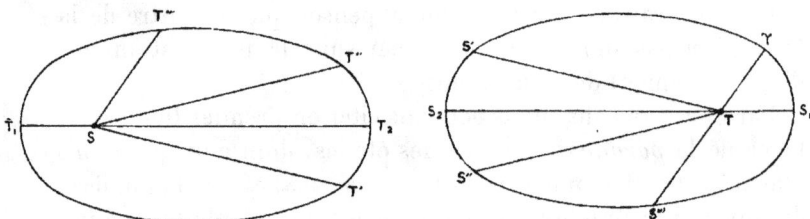

Fig. 79.

fixe T, menons des droites TS′, TS″, TS‴… égales et parallèles
aux droites T′S, T″S, T‴S.., et de même sens. La courbe lieu des
points S′, S″, S‴…, c'est-à-dire la trajectoire apparente du soleil
par rapport à la terre supposée immobile en T, sera une courbe
homothétique inverse de l'ellipse lieu des points T′, T″, T‴…,
le rapport d'homothétie étant 1 ; ce sera donc une ellipse égale,
et comme les points T et S sont homologues, le point T sera un
foyer de cette ellipse. D'ailleurs, cette ellipse sera décrite par le
soleil dans le sens direct comme la première par la terre, et le
mouvement sera réglé par la loi des aires, puisque chacun des
secteurs, tels que S′TS″, est égal au secteur homologue T′ST″ :

c'est là précisément le mouvement apparent du soleil, tel qu'il résulte des observations. Quand le soleil est au périgée en S_1 ou à l'apogée en S_2, la terre est en réalité au *périhélie* T_1 ou à l'*aphélie* T_2.

La demi-droite à partir de laquelle on compte les longitudes étant toujours $T\gamma$, qui va de la terre à l'équinoxe du printemps, on voit encore qu'à chaque instant la longitude *héliocentrique* de la terre, c'est-à-dire l'angle des directions $T\gamma$ et ST', par exemple, compté dans le sens direct, diffère de 180° de la longitude *géocentrique* correspondante du soleil, $\gamma TS'$.

Tous les phénomènes que nous avons décrits dans les chapitres précédents, tels que l'inégalité des saisons, la précession des équinoxes, l'inégalité des jours et des nuits, etc., ont été expliqués en supposant la terre fixe : on pourrait les expliquer aussi bien en supposant le soleil fixe. Au fond, ces nouvelles explications ne différeraient pas des premières, car, par rapport à un observateur en mouvement, tout se passe comme s'il était fixe, les autres objets recevant, outre leur mouvement propre, un mouvement égal et directement opposé à celui de l'observateur à chaque instant.

LIVRE IV

La Lune.

CHAPITRE PREMIER

MOUVEMENT DE LA LUNE AUTOUR DE LA TERRE

97. La lune n'est pas fixe sur la sphère céleste. — La *lune* participe comme le soleil au mouvement diurne de la sphère céleste. Mais, en outre, elle a aussi un mouvement propre sur la sphère céleste, c'est-à-dire qu'elle ne reste pas fixe par rapport aux étoiles. Ce mouvement se reconnaît comme celui du soleil, et se fait dans le même sens que celui du soleil, c'est-à-dire dans le sens direct ; la route de la lune à travers les étoiles diffère d'ailleurs peu de celle du soleil et reste toujours dans le zodiaque.

Le mouvement de la lune est bien plus rapide que celui du soleil : la lune fait, en effet, le tour de la sphère céleste en moins d'un mois.

98. Observations de la lune. — La lune, qui a une forme très sensiblement sphérique, a des *phases* que nous étudierons plus loin. Elle ne nous apparaît comme un disque circulaire qu'au moment de la *pleine lune*, et c'est alors seulement que l'on peut vérifier, comme nous l'avons fait pour le soleil, la sphéricité presque parfaite de la lune. Il en résulte que l'on ne peut observer directement le centre de la lune. On y arrive de la façon suivante : on observe seulement le bord circulaire de la lune que l'on voit ; si, par exemple, il s'agit d'une hauteur, on observe le bord horizontal supérieur ou inférieur, suivant les cas, puis on retranche de la hauteur de ce bord, ou on lui ajoute, suivant les cas, le demi-diamètre apparent de la lune : on obtient ainsi la hauteur du centre de la lune. De même, s'il s'agit d'un passage au méridien, on observe le temps du passage du bord oriental ou occidental, et on retranche de ce temps, ou on lui ajoute le temps du passage du demi-diamètre, temps qui se déduit sans difficulté de la valeur du diamètre apparent et de la déclinaison de l'astre.

Le diamètre apparent de la lune est lui-même variable, comme celui du soleil; on peut cependant le mesurer, car, comme nous le verrons dans l'explication des phases, on voit toujours la moitié de la circonférence de la lune : cette moitié a pour corde un diamètre, que l'on peut mesurer avec une lunette dont l'oculaire est muni d'un réticule à fils parallèles. Pratiquement, on trouve dans les éphémérides le diamètre apparent de la lune pour chaque jour de l'année; mais sa connaissance résulte de mesures faites comme nous venons de le dire.

Il faudra encore avoir soin de corriger de la réfraction et de la parallaxe les observations de la lune, afin de les rendre comparables, en les rapportant au centre de la terre ; la parallaxe de la lune, dont nous parlerons plus loin, est d'ailleurs considérable.

99. Lois du mouvement de la lune. — En faisant un grand nombre d'observations de l'ascension droite et de la déclinaison de la lune et en mesurant chaque fois son diamètre apparent, on peut étudier son mouvement par rapport à la terre, comme nous avons étudié le mouvement apparent du soleil. Voici les lois de ce mouvement :

La lune décrit autour de la terre une ellipse dont la terre occupe un des foyers, et ce mouvement est réglé par la loi des aires, c'est-à-dire que les aires balayées par le rayon vecteur sont proportionnelles aux temps employés à les décrire.

On voit que ces lois sont identiques à celles du mouvement du soleil; aussi pouvons-nous nous dispenser de les expliquer davantage.

Il est nécessaire d'ajouter, toutefois, que ces lois ne sont pas absolument rigoureuses, de même que celles qui régissent le mouvement du soleil; les écarts ou *inégalités* sont, d'ailleurs, bien plus considérables que dans ce dernier cas : les déplacements du plan de l'orbite de la lune et les inégalités du mouvement de la lune dans son orbite, qu'elles soient séculaires ou périodiques, sont très sensibles.

Voici les données numériques qui fixent la position de l'orbite de la lune et son mouvement dans son orbite, ainsi que les déplacements principaux de cette orbite et les inégalités principales de ce mouvement.

Le grand cercle LL', trace du plan de l'orbite de la lune sur la sphère céleste O (fig. 80), rencontre l'écliptique EE' en deux points diamétralement opposés λ, λ' : ces points sont les *nœuds* de l'orbite lunaire, et la ligne λλ' est la *ligne des nœuds*. Le mouvement de la lune se fait dans le sens direct; le point λ, où elle traverse l'écliptique pour passer de l'hémisphère austral dans l'hémisphère boréal, ces hémisphères étant déterminés par l'écliptique, est le *nœud ascendant*; le point λ' est le *nœud descendant*. L'angle des plans LL' et EE' est l'*inclinaison* de l'orbite lunaire ; la longitude du point λ, comptée à partir de l'équinoxe γ, est la *longitude du nœud ascendant*. Ces deux éléments, inclinaison et longitude du nœud ascendant, déterminent complètement la position de l'orbite lunaire. L'inclinaison moyenne de l'orbite de la lune est de $5° 8' 48''$; elle varie entre $5° 0' 1''$ et $5° 17' 35''$. La longitude du nœud ascendant était de $146° 13' 40''$ le 31 décembre 1849 à midi moyen, temps de Paris; elle diminue de $3' 10'', 63$ par jour, c'est-à-dire que la ligne des nœuds a sur l'écliptique un mouvement rétrograde uniforme : elle accomplit sa révolution en $6793^j, 39$, soit 18 ans $\frac{2}{3}$ environ.

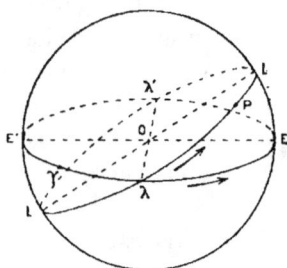

Fig. 80.

L'orbite de la lune est une ellipse dont un foyer est la terre en O (fig. 81); si AP est le grand axe de cette ellipse, le point P, plus rapproché du point O, est le *périgée*; le point A est l'*apogée*. Le périgée et l'apogée sont évidemment les points où, dans son mouvement autour de la terre, la lune se trouve à sa plus petite ou à sa plus grande distance de la terre. L'excentricité de l'orbite de la lune, c'est-à-dire le rapport $\frac{OL}{LA}$, en appelant L son centre, est petite : sa valeur est 0,0549, soit $\frac{1}{18}$ environ. Si le rayon vecteur du périgée rencontre la sphère céleste en P (fig. 80), la position du périgée est définie par la somme des arcs $\gamma\lambda$ et λP, que l'on appelle la *longitude du périgée*; la longitude du périgée était égale à 99° 51′ 52″ le 31 décembre 1849 à midi moyen.

Le périgée est animé dans le sens direct d'un mouvement dont la période est de 3232ʲ, 57, soit un peu moins de 9 ans.

Le moyen mouvement en lon-gitude de la lune en un jour

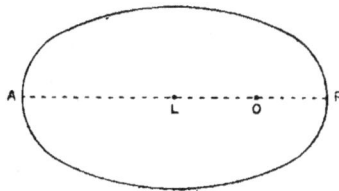

FIG. 81.

moyen est de 13° 10′ 35″, 03; sa longitude moyenne était de 122° 59′ 55″ le 31 décembre 1849 à midi moyen. Sa longitude moyenne à une époque quelconque t est facile à obtenir : c'est, en appelant L_0 la valeur précédente, et $t - t_0$ l'intervalle de temps écoulé depuis le 31 décembre 1849, exprimé en jours moyens et n le moyen mouvement,

$$L = L_0 + n(t - t_0).$$

La longitude vraie de la lune se compose de sa longitude moyenne, de la *réduction à l'écliptique* qui provient de l'incli-naison, de l'*équation du centre*, due à l'excentricité, et de diverses inégalités dont nous ne pouvons parler ici.

L'équation du centre est analogue à celle du soleil; son maximum en valeur absolue est de 6° 20′. La réduction à l'éclip-tique est analogue à la réduction à l'équateur que nous avons considérée en parlant de l'ascension droite du soleil; elle est toujours fort petite. Les autres inégalités prises ensemble peuvent atteindre en valeur absolue un maximum d'environ 2′.

100. Mouvement de la lune en longitude et en latitude. — Nous venons d'indiquer les lois du mouvement de la lune en longitude. Comme celui du soleil, ce mouvement n'est pas uniforme; mais, de plus, à cause de sa rapidité et des grandes inégalités auxquelles il est soumis, c'est à peine si on peut le considérer comme uniforme pendant le court espace d'une heure. Il en est de même de son mouvement en latitude; pendant une révolution de la lune, celle-ci s'annule deux fois et atteint un maximum et un minimum égaux en valeur absolue à l'inclinaison de l'orbite lunaire.

101. Mouvement de la lune en ascension droite et en déclinaison. — Les lois du mouvement de la lune permettent de calculer à chaque instant son ascension droite et sa déclinaison. Comme la longitude et la latitude, ces deux coordonnées varient rapidement; c'est à peine si on peut regarder leur variation comme uniforme pendant l'espace d'une heure.

En vertu du mouvement de la ligne des nœuds, l'obliquité de l'orbite lunaire sur l'équateur peut varier entre 18° 10′ et 28° 45′. La déclinaison de la lune ne dépasse donc jamais en valeur absolue 28° 45′. Si I est l'inclinaison de l'orbite lunaire sur l'équateur pendant une révolution de la lune, la déclinaison de la lune s'annule deux fois pendant cet intervalle de temps et atteint un maximum et un minimum égaux en valeur absolue à I.

La connaissance des coordonnées équatoriales de la lune permet de calculer, pour chaque jour de l'année, et en un lieu donné, les heures du passage au méridien, du lever et du coucher de la lune; on trouve ces heures dans tous les recueils d'éphémérides.

On étudierait facilement la variation des jours et des nuits lunaires en un lieu donné, comme nous avons étudié l'inégalité des jours et des nuits.

102. Révolution sidérale. — Révolution synodique. — On appelle *révolution sidérale* de la lune le temps nécessaire pour que la longitude moyenne de la lune, comptée à partir d'un équinoxe fixe, augmente de 360°. C'est donc le temps qui est nécessaire à une lune fictive qui décrirait l'écliptique d'un mouvement uniforme, pour faire le tour du ciel. La révolution sidérale T est

$$T = 27^j\ 7^h\ 43^m\ 11^s,5.$$

On appelle *révolution tropique* le temps nécessaire pour que la longitude moyenne de la lune rapportée à l'équinoxe moyen de chaque instant augmente de 360°. Elle est un peu plus courte que la révolution sidérale, à cause du mouvement rétrograde de l'équinoxe ; sa valeur est de $27^j 7^h 43^m 4^s,7$.

On appelle *révolution anomalistique* la valeur moyenne des intervalles de temps qui séparent deux passages consécutifs de la lune au périgée. Sa valeur est plus grande que celle de la révolution sidérale, à cause du mouvement direct du périgée ; elle est de $27^j 13^h 18^m 37^s,4$.

On appelle *révolution draconitique* la valeur moyenne des intervalles de temps qui séparent deux passages consécutifs de la lune à son nœud ascendant. Elle est plus petite que la révolution sidérale à cause du mouvement rétrograde du nœud ; sa valeur est de $27^j 5^h 5^m 36^s$.

On appelle *révolution synodique* le temps qui est nécessaire pour que la différence entre les longitudes moyennes de la lune et du soleil, rapportées à un même équinoxe, augmente de 360°. On lui donne encore le nom de *lunaison* ou de *mois lunaire*, parce que, au bout d'une révolution synodique, le soleil et la lune se retrouvent dans la même position relative par rapport à la terre. La révolution synodique S a pour valeur

$$S = 29^j 12^h 44^m 2^s,9.$$

Il est facile de trouver la relation qui existe entre la révolution sidérale T, la révolution synodique S et la durée A de l'année sidérale. Si en effet on appelle α l'arc décrit par le soleil pendant une lunaison, l'arc décrit pendant le même temps par la lune sera $360° + \alpha$; si α est exprimé en degrés, le temps mis par le soleil pour décrire cet arc est $\frac{\alpha A}{360}$; le temps mis par la lune pour décrire l'arc $360° + \alpha$ est S et aussi $T + \frac{\alpha T}{360°}$; on a donc

$$S = \frac{\alpha A}{360} = T + \frac{\alpha T}{360},$$

d'où

$$S = T + \frac{TS}{A},$$

ou encore

$$\frac{1}{T} - \frac{1}{S} = \frac{1}{A}.$$

Cette relation est évidente en remarquant que la vitesse synodique $\frac{1}{S}$ de la lune est égale à la différence des vitesses sidérales $\frac{1}{T}$ et $\frac{1}{A}$ de la lune et du soleil.

C'est la révolution synodique que l'on détermine directement par l'observation ; on en déduit la révolution sidérale par la formule précédente.

On appelle *cycle lunaire*, ainsi que nous l'avons déjà dit, une période de 19 années juliennes ; ces 19 années contiennent 235 lunaisons plus $1^h 28^m 38^s,5$: il en résulte qu'au bout de ce cycle, les nouvelles lunes reviennent aux mêmes dates de l'année dans le calendrier julien.

103. Syzygies. — Quadratures. — Lorsque le soleil et la lune ont même longitude, on dit qu'ils sont en *conjonction* ; lorsque leurs longitudes diffèrent de 180°, on dit qu'ils sont en *opposition*. La conjonction et l'opposition sont les *syzygies*. Au moment d'une syzygie, le soleil, la terre et la lune supposée dans le plan de l'écliptique sont en ligne droite ; mais, pour une conjonction, la terre est d'un même côté du soleil et de la lune, tandis que, pour une opposition, la terre est entre le soleil et la lune.

Les oppositions sont faciles à observer ; c'est en observant un grand nombre d'oppositions que l'on a pu déterminer avec une grande précision la révolution synodique de la lune.

On dit que le soleil et la lune sont en *quadrature* lorsque leurs longitudes diffèrent de 90°. Pendant une lunaison, il y a deux quadratures, séparées par les syzygies.

Pendant le jour astronomique dont le commencement arrive immédiatement après une conjonction, on dit que l'*âge* de la lune est 1 ; pendant les jours suivants l'âge de la lune est successivement 2, 3, 4,...; son maximum peut être 29 ou 30.

CHAPITRE II

DISTANCE DE LA TERRE A LA LUNE
DIMENSIONS DE LA LUNE — ROTATION DE LA LUNE.

104. Parallaxe de la lune. — Distance de la terre à la lune. — Si l'on répète ce que nous avons dit au chapitre III du livre III, on voit que, en appelant r le rayon de l'équateur terrestre, d la distance de la lune à la terre, P′ la parallaxe horizontale équatoriale de la lune, on a la relation

$$r = d \sin P'.$$

Si a est le demi-grand axe de l'orbite de la lune, c'est-à-dire la distance moyenne de la lune à la terre, la parallaxe correspondante est P, et l'on a la relation

$$r = a \sin P.$$

Voici le principe de la méthode employée d'abord par *Lalande* et l'abbé de *Lacaille* opérant simultanément, le premier à Berlin, le second au Cap, sur le même méridien. La terre T étant supposée sphérique, supposons que l'on mesure en deux lieux A et A′, situés sur le même méridien, les distances zénithales apparentes ZAL, Z′A′L de la lune au moment de son passage à ce méridien (fig. 82).

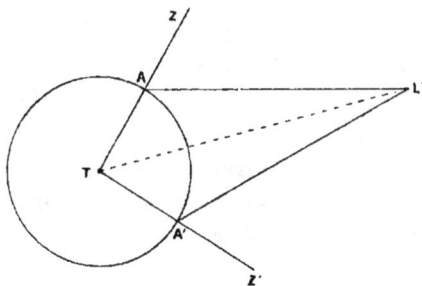

FIG. 82.

Dans le quadrilatère LATA′, on connaît les côtés TA et TA′ égaux au rayon de la terre, les angles en A et A′, suppléments des distances zénithales mesurées, et l'angle ATA′ égal à la différence algébrique des latitudes des deux lieux d'observation. Il en résulte que l'on peut calculer les angles ALT, A'LT, c'est-à-dire les parallaxes de hauteur de la lune relatives aux lieux A et A' et aux distances zénithales mesurées. La parallaxe horizontale de la lune s'en déduit immédiatement.

En réalité, on n'observe pas en deux lieux situés rigoureusement sur le même méridien, et la terre n'est pas absolument sphérique. On peut facilement tenir compte de ces causes d'erreur, et l'on trouve que la parallaxe horizontale équatoriale moyenne P de la lune est égale 57′ 2″.

Si e est l'excentricité de l'orbite lunaire, d varie entre $a(1-e)$ et $a(1+e)$; par suite P′ varie entre un maximum et un minimum P_1 et P_2 fournis par les équations

$$\sin P_1 = \frac{\sin P}{1-e}, \quad \sin P_2 = \frac{\sin P}{1+e};$$

les inégalités du mouvement de la lune augmentent ce maximum et diminuent ce minimum. Le véritable maximum de P′ est 61′ 30″ environ et le véritable minimum est 53′ 55″.

Connaissant P, on a

$$a = \frac{r}{\sin P},$$

d'où $a = 60{,}27\ r$.

La distance moyenne de la terre à la lune est donc de 60 rayons terrestres environ, soit 384 000 kilomètres en nombres ronds.

La distance maxima, qui correspond au minimum de la parallaxe, est d'environ 64 rayons terrestres; la distance minima, qui correspond au maximum de la parallaxe, est d'environ 56 rayons terrestres.

105. Diamètre apparent de la lune. — Dimensions de la lune. — Si R est le rayon de la lune et δ son diamètre apparent à la distance moyenne, on a, comme pour le soleil, la relation

$$R = a \sin \frac{\delta}{2},$$

d'où

$$R = r\ \frac{\sin \dfrac{\delta}{2}}{\sin P}.$$

Si, à un instant quelconque, δ' est le diamètre apparent de la lune et P′ sa parallaxe horizontale, on a de même

$$R = r \frac{\sin \frac{\delta'}{2}}{\sin P'},$$

d'où

$$\frac{\sin \frac{\delta'}{2}}{\sin P'} = \frac{\sin \frac{\delta}{2}}{\sin P}.$$

La valeur de δ est de 31′ 8″; cette valeur est donc sensiblement égale au diamètre apparent moyen du soleil.

On en déduit que $R = 0,273\,r$, soit encore $\frac{3}{11}\,r$; par suite, le rayon de la lune est de 1 741 kilomètres. Le volume de la lune est la cinquantième partie de celui de la terre.

La valeur maxima de δ' est 33′ 34″; sa valeur minima est 29′ 26″.

Nous avons déjà dit que la lune, comme le soleil, paraissait devenir plus grosse à mesure qu'elle se rapprochait de l'horizon, et nous avons vu que c'était là une simple illusion d'optique. Il est facile de vérifier qu'au contraire, le diamètre apparent de la lune L vue d'un point A de la surface de la terre T augmente à mesure que l'astre s'élève dans le ciel (fig. 83). En effet, la distance LT de la lune au centre de la terre restant constante, il est clair que sa distance LA au lieu d'observation diminue à mesure que la distance zénithale apparente LAZ diminue elle-même : par suite le diamètre apparent de l'astre augmente.

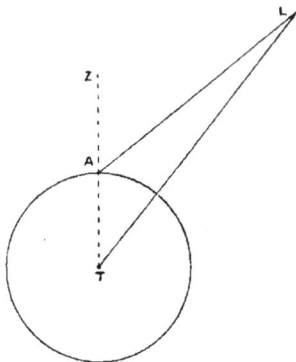

Fig. 83.

Cette augmentation peut atteindre pour la lune une demi-minute quand elle passe au zénith.

Le même raisonnement s'appliquerait au soleil ; mais

l'augmentation de son diamètre apparent est absolument négligeable.

106. Masse et densité de la lune. — La masse de la lune peut, comme celle du soleil, être facilement déterminée : on la trouve égale à $\frac{1}{80}$ de celle de la terre environ. La densité moyenne de la terre étant comme nous l'avons dit 5,5, il en résulte que celle de la lune est environ $\frac{5,5 \times 11^3}{80 \times 3^3}$, c'est-à-dire 3,4.

107. Rotation de la lune. — Comme les autres corps célestes, la lune tourne sur elle-même. On remarque en effet à sa surface des taches grisâtres, qui, contrairement aux taches du soleil, restent absolument fixes les unes par rapport aux autres et sont permanentes, de sorte qu'on doit les regarder comme des accidents de la surface solide de la lune. Or, ces taches conservent toujours la même position par rapport au centre de la lune telle que nous la voyons, ce qu'on exprime en disant que la lune tourne toujours de notre côté la même face.

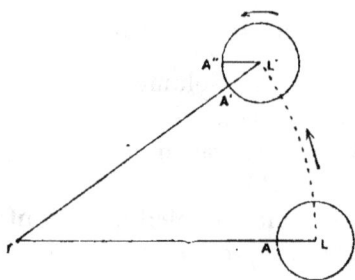

FIG. 84.

Il est facile d'en conclure que la lune tourne sur elle-même dans le sens direct, autour d'un axe perpendiculaire au plan de son orbite, et qu'elle effectue une rotation complète pendant une révolution sidérale. En effet, considérons un point A de la surface de la lune L vu de la terre T dans la direction TL à un certain moment (fig. 84); à un autre moment, la lune occupant la position L′, on verra encore le point A en A′ dans la direction TL′. Si, pendant l'intervalle de temps qui sépare les deux observations, la lune n'avait pas tourné sur elle-même, le point A serait venu en A″, extrémité du rayon L′A″ parallèle à LA et de même sens. Il faut donc que la lune ait tourné dans le sens direct marqué par la flèche d'un angle A″L′A′ précisément égal à l'angle LTL′ qui mesure le déplacement de la lune autour de la terre pendant le même temps. D'ailleurs cette rotation a eu lieu nécessairement autour d'un axe perpendiculaire au plan LTL′

de l'orbite lunaire, et il est évident que la lune effectue une rotation complète sur elle-même pendant une révolution sidérale.

108. Libration. — Des faits que nous venons d'énoncer, un seul est rigoureusement vrai, c'est celui-ci : *la lune tourne sur elle-même dans le sens direct d'un mouvement uniforme, et la durée de sa rotation est égale à sa révolution sidérale*.

Si, en effet, cette dernière égalité n'était pas rigoureusement vérifiée, s'il y avait une différence quelconque, si petite qu'elle fût, entre la révolution sidérale et la durée de la rotation, au bout d'un temps suffisamment long, on finirait par voir succes-

FIG. 85.

sivement de la terre toutes les parties de la lune : or, les observations les plus anciennes nous apprennent qu'on a toujours vu la lune comme nous la voyons encore maintenant nous-mêmes.

En réalité, l'axe de rotation de la lune n'est pas absolument perpendiculaire au plan de l'orbite lunaire; mais il fait avec lui un angle d'environ $83° \frac{1}{2}$. Il en résulte que nous ne voyons pas toujours rigoureusement le même hémisphère de la lune ; si, à un certain moment, on voit de la terre T la lune en L, l'hémisphère vu est celui qui est limité par le grand cercle projeté en II', tandis que l'axe de la lune a une position telle que PP' (fig. 85). Quand au bout d'une demi-révolution sidérale la lune est venue en L_1, c'est-à-dire quand sa longitude a augmenté de 180°, l'hémisphère vu est celui limité par le grand cercle qui se projette en $I_1 I'_1$, $I_1 I'_1$, étant comme II' perpendiculaire à LTL_1; l'axe de la lune, toujours parallèle à lui-même, a la position $P_1 P'_1$. Donc, tandis que dans le premier cas on voyait le pôle P', dans le second cas c'est le pôle P_1 correspondant à P qui est visible; d'ailleurs, dans les deux cas, les grands cercles $PIP'I'$ et $P_1 I_1 P'_1 I'_1$, qui partagent en parties égales l'hémisphère visible sont identiques, puisque la durée de la rotation de la lune est égale à sa révolution sidérale.

L'effet de l'inclinaison de 6° 1/2 de l'axe de rotation de la lune sur la perpendiculaire au plan de l'orbite lunaire est donc de découvrir et de cacher successivement autour des pôles de la lune deux petites zones de 6° 1/2 d'amplitude environ ; la période de ce mouvement est d'ailleurs égale à la révolution sidérale. Ce phénomène est connu sous le nom de *libration en latitude* de la lune.

Nous avons dit que le grand cercle qui partage en deux parties égales l'hémisphère visible de la lune était toujours le même : ce n'est pas rigoureusement vrai, et il est facile d'en comprendre la raison. En effet, le mouvement de rotation de la lune sur elle-même étant uniforme, pour que le grand cercle dont il est question fût toujours le même, il faudrait évidemment que le mouvement de translation de la lune autour de la terre fût lui-même uniforme. Or il n'en est pas ainsi, et il est clair que l'effet de la non-uniformité du mouvement de translation de la lune sera de découvrir et de cacher successivement deux petits fuseaux situés l'un à l'est, l'autre à l'ouest de l'hémisphère moyen visible ; la période de ce mouvement est d'ailleurs égale à la révolution sidérale. Quand la lune va du périgée à l'apogée, sa vitesse de translation décroît constamment, c'est le fuseau de droite ou occidental qui se découvre, puis disparaît ; quand la lune va de l'apogée au périgée, c'est au contraire le fuseau de gauche ou oriental qui se découvre, puis disparaît. L'amplitude de ces fuseaux est égale au maximum de la somme des inégalités de la longitude de la lune, soit 8° environ. Ce phénomène est connu sous le nom de *libration en longitude* de la lune.

Il faut encore ajouter que la lune n'est pas rigoureusement sphérique : sa forme est celle d'un ellipsoïde à trois axes inégaux ; le plus grand de ces axes est dans l'équateur lunaire et toujours dirigé vers la terre ; le plus petit est l'axe de rotation. Toutefois, la lune est si peu différente d'une sphère que l'on peut toujours sans erreur sensible la considérer comme sphérique.

109. Mouvement de la lune par rapport au soleil et dans l'espace. — La lune tourne autour de la terre, en tournant sur elle-même, et les périodes de ces deux mouvements sont égales : comme la terre tourne elle-même autour du soleil, on voit que la lune décrit par rapport au soleil une courbe non fermée passant alternativement de part et d'autre de l'orbite de la terre. La trajectoire de la lune dans l'espace résulte elle-même du mouvement de translation du soleil dans l'espace.

CHAPITRE III

PHASES DE LA LUNE. — CONSTITUTION PHYSIQUE DE LA LUNE

110. Description des phases de la lune. — Comme nous l'avons déjà dit, la lune a des *phases*, c'est-à-dire qu'elle n'est pas éclairée sur tout l'hémisphère tourné du côté de la terre. Il est à peine besoin de dire qu'en effet, ce n'est pas sa forme qui change, mais seulement son illumination; dans une lunette on distingue la partie obscure de la lune, et surtout on constate son existence en remarquant qu'elle *occulte*, c'est-à-dire cache complètement les astres, planètes ou étoiles, devant lesquels elle passe.

Voici en quoi consistent les phases de la lune. Aux environs de la conjonction, on ne voit pas du tout la lune; il est clair d'ailleurs qu'elle est alors tout près du soleil, un peu à l'occident avant la conjonction, un peu à l'orient après la conjonction. On dit qu'il y a *nouvelle lune*, au moment même de la conjonction.

La phase appelée *nouvelle lune* commence au moment de la conjonction et finit à la quadrature suivante, 7 jours $\frac{1}{2}$ après environ. Pendant ce temps, la lune est visible l'après-midi et le soir; elle passe au méridien entre midi et six heures du soir, chaque jour 50 minutes plus tard que la veille environ. Elle apparaît comme un croissant d'abord très délié, qui augmente insensiblement, pour devenir un demi-cercle au moment de la quadrature (fig. 86), c'est-à-dire au moment du *premier quartier*.

Les cornes du croissant sont toujours dirigées vers l'est, c'est-à-dire du côté opposé au soleil.

La phase appelée *premier quartier*, qui commence au moment de la quadrature, finit au moment de l'opposition, 14 jours $\frac{1}{4}$ environ après la nouvelle lune. Pendant ce temps, la lune est visible le soir et une partie de la nuit ; elle passe au méridien entre six heures du soir et minuit, chaque jour 50 minutes plus

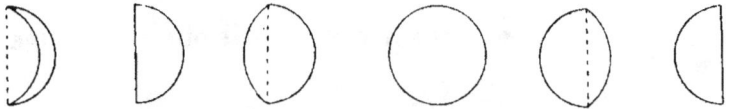

FIG. 86.   FIG. 87.   FIG. 88.

tard que la veille environ. Elle apparaît sous la forme d'une lentille biconvexe, qui augmente insensiblement, pour devenir un cercle entier au moment de l'opposition (fig. 87), c'est-à-dire au moment de la *pleine lune*.

Les extrémités de la surface lumineuse sont toujours dirigées vers l'est, c'est-à-dire du côté opposé au soleil.

La phase appelée *pleine lune*, qui commence au moment de l'opposition, finit au moment de la quadrature suivante, c'est-à-dire 22 jours environ après la nouvelle lune. Pendant ce temps la lune est visible la nuit et le matin ; elle passe au méridien entre minuit et six heures du matin, chaque jour 50 minutes plus tard que la veille environ. Elle apparaît encore sous la forme d'une lentille biconvexe, qui diminue insensiblement, pour devenir un demi-cercle au moment de la quadrature (fig. 88), c'est-à-dire au moment du *dernier quartier* ; mais, cette fois, les extrémités de la surface lumineuse sont dirigées vers l'ouest, et par suite encore du côté opposé au soleil.

Enfin, la phase appelée *dernier quartier*, qui commence au

moment de la quadrature, finit au moment de la conjonction, c'est-à-dire 29 jours $\frac{1}{2}$ environ après la nouvelle lune. Pendant ce temps, la lune est visible le matin et une partie de la journée ; elle passe au méridien entre six heures du matin et midi, chaque jour 50 minutes plus tard que la veille environ. Elle apparaît sous la forme d'un croissant qui va en s'amincissant graduellement et qui disparaît au moment de la conjonction (fig. 89); les extrémités de ce croissant sont toujours dirigées vers l'ouest, c'est-à-dire du côté opposé au soleil.

Fig. 89.

111. Explication des phases de la lune. — L'éclairement de la lune étant constamment variable, il est naturel d'admettre que c'est un corps obscur par lui-même, et qui ne fait que réfléchir dans l'espace la lumière qu'il reçoit du soleil. L'explication des phases de la lune devient alors très facile.

La lune recevant sa lumière du soleil, n'est éclairée que sur

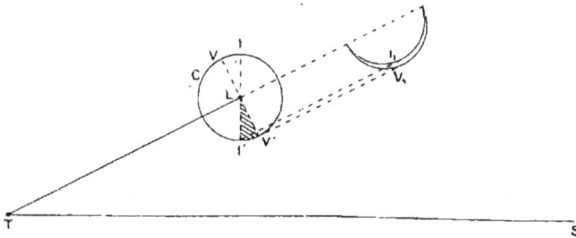

Fig. 90.

un hémisphère ; la distance du soleil à la lune est en effet assez grande pour que l'on puisse regarder comme un grand cercle la courbe de contact avec la lune du cône circonscrit commun à ce corps et au soleil.

D'autre part, et pour une raison analogue, la partie de la lune que l'on voit de la terre est un autre hémisphère, et il est clair que la partie lumineuse de la lune vue de la terre sera seulement le fuseau commun aux deux hémisphères que nous venons de considérer : l'étendue de ce fuseau dépend évidemment des situations relatives de la lune et du soleil ; son angle est manifestement égal à la valeur absolue de la différence des longitudes de la lune et du soleil. Supposons en effet que de la terre T, on voie le soleil dans la direction TS (fig. 90), et le centre de la lune en L ; prenons pour plan de la figure le plan LTS, et soit C le grand cercle d'intersection de la lune avec ce plan. A cause du très grand éloignement du soleil, le cercle qui sépare l'hémisphère obscur et l'hémisphère éclairé de la lune, c'est-à-dire le *cercle d'illumination*, se projette suivant le diamètre II' perpendiculaire à TS. De même le cercle qui sépare l'hémisphère visible et l'hémisphère invisible de la lune par rapport à la terre se projette suivant le diamètre VV' perpendiculaire à TL. Le fuseau éclairé et visible de la lune est donc celui qui se projette sur le secteur couvert de hachures I'LV', secteur dont l'angle est égal à l'angle STL, c'est-à-dire à la différence de longitude de la lune et du soleil.

Le demi-grand cercle LV' qui limite ce fuseau se verra tel qu'il est ; le second demi-grand cercle limite LI' se verra au contraire projeté du point T sur le plan perpendiculaire au tableau dont la trace est VV', c'est-à-dire projeté orthogonalement sur ce plan, à cause de la grande distance de la terre et de la lune ; la projection orthogonale d'une demi-circonférence étant une demi-ellipse, la partie visible et éclairée de la lune apparaîtra comme une surface limitée d'une part par une demi-circonférence V, et d'autre part par une demi-ellipse I, ayant pour grand axe le diamètre de la demi-circonférence V,. La figure représente l'apparence de la lune telle qu'on la voit : un rabattement suffisamment indiqué permet de construire immédiatement cette apparence.

On vérifie facilement par l'observation directe que la partie éclairée de la lune visible de la terre est toujours limitée, comme nous venons de le dire, par une demi-circonférence et une demi-ellipse ayant pour grand axe le diamètre de la demi-circonférence. Cette demi-ellipse se réduit dans les quadratures à un diamètre, et dans les syzygies à un demi-cercle : c'est ce que montre suffisamment la figure 91, sur laquelle on peut suivre les phases successives de la lune, en répétant les raisonnements qui précèdent. Il faut remarquer seulement que nous avons supposé le soleil dans une direction constante, ce que nous avons le droit de faire à la condition de ne donner à la lune sur son orbite que sa vitesse synodique ; nous avons supposé aussi pour simplifier que le rayon vecteur TS était situé dans le plan de l'orbite lunaire, ce qui s'écarte peu de la vérité.

Remarquons que, comme nous l'ont déjà montré les observations, les extrémités de la surface lumineuse de la lune sont toujours dirigées du côté opposé au soleil, et que la droite qui

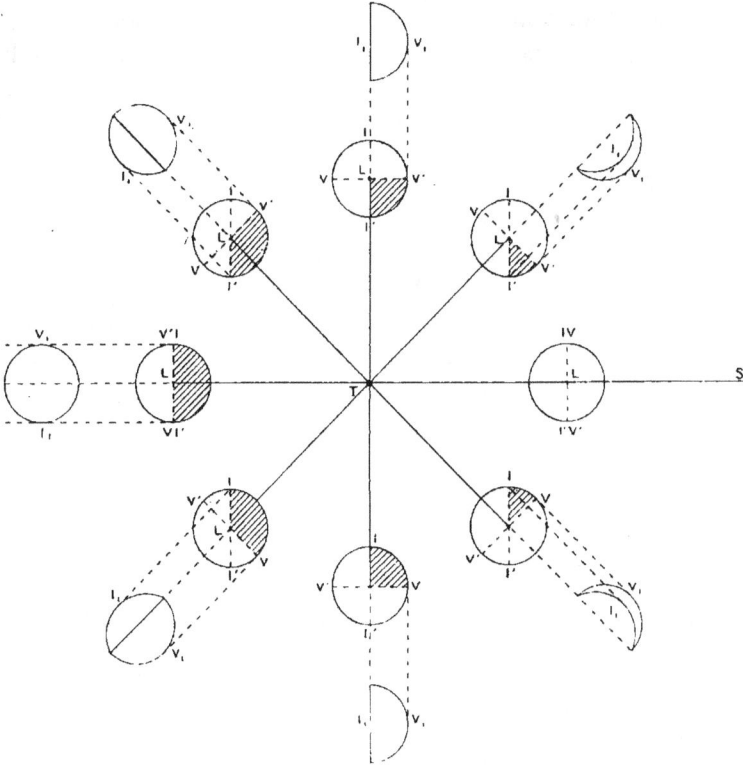

FIG. 91.

les joint est un diamètre : on peut donc toujours mesurer le diamètre apparent de la lune quand on observe cet astre.

Enfin, il faut insister sur ce que la période des phases est égale à la révolution synodique : celle-ci peut donc encore être définie comme l'intervalle moyen de temps qui sépare deux phases de même nom consécutives, et l'on comprend par suite qu'il soit facile de déterminer sa valeur avec précision en observant un grand nombre d'oppositions.

COSMOGRAPHIE.   10

112. Lumière cendrée. — Pendant les deux jours qui
précèdent ou qui suivent la nouvelle lune, il est presque impossible d'apercevoir la lune ; la partie lumineuse visible de la terre
est en effet très petite, et en outre la lune est très voisine du
soleil. Avant le premier quartier et après le dernier quartier,
lorsque la lune apparaît sous la forme d'un croissant suffisamment mince, la partie obscure de la lune est elle-
même visible la nuit : elle apparaît faiblement
éclairée, et son diamètre semble plus petit que
celui de la partie lumineuse. Cette faible lueur
qui nous fait voir la partie obscure de la lune est
la *lumière cendrée* (fig. 92).

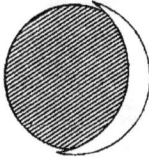

Fig. 92.

Il est facile d'expliquer le phénomène de la
lumière cendrée. Il suffit de remarquer que la terre, qui est
obscure par elle-même comme la lune, joue par rapport à la
lune le même rôle que celle-ci par rapport à la terre. La terre
présente par rapport à la lune des phases analogues à celles que

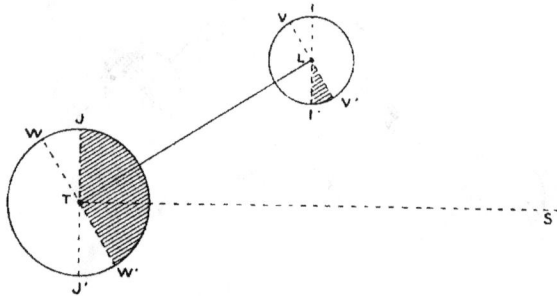

Fig. 93.

nous venons d'étudier, et l'on voit tout de suite qu'au même
moment, les phases de la terre et de la lune sont *complémentaires*, c'est-à-dire que l'angle du fuseau éclairé de la terre visible
de la lune est supplémentaire de l'angle du fuseau éclairé de la
lune visible de la terre. Ce fait est rendu évident dans la
figure 93 ; le soleil étant dans la direction TS, si les cercles
d'illumination sur la lune L et la terre T se projettent en II' et
JJ', si en outre VV' et WW' sont les diamètres des cercles L
et T perpendiculaires à LT, le fuseau éclairé de la lune visible
de la terre est projeté sur le secteur l' LV', et le fuseau éclairé

de la terre visible de la lune est projeté sur le secteur JTW'; les angles de ces deux secteurs sont évidemment supplémentaires.

Il résulte de ce qui précède que, lorsque nous voyons la lune sous l'apparence d'un croissant très mince, la lune voit la terre presque pleine, et par suite est fortement éclairée par la terre, beaucoup plus grosse que la lune. Comme la partie lumineuse de la lune est fort petite, et par conséquent éclaire peu, on comprend facilement que l'on puisse être éclairé par la lumière que réfléchit la partie obscure de la lune après l'avoir reçue de la terre, c'est-à-dire que l'on puisse voir la partie obscure de la lune faiblement éclairée. Cette apparence cesse dès que, la partie lumineuse de la lune visible de la terre étant suffisamment grande, la lune n'est plus que faiblement éclairée par la terre et l'éclaire plus fortement.

De plus, si la partie obscure de la lune, visible grâce à la lumière cendrée, paraît avoir un diamètre plus petit que la partie lumineuse, c'est que les bords sont assez faiblement éclairés et restent par suite invisibles. En outre, on sait que le phénomène bien connu de l'*irradiation* fait toujours paraître un cercle blanc plus grand qu'un cercle noir de même rayon.

113. Remarques sur quelques lunaisons particulières. — Si l'on ne tient pas compte de la faible inclinaison de l'orbite lunaire sur l'écliptique, on peut dire qu'au moment de la pleine lune, le soleil, la terre et la lune sont en ligne droite. La hauteur de la lune à ce moment, quand elle passe au méridien, c'est-à-dire vers minuit, est donc égale à l'abaissement maximum du soleil au-dessous de l'horizon. C'est ce qui explique pourquoi la pleine lune, au moins dans nos contrées, est très haute en hiver et très basse en été.

Au moment de la pleine lune qui arrive en septembre, vers l'équinoxe d'automne, la lune, supposée se mouvant dans le plan de l'écliptique, est aux environs du point vernal, et sa déclinaison augmente rapidement. Il est facile d'en conclure que la lumière de la pleine lune succède immédiatement à la lumière du jour, qui semble se prolonger, et aussi que la lune se lève pendant quelques jours presque à la même heure : en effet, le retard journalier de l'heure de son lever dû à son mouvement en ascension droite est presque compensé par l'avance due à son mouvement en déclinaison. Pour ces raisons, on appelle en Angleterre la pleine lune de septembre la *lune de la moisson.*

La pleine lune qui suit est la *lune du chasseur;* elle présente les mêmes phénomènes, mais moins accentués.

Au moment de la pleine lune qui arrive vers l'équinoxe du printemps, on verrait comme précédemment que, pendant quelques jours, le retard journalier de l'heure du lever de la lune est maximum au lieu d'être minimum.

On appelle *lune rousse* la lunaison qui, commençant en avril, devient pleine soit à la fin de ce mois, soit plus ordinairement dans le courant de mai.

On appelle *lune pascale* la pleine lune qui arrive le jour même de l'équinoxe du printemps ou qui suit ce jour; elle sert à fixer les dates des fêtes religieuses mobiles de l'église catholique, ainsi que nous l'avons déjà dit. D'ailleurs la date de l'équinoxe est fixée par les computistes au 21 mars, et la lune ecclésiastique diffère de la lune astronomique et peut présenter avec elle des différences de un ou deux jours.

On peut régler le calendrier sur le mouvement de la lune ou sur le mouvement combiné du soleil et de la lune ; on a ainsi des calendriers lunaires, tels que le calendrier musulman, et des calendriers luni-solaires tels que le calendrier israélite : nous ne parlerons pas de ces divers calendriers.

114. Constitution physique de la lune. — Il est facile de constater avec une lunette, même peu puissante, que la surface de la lune est extrêmement accidentée. Si, par exemple, on regarde la lune aux environs du premier quartier, on verra que le bord rectiligne du croissant manque tout à fait de netteté et est remplacé par une série de dentelures lumineuses très prononcées. On conçoit, en effet, que les points les plus élevés de la surface lunaire sont éclairés avant les autres, tandis que les fonds des abîmes ne sont éclairés qu'en dernier lieu. On aperçoit en même temps distinctement les ombres portées par les différents accidents de la surface lunaire sur cette surface elle-même; ces ombres sont toutes dirigées perpendiculairement au bord rectiligne du croissant.

Il est facile de construire des cartes de la lune : ces cartes sont généralement construites dans le système de projection orthographique, parce que l'hémisphère de la lune tourné de notre côté est précisément vu dans ce système de projection.

La planche VI à la fin du volume, qui est la reproduction d'un cliché photographique obtenu à l'Observatoire de Paris par MM. Henry, donne une idée de la surface de la lune. On y remarque des *mers*, qui sont des taches uniformément grisâtres ; on voit encore des montagnes proprement dites, dont on a pu déterminer la hauteur en mesurant avec un micromètre la

longueur de leurs ombres au moment des quadratures; les plus
hauts pics atteignent près de 8000 mètres, hauteur considérable relativement au rayon de la lune. Enfin, on voit surtout
de profondes excavations ayant l'aspect de cratères, entourées
do bourrelots assez peu élevés, et renfermant en général des
pitons de médiocre hauteur; ces cratères sont presque tous
circulaires. Signalons encore des *rainures*, brillantes pendant
la pleine lune et noires aux quadratures, à cause de l'ombre
projetée par l'un des bords sur l'autre; ces rainures sont des
failles profondes et étroites.

La lune n'a pas d'atmosphère; en effet, on ne voit jamais de
nuages obscurcissant sa surface. On peut encore remarquer

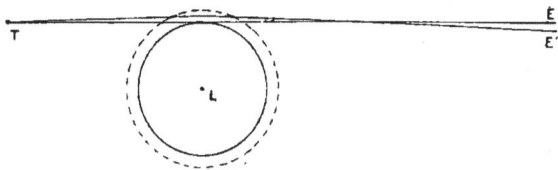

Fig. 94.

que, s'il y avait une atmosphère sur la lune, la ligne de séparation d'ombre et de lumière sur sa surface ne saurait être
nettement tranchée comme elle l'est en réalité; il y aurait une
zone de dégradation due à la diffusion de la lumière par l'atmosphère. Enfin, quand on observe une occultation d'étoile par
la lune, on voit l'étoile disparaître et réapparaître subitement,
sans qu'on puisse saisir trace d'extinction progressive; en
outre, le temps que reste occultée l'étoile est égal rigoureusement à celui que l'on calcule en ne supposant pas d'atmosphère
sur la lune : il n'en serait évidemment pas ainsi si la lune avait
une atmosphère, à cause des phénomènes de réfraction qui
feraient encore voir l'étoile quand elle vient de pénétrer derrière
la lune, et qui nous la feraient voir un peu avant la fin de
l'occultation géométrique (fig. 94).

La lune, n'ayant pas d'atmosphère, ne peut pas non plus
renfermer d'eau à sa surface.

En résumé, la lune est un corps solide sur lequel on ne
constate aucune manifestation de vie, même mécanique ou
géologique.

CHAPITRE IV

ÉCLIPSES DE LUNE

115. Définition des éclipses de lune. — La terre T, étant un corps obscur et opaque éclairé par le soleil S, projette derrière elle un *cône d'ombre* de sommet O (fig. 95), circonscrit à la fois au soleil et à la terre, et il est clair que tout point contenu dans ce cône derrière la terre n'aperçoit aucune partie du soleil et, par suite, est plongé dans l'obscurité. Si donc la

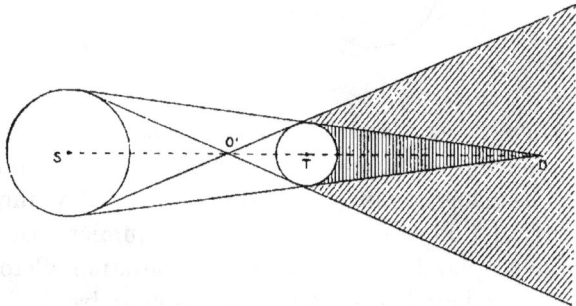

Fig. 95.

lune L peut pénétrer en totalité ou en partie dans ce cône, elle cessera d'être éclairée en totalité ou en partie ; il y aura *éclipse totale* ou *partielle de lune*.

Nous allons étudier le problème des éclipses de lune en supposant que le soleil, la terre et la lune sont des corps parfaitement sphériques, et en faisant abstraction de l'atmosphère terrestre qui, comme nous le verrons un peu plus loin, change notablement les conditions physiques du problème.

Faisons remarquer aussi tout de suite que, si l'on considère le second cône circonscrit commun au soleil et à la terre de sommet O′ situé entre S et T, tout point situé dans l'intérieur de ce cône derrière la terre et à l'extérieur du cône d'ombre ne

peut apercevoir qu'une partie de la surface du soleil; on dit
qu'il est dans la *pénombre*.

Quand la lune pénètre dans la pénombre, elle devient donc
moins éclairée; mais ce phénomène est peu sensible, et nous
ne ferons pas son étude, toute pareille d'ailleurs à celle que
nous allons faire, en ne nous occupant que du passage de la
lune à travers l'ombre pure.

116. Conditions de possibilité d'une éclipse de lune.
— Cherchons d'abord la distance OT du sommet du cône
d'ombre au centre de la terre. Supposons le soleil et la terre

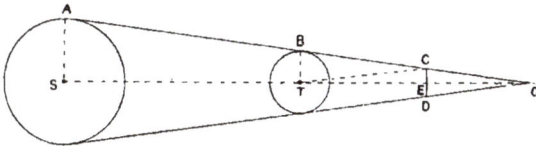

FIG. 96.

coupés par un plan passant par leur centre et perpendiculaire
au plan de l'écliptique (fig. 96). Si P est la parallaxe du soleil
et δ son diamètre apparent, on a, en appelant r le rayon de la
terre,

$$r = ST \sin P, \qquad SA = ST \sin \frac{\delta}{2};$$

en outre, on sait que

$$TO = \frac{r \times ST}{SA - r},$$

et par suite il vient

$$TO = \frac{r}{\sin \dfrac{\delta}{2} - \sin P};$$

remplaçant δ et P par leurs valeurs moyennes $32'4''$ et $8'',81$,
on trouve en nombres ronds

$$TO = 216r.$$

Il en résulte que cette distance est de beaucoup supérieure à
la distance maxima de la terre à la lune.

Ceci nous montre que, si la lune se mouvait dans le plan

de l'écliptique, il y aurait éclipse de lune à chaque opposition, car à chaque opposition la lune pénétrerait dans le cône d'ombre.

Il est même facile de voir qu'il y aurait chaque fois éclipse totale. Calculons, en effet, le diamètre apparent ρ de la section du cône d'ombre faite par une sphère de centre T et de rayon égal à la distance d de la lune à la terre. Si CD est la trace de cette sphère sur le plan de la figure, il faut calculer l'angle CTD ou sa moitié CTE, TE étant égal à d. On a

$$\mathrm{CTE} = \mathrm{BCT} - \mathrm{BOT};$$

or l'angle BCT est la parallaxe P' de la lune, et l'angle BOT est défini par la relation

$$\sin \mathrm{BOT} = \frac{r}{\mathrm{TO}} = \sin \frac{\delta}{2} - \sin P\,;$$

la petitesse des angles $\dfrac{\delta}{2}$ et P permet d'écrire

$$\mathrm{BOT} = \frac{\delta}{2} - P\,;$$

on a donc

$$\frac{\rho}{2} = P' + P - \frac{\delta}{2}\,;$$

le minimum de $\dfrac{\rho}{2}$ est par suite $37'46''$, et comme le maximum du demi-diamètre apparent $\dfrac{\delta'}{2}$ de la lune est de $16'47''$, on voit que, à chaque opposition, la lune pénétrerait tout entière dans le cône d'ombre, si elle restait toujours dans le plan de l'écliptique; il y aurait par suite éclipse totale à chaque opposition.

En réalité, la lune décrit une orbite dont le plan est incliné sur celui de l'écliptique. On voit par suite qu'il n'y aura pas nécessairement éclipse, même partielle, à chaque opposition. D'ailleurs une éclipse ne peut évidemment arriver qu'aux environs de l'opposition, et c'est le moment même de l'opposition qui présente les conditions les plus favorables pour l'éclipse.

Il y aura éclipse totale si, au moment de l'opposition, la lune est coupée par le plan du tableau suivant un cercle L tout

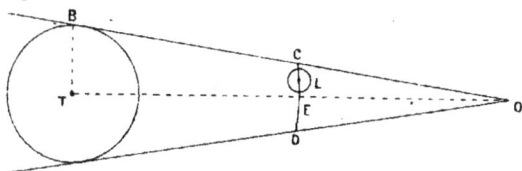

FIG. 97.

entier situé dans le cône d'ombre (fig. 97); il y aura éclipse partielle si le cercle L n'est situé qu'en partie à l'intérieur du

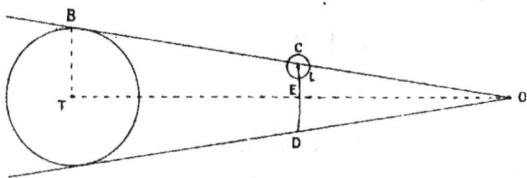

FIG. 98.

cône d'ombre (fig. 98); il n'y aura pas éclipse si le cercle L est situé tout entier en dehors du cône d'ombre.

Appelons λ la latitude de la lune au moment de l'opposition, c'est-à-dire l'angle LTE (nous supposons λ positive; si elle était négative, on considérerait sa valeur absolue). Il y aura éclipse totale si l'on a

$$\lambda + \frac{\delta'}{2} < \frac{\rho}{2},$$

éclipse partielle si l'on a

$$\lambda + \frac{\delta'}{2} > \frac{\rho}{2} > \lambda - \frac{\delta'}{2};$$

il n'y aura pas éclipse si l'on a

$$\lambda - \frac{\delta'}{2} > \frac{\rho}{2};$$

il suffit d'écrire, suivant les cas, que les deux bords de la lune sont dans le cône d'ombre, ou qu'un seul bord y est contenu, ou enfin qu'aucun des bords n'y est contenu.

D'après la valeur de ρ, la condition d'éclipse totale est donc

$$\lambda < P + P' - \frac{\delta}{2} - \frac{\delta'}{2};$$

la condition d'éclipse partielle sera

$$P + P' - \frac{\delta}{2} - \frac{\delta'}{2} < \lambda < P + P' - \frac{\delta}{2} + \frac{\delta'}{2}.$$

La quantité

$$P + P' - \frac{\delta}{2} - \frac{\delta'}{2} .$$

varie entre 20′59″ et 31′20″ ; la quantité

$$P + P' - \frac{\delta}{2} + \frac{\delta'}{2}$$

varie entre 52′29″ et 62′40″.

Donc, quand la latitude de la lune au moment de l'opposition sera inférieure (en valeur absolue) à 20′59″, l'éclipse totale sera certaine ; quand elle sera comprise entre 20′59″ et 31′20″, l'éclipse sera certaine, totale ou partielle ; quand elle sera comprise entre 31′20″ et 52′29″, il y aura éclipse partielle certaine ; quand elle sera comprise entre 52′29 et 62′50″, l'éclipse, toujours partielle, sera douteuse ; quand elle sera supérieure à 62′50″, il n'y aura jamais éclipse.

117. Phases d'une éclipse de lune. — Pendant une éclipse de lune, le disque lunaire disparaît successivement, en présentant sensiblement les mêmes phases que pendant une lunaison : toutefois les deux arcs qui limitent la partie éclairée de la lune sont circulaires et ont toujours leur convexité tournée du même côté. Si l'éclipse n'est que partielle, la phase a un maximum. On appelle *grandeur* d'une éclipse partielle de lune le rapport de la partie éclipsée du diamètre perpendiculaire à la ligne des cornes du croissant au moment de la plus grande phase au diamètre de la lune elle-même.

Le maximum de la durée d'une éclipse totale est environ de 2 heures ; le maximum de la durée totale d'une éclipse, depuis l'entrée dans l'ombre jusqu'à la sortie de l'ombre, est de 4 heures environ.

118. Visibilité d'une éclipse de lune. — Une éclipse de lune étant produite par ce fait que la lune devient obscure en cessant d'être éclairée, il en résulte que cette éclipse est visible à un instant donné de tous les points de la terre qui ont la lune au-dessus de leur horizon, c'est-à-dire de tous les points d'un hémisphère terrestre.

L'atmosphère terrestre joue un grand rôle dans les éclipses de lune ; grâce à son existence et à la réfraction qui se produit à travers ses couches, la lune ne cesse pas en réalité d'être éclairée faiblement, même au milieu d'une éclipse totale, et elle apparaît avec une lueur rougeâtre, parce que les rayons qu'elle reçoit ont traversé les couches d'air humide voisines du sol terrestre.

CHAPITRE V

ÉCLIPSES DE SOLEIL

119. Définition des éclipses de soleil. — La lune L étant un corps obscur et opaque éclairé par le soleil S, projette derrière elle un cône d'ombre de sommet O (fig. 99), circonscrit à la fois au soleil et à la lune, et il est clair que tout point contenu dans ce cône derrière la lune n'aperçoit aucune partie du soleil, et par suite est plongé dans l'obscurité. Si donc un point de la terre T peut pénétrer dans ce cône, de ce point on cessera de voir le soleil ; il y aura pour ce point *éclipse totale de soleil*.

Il existe un second cône, de sommet O' situé entre S et L, circonscrit à la fois au soleil et à la lune, et il est clair que, si un point de la terre peut pénétrer dans ce cône, derrière la lune, et en restant extérieur au cône d'ombre pure, de ce point on n'apercevra plus qu'une partie de la surface du soleil : il y aura *éclipse partielle de soleil* pour ce point. Si, enfin, un point de la terre peut pénétrer dans ce cône et est en même temps situé dans le cône d'ombre pure prolongé au delà de son sommet O,

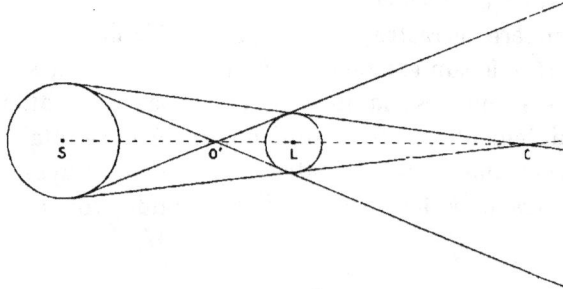

Fig. 99.

de ce point on n'apercevra plus qu'une partie de la surface du soleil entourant de toutes parts la lune ; il y aura alors pour ce point *éclipse annulaire de soleil*.

Nous allons étudier brièvement le problème des éclipses de soleil, en supposant comme précédemment que le soleil, la terre et la lune sont des corps parfaitement sphériques.

120. Conditions de possibilité d'une éclipse de soleil.
Cherchons d'abord la distance OL du sommet du cône d'ombre au centre de la lune. Si nous gardons les notations du chapitre précédent et si nous appelons R et R' les rayons du soleil et de la lune, on a d'abord

$$OL = \frac{SL \times R'}{R - R'}.$$

Comme il est clair qu'une éclipse de soleil ne peut arriver qu'aux environs d'une conjonction de la lune et du soleil, nous remplacerons SL par la différence $d - d'$ des distances du soleil et de la lune à la terre. Il vient par suite

$$OL = \frac{R'(d - d')}{R - R'};$$

si l'on néglige d' devant d, qui est bien plus grand, et de même R' devant R, on a simplement

$$OL = \frac{R'd}{R} = r \frac{\sin\frac{\delta'}{2}}{\sin\frac{\delta}{2}\sin P'}$$

Le maximum de OL est par suite, en remarquant que le rapport $\dfrac{\sin\frac{\delta'}{2}}{\sin P'}$ est constant, $59r$ environ, et son minimum est $57r$.

On voit par là que, même en supposant que le mouvement de la lune se fasse dans l'écliptique, on peut affirmer qu'il n'y aura jamais qu'une faible partie de la terre qui pénétrera dans le cône d'ombre, et que souvent aucun point de la terre n'y pénétrera. Les éclipses totales de soleil sont donc assez rares, et on ne peut les prévoir qu'après un calcul précis que nous ne pouvons indiquer ici.

Calculons maintenant, sans nous préoccuper davantage de la distinction à faire entre les éclipses totales et les éclipses partielles ou annulaires, la condition pour qu'il y ait éclipse de soleil au moment d'une conjonction donnée. D'abord, si on calcule le demi-diamètre de la section faite dans le cône O' par une sphère de centre L de rayon égal à la distance de la lune à la terre, on trouvera aisément que ce demi-diamètre apparent est sensiblement égal à $\dfrac{\delta + \delta'}{2}$, soit environ $31'$; il est donc beaucoup plus petit que la parallaxe de la lune, c'est-à-dire le demi-diamètre apparent de la terre vue de la lune, et il en résulte que la terre ne pénétrera jamais tout entière dans le cône O': il n'y aura jamais éclipse de soleil que pour une portion limitée de la surface de la terre.

Il y aurait éclipse de soleil à chaque conjonction si la lune restait dans le plan de l'écliptique; il n'en est pas ainsi, et il est facile de trouver la limite supérieure de la valeur absolue λ de la latitude de la lune au moment de la conjonction, pour que l'éclipse soit possible.

Considérons le soleil S et la terre T au moment de la conjonction et prenons pour plan du tableau le plan qui passe par leurs centres perpendiculairement au plan de l'écliptique (fig. 100); soit OABA'B' le cône circonscrit commun au soleil et à la terre. Pour qu'il y ait éclipse de soleil en une certaine région de la terre, il faut évidemment et il suffit qu'il y ait des points de la

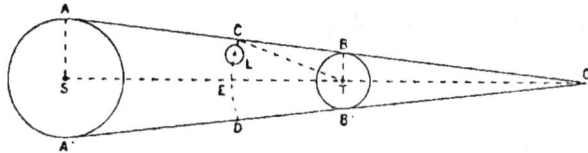

FIG. 100.

terre qui ne voient pas toute la surface du soleil, c'est-à-dire que la trace de la lune sur le plan de la figure soit un cercle L qui ne soit pas tout entier à l'extérieur du cône O.

Soit CED la trace sur le plan de la figure d'une sphère ayant T pour centre et TL pour rayon; la condition de possibilité de l'éclipse est évidemment

$$\lambda - \frac{\delta'}{2} < \text{CTE}.$$

Comme au n° 116, on trouvera

$$\text{CTE} = \text{P}' - \text{P} + \frac{\delta}{2},$$

et par suite la condition cherchée est

$$\lambda < \text{P}' - \text{P} + \frac{\delta}{2} + \frac{\delta'}{2}.$$

Le maximum de cette quantité est $1°34'$; son minimum est $1°24'$. Il y a donc certainement éclipse quand la latitude de la lune est inférieure à $1°24'$; l'éclipse est douteuse quand la latitude de la lune est comprise entre $1°24'$ et $1°34'$; elle est impossible quand la latitude de la lune est supérieure à $1°34'$. Si le cercle L était tout entier dans le cône O, on aurait

$$\lambda + \frac{\delta'}{2} < \text{CTE},$$

d'où

$$\lambda < P' - P + \frac{\delta}{2} - \frac{\delta'}{2};$$

il y aurait alors certainement, pour certains points de la terre, éclipse totale ou annulaire. Le **maximum** et le **minimum** de la quantité

$$P' - P + \frac{\delta}{2} - \frac{\delta'}{2}$$

sont respectivement égaux à 63' et 53'.

121. Phases d'une éclipse de soleil. — Pendant une éclipse de soleil, le disque solaire disparaît successivement en présentant sensiblement les mêmes phases que la lune : les deux arcs qui limitent la partie visible du soleil sont circulaires et ont toujours leur convexité tournée du même côté. Si l'éclipse n'est que partielle, la phase a un maximum, et l'on définit la *grandeur* d'une éclipse partielle de soleil comme celle d'une éclipse partielle de lune. Si l'éclipse est annulaire, il arrive un moment où la lune traverse le disque du soleil en y étant contenue tout entière.

Le maximum de la durée d'une éclipse totale est de 8 minutes à l'équateur, 6 minutes à la latitude de Paris; le maximum de la durée d'une éclipse annulaire est de 12 minutes à l'équateur, 10 minutes à Paris; le maximum de la durée totale d'une éclipse de soleil est de 4^h 1/2 à l'équateur, 3^h 1/2 à Paris.

Parmi les phénomènes qui accompagnent les éclipses totales de soleil, il faut citer les phénomènes lumineux que l'on observe alors autour du disque sombre de la lune, et sur lesquels nous reviendrons en parlant de la constitution physique du soleil.

122. Visibilité des éclipses de soleil. — Tandis qu'une éclipse de lune est visible de tous les points d'un hémisphère terrestre, et que les phases d'une telle éclipse sont les mêmes aux mêmes moments pour tous les observateurs, il n'en est pas de même d'une éclipse de soleil; la phase dépend de la position de l'observateur à la surface de la terre, et au même moment, les phases, en des lieux voisins, sont souvent très différentes. Cela vient de ce que, dans une éclipse de soleil, c'est l'observateur qui cesse d'être éclairé, tandis que, dans une éclipse de lune, c'est la lune qui cesse d'être éclairée ; en outre les lieux de la terre pour lesquels il y a éclipse ne forment jamais qu'une portion restreinte de la surface terrestre ; en particulier, dans une éclipse totale, la zone de totalité reste toujours fort petite.

123. Fréquence des éclipses de soleil et de lune. — En faisant attention aux conditions de possibilité des éclipses de soleil et de lune, on voit tout de suite que les premières doivent se réaliser plus souvent que les secondes, puisque la limite de la latitude trouvée pour les premières est supérieure à celle trouvée par les secondes.

Mais, dans un lieu déterminé, on voit moins d'éclipses de soleil que de lune, trois fois moins environ, et cela résulte de ce que nous avons dit sur la visibilité des éclipses de soleil. Quant aux éclipses totales de soleil, elles sont extrêmement rares pour un lieu déterminé : la dernière, visible à Paris, a eu lieu en 1724, et la prochaine n'aura lieu qu'en 2026.

124. Retour des éclipses. — **Saros des Chaldéens.** — Pour que la latitude de la lune soit petite, condition nécessaire pour qu'il y ait éclipse, il faut que la lune soit dans le voisinage d'un de ses nœuds, ou encore que le soleil, qui est soit en opposition, soit en conjonction avec la lune, soit lui-même dans le voisinage d'un des nœuds de l'orbite lunaire. La condition de possibilité d'une éclipse, soit de soleil, soit de lune, peut donc être remplacée par celle-ci : la différence de longitude entre le soleil et le nœud le plus voisin de l'orbite lunaire doit rester au-dessous d'une certaine limite facile à fixer : 10° 1/2 environ pour une éclipse de lune, 17° environ pour une éclipse de soleil.

Il en résulte, la ligne des nœuds se mouvant dans le sens rétrograde sur l'écliptique, que les éclipses se reproduiront dans le même ordre après une période qui ramène le soleil, la lune et la ligne de nœuds dans les mêmes positions relatives. Cherchons donc la *révolution synodique* du nœud, c'est-à-dire le temps qui est nécessaire pour que la différence des longitudes moyennes du soleil et du nœud augmente de 360 degrés. En raisonnant comme pour chercher la révolution synodique de la lune et remarquant que le mouvement de la ligne des nœuds est rétrograde, on a, en appelant θ la révolution sidérale du nœud, σ sa révolution synodique, A l'année sidérale :

$$\frac{1}{\sigma} - \frac{1}{\theta} = \frac{1}{A},$$

d'où σ = 346^j,62 environ.

On trouve que 19 révolutions synodiques du nœud font 6585^j,78, et que 223 révolutions synodiques de la lune font 6585^j,32 ; donc, au bout d'une période de 6585 jours 1/2, soit 18 années juliennes 11 jours, le soleil, la lune et la ligne des nœuds reprennent les mêmes positions relatives et les éclipses se reproduisent dans le même ordre. Toutefois il peut y avoir de petites différences dues à la variation de la distance de la terre au soleil et à la lune.

Cette période de 223 lunaisons était connue des Chaldéens sous le nom de *saros ;* c'était l'observation des éclipses qui les y avait conduits.

Pendant cette période, il se produit en général 70 éclipses, dont 29 de lune et 41 de soleil.

Dans une même année, il y a au plus 7 éclipses, savoir : 5 ou 4 de soleil et 2 ou 3 de lune ; il y a au moins 2 éclipses, et, quand il n'y en a que deux, ce sont des éclipses de soleil.

Pendant les éclipses totales de soleil, les contours du disque, qui devraient être entièrement dans l'ombre, sont cependant le siège de phénomènes lumineux singuliers dont nous parlerons plus loin, à propos des étoiles.

LIVRE V

Les Planètes.

CHAPITRE PREMIER

MOUVEMENT DES PLANÈTES

125. Des planètes. — Le soleil et la lune ne sont pas les seuls astres qui se déplacent à travers les constellations. Il en existe d'autres, analogues pour l'aspect à des étoiles plus ou moins brillantes, ne présentant pas de diamètre apparent appréciable quand on les regarde à l'œil nu, scintillant peu ou pas, auxquels les anciens ont donné le nom de *planètes*, ce qui signifie en grec *astres errants*. Cette définition laisse en dehors les comètes, dont l'aspect est nettement différent et caractéristique.

Les anciens connaissaient cinq planètes : *Mercure*, *Vénus*, *Mars*, *Jupiter* et *Saturne*.

126. Caractères généraux du mouvement des planètes. — Les planètes ne s'écartent jamais beaucoup de l'écliptique. Elles restent toujours comprises dans une zone limitée par deux petits cercles parallèles à l'écliptique, tracés au-dessus et au-dessous de l'écliptique, à une même distance de 8° ; cette sorte de ceinture se nomme le *zodiaque* ; elle est traversée par les constellations zodiacales, dont nous avons déjà parlé (page 86). Quand on connaît les étoiles les plus brillantes de ces constellations, on n'a pas de peine à distinguer les planètes, car elles y figurent comme surnuméraires, et, quand on les suit pendant quelques soirées, on constate un déplacement bien accusé. C'est là le vrai moyen de reconnaître les planètes; la chose est encore plus facile quand on a à sa disposition l'*Annuaire du Bureau des Longitudes* qui donne, à côté du calendrier, de 10 en 10 jours, les époques des levers et couchers des planètes et leurs passages au méridien de Paris; ces époques sont applicables pour toute la France, pour le but dont il s'agit ici.

Pour Mercure et Vénus, nous allons voir que leur reconnaissance comme planètes est encore beaucoup plus facile.

127. Division des planètes en deux groupes. — On aperçoit Vénus, soit après le coucher du soleil, en regardant du côté de l'horizon où cet astre vient de disparaître, soit du côté de l'est, avant le lever du soleil. Dans un cas comme dans l'autre, la distance angulaire de Vénus au centre du soleil est toujours inférieure à 49°. Vénus ne peut donc pas s'éloigner de plus de 49° du soleil qu'elle accompagne dans sa route, soit qu'elle le précède ou qu'elle le suive. On comprend ainsi les noms de Vesper et de Lucifer donnés par les poètes latins à Vénus (l'étoile du soir ou l'étoile du matin).

Il en est de même de Mercure; mais la plus grande distance angulaire au soleil ou, comme on dit, la plus grande *digression* est de 29°. Mercure ayant un éclat plus faible que Vénus est presque plongé dans les rayons du soleil, ou dans l'aurore et le crépuscule. On ne peut guère voir cette planète à l'œil nu que dans les époques de ses grandes digressions; encore faut-il que l'horizon soit bien découvert, ce qui n'est pas le cas des grandes villes, où les édifices gênent souvent la vue. On dit que Copernic, qui vivait à Thorn, se plaignait dans sa vieillesse de n'avoir jamais pu voir Mercure; il était gêné par les brouillards de la Vistule.

Vénus et Mercure sont nommées les planètes *inférieures*. Les trois autres, Mars, Jupiter et Saturne, sont les planètes *supérieures*; celles-ci peuvent être observées dans le ciel à toutes les distances angulaires du soleil. Par exemple, quand le soleil vient de se coucher, Jupiter peut être au méridien, ou même à l'horizon est, ce qui ne se présente jamais pour Mercure et Vénus.

Ainsi, pour les planètes inférieures, limitation de la distance angulaire au soleil; absence de limite pour les planètes supérieures.

128. Courbes décrites par les planètes, en projection sur la sphère céleste. — Les anciens, par leurs procédés imparfaits d'observation, arrivaient néanmoins à fixer avec quelque exactitude la position occupée par une planète sur la sphère céleste à un moment donné. Cela est devenu bien facile aujourd'hui, puisque avec nos instruments perfectionnés nous pouvons déterminer avec précision l'ascension droite et la déclinaison d'une planète à une époque quelconque. On n'a plus qu'à marquer les points isolés sur un globe, ou sur une carte céleste, et à les relier par un trait continu. On trouve ainsi que la courbe décrite par une planète, vue de la terre et projetée sur la sphère céleste, se compose (fig. 101) d'une série d'arcs ab, cd, ef...., parcourus dans le sens direct, et d'une série d'arcs rétrogrades, bc, de... reliant les premiers les uns aux autres.

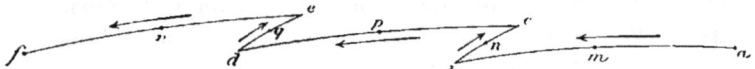

FIG. 101.

L'ensemble s'éloigne peu de l'écliptique, et les arcs rétrogrades sont plus courts que les arcs directs. La vitesse est nulle aux points b, c, d, e, f... où la planète s'arrête un instant avant que son mouvement change de direction. Ces points se nomment les *stations* de la planète. La vitesse du mouvement direct est maxima aux points m, p, r,... milieux des arcs ab, cd, ef... La vitesse du mouvement rétrograde est aussi maxima aux points n, q..., milieux des arcs bc, de...

Ce mouvement apparent, assez complexe, présente une liaison intime avec la position du soleil. Ainsi, quand il s'agit d'une planète supérieure, elle passe aux points m, p, r..., quand elle est en conjonction avec le soleil ; les oppositions de la planète et du soleil répondent au contraire aux points n, q... Pour les planètes inférieures, elles sont en conjonction avec le soleil pour toutes les positions m, n, p, q, r... On dit qu'une planète est en conjonction avec le soleil, quand elle a la même longitude que lui ; elle est en opposition, quand sa longitude dépasse de 180° celle du soleil.

129. Système de Copernic. — Les mouvements dont

nous venons de parler ne sont que des mouvements apparents.
Il faut en dégager les vrais mouvements de la terre et des planètes. De longs efforts ont été nécessaires pour arriver au but;
nous les retracerons plus loin dans un essai d'histoire de
l'astronomie. Donnons immédiatement les principales lignes
du système de Copernic :

Ce n'est pas la terre, mais le soleil qui est immobile, au centre
des mouvements planétaires. Les diverses planètes sont animées

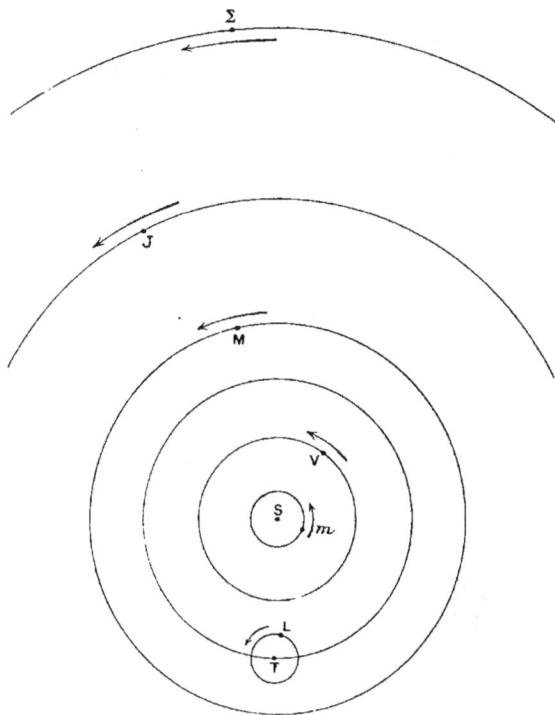

Fig. 102.

de mouvements de translation, qui leur font décrire autour du
soleil des orbites presque circulaires et sensiblement couchées
dans le même plan. La terre elle-même est une planète. Les
planètes sont rangées dans l'ordre suivant de distances croissantes au soleil :

Mercure, Vénus, la Terre, Mars, Jupiter et *Saturne.*

Les distances au soleil, a, et les temps T des révolutions ont les valeurs approchées suivantes :

	a	T
Mercure	0, 39	88 jours.
Vénus	0, 72	225 »
La Terre	1, 00	1 an = 365 »
Mars	1, 52	1 an + 322 »
Jupiter	5, 20	11 ans + 315 »
Saturne	9, 54	29 ans + 167 »

La lune, qui tourne autour de la terre, est emportée par celle-ci dans son mouvement annuel autour du soleil.

Le système de Copernic est représenté dans la figure 102. Ajoutons que Copernic suppose aussi que les planètes sont

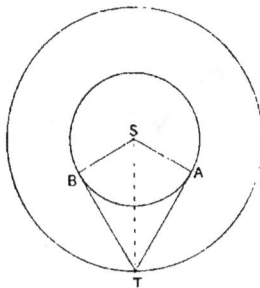

FIG. 103.

animées de mouvements de rotation sur elles-mêmes en même temps qu'elles circulent autour du soleil. C'est le mouvement de rotation de la terre qui donne lieu aux apparences du mouvement diurne.

Nous montrerons bientôt que, dans le système de Copernic, les diverses circonstances du mouvement apparent des planètes s'expliquent très facilement. Pour le moment, nous nous contenterons de remarquer que si (fig. 103), de l'une quelconque, T, des positions de la terre, on mène à l'orbite de Vénus les tangentes TA et TB, l'angle ATS = BTS représentera la plus grande digression de Vénus. On trouvera, à l'aide du triangle rectangle SAT,

$$\sin ATS = \frac{AS}{TS} = \frac{a'}{a} = \frac{0.72}{1.00};$$

ce calcul approché donne ATS = 46°; on obtient de même la plus grande digression de Mercure.

130. Lois de Képler. — Copernic n'avait pas découvert la nature des orbites décrites par les planètes autour du soleil. Ses observations montraient que, si ces orbites différaient peu de cercles ayant leurs centres au centre du soleil, la différence était cependant très nette. C'est en discutant une longue série d'observations de Mars, faites par Tycho-Brahé, que Képler trouva ses lois.

1re Loi. — *Les planètes décrivent autour du soleil des ellipses dont cet astre occupe un foyer.*

2e Loi. — *Les aires décrites par le rayon vecteur allant du centre du soleil au centre de chaque planète sont proportionnelles aux temps employés à les décrire.*

3e Loi. — *Les carrés des durées des révolutions des planètes sont proportionnels aux cubes des demi-grands axes de leurs orbites.*

Soient a et a', T et T' les demi-grands axes et les durées des révolutions de deux planètes ; la troisième loi de Kepler s'exprime par la formule

$$(1) \quad \frac{T'^2}{T^2} = \frac{a'^3}{a^3}.$$

Quelques développements sont nécessaires pour faire bien comprendre ces lois.

En premier lieu, les excentricités des ellipses planétaires sont assez petites : les voici pour les six planètes visibles à l'œil nu ; nous les mettons en regard des noms des planètes, avec les signes que les astronomes emploient pour désigner ces astres :

☿ Mercure. . . . . $e = \dfrac{1}{5}$.

♀ Vénus. . . . . $e = \dfrac{1}{140}$.

♁ La Terre. . . . . $e = \dfrac{1}{60}$.

♂ Mars. . . . . $e = \dfrac{1}{11}$

♃ Jupiter. . . . . $e = \dfrac{1}{20}$.

♄ Saturne . . . . $e = \dfrac{1}{18}$.

On voit que l'orbite de Vénus diffère bien peu d'un cercle ; celle qui s'en rapproche le plus ensuite est la terre. Les excentricités des orbites de Jupiter et de Saturne sont presque égales entre elles, trois fois plus grandes que l'excentricité de la terre, et très voisines de l'excentricité de l'orbite de la lune. L'orbite de Mars est plus aplatie, 5 ou 6 fois plus que celle de la terre ; enfin l'excentricité de l'orbite de Mercure, $\frac{1}{5}$, est la plus forte ;

le plus grand rayon vecteur étant représenté par $1 + \frac{1}{5}$, le plus petit ce sera par $1 - \frac{1}{5}$, et le rapport des deux par $\frac{6}{5} : \frac{4}{5} = \frac{3}{2}$.

Pour éclairer la seconde loi, représentons l'orbite de Mercure (fig. 104), en exagérant encore son excentricité. Soit AF le grand axe, sur lequel se trouve placé le centre du soleil, à l'un des foyers de l'ellipse. Considérons les espaces ASB, CSD, ESF, balayés par le rayon vecteur Sm dans des temps égaux, le premier commençant au point A que l'on nomme le *périhélie*, le troisième finissant au point F que l'on nomme l'*aphélie*, et le second espace intermédiaire entre les deux autres. Les trois secteurs mixtilignes ASB, CSD et ESF, parcourus en des temps égaux, doivent avoir la même surface, d'après la seconde loi. Or, on a

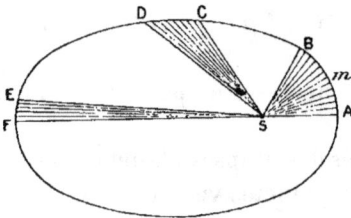

$$SA < SB < SC < SD < SE < SF ;$$

il en résulte évidemment que l'angle ASB doit être plus grand que l'angle CSD, lequel, à son tour, doit surpasser ESF. Ainsi, la vitesse angulaire va en décroissant constamment quand Mercure passe du point A au point F, du périhélie à l'aphélie. On doit comprendre dès lors que, quand on connaît la durée T de la révolution de la planète m, et l'époque τ où elle passe au périhélie, il doit être possible d'assigner avec précision la position C qu'elle occupe sur son ellipse à une époque quelconque t. Cette détermination constitue ce que l'on appelle le *problème de Képler* ; mais la résolution de ce problème demande des calculs que nous n'avons pas à exposer ici.

Nous pouvons remarquer cependant que ce calcul suppose pour chaque planète, la connaissance de trois quantités, a, e et τ, que l'on nomme *éléments du mouvement elliptique*.

Pour bien faire comprendre l'esprit de la troisième loi, supposons que l'on donne le demi-grand axe, $a = 1.00$ de l'orbite de la terre, et la durée de sa révolution, $T = 1^{an},000$, et que l'on demande la durée T' de la révolution d'une planète dont le demi-grand axe a' serait égal à 5.20. La formule (1), dans laquelle on remplace a, T et a' par les valeurs précédentes, donne

$$ T' = 1^{an} \times \sqrt{\left(\frac{5.20}{1.00}\right)^3} = 11^{ans},857 = 11^{ans} + 313^{jours} $$

Si l'on se reporte au tableau de la page 166 et que l'on remarque que les distances *moyennes* des planètes au soleil, contenues dans ce tableau, doivent coïncider avec les demigrands axes, on voit que nous avons ainsi trouvé, à deux jours près, la durée de la révolution de Jupiter, connaissant sa distance moyenne au soleil, $a' = 5,20$. Avec les décimales supprimées dans a', on aurait trouvé l'identité absolue.

Pour calculer les positions successives d'une planète, en parlant des lois de Képler, il faut connaître, pour chaque planète, les trois éléments elliptiques a, e et τ, dont nous avons parlé plus haut ; mais il y a encore trois nouveaux éléments qui

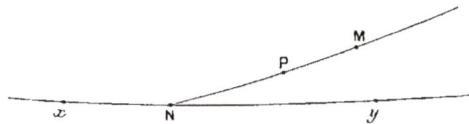

FIG. 105.

interviennent, savoir deux qui permettent de définir la position du plan de l'orbite, et un troisième donnant l'orientation du grand axe de l'ellipse dans son plan.

Traçons une figure sphérique (fig. 105), ayant pour centre le centre du soleil ; cette sphère sera coupée par l'écliptique suivant le grand cercle xy, et par l'orbite de la planète, suivant le grand cercle NM; le rayon vecteur mené du soleil au périhélie rencontrera le grand cercle NM au point P. Les trois nouveaux éléments sont :

xN $= \theta$, longitude du nœud ascendant,
yNP $= i$, inclinaison de l'orbite,
NP $= \omega$, distance angulaire du périhélie au nœud.

Voici les valeurs des inclinaisons pour les six planètes considérées jusqu'ici :

☿	7°,0.	♂	1°,9.
♀	3 ,4.	♃	1 ,3.
♁	0 ,0.	♄	1 ,5.

On voit que ces inclinaisons sont faibles et que les orbites sont presque couchées sur le plan de l'écliptique; c'est Mercure qui a la plus grande inclinaison, et ensuite Vénus.

131. Explication des stations et rétrogradations des planètes. — Cette explication est très facile et repose sur le lemme suivant que l'on peut déduire de la troisième loi de Képler, en supposant les orbites des planètes circulaires :

Lemme. — Les vitesses des planètes sont d'autant plus petites que les planètes sont plus éloignées du soleil.

Pour démontrer ce lemme, nous remarquons que, si l'orbite d'une planète est supposée circulaire, sa vitesse a pour expression :

$$V = \frac{2\pi a}{T}.$$

Pour une autre planète, on aura

$$V' = \frac{2\pi a'}{T'};$$

il en résulte

$$\frac{V'^2}{V^2} = \left(\frac{a'}{a}\right)^2 \left(\frac{T}{T'}\right)^2,$$

d'où, en ayant égard à la formule (1) (page 167),

$$\frac{V'^2}{V^2} = \frac{a}{a'}.$$

Si donc on a $a' > a$, il en résulte $V' < V$, c. q. f. d.

Cela posé, considérons d'abord une planète inférieure, Vénus, par exemple, décrivant la circonférence de rayon SV,

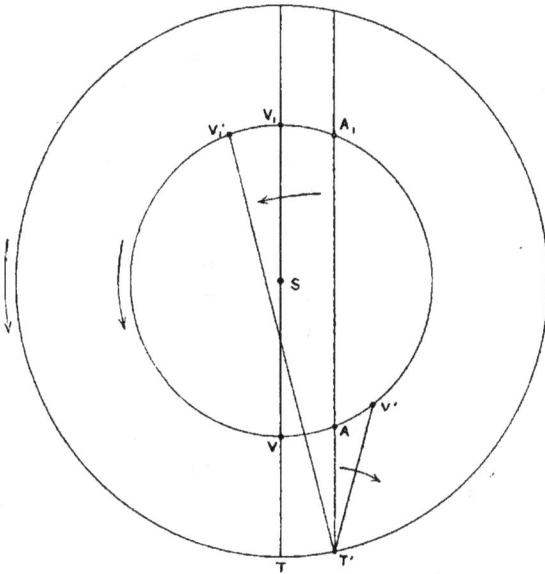

Fig. 106.

(fig. 106), et la terre décrivant la circonférence concentrique de rayon ST.

Supposons qu'à un moment donné pris pour origine du temps, Vénus étant en V, la terre soit en T sur le prolongement du rayon SV. On voit qu'alors le soleil et Vénus, vus de la terre, ont la même longitude; les deux astres sont en conjonction, *conjonction inférieure*, parce que Vénus est en deçà, ou au-dessous du soleil. Un observateur voit alors la planète suivant la direction TV, verticale sur la figure. Après un petit intervalle de temps σ, les deux astres se sont déplacés dans le sens direct indiqué par les flèches ; ils sont venus en V' et T', et l'on a par le lemme précédent, et parce que σ est supposé très petit,

$$\frac{\text{arc VV'}}{\sigma} > \frac{\text{arc TT'}}{\sigma} \; ; \; \text{VV'} > \text{TT'}.$$

Or, les petits arcs VV' et TT' peuvent être censés comptés sur des droites parallèles, les tangentes aux orbites en V et T. Donc, si par le point T' on mène une parallèle à TV, elle rencontrera l'arc VV' en un point A compris entre les points V et V'. Donc la droite T'V', suivant laquelle on aperçoit Vénus à l'époque σ, est à droite de T'A, parallèle à TV, droite suivant laquelle on apercevait Vénus à l'époque 0. Pour passer de T'A à T'V', il faut imprimer à T'A un mouvement rétrograde autour du point T'. Donc, *dans le voisinage de la conjonction inférieure, Vénus, vue de la terre, est animée d'un mouvement rétrograde.*

Supposons maintenant qu'à l'époque 0, la terre étant en T, Vénus soit en V_1, sur le prolongement du rayon ST, les deux astres sont encore en conjonction, mais en *conjonction supérieure*, puisque Vénus est au delà, ou en dessus du soleil. Au bout du temps σ, Vénus sera venue de V_1 en V'_1, et de la terre, qui se trouve maintenant en T', on la verra suivant la droite $T'V'_1$. Pour passer de $T'A_1$ à $T'V'_1$, il faut imprimer à la première droite un mouvement direct. Donc, *dans le voisinage de la conjonction supérieure, Vénus, vue de la terre, est animée d'un mouvement direct.*

La planète est donc animée, tantôt d'un mouvement apparent direct, tantôt d'un mouvement rétrograde ; elle ne peut passer de l'un à l'autre sans que sa vitesse apparente devienne nulle à un certain instant, c'est-à-dire sans qu'elle paraisse stationnaire dans le ciel.

Les stations et rétrogradations des planètes supérieures s'expliquent aussi facilement.

Considérons la planète Mars (fig. 107), et supposons-la en M sur le prolongement de ST, ce qui répond à une opposition. Au bout du temps σ, Mars sera en M' et la terre en T', et l'on aura MM' < TT' ; donc la parallèle à TM menée par T' rencontre le prolongement de MM' au point B.

On voyait d'abord la planète suivant la direction T'B; on la voit maintenant suivant la direction T'M'; donc la planète paraît avoir rétrogradé. Si Mars était d'abord en M, sur le prolongement de TS, en conjonction, il viendrait en M', au bout du

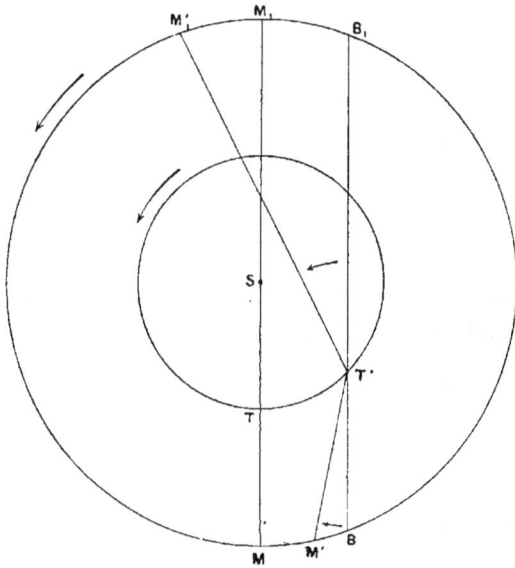

FIG. 107.

temps σ, et serait aperçu de la terre suivant la direction T'M',, tandis qu'il l'était d'abord suivant la direction T'B, parallèle à TM,. On voit donc que le mouvement apparent de Mars est direct au moment de la conjonction, et rétrograde au moment de l'opposition; entre les deux, une station doit nécessairement se produire.

Loi de Bode. — Il existe entre les distances moyennes des planètes au soleil une relation approchée qui permet de les retenir aisément. Écrivons les nombres

$$0, 3, 6, 12, 24, 48, 96,$$

qui sont tels qu'en faisant abstraction du premier, chacun

d'eux est le double du précédent. Ajoutons 4 à chacun de ces nombres, ce qui nous donne

$$4, \ 7, \ 10, \ 16, \ 28, \ 52, \ 100.$$

Enfin, divisons par 10, nous trouverons

$$0{,}4 \ : \ 0{,}7 \ : \ 1{,}0 \ : \ 1{,}6 \ : \ 2{,}8 \ : \ 5{,}2 \ : \ 10{,}0.$$

Ces derniers nombres représentent à très peu près les distances moyennes des planètes au soleil, données à la page 166, car elles sont

$$0{,}4 \ : \ 0{,}7 \ : \ 1{,}0 \ : \ 1{,}5 \ : \ 5{,}2 \ : \ 9{,}5.$$

Il y a toutefois une lacune correspondant au nombre 2,8.
La loi de Bode peut être représentée par l'expression

$$\frac{1}{10} \left(3 \times 2^{n-1} + 4\right),$$

dans laquelle on donne à n les valeurs entières 0, 1, 2, 3, 4, 5 et 6, à la condition toutefois de remplacer, pour $n = 0$, 2^{-1} par 0.

132. Découverte d'Uranus. — Le 13 mars 1781, William Herschel, examinant au télescope les étoiles contenues dans une partie de la constellation des Gémeaux, fut frappé par l'aspect particulier de l'une d'entre elles, qui présentait un disque sensible ; au bout d'une heure, elle s'était déplacée d'une quantité appréciable par rapport aux étoiles voisines. Herschel pensa d'abord que c'était une comète ; mais les calculs de Lexell et de Laplace, fondés sur des observations ultérieures, montrèrent que c'était une planète décrivant autour du soleil une orbite presque circulaire, à la distance 19,2 du soleil, en prenant pour unité le demi-grand axe de l'orbite terrestre. La loi de Bode donne, pour une planète située au delà de Saturne, sa distance au soleil

$$= \frac{3 \times 2^6 + 4}{10} = 19{,}6 \, ;$$

cette loi se trouve donc encore presque exactement vérifiée. *Uranus* apparaît comme une étoile de 6° grandeur, presque visible à l'œil nu, de sorte que, par un beau ciel, un observateur doué d'une bonne vue aurait pu la découvrir sans le concours du télescope.

133. Découverte de Neptune. — Le 23 septembre 1846, sur les indications très nettes de Le Verrier, un astronome de Berlin, M. Galle, découvrait une planète de 8° grandeur, *Neptune*, qui décrit autour du soleil une orbite presque exactement circulaire, à la distance 30,0. La loi de Bode donnerait la distance $\dfrac{3 \times 2^7 + 4}{10} = 38,8$; elle est donc en erreur d'une quantité très notable.

C'est le lieu de remarquer que cette loi de Bode est empirique, c'est-à-dire sans base théorique, et qu'elle ne peut pas être comparée aux admirables lois de Képler.

La découverte d'Uranus est due au hasard, provoqué incontestablement par un astronome éminent. Nous verrons plus loin que la découverte de Neptune a été le fruit attendu des conceptions théoriques les plus élevées; elle marque une époque mémorable dans l'histoire de l'astronomie, et fait la gloire de Le Verrier.

134. Découverte des petites planètes. — La loi de Bode indique, comme nous l'avons vu, page 174, une lacune dans le système planétaire, entre Mars et Jupiter, à la distance de 2,8 du soleil. Képler avait remarqué ce vide bien avant que la loi de Bode fût connue, et il n'avait pas hésité à dire :

« *Intra Martem et Jovem, interposui planetam.* »

Dans un congrès tenu à Gotha en 1796, Lalande avait proposé de rechercher la planète inconnue, et même de partager l'examen détaillé du zodiaque entre plusieurs astronomes. Ce travail ne put être fait en temps utile.

Le premier jour de ce siècle, c'est-à-dire le 1er janvier 1801, Piazzi découvrit à Palerme, sans la chercher, la planète inconnue Cérès. Cet astre circule bien autour du soleil à la distance prévue 2,8; il comble la lacune signalée, mais la comble d'une façon imparfaite, car son diamètre réel, environ 800^{km}, n'est que le $\dfrac{1}{15}$ de celui de la terre, et son volume n'est pas le $\dfrac{1}{3000}$ de celui de la terre.

Mais en 1802, Olbers découvre une seconde planète, Pallas, aussi petite, sinon plus, que Cérès, et circulant encore à la distance 2,8 du soleil.

En 1804 et 1807, Harding et Olbers découvrent encore deux petits astres analogues, Junon et Vesta, deux *astéroïdes*, comme on les appelle souvent. On avait donc alors quatre petites planètes au lieu d'une grosse. On en découvrit une cinquième en 1845, et, depuis, les découvertes se sont succédé sans interruption, si bien qu'aujourd'hui (1895) on en compte plus de *quatre cents*.

Ces petits corps forment un espèce d'anneau, et leur ensemble comble le vide indiqué par la loi de Bode.

135. Loi de l'attraction universelle de Newton. — Newton a déduit des lois de Képler que deux corps quelconques du système planétaire, le soleil et une planète, ou deux planètes, s'attirent proportionnellement à leurs masses et en raison

Fig. 108.

inverse du carré de la distance. Voici ce qu'il faut entendre par là :

Soient P et P' les centres des deux corps considérés, m et m' leurs masses, Δ la distance PP', f un coefficient *constant* pour tout le système planétaire. P est attiré vers P' par une force PA dirigée suivant la droite PP'; P' est attiré vers P par une force P'A' dirigée suivant la droite P'P. Ces deux forces ont la même intensité, laquelle est égale à

$$f\,\frac{mm'}{\Delta^2}.$$

Newton a généralisé cette loi, en supposant que deux molécules quelconques appartenant toutes les deux au soleil, ou à une planète, ou à un satellite, ou bien l'une à un de ces corps, l'autre à un autre, exercent l'une sur l'autre une attraction dirigée suivant la droite qui les joint, et dont l'intensité est représentée par l'expression précédente, où Δ désigne alors la distance des deux molécules dont les masses sont m et m'.

Les conséquences de cette loi, qui sont toutes d'accord avec l'observation, démontrent la légitimité de la généralisation faite par Newton.

CHAPITRE II

DÉTAILS SUCCINCTS SUR LES DIVERSES PLANÈTES

MERCURE

136. Mercure. Orbite. — La distance moyenne de la planète au soleil est égale à 0,39, en prenant pour unité la distance moyenne de la terre au soleil. Son excentricité $e = \frac{1}{5}$ environ, est plus forte que celles des autres planètes. Mercure ne s'éloigne jamais du soleil au delà de 29°; dans cette élongation maxima, la planète ressemble à l'œil nu à l'une des plus belles étoiles; si elle est moins brillante que Sirius, elle l'est plus qu'Arcturus. Vue dans une forte lunette, elle présente des phases analogues à celles de la lune.

Son diamètre est un peu plus du $\frac{1}{3}$ de celui de la terre, son volume le $\frac{1}{20}$, et sa masse le $\frac{1}{16}$; sa densité est légèrement supérieure à celle de la terre.

137. Limites de la distance au soleil. — La distance d'un point d'une ellipse à l'un de ses foyers est toujours comprise entre $a - c$ et $a + c$;

$2a$ et $2c$ désignant respectivement la longueur du grand axe et la distance des foyers. On a d'ailleurs, en appelant e l'excentricité,

$$e = \frac{c}{a}, \qquad c = ae.$$

Donc, les limites de la distance de Mercure au soleil sont

$$a - ae = a(1 - e) = 0,39 \left(1 - \frac{1}{5}\right) = 0,31,$$
$$a + ae = a(1 + e) = 0,39 \left(1 + \frac{1}{5}\right) = 0,47.$$

Limites de la distance à la terre. Les distances de Mercure à la terre varient beaucoup plus. Pour nous en rendre compte, nous supposerons

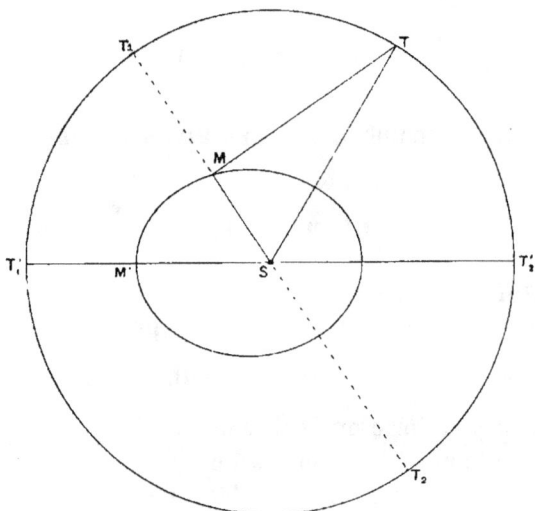

l'orbite de la planète couchée sur le plan de l'écliptique, et nous regarderons l'orbite de la terre comme circulaire. Soient (fig. 109) S le soleil, M et T deux positions de Mercure et de la terre.

On a, dans le triangle MST,

$$MT < TS + SM, \qquad MT > TS - SM.$$

La première de ces limites serait atteinte si, Mercure restant en M, la terre était en T_2; la planète serait alors en conjonction supérieure.

La seconde limite serait atteinte si la terre était en T_1, sur le prolongement de SM; la planète serait alors en conjonction inférieure. Soit M′ le sommet de l'ellipse, situé sur le grand axe, et le plus éloigné de S, c'est-à-dire l'aphélie; on aura les inégalités

$$SM < SM', \quad TS + SM < TS + SM'; \quad TS - SM > TS - SM',$$

et, en remplaçant TS par 1 et SM par 0,47, il vient

$$MT < 1,47; \quad MT > 0,53.$$

Telles sont les limites cherchées; leur rapport est voisin de 2,5; elles seraient atteintes si, Mercure étant en M', la terre était en T'_2 ou en T'_1.

Ces changements dans la distance à la terre occasionnent de fortes variations du diamètre apparent de Mercure, qui oscille entre 5″ et 12″, en chiffres ronds.

138. Rotation. — Il est très difficile de distinguer des taches bien nettes sur le disque de Mercure. Cependant M. Schiaparelli a réussi, il y a quelques années, à suivre pendant assez longtemps des taches sombres, et les a vues se déplacer lentement; il en a conclu que la planète tourne sur elle-même précisément dans le temps qu'elle met à faire sa révolution autour du soleil, soit 88 jours. C'est la répétition de ce qui se passe pour la rotation de la lune et sa révolution autour de la terre; les deux mouvements s'effectuent dans le même temps. Il en résulte qu'un point du disque de Mercure, ayant le soleil à son zénith, l'y conservera toujours (1); la chaleur, en ce point de la surface, sera très grande; pour un point diamétralement opposé, le soleil ne sera jamais visible, et la température sera très basse. Il semble, d'après cela, que la circulation des vents doive être très intense dans l'atmosphère de Mercure.

139. Passages sur le soleil. — On voit quelquefois, au moment de la conjonction inférieure, Mercure passer sur le disque du soleil, comme une petite tache noire. Si le plan de l'orbite coïncidait avec le plan de l'écliptique, ce phénomène se reproduirait à chaque révolution synodique; mais il arrive assez rarement à cause de l'inclinaison de l'orbite, qui est d'environ 7°. Les derniers passages ont eu lieu le 7 novembre 1881, le 9 mai 1891 et le 10 novembre 1894.

(1) Il n'en est ainsi que si l'on néglige un effet de libration analogue à celui considéré pour la lune.

VÉNUS

140. Orbite. — La distance moyenne de la planète au soleil est égale à 0,72 ; son excentricité est très faible, au-dessous de $\frac{1}{100}$. Sa distance au soleil varie donc très peu ; en raisonnant comme on l'a fait pour Mercure, on voit que la distance de Vénus à la terre varie entre les limites

$$1,00 + 0,72 = 1,72 \text{ et } 1,00 - 0,72 = 0,28$$

dont le rapport est un peu plus grand que 6, de sorte que le diamètre apparent de Vénus prend des valeurs très différentes ; en arrondissant les nombres, on trouve qu'il varie de $6''$ à $60'' = 1'$.

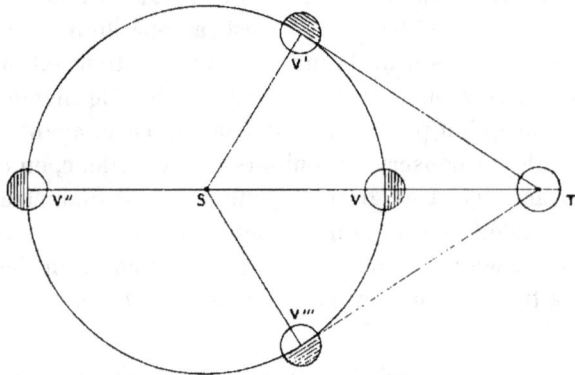

Fig. 110.

Le diamètre réel de la planète est à peu près égal à celui de la terre ; sa densité est un peu plus faible, 0,8, celle de la terre étant 1.

141. Phases de Vénus. — En examinant Vénus avec une lunette, même d'un faible grossissement, on voit qu'elle présente des phases analogues à celle de la lune. La figure 110 en rend compte aisément.

Soit S le soleil, T la terre que nous supposons immobile, uniquement pour simplifier la figure. Quand Vénus est en V, sur la droite ST, à sa conjonction inférieure, elle tourne vers la terre son hémisphère qui n'est pas éclairé par le soleil; on ne la voit pas; elle est nouvelle. En V' et V''', aux points de contact de l'orbite avec les tangentes menées du point T, l'hémisphère tourné vers la terre est composé de deux parties égales, l'une éclairée par le soleil, l'autre non ; on voit la planète sous la forme d'un demi-cercle brillant ; c'est le premier et le troisième quartier.

En V'', l'hémisphère tourné vers la terre est entièrement éclairé ; Vénus est comme la pleine lune.

Il est bon de tracer une figure donnant une idée de la forme et du diamètre apparent de Vénus, quand la planète est en V''', en V' et dans une position voisine de V, entre V et V' : c'est la figure 111.

Le calcul montre que le plus grand éclat de Vénus a lieu quand cette planète est à 38° du soleil ; le croissant ressemble alors à celui de la

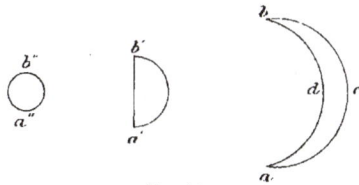

Fig. 111.

lune, cinq jours après la nouvelle lune. Dans ces conditions, Vénus est tellement brillante qu'on peut l'apercevoir dans le jour à l'œil nu, et même en plein midi.

Les phases de Mercure et de Vénus montrent que ces planètes sont des globes obscurs, qui, comme la lune, réfléchissent la lumière du soleil ; elles prouvent en outre qu'elles tournent autour du soleil.

Nous avons déjà dit que le plus grand écart angulaire de Vénus au soleil est de 49°.

142. Rotation. — Il résulte des observations de M. Schiaparelli que Vénus tourne sur elle-même dans un temps égal à la durée de sa révolution autour du soleil, soit 225 jours ; c'est la même loi que pour Mercure et la lune. Cette planète a une atmosphère analogue à la nôtre, peut-être même plus importante ; cela paraît indiqué par certains phénomènes dans le détail desquels nous ne pouvons entrer ici.

143. Passages de Vénus. — Représentons (fig. 112) les orbites de la terre et de Vénus; elles diffèrent peu de cercles ayant leurs centres au centre S du soleil.

Supposons qu'à un moment donné Vénus soit en conjonction inférieure; si nous admettons que son orbite soit couchée sur le plan de l'écliptique, les trois points S, V et T seront en ligne droite. Vénus vue du centre de la terre se projettera sur le centre du soleil, et elle traversera son disque suivant un diamètre, d'un mouvement rétrograde, de l'est à l'ouest, puisque nous avons vu (n° 130) qu'au moment de la conjonction inférieure le mouvement apparent de Vénus est rétrograde.

Cherchons maintenant le temps t, au bout duquel aura lieu la prochaine conjonction inférieure [1]; soient n la vitesse angulaire du rayon ST, et n' celle du rayon SV. On a $n' > n$; les angles dont auront tourné les deux rayons dans le temps t seront respectivement nt et $n't$; leur différence devra être égale exactement à une circonférence; on aura donc

$$n't - nt = 360°.$$

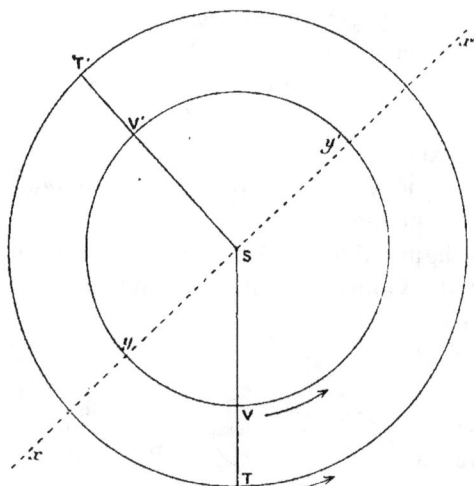

Fig. 112.

Or, si T et T' désignent les durées des révolutions sidérales de la terre et de Vénus autour du soleil, on a

$$n = \frac{360°}{T}, \qquad n' = \frac{360°}{T'},$$

et, en portant ces valeurs dans l'équation précédente, il vient

$$t\left(\frac{360°}{T'} - \frac{360°}{T}\right) = 360°, \qquad t\left(\frac{1}{T'} - \frac{1}{T}\right) = 1,$$

$$t = \frac{TT'}{T - T'}.$$

(1) L'intervalle t de deux conjonctions inférieures consécutives de Vénus est ce que l'on nomme la *durée de la révolution synodique* de Vénus.

On a, en chiffres ronds,

$$T = 365^j, \quad T' = 225^j,$$

et il en résulte

$$t = \frac{365 \times 225}{140} = 586^j.$$

Si l'on avait pris une décimale seulement dans T et T', on aurait trouvé la valeur plus exacte

$$t = 584 \text{ jours} = 1 \text{ an} + 219 \text{ jours.}$$

Pendant ce temps t, le rayon ST a décrit l'angle $360° + 216°$, parce qu'il décrit $360°$ en 365 jours, un peu moins de $1°$ par jour. Les centres de Vénus et de la terre seront en V' et T'; il y aura un nouveau passage.

Si donc les choses étaient aussi simples que nous l'avons supposé, il y aurait un passage de Vénus sur le soleil tous les 584 jours.

Mais nous avons fait abstraction de l'inclinaison de l'orbite de Vénus sur celle de la terre, et cette inclinaison est de $3°,4$ environ.

Admettons que le plan de la figure continue à représenter le plan de l'écliptique. Ce plan sera coupé par le plan de l'orbite de Vénus suivant une certaine droite xSx', et les positions V et V' seront en réalité les projections du centre de Vénus sur le plan de l'écliptique.

Par la droite TVS (fig. 113), menons un plan perpendiculaire au plan de l'écliptique; il coupera le globe du soleil suivant la circonférence SA. Au lieu d'être en V au moment de la conjonction inférieure, Vénus se trouve sur une perpendiculaire à VT, la-

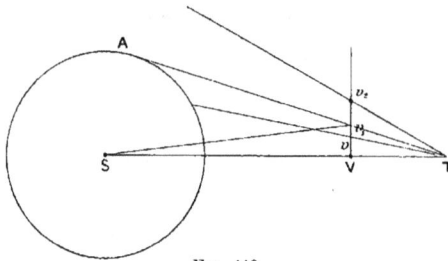

Fig. 113.

quelle perpendiculaire sera rencontrée en v_1 par la droite TA tangente au disque solaire. Si Vénus est au-dessous de v_1, en v par exemple, il y aura passage. Si Vénus est en-dessus de v_1, en v_2 par exemple, le passage n'aura pas lieu. Donc pour que le phénomène soit réalisé, il faudra que la latitude de Vénus, vue du soleil au moment de la conjonction inférieure, soit inférieure en valeur absolue à l'angle $v_1 ST$, lequel est petit. Il faudra donc que cette latitude soit assez faible; en se reportant à la figure 112, on voit que les points V, V', ... doivent être assez rapprochés de l'un des points y ou y', car la latitude est nulle en ces points, et croît assez rapidement dès qu'on s'en éloigne.

Toutes les conjonctions inférieures ne donneront donc pas lieu à des passages de la planète sur le disque du soleil, mais seulement celles qui se produiront assez près du point y ou du point y'.

Voici les époques des 4 derniers passages et celles des 4 prochains :

5 juin	1761.	8 juin	2004
3 juin	1769.	6 juin	2012
9 décembre	1874.	11 décembre	2117
6 décembre	1882.	8 décembre	2125

144. Parallaxe du soleil. — Les rapports des distances moyennes des planètes au soleil sont connus par la troisième loi de Képler, puisque l'on a, par exemple, pour deux planètes P et P′,

$$\frac{a}{a'} = \sqrt[3]{\frac{T^2}{T'^2}},$$

et que T et T′ sont donnés par les observations. Mais les valeurs absolues de ces distances restent inconnues. Dès que l'on parviendra à déterminer l'une d'entre elles, toutes les autres en découleront.

C'est la distance de la terre au soleil que l'on cherche à mesurer, et forcément par un procédé indirect. Il revient au même, comme on l'a vu, de mesurer la parallaxe horizontale ϖ du soleil.

Les astronomes disposent de plusieurs moyens pour déterminer ϖ; l'un d'eux résulte de l'observation des passages de Vénus; nous allons chercher à donner une idée de la méthode employée.

Considérons (fig. 114) une conjonction inférieure dans laquelle la latitude de Vénus soit nulle. Les centres T, V et S de la terre, de Vénus et du soleil sont donc en ligne droite à cet instant. Par la droite TS, menons, perpendiculairement à l'écliptique, un plan qui coupe la terre suivant un cercle; les points de contact A et B des

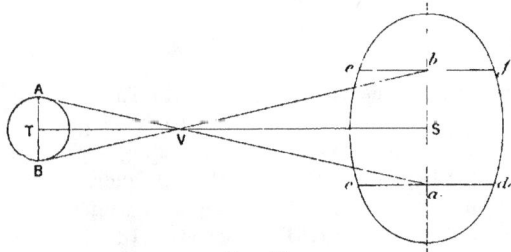
Fig. 114.

tangentes menées à ce cercle, du point V, pourront être censés situés sur une droite passant par le point T, et perpendiculaire à TV.

Nous supposerons deux observateurs placés en A et B, et la terre immobile, à la condition d'attribuer aux points V et S leurs mouvements apparents. On pourra même supposer le soleil fixe pendant la durée du passage en attribuant à la droite TV un mouvement angulaire égal à la différence des mouvements angulaires de Vénus et du soleil, vus de la terre. Vénus sera ainsi animée, pendant la durée du passage, d'un mouvement qui pourra être supposé uniforme et dirigé suivant une droite située dans le plan de l'écliptique, perpendiculairement à TV. Nous remplacerons la surface arrondie du soleil par un simple disque plat perpendiculaire à TS. Soient a et b les points où ce disque est rencontré par les droites AV et BV. Les observateurs A et B projetteront le point V en a et b. Les plans menés par les points A et B et la trajectoire relative de

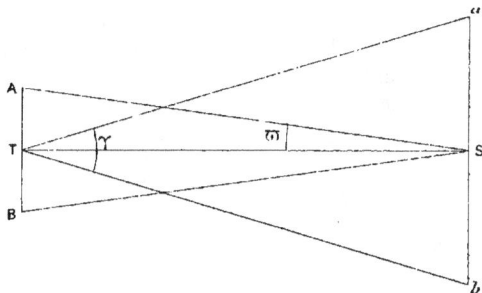

Fig. 115.

Vénus couperont le disque solaire suivant les deux cordes parallèles cad et ebf. L'observateur A verra le centre de la planète se mouvoir de c en d pendant le passage ; pour B, le mouvement s'effectuera de e en f. Les triangles semblables AVB et aVb donnent

$$\frac{ab}{AB} = \frac{VS}{VT} = \frac{0,72}{1-0,72} = 2,6.$$

Supposons maintenant (fig. 115) que l'on puisse déterminer l'angle γ, sous lequel on voit la distance ab, du centre de la terre. L'angle AST = BST est égal à la parallaxe inconnue ϖ.

On aura, dans les triangles rectangles ATS et aTS,

$$\frac{AB}{2} = TS\,\mathrm{tg}\,\varpi, \quad \frac{ab}{2} = TS\,\mathrm{tg}\,\frac{\gamma}{2}.$$

En divisant membre à membre, TS disparaît, et il vient

$$\frac{ab}{AB} = \frac{\mathrm{tg}\,\dfrac{\gamma}{2}}{\mathrm{tg}\,\varpi}.$$

On peut remplacer $\dfrac{ab}{AB}$ par sa valeur 2,6 trouvée ci-dessus, et le rapport des tangentes des petits angles $\frac{\gamma}{2}$ et ϖ par le rapport de ces angles. Il vient ainsi

$$\frac{\gamma}{2\varpi} = 2,6 ; \qquad \varpi = \frac{\gamma}{5,2},$$

Donc la parallaxe sera connue quand γ le sera.

Reste à mesurer γ. L'observateur A note l'instant d'entrée en c de la planète sur le disque solaire, et l'instant de la sortie en d; il en conclut la durée du passage, de c en d; l'observateur B mesurera également la durée du passage, de c en f (se reporter maintenant à la figure 114). En multipliant ces intervalles de temps par les vitesses angulaires de Vénus, vue du point A ou du point B, on aura en minutes et secondes d'arc les longueurs des cordes cd et ef; ce seront les angles cAd et cBf, qui n'ont pas été tracés sur la figure 114, pour ne pas la compliquer. Les vitesses angulaires dont on vient de parler pourront être prises égales à la vitesse angulaire de Vénus vue du point T. Enfin, les valeurs des cordes cd et ef en minutes et secondes d'arc pourront être censées vues du point T.

Dès lors on pourra faire une construction auxiliaire dans laquelle 1 millimètre représentera par exemple 10″. On tracera un cercle ayant un diamètre de $\frac{1920^{mm}}{10} = 0^m,192$ qui représentera le diamètre du soleil, car le diamètre apparent du soleil est à très peu près

$$32' = 1920''.$$

On tracera deux cordes parallèles ayant pour longueurs les valeurs trouvées ci-dessus pour cd et ef, et converties en millimètres.

La distance des deux cordes, mesurée en millimètres, puis convertie en secondes, donnera l'angle cherché γ, et ϖ en résultera.

Remarque. — Dans l'hypothèse adoptée, on aurait $cd = ef$; mais le cas des observateurs A et B, placés comme ci-dessus, est un cas idéal. Nous avons supposé les trois points T, V et S en ligne droite; nous avons en outre fait abstraction du mouvement de rotation de la terre. Quand on veut être rigoureux, on doit faire des calculs assez compliqués. Enfin, au lieu d'avoir deux observateurs A et B, on en a un nombre assez considérable qui sont dispersés à la surface du globe, et il faut combiner toutes les données recueillies pour en déduire le résultat le plus précis. Dans chacun des passages de 1874 et de 1882, la France avait à elle seule quatre missions dans l'hémisphère boréal, et autant dans l'hémisphère austral. L'Allemagne, l'Angleterre, la Russie, les États-Unis, etc., avaient organisé aussi de nombreuses missions.

La moyenne des valeurs de la parallaxe, conclues des passages de Vénus et d'autres méthodes, est $\varpi = 8'',81$.

MARS

145. Orbite. — La distance moyenne de la planète au soleil — $1,52$; l'excentricité — $\frac{1}{11}$; la durée de la révolution autour du soleil est d'un peu moins de deux années, 1 an et 322 jours.

Le diamètre de Mars est à peu près égal à la moitié de celui de la terre, sa masse le $\frac{1}{10}$ et sa densité les $\frac{7}{10}$ de celle de la terre.

La distance de la planète au soleil varie entre les limites

$$1,52\left(1-\frac{1}{11}\right)=1,38,\ \text{ et }\ 1,52\left(1+\frac{1}{11}\right)=1,66.$$

La distance à la terre varie entre les limites

$$1,38-1,00=0,38,\ \text{ et }\ 1,66+1,00=2,66;$$

le rapport de ces deux limites est égal à 7, de sorte que le diamètre apparent présente des changements considérables, de $4''$ à $27''$.

Soient (fig. 116) MM′ l'orbite de Mars, $M_1M'_1$ son grand axe, TT′ l'orbite de la terre, S le soleil. Quand les centres des trois astres S, T et M sont en ligne droite, la terre étant entre les deux autres, Mars est en opposition; de la terre, on voit Mars et le soleil dans deux directions opposées; Mars passe au méridien à minuit. Quand Mars à l'opposition se trouve en M_1, la distance $M_1T_1 = 0,38$, de Mars à la terre est la plus petite possible; alors, Mars n'est guère plus loin de la terre que Vénus à sa conjonction inférieure (distance 0,38 au lieu de 0,28).

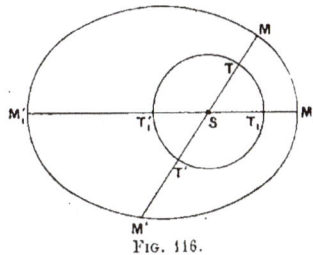

Fig. 116.

La planète est alors très brillante. C'est cette époque qui est la plus favorable pour découvrir des détails sur la surface de la planète avec de puissantes lunettes. L'intervalle t, compris entre deux oppositions successives, s'appelle la *révolution synodique*; elle est donnée par la formule

$$t=\frac{TT'}{T'-T},$$

que l'on démontre comme au n° 143; T désigne la durée de la révolution de la terre, et T′ celle de Mars. On trouve $t = 2$ ans et 2 mois environ. 7 révolutions synodiques font un peu moins de 15 ans, et 8 révolutions un peu plus de 17 ans. De sorte que, si une opposition a lieu quand la planète est au point M_1, 15 et 17 ans après, la terre sera revenue près du point T_1 ; les deux oppositions nouvelles seront favorables aussi. C'est donc tous les 15 ou 17 ans que l'on se retrouve dans les meilleures conditions pour l'observation physique de la planète.

146. Phases. — Mars présente des phases sensibles ; mais il n'a jamais la forme d'un croissant, ni même d'un demi-cercle. La partie éclairée surpasse toujours les $\frac{7}{8}$ du disque entier. Son disque est plein aux conjonctions et aux oppositions ; il devient ovale vers les quadratures, comme celui de la lune, trois jours avant la pleine lune.

Pour nous en rendre compte (fig. 117) représentons par S, T et M trois positions correspondantes du soleil, de la terre et de Mars, et figurons en même temps le disque de la planète. Les plans aa' et bb' per-

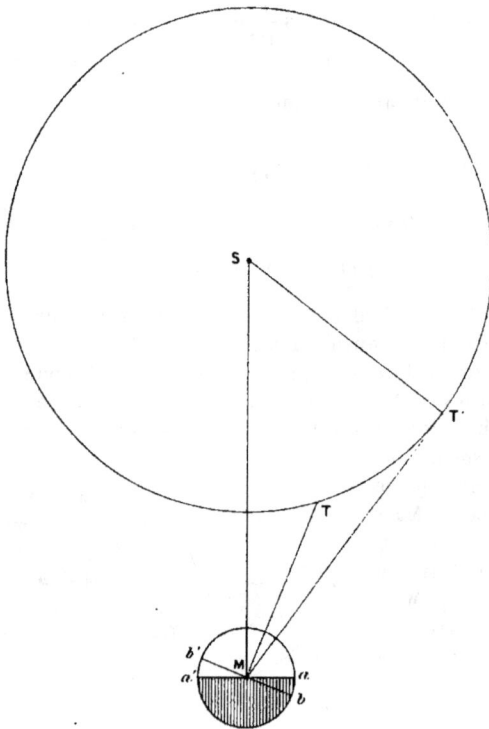

Fig. 117.

pendiculaires au plan de la figure et aux droites MS et MT, séparent les parties visibles et les parties éclairées. On aperçoit la moitié de la planète, moins le fuseau aMb ; or l'angle $aMb = SMT$, et le maximum de SMT a lieu quand la terre est en T', sur la tangente à son orbite, menée du point M. Les rayons T'S et T'M font un angle droit, et Mars est en quadrature.

147. Parallaxe de Mars. — Quand Mars est dans une de ses oppositions favorables, à la distance 0,38 de la terre, il est presque trois fois plus rapproché de nous que le soleil ; sa parallaxe horizontale, au lieu d'être égale à $8'', 81$, est égale à $23''$ environ. On peut la déterminer par la méthode employée pour la lune, avec deux observateurs placés sur un même méridien. On en conclut ensuite la parallaxe du soleil.

Rotation. — A l'œil nu, Mars a une teinte rouge prononcée qui permet de le distinguer des autres planètes. Avec de puissantes lunettes, on reconnaît nettement à sa surface des taches permanentes à l'aide desquelles on a pu démontrer que la planète tourne sur elle-même, dans le sens direct, en $24^h 37^m$ environ ; le jour de Mars est donc un peu supérieur au nôtre. L'équateur de la planète est incliné d'environ $25°$ sur le plan de son orbite ; l'inclinaison correspondante pour la terre est de $23°27'$; de sorte que les saisons, sur Mars, sont à peu près les mêmes que sur la terre, et les climats analogues aussi ; seulement l'intensité de la chaleur et de la lumière solaire est deux fois moindre, car le rapport des distances des deux planètes au soleil étant égal à $\frac{3}{2}$ environ, le rapport des intensités en question est égal à $\left(\frac{2}{3}\right)^2$, ou à peu près à $\frac{1}{2}$.

148. Aspect physique. Atmosphère. — Mars est enveloppé d'une atmosphère dans laquelle le spectroscope a révélé la présence de la vapeur d'eau ; il peut donc exister, sur la surface de la planète, de l'eau à l'état liquide ou même à l'état solide. En fait, les dessins les plus soignés que l'on a pu réunir, étant rapprochés les uns des autres, indiquent avec une haute probabilité l'existence de continents et de mers analogues aux nôtres. On a pu tracer avec quelque précision la géographie de la planète. Aux pôles mêmes, on voit deux taches blanches très brillantes que l'on suppose formées de masses de neige ou de glace. Quand vient l'été pour l'hémisphère boréal, la tache blanche du pôle boréal se rétrécit peu à peu, comme si la glace fondait graduellement sous l'influence de la chaleur ; en hiver la tache augmente ; les mêmes choses ont lieu pour l'autre hémisphère.

149. Canaux de Mars. — M. Schiaparelli a reconnu en 1877

l'existence de longs et minces canaux rectilignes allant d'une
mer à l'autre. En 1881 il a revu les mêmes canaux, mais tous
doubles, chacun ayant en quelque sorte son image à côté de lui.
Ce phénomène désigné sous le nom de *gémination des canaux
de Mars*, n'a pas encore reçu d'explication satisfaisante. La
planche VII, placée à la fin du volume, reproduit le dessin de la
surface de Mars, dû à M. Schiaparelli.

150. Satellites. — M. Hall a découvert deux satellites à
Mars en 1877 : ces astres, qui sont extrêmement petits, ne
peuvent être aperçus qu'avec de puissantes lunettes. Ils se
meuvent dans le plan de l'équateur de Mars, et décrivent dans le
sens direct, en 7^h39^m et 30^h18^m des orbites presque exactement
circulaires, dont les rayons sont égaux à 2,8 et 6,9, en prenant
pour unité le rayon de la planète. Le premier satellite tourne,
comme on voit, plus vite autour de la planète que celle-ci ne
tourne sur elle-même. Il s'en suit que le mouvement apparent
de ce satellite, tel qu'il résulte de son mouvement réel et d'un
mouvement égal et contraire à la rotation de la planète, est direct.
S'il existe des habitants sur Mars, ils voient le premier satellite
se lever à l'ouest et se coucher à l'est ; tandis que le second fait
comme les étoiles, se levant à l'est et se couchant à l'ouest. En
une seule nuit, le premier satellite passe par toutes ses phases.

PETITES PLANÈTES

151. Orbites. — Ajoutons quelques détails à ceux donnés au
n° 134. Les distances moyennes de ces petites planètes au soleil
qui, pour les 4 premières, étaient voisines de 2,8, sont comprises,
pour l'ensemble, entre 2 et 4 (plus exactement entre 2,1
et 4,2). Les durées des révolutions varient de 3 ans à 8 ans.

Les excentricités sont assez fortes en moyenne ; l'une d'entre
elles atteint presque 0,4.

Les inclinaisons des orbites sur le plan de l'écliptique sont
prononcées pour un assez grand nombre des petites planètes ;
l'une, celle de Pallas, est de 35° environ ; mais tous les mouvements sont directs.

Les quatre premières brillent, dans des conditions favorables,
comme des étoiles de la 6° à la 8° grandeur ; la cinquième n'est

que de 9ᵉ grandeur; celles que l'on découvre aujourd'hui sont généralement de 12ᵉ et même de 13ᵉ grandeur.

Les plus faibles ont des diamètres qui ne dépassent probablement pas 20 kilomètres ; on arrive à cette induction par des considérations assez plausibles fondées sur la mesure des éclats de ces petits astres.

152. Limite supérieure de la somme des masses de toutes les petites planètes, connues ou inconnues. — Le Verrier a démontré par le calcul que la somme de toutes ces masses est au plus égale au $\frac{1}{4}$ de la masse de la terre. Si l'on admettait comme diamètre moyen de chacune des petites planètes 130^{km}, ce qui est certainement exagéré, comme le diamètre de la terre est d'environ 13000^{km}, le rapport des diamètres serait à peu près $\frac{1}{100}$ et le rapport des volumes $\frac{1}{1\,000\,000}$. Il faudrait donc un million de petites planètes pour que l'ensemble de leurs volumes fût égal à celui de la terre, et en admettant que les densités soient égales à celle de la terre, il faudrait environ 250000 planètes pour que leur masse réunie atteignît la limite fixée par Le Verrier ; cette limite est certainement beaucoup trop élevée.

On ne sait rien de précis sur les rotations et les atmosphères des petites planètes.

153. Moyens de découverte. — On ne peut pas songer à reconnaître les petites planètes par leurs diamètres apparents, comme l'a fait W. Herschel pour Uranus ; aucun calcul ne peut d'ailleurs fixer leur position *a priori*. On les découvre par leur mouvement propre qui les déplace relativement aux étoiles, d'une quantité appréciable, quoique petite, même en une heure ou deux. Jusqu'en 1892, on se servait de cartes célestes très bien faites, contenant les positions des étoiles jusqu'à la 13ᵉ grandeur inclusivement. On les comparait minutieusement avec le ciel, et quand on trouvait dans le ciel une étoile non marquée sur la carte, on supposait que ce pouvait être une petite planète ; la chose était sûre si, au bout de quelques heures, sa position avait changé par rapport aux étoiles voisines ; mais on était exposé à bien des déboires, parce que les cartes étaient plus ou moins complètes, que certaines étoiles sont variables, ou du moins qu'on ne les aperçoit que par un ciel très pur, etc.

Depuis 1892, l'emploi de la photographie a permis d'abréger beaucoup le travail ; on photographie toute une région du ciel, celle qui correspond à l'une des anciennes cartes. On emploie des poses de deux heures et l'on s'arrange de manière que, dans tout cet intervalle, la lunette photographique, qui est montée parallactiquement, suive exactement le mouvement diurne. On y arrive à l'aide d'un mouvement d'horlogerie, que l'on corrige même à chaque instant, de façon à maintenir une étoile sous la croisée des fils du réticule d'un chercheur qui fait corps avec la lunette photographique. Dans ces conditions, les images des étoiles, sur le cliché photographique, sont des points ou de très petits disques bien ronds. Les petites planètes, dont le mouvement apparent est sensible en deux heures, sont accompagnées d'une petite traînée rectiligne.

Chaque cliché contient un certain nombre de petites planètes ; les unes sont anciennes ; on le vérifie par leurs positions qui sont calculées à l'avance ; les autres sont nouvelles. D'après le rapport des nombres des planètes anciennes et nouvelles contenues dans un assez grand nombre de clichés, on peut se faire une idée approchée du nombre des planètes qui restent à découvrir. Il semble qu'en se bornant à la 12e grandeur, les planètes nouvelles ne seront pas beaucoup plus nombreuses que les anciennes. On en aurait donc en tout environ 800, peut-être 1 000 ; bien que ce ne soit qu'une indication, on est cependant loin du nombre qui résulterait de la limite donnée au n° 152.

154. — Parallaxes des petites planètes. — Certains de ces petits corps, au moment de leur opposition, approchent assez de la terre, jusqu'à la distance 0,6 ; leur parallaxe horizontale est alors $\dfrac{8'',8}{0,6} = 14'',7$. Elle est donc plus facile à déterminer que celle du soleil ; elle l'est même d'autant plus que ces astres se présentent comme des points sur lesquels les mesures sont plus précises que sur le disque très étendu du soleil.

Quand on a la parallaxe horizontale d'une petite planète, il est facile d'en conclure celle du soleil ; c'est là un des meilleurs procédés indirects pour déterminer la distance du soleil à la terre

JUPITER

155. Orbite. — Cette planète n'est pas aussi brillante que Venus quand elle est dans son plus grand éclat, mais elle l'est beaucoup plus que Sirius, la plus brillante de toutes les étoiles ; cette circonstance permet de la distinguer aisément des étoiles, et même des autres planètes. Sa distance moyenne au soleil $= 5,20$; l'excentricité $= \dfrac{1}{20}$; de sorte que les distances maxima et minima au soleil sont

$$5,20 \left(1 + \frac{1}{20}\right) = 5,46 ; \qquad 5,20 \left(1 - \frac{1}{20}\right) = 4,94.$$

La durée de la révolution autour du soleil est d'environ 12 ans (11 ans et 315 jours).

Les distances de la planète à la terre varient entre les limites

$$4,94 - 1,00 = 3,94, \quad \text{et} \quad 5,46 + 1,00 = 6,46 ;$$

le rapport de ces limites $= \dfrac{5}{3}$ environ ; le diamètre apparent est compris entre $30''$ et $50''$, en chiffres ronds.

Le diamètre réel de la planète est environ le $\dfrac{1}{10}$ de celui du soleil, le volume le $\dfrac{1}{1000}$, et la masse le $\dfrac{1}{1000}$ (plus exactement $\dfrac{1}{1050}$), de sorte que la densité de Jupiter est à peu près égale à celle du soleil. Le diamètre de Jupiter est 11 fois plus grand que celui de la terre, et sa masse 310 fois plus grande ; mais sa densité est 4 fois plus faible.

Jupiter est la plus grosse de toutes les planètes.

156. Rotation. — L'observation suivie des taches et des détails que montre le télescope a permis de démontrer que la planète tourne sur elle-même en 10 heures (plus exactement $9^h 55^m$), donc deux fois et demie plus vite que la terre. Le plan de l'équateur coïncide presque avec le plan de l'orbite de la planète, car l'inclinaison de ces plans est seulement de 3°.

Il n'y a donc, pour ainsi dire, pas lieu de parler des saisons ni des climats sur Jupiter; d'autant plus qu'à surfaces égales, Jupiter reçoit du soleil 25 fois moins de chaleur que la terre.

Le disque de Jupiter, vu dans une lunette de grossissement même assez faible, paraît aplati, le plus petit diamètre étant dirigé suivant l'axe de rotation; l'aplatissement $= \frac{1}{17}$. Il est bon de remarquer ici que les disques de Mercure, de Vénus et de Mars n'ont jamais montré d'aplatissement perceptible aux mesures, pas plus, du reste, que le disque du soleil.

157. Satellites de Jupiter. — Jupiter a cinq satellites. Le dernier a été découvert par Barnard en 1892, à l'observatoire Lick, en Californie. Il est extrêmement petit, et il n'y a guère aujourd'hui, sur toute la terre, que trois ou quatre lunettes assez puissantes, permettant de l'observer. Il décrit en un peu moins de 12 heures, dans le plan de l'équateur de Jupiter, un cercle dont le rayon est égal à deux fois et demie le rayon de la planète.

Les quatre autres satellites ont été découverts en 1610 avec la première lunette dirigée vers le ciel, celle de Galilée. Une bonne jumelle de théâtre les montre sans peine; c'est dire qu'ils sont très brillants.

Ils se meuvent à fort peu près dans le plan de l'équateur de Jupiter, sur des orbites presque exactement circulaires ayant pour centres le centre de la planète, et dont les rayons sont égaux à

$$5,9; \quad 9,4; \quad 15,1; \quad 26,5;$$

le rayon de la planète étant pris pour unité. Les durées des révolutions sont

$$1 \text{ jour } 18^h,5; \quad 3 \text{ jours } 13^h,2; \quad 7 \text{ jours } 3^h,7; \quad 16 \text{ jours } 15^h,5.$$

Ces éléments vérifient la troisième loi de Képler.

On a pu mesurer assez exactement leurs diamètres apparents, et on en a conclu les diamètres réels. Le 1er et le 2e sont sensiblement égaux à notre lune; le 4e est un peu plus grand, comme Mercure environ; le 3e est encore un peu plus fort, sans cependant que son diamètre atteigne celui de Mars.

158. Éclipses des satellites. — Jupiter projette derrière lui un cône d'ombre qui s'étend bien au delà de l'orbite du 4e satellite. Comme les orbites des satellites font des angles petits avec le plan de l'orbite de Jupiter, ces astres pénètrent dans le cône d'ombre à chacune de leurs révolutions (sauf le 4e, qui passe quelquefois un peu au-dessus ou au-dessous du cône d'ombre). On les verra donc disparaître, puis reparaître au bout de quelques heures. Ces éclipses sont des signaux célestes que Galilée a proposé d'employer pour la détermination des longitudes. En effet, on peut calculer d'avance les instants de ces phénomènes en temps moyen de Paris. On les observe ailleurs avec une pendule réglée sur le temps moyen du lieu; la différence des heures observée et calculée donne la longitude. C'est ainsi que les longitudes de la carte de France de Cassini avaient été déterminées. Ce procédé est abandonné presque complètement aujourd'hui, parce qu'on en a d'autres plus précis; à cause de la pénombre, la disparition d'un satellite n'est pas un phénomène instantané, tant s'en faut; le satellite décroît graduellement pour disparaître enfin. Suivant la force de la lunette, celle des yeux de l'observateur, l'éclairement du ciel..., on note des instants qui diffèrent assez les uns des autres.

Quand les satellites passent entre Jupiter et le soleil, ils produisent une éclipse de soleil pour Jupiter; nous voyons alors leurs ombres traverser le disque de la planète.

D'autres fois, nous voyons les satellites eux-mêmes passer sur le disque de la planète; enfin, on cesse souvent de les apercevoir quand, dans leurs mouvements, ils passent derrière le disque de la planète.

Ces phénomènes sont très intéressants à suivre par leur nombre et leur variété.

159. Vitesse de la lumière. — Supposons que des signaux lumineux fréquents émanent d'un point fixe E, se succèdent régulièrement, à des intervalles de temps égaux à τ, et soient perçus par un observateur en mouvement sur une droite AH passant sur le point E. Soient (fig. 118) A, B, C, ... H les positions occupées par l'observateur aux moments $t_1, t_2, ... t_n$ où il perçoit le 1er signal, le 2e, le 3e, ... le $n^{ème}$.

Le premier signal produit en E ne sera pas perçu instantanément par l'observateur; il y aura un retard si la lumière met un temps appréciable à parcourir la distance EA. Nous représenterons par V la vitesse de la lumière. Le second signal sera perçu quand l'observateur sera en B, et le retard sera plus grand, puisque la lumière aura dû franchir la distance EA + AB. On aura

$$t_2 - t_1 = \tau + \frac{AB}{V}, \qquad t_3 - t_1 = 2\tau + \frac{AC}{V}, \dots$$

(1) $$t_n - t_1 = (n-1)\tau + \frac{AH}{V};$$

d'où

(2) $$V = \frac{AH}{t_n - t_1 - (n-1)\tau}.$$

Cette équation permettra de calculer la vitesse V si l'on connait la différence AH des positions extrêmes de l'observateur au corps lumineux E, les époques t_1 et t_n que l'on mesure, et le nombre total n des signaux. La formule (1) donne le temps

$$\theta = \frac{AH}{V}$$

que la lumière emploie à parcourir la distance AH.

On aurait les mêmes conclusions si le mouvement de l'observateur ne s'effectuait pas suivant une droite passant par le point E; ce mouvement pourrait même être quelconque; le point E pourrait être aussi en mouvement. Il suffira de convenir que AH désigne la différence des distances de l'observateur et du corps lumineux aux époques t_1 et t_n.

Cela posé, on prendra comme signal le commencement ou la fin d'une éclipse du premier satellite de Jupiter, c'est-à-dire le moment où (fig. 119), le premier satellite sort de l'ombre en E, ou bien, où il y entre, en E'. L'intervalle de deux émersions sera la quantité τ: elle sera constante si l'on suppose l'orbite de Jupiter et celle du satellite circulaires.

On a représenté avec des hachures le cône d'ombre situé derrière Jupiter, et où les rayons lumineux du soleil ne peuvent pénétrer. Soit A la position de la terre au moment t_1, où l'on observe la première émersion. Pour ne pas compliquer inutilement la figure, nous ramènerons toujours Jupiter au même point de son orbite, ce qui revient à considérer le mouvement relatif de la terre par rapport à Jupiter. Au moment où l'observateur terrestre percevra la seconde émersion, il sera en B; pour la n^{me}, il sera en H. On peut calculer la distance AH, d'après la connaissance que l'on a de l'intervalle $t_n - t_1$ et de l'orbite de la terre; on peut du moins le calculer en prenant pour unité le diamètre ah de l'orbite terrestre.

Si le globe opaque de Jupiter n'empêchait pas de voir le phénomène quand la terre est en a et en h, Jupiter étant alors en opposition ou en conjonction, la méthode permettrait de calculer directement le temps θ que la lumière emploie à parcourir le diamètre ah de l'orbitre terrestre. On pourra conclure ce temps en divisant $t_0 - t_1$ par le rapport $\dfrac{AH}{ah}$.

Il reste à dire comment on trouvera le temps τ. Supposons que l'on observe de nouveau une émersion à l'époque t'_1, quand la terre sera

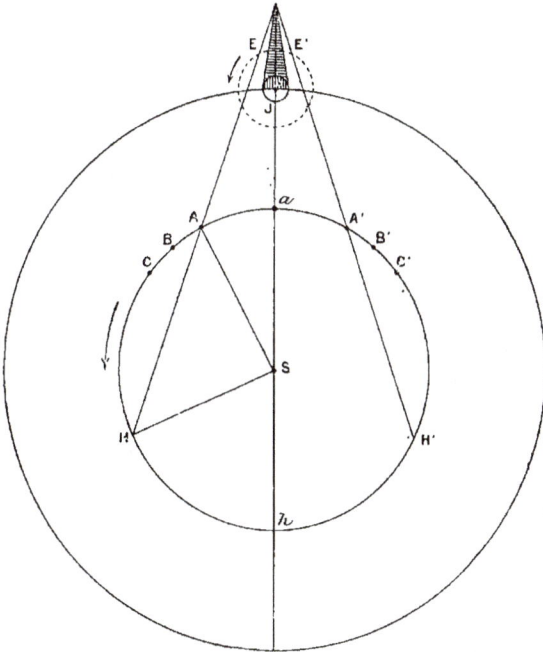

Fig. 119.

revenue en A, au bout d'une révolution synodique de Jupiter; en divisant l'intervalle $t'_1 - t_1$ par le nombre des éclipses écoulées, on aura τ; le retard dû à la propagation de la lumière disparaît de la différence $t'_1 - t_1$, parce qu'il est le même dans les deux cas.

On peut opérer de même avant l'opposition, quand, dans son mouvement relatif, la terre parcourt la moitié $hH'a$ de son orbite; ce sont alors des immersions que l'on observe, et qui ont lieu en E'.

Enfin, on peut se servir aussi des éclipses du second satellite au lieu de celles du premier.

On trouve ainsi que la lumière met $16^m 26^s$ pour parcourir la distance ah, donc $8^m 13^s = 493^s$ pour venir du soleil à la terre.

Si l'on admet 8″,81 pour la parallaxe horizontale du soleil, ce qui correspond à une distance du soleil à la terre,

$$Sa = 23\,400 \text{ rayons terrestres,}$$

il en résulte qu'en une seconde, la lumière parcourt une distance 493 fois plus petite, soit 47,5 rayons terrestres; c'est la vitesse V de la lumière.

En remplaçant enfin le rayon terrestre par 6 370^{km}, on trouve V = 303 000^{km}. Ce mode de détermination de la vitesse de la lumière est dû à Rœmer. M. Cornu, en perfectionnant un procédé très ingénieux de M. Fizeau, qui permet de mesurer la vitesse de la lumière sur une petite distance mesurée à la surface de la terre, a trouvé V = 300 000^{km}.

160. Aspect télescopique de Jupiter. — La planète, vue au télescope, présente des bandes sombres, généralement deux, quelquefois davantage, jusqu'à six, dans la région de l'équateur auquel elles sont à peu près parallèles, et des apparences analogues à des nuages disséminés sur toute la surface du disque. Toutefois ces détails disparaissent dans le voisinage du contour du limbe, ce qui indique l'existence d'une atmosphère très absorbante. Les changements sont fréquents et rapides dans la configuration de ces nuages, et il est vraisemblable que tout ce que nous apercevons est dans l'atmosphère, et non sur la surface même de la planète. L'importance de l'atmosphère de Jupiter est confirmée par sa faible densité moyenne, qui n'est que le $\frac{1}{4}$ de celle de la terre.

On a observé pour la première fois en juillet 1878 une grande tache rouge brique, de dimensions énormes, car sa longueur était égale au $\frac{1}{3}$ du diamètre de la planète, et sa largeur 4 fois plus petite que sa longueur. Cette tache remarquable subsiste encore aujourd'hui (1895), quoique très affaiblie.

L'aspect des détails de la surface et du voisinage des satellites est très imposant; c'est l'un des beaux spectacles du ciel.

SATURNE

161. Orbite. — La distance moyenne de la planète au soleil $= 9{,}54$; son excentricité $= \frac{1}{18}$ est à peu près égale à celle de l'orbite de la lune. La durée de la révolution $= 29$ ans $\frac{1}{2}$.

Saturne brille comme une étoile de 1re grandeur; après Jupiter, c'est la plus grosse des planètes. Son rayon est égal à 9 fois environ celui de la terre, son volume est 720 fois celui de la terre, tandis que sa masse n'est que 92 fois plus grande, de sorte que sa densité moyenne n'est que le $\frac{1}{8}$ de celle de la terre; elle est inférieure à la densité de l'eau. Saturne est la plus légère de toutes les planètes.

On remarque sur son disque des bandes analogues à celles de Jupiter, mais plus larges, moins foncées et moins variables. L'observation de petites taches, sombres ou brillantes, qui sont très rares et ne subsistent pas longtemps, a permis de déterminer la durée de la rotation, $10^h 14^m$. L'inclinaison de l'équateur sur le plan de l'orbite $= 27°$; l'aplatissement est très prononcé, $\frac{1}{9}$.

162. Anneaux de Saturne. — Les anneaux constituent le fait remarquable et caractéristique du système de Saturne. Ce sont des anneaux circulaires, larges et minces, qui entourent le globe de la planète sans le toucher; leurs bases sont parallèles au plan de l'équateur. Nous les avons représentés dans la figure 120, en projection sur l'équateur et sur un plan perpendiculaire. Le cercle OAA′ est la projection de la planète; BCB′C′ est la projection de l'un des anneaux; elle est comprise entre les circonférences de rayons OB et OC. L'autre anneau est projeté suivant la couronne circulaire DE. Les données numériques suivantes permettent de se faire une idée des dimensions du système :

$$OE = 2{,}23; \quad OD = 1{,}96; \quad OC = 1{,}92; \quad OB = 1{,}48,$$

la distance OA étant prise pour unité.

L'anneau réfléchit vivement la lumière du soleil; l'espace CD, qui est vide, paraît obscur; on lui donne souvent le nom de *division de Cassini*. L'épaisseur des anneaux a été beaucoup

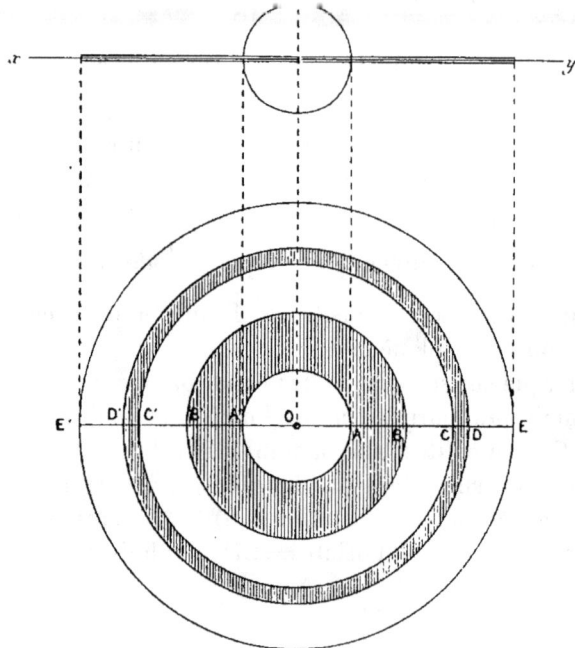

Fig. 120.

exagérée sur la projection verticale; avec les dimensions de la figure, elle ne serait pas supérieure à l'épaisseur d'une feuille de papier, car elle est tout au plus la $\frac{1}{1000}$ partie de OE. A l'intérieur de BC, entre A et B, existe un troisième anneau, beaucoup moins brillant que les deux premiers, et qui est même assez difficile à voir; c'est l'anneau obscur, qui ressemble à un voile de crêpe noir. (Voir un dessin de Saturne, planche VIII.)

163. Phases des anneaux. — Saturne se meut autour du soleil, emportant avec lui le plan des anneaux qui reste parallèle à lui-même, en faisant avec le plan de l'orbite de Saturne un angle de 27°. Cherchons à voir comment les anneaux devront nous apparaître. Nous admettrons, pour simplifier, que l'orbite de Saturne coïncide avec le plan de l'écliptique, et que le plan des anneaux fait avec chacun des plans précédents un angle de 30°. Soient (fig. 121) T la terre, TQ la normale à l'écliptique et TN parallèle à la normale au plan des anneaux. Ces deux plans, qui sont respectivement perpendiculaires aux droites TQ et TN, se couperont suivant une droite BTB′ perpendiculaire à TN, et l'angle BTN sera droit. Soit P une position quelconque de Saturne; la droite TP sera dans le plan ABA′ de l'écliptique. Le plan de projection, qui est le plan tangent à la sphère céleste au point P, sera perpendiculaire à TP, et l'angle α qu'il forme avec le plan des anneaux sera égal à l'angle NTP que font les normales à ces deux plans.

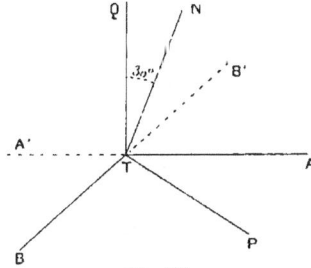

FIG. 121.

Or, on sait, par la géométrie élémentaire, que l'angle NTP est compris entre les angles NTA et NTA′ que forme la droite TN avec sa projection sur le plan ABA′ et avec son prolongement. On aura donc toujours

$$60° < \alpha < 120°.$$

Ainsi, l'angle α n'étant jamais nul, les cercles qui limitent les anneaux se projetteront toujours suivant des ellipses; ces ellipses seront le plus ouvertes, quand on aura $\alpha = 60°$, ou $\alpha = 120°$, ce qui donne $\cos \alpha = \pm \frac{1}{2}$.

Mais $\cos \alpha$ est égal à $\frac{b}{a}$, rapport du plus petit axe de chaque ellipse au grand axe correspondant; donc la plus grande valeur de $\frac{b}{a}$, ou la plus grande ouverture des ellipses, aura lieu quand la droite TP qui joint la terre à Saturne sera dirigée suivant AA′, c'est-à-dire perpendiculaire à l'intersection BB′ du plan des anneaux avec l'écliptique, et l'on aura alors $b = \frac{a}{2}$. Lorsque cette droite TP sera dirigée suivant BB′, l'angle α sera $= 90°$; les cercles se projetteront suivant des droites; le plan des anneaux passe alors par la terre. Dans ce cas, les anneaux sont invisibles, parce qu'ils ne nous présentent que leur épaisseur qui est très faible; on peut cependant les apercevoir encore avec de bonnes lunettes.

Les anneaux disparaissent encore quand leur plan, entraîné avec Saturne, passe par le soleil, ce qui arrive deux fois durant une révolution de Saturne, c'est-à-dire deux fois en 29 ans $\frac{1}{2}$; ce dernier phénomène a donc lieu à peu près tous les 15 ans.

164. Satellites de Saturne. — Saturne a huit satellites qui se meuvent à très peu près dans le plan des anneaux. Voici leurs

noms, et en regard leurs moyennes distances au centre de
Saturne, exprimées en prenant pour unité le rayon équatorial
de la planète, et enfin les durées des révolutions :

	a	T		
Mimas.	3,1	0	jour	$22^h,6$
Encelade.	4,0	1	»	$8^h,9$
Thétis.	4,9	1	»	$21^h,3$
Dione.	6,3	2	»	$17^h,7$
Rhéa.	8,8	4	»	$12^h,4$
Titan.	20,4	15	»	$22^h,7$
Hypérion.	25,1	21	»	$6^h,7$
Japet.	59,6	79	»	$7^h,9$

Ces nombres vérifient la troisième loi de Képler.

Les excentricités sont insensibles ou très petites, sauf celle
d'Hypérion, qui est voisine de $\frac{1}{10}$.

Le plus gros des satellites est Titan ; sa masse, qui est comparable à celle du 3e satellite de Jupiter, vaut 2 fois celle de notre
lune. Il a été découvert par Huygens. Le plus beau, après Titan,
est Japet, puis viennent Thétis, Dione et Rhéa ; ces quatre
satellites ont été découverts par Cassini I à l'observatoire de
Paris.

Encelade et Mimas, qui suivent dans l'ordre décroissant des
éclats, ont été découverts par W. Herschel. Enfin, le plus faible
de tous, Hypérion, a été découvert en 1848, presque simultanément par Bond et Lassell ; on ne peut l'apercevoir qu'avec
une lunette très puissante.

Les satellites s'éclipsent rarement, parce que le plan
commun de leurs orbites fait un angle de 27° avec l'orbite de
Saturne, et que l'axe du cône d'ombre est contenu dans le
dernier plan.

Les astronomes ont été conduits à admettre que les anneaux
de Saturne sont formés par un très grand nombre de satellites
que leur rapprochement empêche de distinguer.

URANUS

165. Orbite. — La distance moyenne de la planète au soleil = 19,18; l'excentricité est presque égale à celle de Jupiter, un peu plus faible cependant; la durée de la révolution = 84 ans.

Le rayon de la planète est un peu supérieur à 4 fois celui de la terre : son volume est 70 fois plus grand, et sa masse 13 fois plus grande seulement, de sorte que sa densité est 5 fois plus petite environ.

On aperçoit sur le disque de la planète, dans des conditions favorables, des traces de bandes qui paraissent analogues à celles de Jupiter et de Saturne; mais on n'a pas pu discerner de détails nets permettant de déterminer la durée de la rotation qui reste complètement inconnue.

On a cherché à mesurer l'aplatissement; on a trouvé, tantôt $\frac{1}{11}$, tantôt $\frac{1}{14}$, ou même des valeurs plus petites. La faiblesse du diamètre apparent, 4″ environ, rend cette détermination très délicate.

Nous avons relaté, page 174, les circonstances de la découverte de la planète par W. Herschel, et nous avons dit qu'elle peut être visible à l'œil nu quand le ciel est très beau. Ceci explique qu'on l'ait observée bien avant sa découverte, dès 1695, mais comme une étoile fixe. On a exhumé ces observations après la découverte.

166. Satellites. — Uranus a quatre satellites dont voici les noms, les distances moyennes au centre de la planète et les durées de révolution :

	a	T		
Ariel.	7,7	2 jours	12^h,5	
Umbriel.	10,8	4	»	3^h,5
Titania.	17,6	8	»	16^h,9
Obéron.	23,6	13	»	11^h,1 ;

Ces nombres vérifient la troisième loi de Képler.

Les quatre satellites se meuvent presque dans le même plan; mais ce plan est à peu près perpendiculaire au plan de l'écliptique ; il dépasse même de 8° cette inclinaison de 90°, de sorte que les satellites ont un *mouvement rétrograde*, quand on projette leurs orbites sur l'écliptique ; cela est très remarquable, car tous les satellites dont nous avons parlé jusqu'ici, ceux de la Terre, de Mars, de Jupiter et de Saturne, ont des *mouvements directs*, dans des orbites peu inclinées sur l'écliptique.

Tous les 42 ans (moitié de 84 ans), la ligne des nœuds des orbites des satellites passe par le soleil, et par suite à peu près par la terre ; les orbites apparentes sont des lignes droites ; cela est arrivé en 1840 et 1882. En 1861, les orbites apparentes étaient circulaires ; il en sera de même en 1903.

La planète tourne très probablement sur elle-même, et le plan de son équateur doit coïncider avec le plan des orbites des satellites.

NEPTUNE

167. Orbite. — La distance moyenne de la planète au soleil $= 30,06$; l'excentricité, qui est un peu plus forte que celle de Vénus, est cependant au-dessous de $\frac{1}{100}$. La durée de la révolution est de 165 ans, presque le double de celle d'Uranus. Depuis sa découverte par Le Verrier (dont nous avons dit un mot, page 175, et dont nous reparlerons plus loin), Neptune n'a pas encore parcouru le tiers de son orbite. Son rayon vaut un peu moins de 4 fois celui de la terre, sa masse 16 fois celle de la terre ; la densité est 3 fois plus petite.

On n'aperçoit aucun détail sur la planète, dont le disque a seulement $2'' \frac{1}{3}$ de diamètre ; on n'a donc pas pu déterminer la rotation.

Uranus et Neptune sont deux planètes presque égales entre elles, comme la Terre et Vénus.

168. Satellite. — Neptune a un seul satellite qui circule à une distance de la planète égale à 14 fois son rayon, et effectue sa révolution en $5^j 21^h$, dans le sens rétrograde. Quelques anomalies de son mouvement ont permis de conclure que la planète doit avoir un aplatissement sensible, bien que les mesures faites sur le disque ne permettent pas de le mesurer.

CHAPITRE III

DES COMÈTES

169. Aspect général. — Les comètes sont assez souvent visibles à l'œil nu, mais les plus nombreuses sont télescopiques ; sur dix comètes observées par les astronomes, il n'y en a guère qu'une visible sans le secours des lunettes. L'aspect diffère beaucoup de celui des planètes ; une comète se compose généralement de trois parties représentées par la figure schématique 122 : le noyau A, qui ressemble souvent à une étoile et a un diamètre apparent assez faible ; la chevelure B, sorte d'atmosphère nébuleuse dont l'éclat va en diminuant à partir du noyau (comète veut dire en grec *astre chevelu*) ; enfin la queue C ; A et B forment la tête de la comète. Le diamètre apparent de B est généralement de quelques minutes pour les comè-

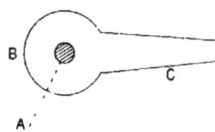

Fig. 122.

tes télescopiques. La queue est beaucoup plus longue, surtout dans les comètes visibles à l'œil nu. Ainsi, la grande comète de 1811 avait une tête aussi grande que le soleil, et sa queue une longueur égale à la distance de la terre au soleil ; la queue de la grande comète de 1843 était deux fois plus longue.

L'aspect des comètes est très variable durant leur apparition, et souvent à quelques jours et même à quelques heures de distance. On aperçoit [1] les plus petites étoiles à travers les queues des comètes, sans que leur éclat en soit sensiblement diminué et sans que les rayons lumineux qui viennent de ces étoiles éprouvent la moindre déviation après leur passage à travers la matière qui constitue la queue. Cette matière doit

(1) Voir la planche IX, qui représente la photographie de la grande comète de 1882.

donc être extrêmement subtile ; la masse de la comète paraît condensée dans le noyau A, et c'est ce point dont on détermine la trajectoire.

170. Orbites des comètes. — La nature des orbites des comètes était totalement inconnue avant Newton, même de Képler, qui avait découvert les lois du mouvement des planètes autour du soleil.

Nous avons dit que Newton a déduit des lois de Képler la loi de l'attraction universelle. Il s'est ensuite posé le problème inverse ; il a cherché quelle courbe doit décrire un astre soumis à l'attraction du soleil. Il a trouvé que cette courbe peut être une ellipse quelconque, voisine ou non du cercle, et même une parabole. Newton fut, dès lors, amené à penser que les comètes sont des astres soumis, comme les planètes, à l'attraction du soleil, et qu'elles décrivent comme elles des ellipses dont le soleil occupe un foyer commun. Seulement, tandis que les planètes décrivent des ellipses très arrondies, les ellipses qui servent de trajectoires aux comètes sont très allongées. Les comètes reçoivent leur lumière du soleil ; quand elles seront très éloignées du soleil, elles seront très peu éclairées et cesseront d'être visibles ; leur éloignement de la terre augmentera cet effet. On ne verra donc les comètes que dans une partie limitée de leurs orbites, quand elles seront près du soleil et de la

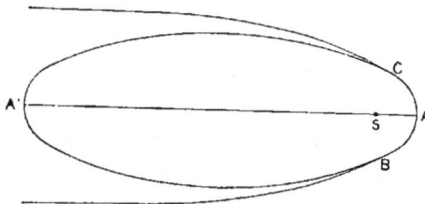

Fig. 123.

terre. Elles disparaîtront ensuite pour ne revenir qu'à des époques très éloignées.

Soit (fig. 123), AA′ une ellipse très allongée, ayant le soleil S pour foyer, et sur laquelle nous supposons une comète en mouvement.

Nous ne pouvons l'apercevoir que dans une petite partie BAC de son orbite, dans le voisinage du périhélie A.

Décrivons une parabole ayant son axe dirigé suivant AA′, pour sommet et foyer les points A et S. Le long de l'arc ABC,

les deux courbes seront très voisines si SA′ est grand, puisque
la parabole est la limite de l'ellipse pour SA′ = ∞ ; on pourra
donc remplacer l'*orbite elliptique* de la comète par une *orbite
parabolique*.

Newton imagina une méthode permettant de calculer, d'après
trois observations d'une comète, les *éléments paraboliques* de
cette comète, qui sont au nombre de cinq. Il en faut deux pour
déterminer la position du plan de l'orbite par rapport à l'écliptique (la longitude du nœud et l'inclinaison); un troisième
pour orienter la parabole dans son plan. Le quatrième est SA
(la distance périhélie); enfin, le cinquième est l'époque à
laquelle la comète passe au point A.

171. Confirmation des idées de Newton. — Newton
trouva bientôt l'occasion de mettre ses idées à l'épreuve.
En 1680, parut une comète qui se rapprocha rapidement du

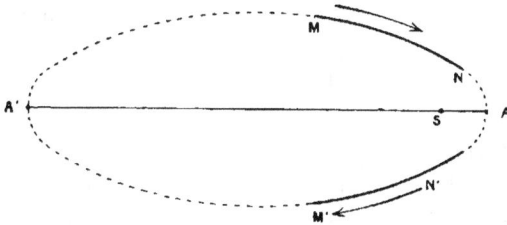

Fɪɢ. 124.

soleil et disparut dans ses rayons ; cette comète fut observée
sur l'arc MN (fig. 124), et Newton calcula ses éléments paraboliques.

17 jours après sa disparition, apparut une comète magnifique
sortant des rayons du soleil, du côté opposé. On l'observa sur
l'arc N′M′, et Newton calcula son orbite parabolique. Il constata que les deux arcs MN et M′N′ faisaient partie d'une même
parabole, et que les deux astres avaient dû passer au même
instant par le périhélie A; donc ces deux astres n'étaient que
deux apparitions d'une seule et même comète que l'on aurait
pu suivre de N en A et de A en N′, si l'éclat des rayons du soleil
ne s'y était pas opposé.

En réalité, la trajectoire devait être elliptique. Mais comment arriver à fermer la courbe, en déterminant la longueur du grand axe AA'?

Newton recommanda de déterminer les éléments paraboliques de toutes les comètes observées. Si l'on voit, par ces éléments, qu'une nouvelle comète suit la même route qu'une ancienne, les deux comètes seront identiques, et l'intervalle T des deux apparitions donnera la durée T de la révolution sidérale. Le demi-grand axe a se calculera par la troisième loi de Képler

$$(1) \qquad \left(\frac{a}{a'}\right)^3 = \left(\frac{T}{T'}\right)^2 ; \quad a = a' \sqrt[3]{\left(\frac{T}{T'}\right)^2}.$$

où a' et T' désignent la distance moyenne de la terre au soleil et la durée de sa révolution (l'année sidérale).

172. Détermination de la première comète périodique. — Halley appliqua la méthode de Newton, et calcula les orbites paraboliques de 24 comètes observées avant lui. En 1682, parut une belle comète dont Halley calcula aussitôt l'orbite; la comparant à celles des 24 comètes calculées par lui, il vit qu'elle avait suivi à fort peu près la même route que la comète de 1607, observée 75 ans auparavant par Képler, et que celle de 1531 observée 76 ans plus tôt. Il en conclut que les trois comètes de 1531, de 1607 et de 1682 étaient des apparitions successives de la même comète décrivant une orbite elliptique et accomplissant sa révolution en 76 ans environ.

Avec la valeur

$$\frac{T}{T'} = 76,$$

la formule (1) donne

$$\frac{a}{a'} = 18 ;$$

ainsi le demi-grand axe de l'orbite de la comète de Halley est égal à 18 fois la distance de la terre au soleil. L'un des éléments calculés par Halley, la distance périhélie SA = 0,6. On en conclut

$$SA' = AA' - SA = 36 - 0,6 = 35,4.$$

Donc la comète se rapproche plus du soleil que Vénus, et s'en éloigne plus que Neptune.

Son mouvement est *rétrograde*, et c'est le cas de la moitié environ des comètes paraboliques, c'est-à-dire des comètes dont on n'a pas pu former l'orbite. La comète de Halley a été revue en 1759, mais son retour était attendu ; on l'a revue de même en 1835 ; sa prochaine apparition aura lieu en 1910.

173. Principales comètes périodiques. — On connaît aujourd'hui, en outre de la comète de Halley, 14 comètes périodiques dont le retour a été observé. Il est remarquable que toutes ces comètes ont des mouvements *directs* et même des inclinaisons assez faibles sur le plan de l'écliptique ; la comète de Halley fait seule exception. On a reconnu leur périodicité par le procédé recommandé par Newton, et qui avait si bien réussi à Halley ; mais le plus souvent, quand la durée de la révolution est courte, les quelques mois d'observations faites pendant la première apparition permettent de prouver que l'orbite ne peut pas être parabolique ; dans certains cas, huit jours d'observations suffisent pour obtenir ce résultat et pour fixer une valeur approchée de la durée de révolution. On est ainsi assuré de les retrouver dans l'apparition suivante.

La comète d'Encke est celle dont la durée de révolution est la plus courte ; elle n'est que de 3 ans 1/3. Elle arrive à être plus voisine du soleil que Mercure ; mais elle s'en éloigne moins que Jupiter.

Il y a ensuite 11 comètes, presque toutes télescopiques, dont la révolution est comprise entre 5 ans et 7 ans $\frac{1}{2}$; dans leur plus grand éloignement du soleil, leurs orbites se rapprochent beaucoup de l'orbite de Jupiter, et cette planète paraît avoir joué un grand rôle dans l'histoire de ces comètes. Nous citerons, parmi ces astres, la comète de M. Faye et celle de Biéla sur laquelle nous reviendrons dans un moment.

Vient ensuite une comète qui fait sa révolution en 14 ans, et passe près de l'orbite de Saturne, dans son plus grand éloignement du soleil.

Enfin, deux comètes ont des révolutions de 72 ans environ, et ne dépassent pas beaucoup l'orbite de Neptune, dans leurs plus grandes distances du soleil.

Il y a en outre une vingtaine de comètes périodiques dont une seule apparition est connue ; sur ce nombre, 12 ont des révolutions comprises entre 5 et 7 ans, et font partie de ce que l'on appelle le groupe de Jupiter ; les autres ont des durées qui s'échelonnent jusqu'à 80 ans.

Enfin, 20 autres comètes ont été calculées, dont les révolutions sont comprises entre 100 et 1000 ans ; la dernière d'entre elles s'éloigne 200 fois plus du soleil que la terre, et près de 7 fois plus que Neptune.

Le nombre des comètes qui ont été calculées avec la parabole, sans que rien indique une ellipticité appréciable, est d'environ 200.

174. Direction des queues des comètes. — Les queues des comètes sont généralement situées dans le plan de l'orbite et opposées au soleil, tandis que la chevelure est tournée du côté du soleil ; c'est ce que montre la figure 125. On dirait qu'un souffle émanant du soleil rejette à l'opposé les particules les plus ténues de la comète.

175. Division et segmentation des comètes. — La comète de Biéla a été découverte en 1826, et les observations faites alors montrèrent nettement que la comète était elliptique, avec une période de $6^{ans}.6$. Olbers, calculant son retour pour

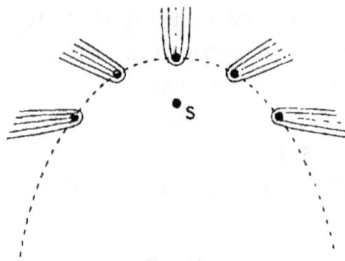

Fig. 125.

1832, remarqua qu'elle passerait très près de l'orbite terrestre, et pourrait peut-être rencontrer la terre, sinon par son noyau, du moins par sa nébulosité. Toute la question était de savoir si les deux astres passeraient en même temps par le point de croisement de leurs orbites. Les calculs d'Olbers montrèrent que la terre n'y devait arriver qu'un mois après la comète ; les choses se passèrent ainsi réellement, et la rencontre, redoutée un moment, n'eut pas lieu.

La comète ne fut pas aperçue au retour suivant en 1839, parce que les conditions de visibilité étaient défavorables. On la revit en 1845, mais elle présenta alors un phénomène étrange, dont on n'avait pas encore eu d'exemple, son dédoublement en deux astres distincts. Elle parut simple cependant dans les premiers jours ; elle l'était encore le 19 décembre ; seulement elle s'était allongée en forme de poire. Dix jours après, le 29 décembre, on fut très étonné de la voir double ; elle s'était séparée en deux parties de grandeur inégale, ayant chacune une petite queue, dans la direction opposée au soleil. Les deux astres marchèrent ainsi côte à côte, demeurant à la même distance, jusqu'au moment où ils cessèrent d'être visibles. A l'apparition suivante, en 1852, on vit encore la comète double; mais la distance des deux fragments était devenue dix fois plus grande. Malgré des recherches nombreuses, il a été impossible de revoir l'une ou l'autre partie de la comète de Biéla depuis cette époque, bien que six révolutions au moins se soient écoulées.

La grande comète de 1882 a présenté des phénomènes très curieux. On vit son noyau, qui d'abord était rond, s'allonger et se diviser finalement en cinq ou six parties nettement distinctes alignées comme des grains de chapelet. D'autre part, on a constaté dans son voisinage, à moins de 4° de distance, l'existence de trois petites comètes indépendantes que l'on n'avait pas vues auparavant, et qui étaient certainement issues de la comète principale.

Une des comètes découvertes en 1889 donna de même naissance à quatre comètes secondaires dont l'une fut même pendant quelques jours aussi brillante que la comète principale; l'ensemble était enveloppé d'une légère nébulosité démontrant la connexité des diverses parties.

On voit par ces exemples que les comètes peuvent être le siège de phénomènes très curieux. Sous l'influence de causes encore presque complètement inconnues, une portion de la matière est violemment expulsée du reste, et se meut ensuite d'une manière indépendante. La formation de la queue, qui a lieu dans le voisinage du périhélie, est due à une telle crise. On voit en même temps la tendance des comètes à la division, et, quand on se rappelle ce qui est arrivé à la comète de Biéla, on est conduit à penser que les deux fragments que l'on voyait d'abord très facilement, ne sont devenus invisibles plus tard que parce qu'ils se sont divisés eux-mêmes en fragments assez petits.

Une des causes de transformation des comètes doit provenir de la variation énorme de la quantité de chaleur qu'elles reçoivent du soleil, en raison des changements considérables qu'éprouvent leurs distances au soleil. Ainsi, la grande comète de 1843 a presque rasé la surface du soleil, car elle a passé à une distance de cette surface égale au $\frac{1}{6}$ du rayon solaire. Dans son plus grand éloignement, la distance est près de 1 000 fois plus grande. On comprend que la chaleur intense déterminée par un rapprochement aussi grand détermine une crise interne et provoque la dispersion des parties les plus volatiles.

176. Constitution des comètes. — Le spectre lumineux de toutes les comètes présente un caractère commun. Il se compose d'un spectre continu plus ou moins faible, et de trois bandes brillantes (jaune, verte et bleue) qui coïncident avec celles des hydrocarbures incandescents, ou bien raréfiés et illuminés par l'effluve électrique. Cela indiquerait donc, dans toutes les comètes, la présence d'hydrocarbures gazeux, rendus lumineux par la chaleur, ou plutôt (1) par l'étincelle électrique. Dans les comètes très brillantes, le spectre continu devient assez intense pour que l'on y puisse distinguer les raies sombres de Fraunhofer, ce qui montre qu'une partie de l'éclat des comètes est due à la lumière solaire réfléchie.

Quand les comètes approchent très près du soleil, comme cela est arrivé à deux des comètes de 1882, on voit dans leur spectre les raies brillantes de certains métaux, notamment le sodium et le magnésium.

---

(1) On observe ces bandes brillantes dans des comètes même très éloignées du soleil, et dont la température ne doit vraisemblablement pas être bien élevée.

CHAPITRE IV

DES ÉTOILES FILANTES

177. Aspect. — Par une nuit sereine et sans lune, on observe plusieurs fois par heure le curieux météore auquel on donne le nom d'*étoile filante*. Dans une partie du ciel, un point lumineux se montre tout à coup, se meut avec une grande rapidité, puis diminue d'éclat et disparaît, le tout n'ayant guère duré que deux ou trois secondes. Les anciens regardaient ces météores comme de véritables étoiles qui se détachaient de la voûte céleste, et tombaient du ciel ; de là le nom d'étoiles filantes. Mais on peut se convaincre aisément qu'il n'en est rien, en constatant qu'il ne manque aucune étoile à la constellation d'où le point lumineux a semblé partir.

Hauteur. — Deux observateurs placés aux extrémités d'une base de 40 à 50^{km} voient le point d'apparition d'une même étoile filante occuper des positions différentes dans les constellations. En notant ces deux positions apparentes, et déterminant leurs coordonnées par des alignements avec les étoiles voisines, ils pourront déterminer les distances qui séparent chacun d'eux du point d'où l'étoile filante est réellement partie ; c'est le procédé indiqué en trigonométrie pour mesurer la distance d'un objet inaccessible. On a trouvé ainsi qu'en moyenne, la hauteur du point d'apparition au-dessus de la surface de la terre est de 120^{km}, et la hauteur du point de disparition de 80^{km} ; la vitesse en une seconde est de 40^{km} environ.

178. Cause du phénomène. — Les hauteurs dont on vient de parler sont un peu supérieures à la hauteur que l'observation des crépuscules assigne à la hauteur de l'atmosphère ; il n'en est pas moins évident que cette atmosphère joue un rôle capital dans la production du phénomène. D'ailleurs, la vitesse moyenne de 40^{km} est comparable à la vitesse de circulation de la terre autour du soleil (30^{km}). On est ainsi conduit à admettre

que les étoiles filantes sont de petits corps obscurs circulant
autour du soleil à la façon des planètes ou des comètes. Dans ce
mouvement, ils rencontrent l'atmosphère terrestre dans laquelle
ils pénètrent et qui oppose de la résistance à leur déplacement.
Leur vitesse diminue, et une partie de leur force vive est trans-
formée en chaleur; un calcul facile montre que l'élévation de
température qui en résulte est suffisante pour porter à l'incan-
descence les matériaux de leur surface, et même pour les fondre.
C'est ainsi que ces météores deviennent rapidement lumineux;
si les corps sont petits, ils brûlent complètement, et la fin de la
combustion coïncide avec la disparition de l'étoile filante.

179. Essaims d'étoiles filantes. Points radiants. — Il
est facile de voir que la trajectoire lumineuse d'une étoile filante
doit être dirigée suivant un grand cercle de la sphère céleste.
En effet, le météore, pendant la durée très courte de son apparition, se meut sensiblement en ligne droite, suivant la direction
de sa vitesse relative par rapport à l'observateur; cette ligne
droite et la position de l'observateur déterminent un plan qui
coupe la sphère céleste suivant un grand cercle, trajectoire

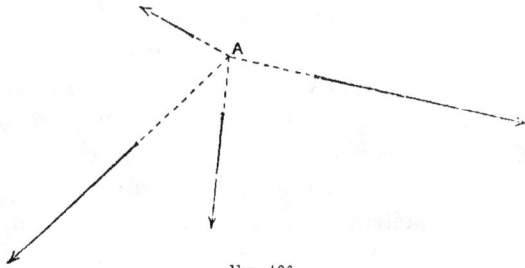

Fig. 126.

apparente de l'étoile filante. Or, il y a des nuits où les étoiles
filantes sont nombreuses, et il arrive que, si l'on reporte toutes
leurs trajectoires sur une carte céleste, en les prolongeant au
besoin, elles passent par un même point A, comme l'indique la
figure 126. Ce point est nommé le *point radiant;* c'est de lui que
paraissent émaner toutes les étoiles filantes correspondantes. Cela
doit arriver si les vitesses relatives sont toutes parallèles à la
droite qui joint le centre T de la sphère céleste au point A, car
alors tous les plans menés par chacune des vitesses relatives

et le point T se couperont suivant TA, et les trajectoires apparentes sembleront bien, sur la sphère, diverger du point A.

Supposons en outre ces vitesses apparentes égales entre elles ; il est aisé de voir qu'il devra en être de même des vitesses réelles. En effet, menons par le point T (fig. 127), une droite TB égale et parallèle à la vitesse absolue d'un des météores, et une droite TC égale et parallèle, mais de sens contraire, à la vitesse de l'observateur ; en

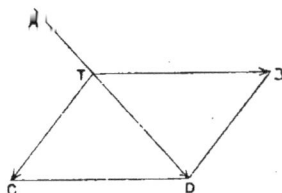

Fig. 127.

construisant le parallélogramme TBDC, la diagonale TD sera égale et parallèle à la vitesse relative.

La vitesse de l'observateur résulte de la vitesse du mouvement de translation de la terre autour du soleil, et de la vitesse du mouvement de rotation de l'observateur autour de l'axe de la terre. Cette dernière (460^m au maximum est au plus la $\frac{1}{65}$ partie de la première (30^{km}), et l'on peut la négliger. On peut donc dire que TC est égale et contraire à la vitesse de translation, et, dans le cours d'une nuit, on pourra faire abstraction des changements de grandeur et de direction de TC. TD étant constant par hypothèse, en grandeur et direction, il en sera de même de TB ; toutes les vitesses absolues seront égales et parallèles. Réciproquement, si les vitesses absolues sont égales et parallèles, TB et, par suite, TD seront constants, et le point A sera situé sur le prolongement de DT.

Nous sommes ainsi conduits à admettre que toutes les vitesses absolues des corpuscules sont les mêmes, pendant la nuit considérée, et comme les observations peuvent être faites d'autres points de la terre, en voit que la terre traverse une nuée, un *essaim* de corpuscules animés de vitesses égales et parallèles dans leur mouvement autour du soleil qui les attire.

180. Apparitions périodiques. — Quelles courbes peuvent bien décrire tous ces corpuscules ? Nous le savons d'avance, d'après ce qu'a prouvé Newton (voir n° 170) ; ce sont des ellipses ou des paraboles (même des hyperboles), groupées en un faisceau ayant une largeur au moins égale au diamètre de la

terre. Considérons l'orbite moyenne; elle doit couper à très peu
près l'orbite terrestre en un point M, position par où passe la
terre au moment de l'observation. Au bout d'un an la terre sera
revenue au point M; les corpuscules précédents n'y seront plus,
mais s'il y en a d'autres, si l'orbite elliptique moyenne PQ
(fig. 128) est recouverte d'une sorte de chaîne de corpuscules en
mouvement autour du soleil, au bout d'un an, à la même date,

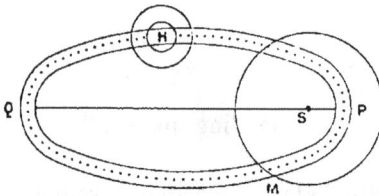

il y aura un essaim de nouveaux corpuscules, donnant
encore naissance au même
point radiant, puisque la
vitesse absolue sera la même
au point M. C'est en effet ce
qui arrive; tous les ans,
dans les nuits du 10 au 13

FIG. 128.

août, il y a des étoiles filantes nombreuses émanant d'un point
radiant situé dans la constellation de Persée, et que l'on nomme
pour cette raison l'*essaim des Perséides*. De même, tous les ans,
dans les nuits des 11 au 13 novembre, il y a l'*essaim des Léonides*, dont le point radiant est dans la constellation du Lion.

181. Liaison des étoiles filantes et des comètes. —
Reportons-nous à la fig. 128, que nous supposerons représenter
l'orbite de l'essaim des Léonides, et supposons qu'il y ait une
agglomération de corpuscules en un point H. Quand cette condensation passera au point M, les étoiles filantes seront beaucoup
plus nombreuses; il y aura une véritable *averse*. Or, c'est ce
qui est arrivé; les apparitions des 11-13 novembre ont été
extraordinairement riches dans les années 1799, 1833 et 1866,
ce qui conduit à penser que les corpuscules de l'amas H et, par
suite, tous les autres, effectuent leur révolution autour du soleil
en 33 ans environ. Connaissant la durée de révolution, on peut
calculer la longueur PQ du grand axe de l'ellipse, par la troisième loi de Képler. On démontre aisément (ce que nous ne
ferons pas ici), que la connaissance de l'ascension droite et
de la déclinaison du point radiant permet de calculer les autres
éléments elliptiques de l'essaim.

Ce calcul a été fait par Le Verrier en 1866, et on a remarqué
presque aussitôt qu'une comète télescopique découverte en 1865

suivait exactement la même orbite. Donc l'essaim de la figure
128 présente non seulement l'agglomération H, mais une autre
agglomération constituant la comète de 1865.

M. Schiaparelli a démontré que l'essaim des Perséides suit
aussi la même route qu'une comète télescopique découverte en
1862; la durée de la révolution paraît être de 120 ans environ.

Il y a un troisième exemple d'une comète suivant la même
orbite qu'un essaim d'étoiles filantes. C'est la comète de Biéla,
dont l'orbite coupe l'orbite terrestre, comme nous l'avons déjà
dit (n° 175). La terre passe chaque année en ce point à la date du
27 novembre. Or, en 1872, comme on attendait à cette époque
le retour d'un des fragments de la comète de Biéla, non revue
depuis 1852, et qui devait avoir fait à fort peu près trois révolutions exactes, on a vu, non pas ce fragment, mais une
apparition d'étoiles filantes dont le point radiant a été observé
dans la constellation d'Andromède; le calcul a prouvé que ces
corpuscules suivaient dans l'espace la même route que la
comète de Biéla. La même comète a donné naissance à la
magnifique averse d'étoiles filantes du 27 novembre 1878.

La connexion que nous trouvons entre les comètes et les
étoiles filantes (du moins celles de certains essaims périodiques)
n'est pas faite pour nous surprendre, après ce que nous avions
dit de la désagrégation des comètes, car c'est alors la désagrégation poussée à sa dernière limite. La rencontre d'une
comète avec la terre, si redoutée autrefois, ne donnerait peut-
être lieu qu'à une splendide apparition d'étoiles filantes.

182. Aérolithes. Bolides. — Quand un astéroïde de faibles
dimensions traverse simplement l'atmosphère, il produit une
étoile filante. Mais il arrive souvent que l'astéroïde rencontre la
surface de la terre avant d'avoir brûlé complètement. Telle est
l'origine des *aérolithes*, ou pierres tombées du ciel. On a recueilli
ainsi des masses pesant plusieurs centaines de kilogrammes,
et dont l'origine extra-terrestre n'est pas douteuse. Ces pierres
météoriques renferment généralement du fer métallique en
grande quantité, du nickel, du cobalt... On n'y a jamais trouvé
de corps simples différents de ceux que nous connaissons sur la
terre; c'est là un cas bien remarquable de petits corps célestes
dont nous pouvons déterminer exactement la composition

chimique, et nous n'y retrouvons que les matériaux terrestres.

Les plus gros des astéroïdes, ceux qui approchent le plus de la terre, nous apparaissent sous forme de globes enflammés très brillants, et qui finissent souvent par éclater comme des bombes; ce sont les *bolides*. Citons-en un seul exemple : le 14 mai 1864, un magnifique bolide, qui a été aperçu d'une grande partie de la France, a éclaté au-dessus du village d'Orgueil, près de Montauban, et cette explosion a été suivie d'une abondante averse de pierres météoriques, très chaudes encore à leur rencontre avec le sol.

Il arrive parfois qu'une pierre météorique, brûlante à sa surface, est trouvée glacée dans son intérieur, quand on la brise. C'est qu'avant de pénétrer dans l'atmosphère, elle avait pris la température de l'espace, qui est très basse. Elle s'est enflammée à la surface en pénétrant dans l'atmosphère, mais la chaleur n'avait pas encore eu le temps de se propager jusqu'au centre qui conservait la température initiale.

On avait cru, au commencement du siècle, que les aérolithes étaient des pierres lancées par les volcans de la lune; mais cette idée a été abandonnée pour plusieurs raisons, et d'abord, parce qu'il n'y a pas de volcans en activité à la surface de la lune.

Ce qui est certain, c'est que les bolides décrivent autour du soleil des ellipses, des paraboles ou des hyperboles.

LIVRE VI

Astronomie stellaire.

———

CHAPITRE PREMIER

DISTANCES ET MOUVEMENTS PROPRES DES ÉTOILES

183. Généralités. — Le nombre des étoiles visibles à l'œil nu, sur toute la sphère céleste, est d'environ 5 000. En tenant compte de ce que les étoiles les moins brillantes disparaissent dans le voisinage de l'horizon, on voit qu'en regardant le ciel à un moment donné, on ne peut guère apercevoir que 2 000 étoiles à l'œil nu.

Une lumière blanche, de forme irrégulière, entoure le ciel en forme de ceinture; on la nomme la *voie lactée*.

Quand on regarde le ciel avec une lunette, on aperçoit un nombre beaucoup plus grand d'étoiles, et la voie lactée apparaît comme formée d'un très grand nombre d'étoiles que leur faiblesse empêchait de distinguer isolément à l'œil nu, leur ensemble produisant néanmoins l'impression d'un nuage laiteux.

Quel que soit le grossissement de la lunette employée, et contrairement à ce qui arrive pour les planètes, les étoiles apparaissent toujours comme des points, sans diamètre apparent sensible; la lunette ne semble pas les *rapprocher*, ce qui est un indice de la grande distance qui nous en sépare.

184. Grandeurs stellaires. — On a divisé les étoiles en classes, d'après leur éclat. Les étoiles de première grandeur sont les plus brillantes ; celles de sixième grandeur sont les plus petites que l'on puisse apercevoir à l'œil nu.

On compte

20 étoiles de 1ʳᵉ grandeur,			125 étoiles de 4ᵉ grandeur,		
65	—	2ᵉ	—	1100	—	5ᵉ	—
190	—	3ᵉ	—	3200	—	6ᵉ	—

L'emploi des photomètres permet de donner un sens précis à ces grandeurs apparentes qu'il ne faut pas confondre avec les grandeurs réelles, car l'éclat d'une étoile dépend de son diamètre, de l'éclat intrinsèque des divers points de sa surface et de la distance de l'étoile à la terre.

On a prolongé la série des grandeurs pour les étoiles télescopiques, jusqu'à la 15ᵉ grandeur environ. W. Herschel évaluait à plus de 20 millions le nombre des étoiles visibles sur toute la sphère céleste, avec le plus puissant de ses télescopes.

185. Désignation des étoiles. — Nous avons dit déjà que l'on a divisé le ciel en constellations ; dans chacune d'elles, on distingue les étoiles par des lettres grecques, α, β, γ..., α désignant la plus brillante, β la suivante, etc. ; on emploie ensuite les lettres romaines ; on se sert aussi de chiffres ou de numéros d'ordre. Dans les *catalogues*, on inscrit l'ascension droite et la déclinaison de chaque étoile ; on les dispose dans l'ordre croissant des ascensions droites, et on leur donne les numéros 1, 2..., en indiquant le nom du catalogue. Le catalogue de la *Carte photographique du ciel*, œuvre internationale provoquée par l'amiral Mouchez, comprendra environ 2 millions d'étoiles, jusqu'à la 11ᵉ grandeur inclusivement.

186. Distance des étoiles. — Quand on veut mesurer la distance d'un objet inaccessible C, on prend une base AB de longueur connue ; de chacune des extrémités de cette base, on mesure les angles ABC et BAC ; la résolution du triangle ABC donne ensuite les distances inconnues AC et BC. C'est, en somme, ce que l'on a fait pour la lune, en prenant pour A et B deux points éloignés de la surface de la terre. Ce procédé, employé pour une étoile, donne des angles ABC et BAC, qui sont exactement supplémentaires, de sorte que l'angle ACB est nul, ou du moins de l'ordre des erreurs inévitables dans les observations.

Mais Copernic nous a appris que la terre se déplace dans son mouvement annuel autour du soleil; en prenant pour A et B les positions occupées par la terre à six mois de distance, AB sera égal au diamètre de l'orbite terrestre. On aura donc une base 23 000 fois plus grande environ que la plus grande base que l'on puisse obtenir avec deux points éloignés de la surface de la terre (dans le cas où les deux points sont les extrémités d'un diamètre terrestre).

Même avec cette base énorme, le procédé n'a réussi que pour un très petit nombre d'étoiles, les plus voisines de nous; il ne donne rien pour les étoiles plus éloignées. Entrons dans quelques éclaircissements à ce sujet.

Supposons l'orbite de la terre circulaire, ayant son centre au soleil S (fig. 129); soient T une de ces positions et T' une autre quelconque. On verra une étoile E dans les directions correspondantes TE et T'E.

Nous allons ramener toutes ces directions à passer par le point T. Pour cela, menons AE égale et parallèle à ST; les droites TA et SE seront égales et parallèles, comme côtés opposés d'un parallélogramme. Menons ensuite AE' égale et parallèle à T'S, et joignons TE'. Les plans TAE' et T'SE seront parallèles, et les triangles TAE' et T'SE seront égaux comme ayant un angle égal compris entre deux côtés égaux; les angles en A et en S sont en effet égaux comme ayant leurs côtés parallèles et de sens contraires. L'égalité de ces triangles entraîne l'égalité des angles en T et en E' et, par suite le parallélisme des droites T'E et TE'. On pourra donc dire que l'on aperçoit

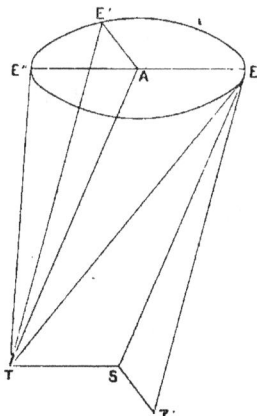

FIG. 129.

successivement l'étoile dans les directions TE et TE'. Or, quand le point T' décrit son orbite, AE' reste parallèle au plan de l'écliptique, et conserve la même grandeur AE' = ST'.

Donc le point E' décrit un cercle égal à l'orbite de la terre, ayant son centre en A et son plan parallèle à l'écliptique. La direction TE' de l'étoile décrit un cône circulaire oblique qui coupe le plan tangent en A à la sphère céleste suivant une petite ellipse, car, vu la petitesse du rapport $\frac{AE'}{TE'}$, on peut remplacer le cône par un cylindre ayant le cercle AE' pour base, et ses génératrices parallèles à TA. Donc, dans le cours d'une année, une étoile E doit paraitre décrire une petite ellipse sur la sphère céleste. La grandeur de cette ellipse dépend du rapport $\dfrac{\text{AE}'}{\text{AT}} = \dfrac{a}{\Delta}$ des distances de la terre au soleil et à l'étoile ; l'observation fera connaitre l'ellipse, et donnera par suite le rapport $\dfrac{a}{\Delta}$

Si AE′ désigne l'intersection de la base du cône avec le plan mené par le point A perpendiculairement à TA, le triangle TAE′ sera rectangle en A, et donnera, en désignant par ϖ l'angle ATE′,

$$(1) \qquad\qquad \sin \varpi = \frac{a}{\Delta};$$

L'angle ϖ se déduit de l'observation de la petite ellipse, après quoi la formule (1) donne la distance Δ

$$(2) \qquad\qquad \Delta = \frac{a}{\sin \varpi};$$

ϖ est ce que l'on nomme la *parallaxe annuelle* de l'étoile. C'est l'angle sous lequel un observateur placé en E verrait un rayon ST′ de l'orbite terrestre, perpendiculaire à la droite ES.

Supposons que l'on ait trouvé $\varpi = 1'' \times k$ on pourra prendre $\sin 1'' = 1''$, et la longueur de l'arc de $1''$ dans un cercle de rayon 1 étant

$$\frac{2\pi}{1\,296\,000} = \frac{1}{206\,000},$$

on aurait

$$(3) \qquad\qquad \Delta = 206\,000\,\frac{a}{k}; \qquad \varpi = 1'' \times k.$$

La parallaxe la plus forte est celle de α Centaure ; elle est $0'',72$. On aura donc, par les formules (3),

$$k = 0,72. \qquad \Delta = 286\,000\,a.$$

On peut dire, en arrondissant les chiffres, que *l'étoile la plus voisine est encore trois cent mille fois plus éloignée que le soleil*.

Il n'y a guère aujourd'hui qu'une vingtaine d'étoiles dont les parallaxes et par suite les distances soient connues avec quelque certitude. Au nombre de ces étoiles se trouve Sirius qui est déjà 600 000 fois plus loin que le soleil ; la dernière des vingt étoiles est encore deux fois plus éloignée.

On représente souvent la distance des étoiles par le temps que la lumière met à nous en arriver ; on sait d'ailleurs qu'elle emploie environ 500 secondes pour franchir le rayon a de l'orbite terrestre. Elle mettra donc, pour venir de α Centaure, un nombre de secondes $= 286\,000 \times 500$, c'est-à-dire 4 ans $\frac{1}{2}$.

Pour Sirius, ce sera 9 ans, et pour la dernière des étoiles dont la parallaxe ait été mesurée, se sera 18 ou 20 ans.

Des considérations assez plausibles, fondées sur les éclats relatifs des étoiles de diverses grandeurs et sur l'hypothèse que les étoiles de chaque grandeur ont en moyenne les mêmes dimensions, ont conduit à penser que la lumière met environ 140 ans pour nous arriver des dernières étoiles visibles à l'œil nu, et plus de *trois mille ans* pour venir des plus petites étoiles que W. Herschel pouvait distinguer dans son plus grand télescope.

187. Mouvements propres des étoiles.

— Quand on n'observe le ciel qu'à l'œil nu, les constellations paraissent garder à toutes les époques les mêmes formes et les mêmes dimensions ; les étoiles semblent donc conserver leurs positions relatives. De là le nom d'étoiles *fixes* qu'on leur a attribuées. Mais les observations les plus précises ont montré qu'un grand nombre d'étoiles ont de petits mouvements propres qui, en projection sur la sphère céleste, s'effectuent sur des arcs de grands cercles et sont uniformes. Le mouvement le plus rapide est celui de l'étoile 1830 Groombridge ; il est presque de 8″ par an.

Pour les étoiles dont la distance est connue, on peut calculer la vitesse réelle, ou du moins la composante de cette vitesse, qui est située dans le plan tangent à la sphère céleste, l'autre composante, dont nous ne nous occupons pas en ce moment, étant dirigée suivant le rayon visuel. On trouve ainsi que la composante de la vitesse dont il s'agit, en une seconde, est de 23^{km} pour α Centaure, de 17^{km} pour Sirius et de 55^{km} pour l'étoile 61 du Cygne. Ces vitesses sont de l'ordre de la vitesse de la terre (30^{km}) dans son mouvement autour du soleil. La vitesse de l'étoile 1830 Groombridge, dont la parallaxe inconnue est certainement $< 0″,1$, doit dépasser 300^{km}.

188. Mouvement de translation du système solaire.

— Les mouvements propres des étoiles peuvent être dus à des déplacements réels de ces astres dans l'espace, ou bien n'être que des apparences provenant de ce que le soleil se meut lui-même en emportant avec lui les planètes et leurs satellites.

Dans le premier cas, il est vraisemblable que les mouvements des étoiles étant indépendants les uns des autres n'obéiraient à aucune loi ; en décomposant la sphère céleste en parties d'égale superficie, et composant les vitesses dans chacune d'elles par la règle du polygone des vitesses, après les avoir transportées parallèlement à elles-mêmes en un même point, les diverses résultantes seraient petites, et sans allure systématique en passant de l'une d'elles aux voisines.

Dans le second cas, les directions des vitesses, prolongées suivant des arcs de grand cercle, devraient passer par deux points de la sphère situés aux extrémités d'un même diamètre (fig. 130). En effet, soit S le soleil que

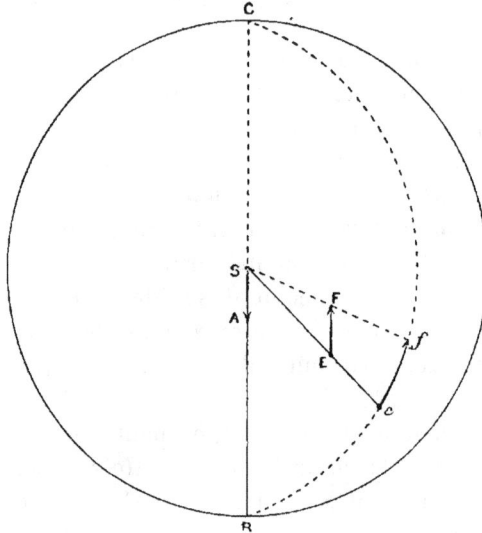

Fig. 130.

nous prenons pour centre de la sphère céleste, SA sa vitesse, E une étoile quelconque. Imprimons à l'ensemble du soleil et des étoiles des vitesses telles que EF, toutes égales à SA, parallèles et de sens contraire. Le soleil sera en repos et les étoiles auront des mouvements apparents : l'étoile E paraîtra se mouvoir sur la sphère de e en f, sur un arc de grand cercle, intersection de la sphère avec le plan SEF ou SAE; l'arc de grand cercle ef passera donc par le point B, et il en sera de même des arcs e'f', e''f'', ... qui correspondent aux étoiles E', E'', ... Donc les directions des mouvements paraîtraient toutes émaner du point B et converger vers le point C.

Or, quand on marque sur un globe céleste les 400 étoiles dont le mouvement propre annuel dépasse $0'',1$, et que l'on accompagne chacune d'un petit arc de grand cercle dans la direction du mouvement observé, on constate que ni l'une, ni l'autre des deux hypothèses précédentes n'est réalisée complètement. Il faut en conclure que les étoiles ont des mouvements propres, et le soleil aussi. Toutefois, les résultantes partielles des vitesses, dont nous avons parlé plus haut, ont des valeurs appréciables; elles ont, d'une région à l'autre, une allure systématique, et, dans leur ensemble, elles divergent d'un certain point B.

On déterminera le point B, ou la direction de SA, et aussi la grandeur de SA de façon que, dans l'ensemble, il y ait le plus petit désaccord possible entre les directions des mouvements apparents tels que ef, et celles des mouvements observés. On trouve ainsi que le soleil est animé d'un mouvement propre dirigé vers un point de la constellation d'Hercule, ayant une ascension droite de 270° et une déclinaison de + 30°; la vitesse de ce mouvement paraît voisine de 30ᵏᵐ, la vitesse de circulation de la terre autour du soleil.

Avec le temps, on arrivera peut-être à mettre en évidence la courbure de la trajectoire du soleil; aujourd'hui, on ne peut déterminer que la direction de la tangente à cette trajectoire et la grandeur de la vitesse.

189. Étoiles doubles. — On désigne ainsi deux étoiles très voisines sur la sphère céleste; W. Herschel en a observé plus de 500 dans lesquelles la distance des composantes est inférieure à 32″, et ce nombre a été porté depuis jusqu'à 10000 environ.

Les deux étoiles qui forment une étoile double peuvent être très éloignées en réalité l'une de l'autre, car nous ne savons pas *a priori* si leurs distances au soleil sont voisines, ainsi que leurs perspectives sur la sphère céleste. Toutefois, si l'on projetait au hasard, sur la surface d'une sphère, des grains de sable aussi nombreux que les étoiles, il y aurait peu de chances pour obtenir entre deux grains un aussi grand nombre de rapprochements étroits que celui qui existe entre deux étoiles. Il est probable que la plupart des étoiles doubles sont réellement très voisines, et qu'il y a eu une cause pour établir ce rapprochement, et surtout pour le maintenir. C'est ainsi que l'étoile 61 du Cygne, dont Bessel a déterminé la parallaxe, est une étoile double; or, les deux composantes ont exactement le même mouvement propre, en grandeur et en direction; elles font sans doute partie d'un même système animé du mouvement observé.

Mais la démonstration irréfutable de la connexion d'un grand nombre d'étoiles doubles a été donnée par W. Herschel, qui a reconnu que les deux étoiles simples qui forment un groupe binaire tournent l'une autour de l'autre; la plus petite étoile se meut autour de la grande, comme la terre autour du soleil. Le temps de la révolution est très variable; il est

de 11 ans pour l'étoile double δ du Petit Cheval,
     17 ans pour   »   85   Pégase,
     35 ans pour   »   ζ   Hercule,
     61 ans pour   »   ξ   Grande Ourse,
     180 ans pour   »   γ   Vierge,

L'orbite que l'on observe est la projection de l'orbite réelle sur le plan tangent à la sphère céleste. On reconnaît que cette orbite apparente est une ellipse et que le rayon vecteur, mené de l'étoile principale au satellite, décrit des aires proportionnelles au temps. Ces deux circonstances seront réalisées aussi pour l'orbite réelle, si l'on admet, comme cela paraît naturel, qu'elle est plane. Nous retrouvons ainsi la seconde loi de Képler et une partie de la première ; il est indiqué de supposer, ce que les observations ne démontrent pas cependant, que l'étoile principale occupe un foyer de l'ellipse décrite par le satellite. On peut, dès lors, déterminer les éléments elliptiques d'une étoile double, comme on l'a fait pour les planètes dans leurs mouvements autour du soleil. On connaît aujourd'hui d'une façon assez précise les éléments d'environ 80 étoiles doubles.

Des lois de Képler on peut aussi remonter à la loi de Newton, et l'on arrive à cette conséquence que les deux composantes d'une étoile double s'attirent mutuellement ; l'attraction est dirigée suivant la droite qui les joint, et son intensité est égale à

$$\frac{fmm'}{\Delta^2},$$

m et m' étant les masses des deux étoiles, Δ leur distance et f un coefficient qui représente l'attraction de deux unités de masse à l'unité de distance. On suppose que ce coefficient a la même valeur que dans le système solaire. La loi de la gravitation est ainsi étendue à des systèmes très éloignés, et mérite d'être appelée loi de la gravitation *universelle*.

190. Masses de quelques étoiles doubles. — Quand on connaît le grand axe de l'orbite d'une étoile double et la durée de la révolution, on peut déterminer le rapport de la somme des masses des deux étoiles à la masse du soleil. Nous nous contentons d'une affirmation, la démonstration n'étant pas de nature à être donnée ici (1). Mais la valeur du grand axe est donnée en secondes : pour l'exprimer en prenant pour unité la distance du soleil à la terre, il faut connaître la distance de l'étoile à la terre, ou sa parallaxe. Le procédé ne s'applique donc qu'aux étoiles doubles dont la parallaxe a été mesurée ;

(1) Voir des indications plus complètes dans la notice sur la mesure des masses, à la fin du volume.

ces étoiles sont jusqu'ici au nombre de six : les voici avec les valeurs de la somme M + M' des deux masses, en fonction de la masse m du soleil :

η Cassiopée	M + M' = 3,0 m	α Centaure	M + M' = 2,1 m
Sirius	= 5,8 m	70 Ophiucus	= 3,0 m
Castor	= 0,5 m	61 Cygne	= 0,2 m

Il résulte de là ce fait important que les masses de ces étoiles doubles sont comparables à celle du soleil, les unes plus grandes, les autres plus petites.

191. Compagnon de Sirius. — Nous avons dit (n° 187) que les mouvements propres des étoiles s'effectuent sur des portions d'arcs de grand cercle, et sont uniformes. Bessel a trouvé que Sirius fait exception, son mouvement étant soumis à des irrégularités sensibles. Il n'hésita pas à les attribuer aux dérangements causés par l'attraction d'une étoile voisine invisible. On peut même, d'après la grandeur des dérangements observés, calculer les positions de l'astre inconnu. Cet astre a été aperçu en 1862 par l'opticien américain Clark, avec une lunette qu'il venait de terminer, et qui était alors la plus puissante du monde ; c'est une très petite étoile que les rayons de la grande contribuent à rendre moins visible. On la nomme le *compagnon* de Sirius ; ses positions concordent avec celles que l'on avait calculées avant sa découverte. Sa surface est sans doute peu brillante, car sa masse doit être assez forte (le quart de celle de Sirius) pour produire les dérangements observés.

192. Étoiles variables. — Les étoiles ne conservent pas toutes un éclat constant ; quelques-unes présentent des variations considérables dont la période est plus ou moins grande. Nous citerons seulement les deux étoiles variables les plus remarquables :

L'étoile o de la Baleine, surnommée *Mira* à cause de ses changements étonnants, a une période de 11 mois ; elle reste de 12ᵉ grandeur pendant 7 mois environ, et, durant les 4 autres mois, elle croît jusqu'à la 4ᵉ grandeur, ou la 3ᵉ ou même la 2ᵉ, et elle diminue ensuite jusqu'à la 12ᵉ ; le maximum présente, comme on voit, des irrégularités notables.

Algol, ou β de Persée, a une période beaucoup plus courte, car elle est seulement de 2ʲ21ʰ. Durant 2ʲ12ʰ elle conserve un éclat constant, celui d'une étoile de 2ᵉ grandeur ; elle varie pendant les 9 autres heures avec une grande régularité, descendant de la 2e grandeur à la 4e, remontant ensuite à la 2e.

La régularité mathématique des variations d'Algol a conduit les astronomes à penser que la diminution de son éclat est due à des éclipses produites par l'interposition, entre l'étoile et la terre, d'un satellite obscur de dimensions comparables à celles de l'étoile principale. Cette manière de voir a reçu une confirmation remarquable par l'analyse spectrale. Il y a un certain nombre d'étoiles variables, du type d'Algol, pour lesquelles la même hypothèse peut être invoquée.

Pour les autres étoiles variables, du type de *o* Baleine, ou celles dont les variations sont encore plus complexes, on croit que ces étoiles sont soumises à des éruptions de gaz provenant de l'intérieur, et à la formation de taches sombres en certains points de leur surface; ces éruptions et ces formations auraient une tendance vers une période régulière. Ces taches seraient analogues à celles du soleil, ou proviendraient de solidifications partielles en vertu du refroidissement progressif, la solidification étant souvent bouleversée par les éruptions provenant de l'intérieur.

193. Étoiles temporaires. — On voit quelquefois des étoiles apparaître tout à coup dans le ciel, augmenter d'éclat, diminuer et disparaître complètement, ou subsister à l'état d'astres très faibles. Ce sont les étoiles *temporaires* ou *nouvelles*.

La plus célèbre est l'étoile de 1572, dite étoile de Tycho-Brahé, parce qu'elle a été observée par ce grand astronome. Brillante comme Sirius, elle continua de croître jusqu'à surpasser Jupiter, et devint visible en plein midi. Elle diminua ensuite rapidement et disparut sans avoir changé de place, au bout d'un an et demi.

L'étoile de la Couronne boréale, apparue en 1868, existait antérieurement à l'état d'étoile de 10e grandeur; elle atteignit la 2e, s'y maintint quelques jours, et, au bout de 6 semaines, revint au faible éclat qu'elle possédait d'abord.

L'étoile nouvelle du Cygne, observée en 1876, atteignit la 2e grandeur pendant quelques heures seulement, diminua progressivement, et devint une étoile très faible encore visible aujourd'hui.

En 1885 apparut, au beau milieu de la nébuleuse d'Andromède, une étoile qui devint bientôt de 6e grandeur, diminua ensuite et disparut complètement.

Enfin, l'étoile nouvelle du Cocher, observée en 1892, arriva à la 4e grandeur et disparut presque entièrement; 6 mois après, elle eut une reprise d'éclat, revenant à la 9e grandeur qu'elle paraît avoir conservée encore aujourd'hui; elle a la forme d'une petite étoile nébuleuse.

CONSTITUTION PHYSIQUE DU SOLEIL (1).

194. Taches. Facules. Photosphère. — Le disque du soleil, observé avec de forts grossissements, est loin de présenter un éclat uniforme. On y distingue des plages plus brillantes que le reste, nommées *facules*, des granulations recouvrant presque toute la surface (voir la planche II), et des taches plus ou moins étendues, formées d'un noyau sombre entouré d'une pénombre assez bien limitée (voir la planche III). En suivant les changements de forme et de position des taches sur le disque, on a prouvé que ce sont des cavités en forme d'entonnoir, mettant à découvert la structure de la surface solaire, laquelle offre à l'extérieur une couche très brillante et relativement mince, la *photosphère*, et à l'intérieur une masse plus sombre. Nous avons dit que l'observation suivie d'une même tache démontre la rotation du soleil et permet d'en calculer la durée.

195. Protubérances. Chromosphère. Couronne. — Pendant les éclipses totales de soleil, quand le disque de cet astre est recouvert entièrement par celui de la lune, on aperçoit des flammes roses, en forme de jets ou de panaches, qui s'appuient sur le bord du soleil, et s'élèvent parfois à des hauteurs égales à 10 fois le diamètre de la terre (voir la planche IV). Ces flammes font partie d'une couche rose, qui entoure le soleil, et que l'on nomme *chromosphère*. Cette sorte d'atmosphère est peu élevée sur la plus grande partie de la

---

(1) Pour ce qui concerne la constitution physique du soleil et des étoiles, nous citons presque textuellement les passages correspondants de l'*Annuaire du Bureau des Longitudes pour* 1895.

surface, sauf aux points où elle est soulevée pour former les protubérances.

Enfin, on aperçoit des jets de lumière blanche s'étendant beaucoup plus loin, assez semblables aux pétales d'une fleur, et formant ce que l'on nomme la *couronne* ou l'*atmosphère coronale* (voir la planche V).

La figure et l'intensité des protubérances et de la couronne varient beaucoup d'une éclipse à l'autre.

MM. Janssen et Lockyer ont trouvé le moyen d'observer en tout temps, en dehors des éclipses, les protubérances dont le faible éclat échapperait à la vision directe. MM. Hale et Deslandres les photographient même très facilement aujourd'hui. On n'a pas encore réussi à observer la couronne en dehors des éclipses.

Les facules, les taches et les protubérances sont des manifestations de l'activité qui règne à la surface du soleil. Le régime de cette activité est sensiblement périodique : l'intensité et le nombre des taches passent par un maximum et par un minimum ; la période qui les ramène au même degré est d'environ 11 ans.

Ces fluctuations paraissent être en relation directe avec les variations du magnétisme terrestre.

196. Constitution chimique du soleil. — L'analyse spectrale a fourni sur ce point des renseignements très précieux. La lumière du disque solaire, analysée par le prisme, donne un spectre continu sillonné de raies sombres, qui coïncident exactement avec les raies brillantes des vapeurs métalliques que nous pouvons rendre incandescentes dans nos laboratoires, et l'on démontre ainsi l'existence d'une foule de substances chimiques terrestres, vaporisées à la surface du soleil. Au premier rang figure le fer, dont les raies, très nombreuses dans le spectre solaire, en forment en quelque sorte la charpente ; puis viennent l'hydrogène, le sodium, le calcium, le magnésium, etc. Le renversement de l'intensité de ces raies, qui sont sombres au lieu d'être brillantes, s'explique par la température relativement basse de la couche de vapeur exerçant une absorption élective sur les radiations de la photosphère. On peut produire facilement ce changement par une expérience de laboratoire.

On est ainsi conduit à assimiler la surface solaire à un bain fluide incandescent, émettant une lumière à spectre continu, à la surface duquel viendraient émerger des matières susceptibles de se volatiliser, et de former une couche gazeuse se refroidissant vers l'extérieur. La partie extérieure, qui peut être très mince et invisible, absorbe les radiations qu'émettent les parties de même nature placées en dessous; c'est ainsi que les raies brillantes émises par ces dernières deviennent sombres. Les vapeurs des éléments plus volatiles (hydrogène, sodium, calcium, magnésium) doivent gagner la partie supérieure et produire la chromosphère. Effectivement, le spectre des protubérances fournit les raies brillantes de ces éléments.

197. Analyse spectrale des étoiles. — Cette analyse a montré que les étoiles ont une constitution qui ressemble à celle du soleil. Leur surface est formée d'un bain fluide incandescent, surmonté d'une atmosphère gazeuse dont la partie extérieure, d'une température moins élevée, absorbe les radiations émises par les parties situées en dessous.

Il est remarquable que l'hydrogène existe dans presque toutes les étoiles; après l'hydrogène, les éléments les plus fréquents sont le sodium, le magnésium et le fer.

On distingue, d'après les spectres, trois classes principales d'étoiles :

I. *Étoiles blanches ou bleues.* — Les raies métalliques sont très faibles, et celles de l'hydrogène très prononcées; toutes ces raies sont d'ailleurs sombres, comme dans les deux classes suivantes :

II. *Étoiles jaunes.* — Spectres à raies métalliques nombreuses et bien visibles, tout à fait semblables au spectre du soleil.

III. *Étoiles rouges ou orangées.* — Spectres offrant, outre les raies métalliques, de nombreuses bandes obscures.

198. Vitesses radiales des étoiles. — On démontre en physique que, si un corps lumineux se rapproche de l'observateur avec une vitesse comparable à celle de la lumière, les raies de son spectre doivent éprouver une déviation du côté de la partie violette; si le corps s'éloigne, le déplacement a lieu vers le côté rouge du spectre. De la grandeur de la déviation, dans un sens ou dans l'autre, on peut conclure la vitesse avec laquelle le corps s'approche ou s'éloigne. Si la vitesse n'est pas dirigée suivant le

rayon visuel qui joint l'objet à l'observateur, c'est la composante de la
vitesse suivant ce rayon visuel, ou la vitesse radiale, qui se trouvera
déterminée.

C'est là le principe de Doppler-Fizeau. Considérons une étoile dont le
spectre contienne les raies de l'hydrogène; arrangeons-nous de façon à
observer en même temps le spectre d'une source d'hydrogène terrestre,
dont les rayons seront censés sui-
vre, à leur entrée dans le spectroscope, la même direction que les
rayons venus de l'étoile, après leur
passage à travers l'objectif de la
lunette. Soit (fig. 131) ABA′B′ le
spectre de l'étoile, aa' l'une des
raies de l'hydrogène de l'étoile, bc
$b'c'$ la même raie de l'hydrogène provenant de la source artificielle; le
déplacement provenant du mouvement de l'étoile sera $ab = a'b'$; on le
mesurera avec un micromètre.

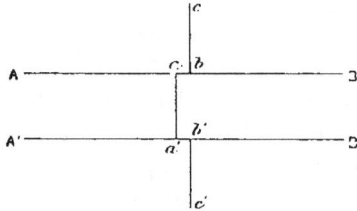

FIG. 131.

Ce procédé est très remarquable en ce qu'il permet de déterminer en
kilomètres la composante v' de la vitesse d'une étoile dans le sens du
rayon visuel, quelle que soit la distance Δ de cette étoile, pourvu que son
spectre ait une intensité suffisante. Tandis que, si v'' désigne la composante
de la vitesse de l'étoile dirigée normalement au rayon visuel, ce que les
observations astronomiques ordinaires déterminent, c'est $\dfrac{v''}{\Delta}$ (voir page 223);
pour avoir v'', il faut donc connaître Δ; or, nous avons dit qu'il n'y a guère
plus de 20 étoiles dont la distance soit connue.

199. Applications du principe. — On a appliqué la méthode à
Vénus et à la grande comète de 1882, dont les vitesses radiales pouvaient
être calculées, et l'on a obtenu ainsi une confirmation du principe. On a
déterminé ensuite les vitesses radiales d'un assez grand nombre d'étoiles;
on a trouvé des nombres inférieurs à 80^{km}, de sorte que leur rapport à la
vitesse de la lumière est au plus égal à $\dfrac{80}{300\,000} = \dfrac{1}{4\,000}$; le déplacement
ab de la figure 131 doit donc être très petit, et les mesures sont extrêmement
délicates. Quoi qu'il en soit, ce sera en suivant cette voie que l'on obtiendra
le plus sûrement la grandeur de la vitesse de translation du système
solaire. Soit en effet P le point de la sphère céleste vers lequel se dirige le
soleil, et P′ le point diamétralement opposé; on peut regarder ces deux
points comme suffisamment connus par la méthode ordinaire (voir page 224).
Considérons un certain nombre d'étoiles voisines du point P, déterminons
leurs vitesses radiales et la moyenne arithmétique h de ces vitesses. Soit
de même h' la moyenne des vitesses radiales d'un certain nombre d'étoiles
voisines du point P′. La vitesse de translation sera égal à $\dfrac{h - h'}{2}$.

Nous supposons en effet les vitesses réelles des étoiles dirigées dans tous les sens ; ces vitesses disparaîtront donc de la moyenne h qui sera égale à la vitesse de translation du soleil, changée de signe ; h' sera égal à la vitesse même ; mais cela suppose que les nombres des étoiles observées sont assez grands.

200. Comparaison du soleil aux étoiles. — Résumons quelques-uns des points acquis :

1º Quelques étoiles ont une masse plus grande que celle du soleil, d'autres une plus petite.

2º La composition chimique des étoiles est analogue à celle du soleil ; elles sont formées des mêmes matériaux ; si les densités sont du même ordre, les dimensions des étoiles seront comparables à celles du soleil.

3º Le diamètre apparent du soleil, vu de la terre, $= 1\,920''$. Supposons le soleil transporté à une distance 300 000 fois plus grande, c'est-à-dire à la distance de l'étoile et du Centaure ; son diamètre apparent deviendrait $\dfrac{1\,920''}{300\,000} = \dfrac{1''}{150}$: il serait absolument insensible et inaccessible aux mesures, comme le diamètre apparent de α Centaure.

4º Des mesures photométriques ont montré que l'éclat du soleil est environ 800 000 fois celui de la pleine lune, et que ce dernier vaut 30 000 fois l'éclat de α Centaure ; l'éclat de cette étoile est donc environ 24 milliards de fois plus petit que celui du soleil. Si l'on suppose l'étoile transportée à une distance de la terre, 300 mille fois plus petite, c'est-à-dire à la distance du soleil, son éclat deviendra égal à celui du soleil, multiplié par

$$\frac{300\,000^2}{24\,000\,000\,000} = 4.$$

Ainsi, l'éclat de l'étoile serait 4 fois plus grand que celui du soleil.

L'éclat de Sirius serait environ 70 fois plus grand que celui du soleil, s'il était transporté à la même distance ; en somme le soleil paraît avoir l'éclat d'une étoile moyenne.

5º La grandeur du mouvement propre du soleil est du même ordre que les grandeurs des mouvements propres des étoiles.

Il résulte de cette série de preuves accumulées que le soleil n'est qu'une étoile, ou que les millions d'étoiles du firmament sont toutes des soleils. Copernic avait prouvé que la terre n'est qu'une planète ; voici qu'à son tour le soleil ne se distingue par aucun caractère de l'ensemble des étoiles.

Ces nombreux soleils ont-ils des planètes circulant autour de chacun d'eux ? Cela est vraisemblable bien qu'on ne puisse pas le démontrer. Si l'on regardait la terre, en se supposant placé dans une étoile, la terre passerait inaperçue, échappant aux plus puissants moyens d'investigation. C'est ainsi qu'apparaissent la splendeur et l'immensité de l'univers.

CHAPITRE II

AMAS D'ÉTOILES ET NÉBULEUSES

201. Étoiles multiples. — Il existe des groupes plus complexes que les étoiles doubles ; on a observé un certain nombre d'étoiles triples. L'une des plus remarquables est ζ de l'Écrevisse : elle se compose d'une étoile principale de 5e grandeur et de deux étoiles secondaires de 6e grandeur qui tournent autour de la première, l'une en 60 ans, l'autre en un temps beaucoup plus long et encore imparfaitement connu (500 ans environ). L'étoile ε Lyre est quadruple ; elle se compose de deux étoiles qui sont doubles chacune. Enfin, l'étoile θ d'Orion est sextuple ; elle se compose d'abord de 4 étoiles de 5e, 6e, 7e et 8e grandeur, formant un quadrilatère appelé le trapèze d'Orion ; à l'intérieur de ce trapèze il y a encore deux petites étoiles de 11e et de 12e grandeur. Cette magnifique étoile multiple tient dans un cercle de 11" de rayon.

202. Amas d'étoiles. — Les Pléiades constituent le plus important des amas visibles à l'œil nu. On aperçoit ainsi 6 ou

7 étoiles. Une lunette puissante en montre plus de 400. Les mouvements propres de ces étoiles ont presque tous la même direction, ce qui semble indiquer une origine commune. Les photographies obtenues par MM. Paul et Prosper Henry à l'observatoire de Paris montrent qu'une grande quantité de matière nébuleuse existe dans l'amas ; elle est plus condensée autour et dans le voisinage des belles étoiles ; il y a aussi des filaments nébuleux réunissant plusieurs étoiles.

L'amas d'étoiles de Persée est visible à l'œil nu comme une tache blanche. Avec la lunette, c'est un très bel objet composé d'un grand nombre d'étoiles réparties en deux amas voisins.

L'amas d'étoiles d'Hercule, que l'on résout complètement en étoiles très serrées, avec une lunette puissante, est une des curiosités du ciel (voir la planche X).

Ces amas sont, pour l'aspect à l'œil nu, ou dans un instrument de puissance médiocre, analogues à la voie lactée, et se résolvent comme elles en étoiles.

203. Nébuleuses proprement dites. — Ce sont des masses de lumière diffuse, ressemblant à des nuages, d'une étendue plus ou moins grande.

Dans le siècle dernier, l'astronome Messier dressa une liste de 103 nébuleuses. W. Herschel en catalogua plus de 2 500, et son fils John Herschel 2 000 autres. Aujourd'hui on en connaît de 10 à 11 000. La nébuleuse d'Andromède est visible à l'œil nu ; il en est de même de la nébuleuse d'Orion. Cette dernière est magnifique quand on la regarde avec une bonne lunette ; l'étoile sextuple θ Orion est plongée dans la nébulosité. Ces astres ont des dimensions considérables ; ainsi, la nébuleuse d'Andromède couvre un degré carré de la sphère céleste ; celle d'Orion couvre plusieurs degrés carrés, ce qui doit correspondre à une surface réelle énorme, car la nébuleuse est certainement beaucoup plus éloignée de nous que α Centaure. On trouve que cette surface vaut certainement plusieurs milliers de fois la surface renfermée à l'intérieur de l'orbite de Neptune.

En étudiant ces objets, on doit se demander tout d'abord si ce sont des amas d'étoiles que leur grande distance empêche de résoudre en astres distincts, ou bien s'ils se composent réellement de matière diffuse.

Dans les premières années de ses recherches, W. Herschel penchait vers la première opinion. Ses vues se modifièrent quand il eut découvert des étoiles nébuleuses, c'est-à-dire des étoiles entourées d'une matière analogue à celle qui constitue les nébuleuses. Il pensa que cette enveloppe était un fluide lumineux, dont la nature nous est complètement inconnue; que ce fluide pouvait exister indépendamment des étoiles qu'il entoure, et qu'il devait alors constituer la substance des nébuleuses proprement dites. Cette idée de W. Herschel a été confirmée par l'analyse spectrale.

204. Analyse spectrale des nébuleuses. — Tandis que le spectre des étoiles est continu et marqué de raies sombres analogues à celles du spectre solaire, le spectre d'un grand nombre de nébuleuses est discontinu et se compose d'un petit nombre de raies brillantes, ce qui montre que ces corps sont des gaz incandescents. Le spectre des nébuleuses résolubles en étoiles est au contraire continu, et présente des raies obscures quand les étoiles sont assez distinctes. C'est le cas de la nébuleuse d'Andromède; la nébuleuse d'Orion présente au contraire un spectre discontinu. La première est résoluble, composée d'étoiles très serrées; la seconde ne l'est pas; elle est formée par la substance nébuleuse mentionnée par W. Herschel. C'est là le moyen de distinguer les nébuleuses des amas, alors même que la lunette employée ne permet pas de séparer les étoiles de l'amas. La matière nébuleuse contient de l'hydrogène, et aussi d'autres substances encore inconnues.

205. Distribution des nébuleuses. — Cette distinction des nébuleuses en deux classes, les nébuleuses proprement dites et les amas d'étoiles, est confirmée par la distribution de ces astres à la surface de la sphère céleste. Les amas sont distribués dans la voie lactée, tandis que les nébuleuses proprement dites abondent surtout en dehors de la voie lactée : elles se trouvent beaucoup plus nombreuses vers les pôles de la voie lactée. (Voir planches XI et XII, les photographies de deux nébuleuses remarquables, celle d'Orion, et la nébuleuse annulaire de la Lyre.)

LIVRE VII

Notions sur l'histoire de l'astronomie.

——— ——— ——— ———

206. — L'astronomie des premiers temps se bornait aux observations du lever et du coucher des principales étoiles, et des
éclipses de lune et de soleil. On suivait la marche du soleil sur
la voûte céleste au moyen des étoiles visibles immédiatement
après son coucher, ou avant son lever, et par les variations des
ombres méridiennes des gnomons. On déterminait les mouvements des planètes par les étoiles dont elles s'approchaient
dans leur cours.

Pour reconnaître plus facilement tous ces mouvements, on
divisa le ciel en constellations, et le zodiaque en douze signes
dont nous avons déjà parlé.

Les observations les plus anciennes nous viennent des
Chinois : plus de 2 000 ans avant notre ère, l'astronomie était
cultivée en Chine, comme étant la base des cérémonies religieuses. On avait créé un tribunal de mathématiques pour
établir le calendrier et annoncer les éclipses.

Dans l'ordre des dates, les Chaldéens viennent après les
Chinois. Ptolémée nous a transmis trois éclipses de lune observées dans les années 719 et 720 av. J.-C. Les Chaldéens avaient
découvert le *saros*, cette période de 223 mois lunaires, qui
ramène à très peu près la lune à la même position par rapport
à ses nœuds, à son périgée et au soleil ; de sorte que les éclipses
observées dans une période se reproduisent dans le même ordre
durant les périodes suivantes, ce qui donnait le moyen de les
prédire.

Nous avons peu de renseignements sur l'astronomie des Égyptiens ; l'orientation de leurs pyramides et de leurs temples montre qu'ils avaient des connaissances sérieuses. En outre, la réputation des prêtres égyptiens avait attiré les premiers philosophes de la Grèce. Thalès, Pythagore et Platon allèrent puiser chez eux des connaissances qu'ils rapportèrent dans leur pays.

Pythagore enseignait les deux mouvements de la terre sur elle-même et autour du soleil. Ses disciples et ses successeurs croyaient que les planètes sont habitées, que les étoiles sont des soleils disséminés dans l'espace et sont les centres d'autant de systèmes planétaires. Ces vues philosophiques élevées étaient accompagnées d'opinions systématiques sur l'harmonie des sphères, et manquaient d'ailleurs de preuves ; leur vérité fut complètement méconnue.

207. Fondation de l'école d'Alexandrie. — Après la mort d'Alexandre, son empire fut divisé entre ses principaux capitaines ; Ptolémée Soter eut l'Égypte en partage. Il sut attirer dans Alexandrie, sa capitale, un grand nombre de savants de la Grèce ; ainsi fut fondée l'école d'Alexandrie, qui possédait un observatoire et une riche bibliothèque. L'un de ces savants, Aristarque de Samos, essaya de mesurer la distance du soleil à la terre, et la trouva 20 fois plus grande que celle de la lune (au lieu de 400 fois). Un autre, Eratosthène, donna la première mesure de la grandeur de la terre, mais exprimée en unités (stades) dont la valeur n'a pas pu être fixée avec précision.

Hipparque. — Le plus célèbre de ces astronomes est Hipparque, qui vécut dans le second siècle avant notre ère. Il détermina une valeur assez précise de l'année tropique, et reconnut l'inégalité des saisons. Une étoile nouvelle, qui parut de son temps, lui fit entreprendre un catalogue général des étoiles, pour mettre ses successeurs à même de connaître les changements qui se seraient accomplis dans le ciel, et aussi pour arriver à faire des observations plus exactes de la lune et des planètes. Il put récolter lui-même les fruits de ce grand travail en découvrant l'important phénomène de la précession des équinoxes. C'est à lui que l'on doit la méthode de la fixation des positions des lieux sur la terre, par leur latitude et leur longitude, pour laquelle il employa le premier les éclipses de lune. Enfin, il inventa ou perfectionna la trigonométrie sphérique.

Ptolémée. — Les divers ouvrages composés par Hipparque ont malheureusement disparu, et nous ne connaissons ses travaux que par l'*Almageste* de Ptolémée, livre fondamental qui résume l'état de l'astronomie à l'époque où il fut composé, vers l'an 130 de notre ère. On doit à Ptolémée la découverte de la principale irrégularité du mouvement de la lune.

208. Système de Ptolémée. — Les anciens considéraient le mouvement circulaire et uniforme comme le plus parfait, et comme devant être la base du mouvement des planètes. Ptolémée adopta cette idée, et aussi celle qui consistait à placer la terre au centre de tous les mouvements des corps célestes, et il essaya de rendre compte des irrégularités de ces mouvements en se conformant aux deux hypothèses précédentes. Le mouvement circulaire simple ne pouvant évidemment suffire, il eut recours à la combinaison de tels mouvements, et réalisa cette combinaison par la théorie des *épicycles*. Nous allons expliquer les points principaux du système de Ptolémée.

Nous supposons toutes les orbites couchées dans le même plan.

Autour du centre immobile T de la terre, le soleil S et la lune L décrivent uniformément des cercles ayant leurs centres en T, dans des temps égaux à l'année sidérale et au mois sidéral (fig. 132).

Considérons maintenant une planète inférieure, Vénus par exemple. Imaginons un point C décrivant d'un mouvement uniforme un cercle ayant son centre en T et se trouvant toujours sur le rayon TS. De C comme centre, décrivons un cercle sur lequel un point V se mouvra uniformément de façon que le rayon CV tourne, relativement à une direction fixe passant par C, en un temps égal à la durée T (225^j) de la révolution de Vénus. Le point mobile V représentait, pour Ptolémée, la planète Vénus dans ses diverses positions. On voit que la durée de la révolution du point C sur son cercle était égale à l'année sidérale. Il y avait une figure toute pareille pour Mercure, mais nous ne la traçons pas pour simplifier.

Envisageons maintenant une planète supérieure, Mars par exemple.

Ptolémée considère un point C' qu'il fait mouvoir uniformément sur le cercle TC' ayant son centre en T, de manière qu'une révolution s'accomplisse dans un temps égal à la durée T ($1^{an}222^j$) de révolution; puis un second mobile M qui se meut sur

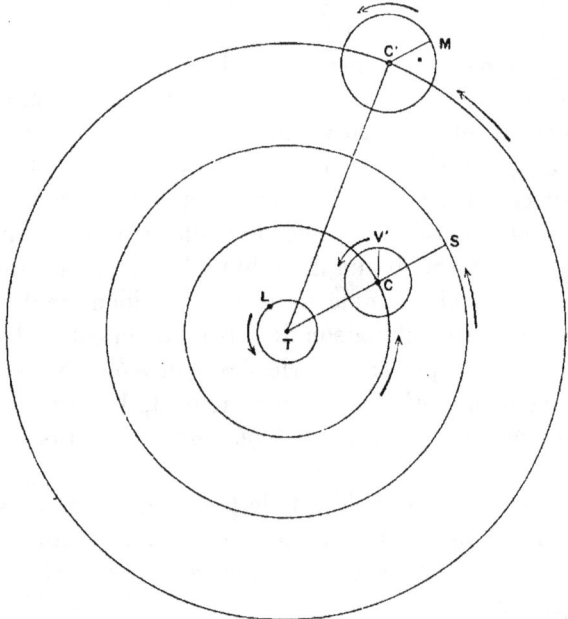

un cercle de rayon C'M, ayant pour centre le point C'. La loi de ce mouvement est définie par la condition qu'à chaque instant la droite C'M soit parallèle à TS; donc le point M décrira son cercle en une année sidérale. On avait deux constructions identiques pour Jupiter et Saturne, et l'ensemble représentait le système de Ptolémée. On pouvait donner aux cercles CV, C'M, une petite inclinaison sur le plan des autres cercles pour représenter les irrégularités du mouvement en latitude des planètes vues de terre. Ptolémée trouvait qu'en déterminant convenablement les rayons des divers cercles, on représentait assez bien les mouvements des planètes, observés de la terre. Le système de Ptolémée a subsisté pendant quatorze siècles.

Avec les travaux de Ptolémée se terminent les progrès de l'astronomie dans l'école d'Alexandrie, bien que cette école ait subsisté pendant plusieurs siècles encore. Pendant plus de 600 ans, aucun astronome de quelque valeur n'observa les phénomènes célestes. Rome, en particulier, ne fit rien pour les sciences. Pour trouver l'astronomie cultivée, il faut passer chez les Arabes. Un de leurs califes, Almamon, qui régnait à Bagdad vers 814, fit traduire l'*Almageste* de Ptolémée, et répandit ainsi parmi les Arabes les connaissances de l'école d'Alexandrie.

209. Copernic (1473-1543). — Frappé de la complication du système de Ptolémée, Copernic chercha dans les anciens philosophes une conception plus simple de l'univers. Il lut, dans Aristote et Plutarque, que les Pythagoriciens faisaient mouvoir la terre et les planètes autour du soleil qu'ils plaçaient au centre du monde, et qu'ils admettaient aussi le mouvement de rotation de la terre autour de son axe. Il soumit ces idées au contrôle des observations, et il eut la satisfaction de voir qu'elles rendaient compte des phénomènes avec une simplicité merveilleuse.

La moitié des cercles imaginés par Ptolémée pour expliquer les mouvements des planètes disparut pour toujours (voir la description du système de Copernic, page 165). En même temps Copernic put déterminer les dimensions des orbites des planètes, inconnues jusqu'alors. Le mouvement diurne de toutes les étoiles ne fut plus qu'une illusion due au mouvement de rotation de la terre, et au lieu d'être obligé d'imprimer à l'ensemble des étoiles un mouvement commun autour de l'axe de l'écliptique, pour expliquer la précession des équinoxes, il suffit d'attribuer un mouvement convenable à l'axe de la terre. Copernic publia son système dans son ouvrage sur les *Révolutions célestes*, paru l'année même de sa mort.

210. Transition du système de Ptolémée à celui de Copernic. — Les deux systèmes expliquent avec le même degré de précision les mouvements observés; nous allons le prouver.

Considérons d'abord une planète inférieure, Vénus. Reprenons les deux cercles de Ptolémée, de rayons tC et CV (fig. 133); le rayon tC passe par le soleil S; menons par le point S la parallèle à CV; elle rencontrera le

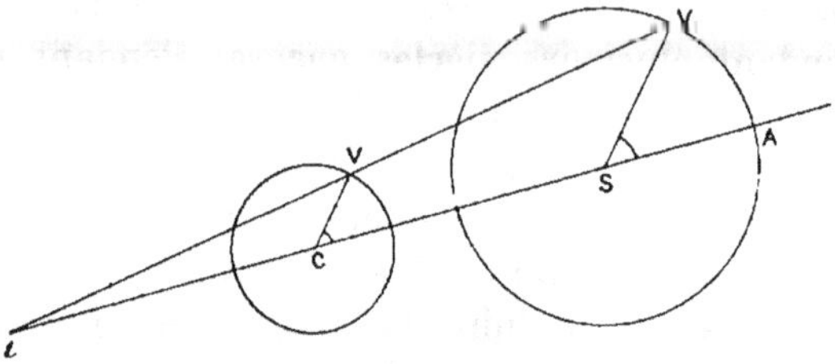

Fig. 133.

prolongement de tV au point V_1, et l'on pourra remplacer les cercles précédents par de nouveaux cercles de rayons tS et SV_1, leurs centres étant en t et en S; le lieu de Vénus, au lieu d'être en V sera en V_1; ces deux lieux seront vus de la terre t suivant la même direction. L'angle V_1SA étant égal à l'angle VCS, le point V_1 décrira son cercle dans le même temps T que le point V. On aura d'ailleurs $\dfrac{tS}{V_1S} = \dfrac{tC}{VC}$,

Fig. 134.

de sorte que le rapport des rayons des deux nouveaux cercles sera égal au rapport des rayons des premiers cercles.

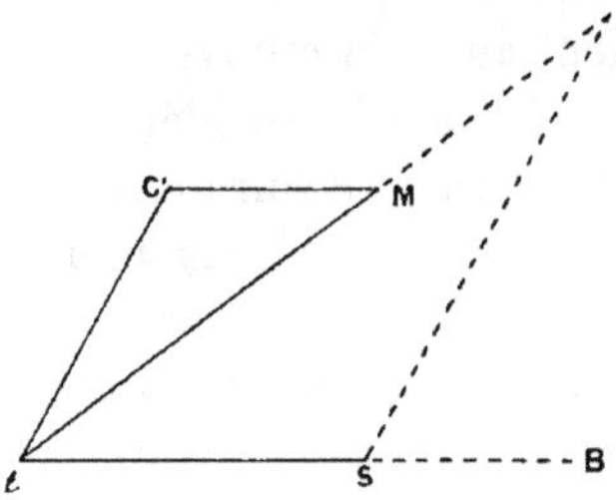

Venons maintenant au cas d'une planète supérieure, Mars.

Soient (fig. 134) tC' et $C'M$ les rayons des deux cercles de Ptolémée, $C'M$ étant parallèle à tS. Menons par S la parallèle à tC', qui rencontre le prolongement de tM au point M_1. Les deux triangles $tC'M$ et tSM_1 seront semblables comme ayant leurs côtés parallèles, et l'on aura

$$(1) \qquad \frac{SM_1}{St} = \frac{C't}{C'M},$$

ce qui prouve que SM_1 sera constant. On pourra supposer Mars en M_1 au lieu d'être en M; ces deux points seront vus de la terre t dans la même direction. Mais on voit que Mars décrit alors un cercle de rayon SM_1, ayant le soleil pour centre. Le rayon SM_1 tournera autour du point S suivant la même loi que le rayon tC' autour du point t, puisque ces rayons sont parallèles. La formule (1) montre que le rapport des rayons tS et SM_1 des nouveaux cercles est égal au rapport des rayons des anciens cercles.

Ptolémée, en modifiant les grandeurs absolues des rayons des deux cercles qu'il considérait pour chaque planète, sans altérer leurs rapports, aurait donc pu supposer que :

Les planètes, inférieures et supérieures, décrivent uniformément des cercles ayant leur centre commun au soleil, le soleil décrivant lui-même un cercle autour de la terre.

Pour arriver au système de Copernic, il n'y aurait plus eu qu'un pas à franchir, en montrant que la représentation des observations est la même si l'on suppose le soleil fixe, et que l'on fasse décrire à la terre, d'un mouvement uniforme, un cercle autour du soleil; car, alors, toutes les planètes, y compris la terre, décriront uniformément des cercles autour du soleil, et l'on aura le système de Copernic.

Soient (fig. 135), t la terre supposée fixe, S et S' les positions du soleil à deux époques θ et θ', V et V' les positions correspondantes de Vénus dans le système de Ptolémée; on aura

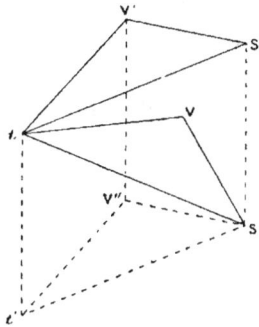

FIG. 135.

$$tS = tS', \quad SV = S'V'.$$

Vénus sera vue dans les deux cas suivant les directions tV et tV'. Menons les droites tt' et V'V'' égales et parallèles à S'S; les quadrilatères tS'St', t'V'V''t' et V'S'SV'' seront des parallélogrammes, et les droites t'S et tS' seront égales et parallèles, ainsi que les droites t'V'' et tV', et aussi SV'' et S'V'. Cela étant, supposons que le soleil reste fixe en S, et qu'à la seconde époque θ' la terre soit venue en t' et Vénus en V''. Les égalités

$$tS = tS' = St', \quad SV = S'V' = SV'',$$

montrent que, quand on fera varier le temps θ', le point t' décrira un cercle de centre S et de rayon St. De même, le point V'' décrira un cercle de centre S et de rayon SV. Donc la terre et Vénus décriront des cercles ayant le soleil pour centre, et le lieu de Vénus dans le ciel sera le même, puisque les droites t'V'' et tV' sont parallèles; l'égalité des angles tSt', StS' et l'égalité de l'angle VSV'' et de l'angle des directions SV et S'V' prouvent que les mouvements de la Terre et de Vénus seront uniformes. On voit que nous sommes arrivés ainsi au système de Copernic, et que ce système représente les observations aussi bien, mais pas mieux que celui de Ptolémée; mais avec quelle simplicité !

241. Galilée (1564-1642). — Des objections nombreuses furent faites au système de Copernic; les unes au nom des préjugés et de la répugnance que l'on éprouvait à voir descendre la terre de sa place assignée d'abord au centre du monde, et devenir une simple planète; les autres objections étaient plus scientifiques. On disait notamment à Copernic : « Mais si Vénus tourne autour du soleil, elle doit avoir des phases comme la lune ; or, personne ne les voit. »

« Oui, répondait Copernic ; Vénus doit avoir des phases, et on les distinguerait si l'on trouvait un moyen d'augmenter la puissance de la vision. »

Or, ce moyen fut réalisé par l'invention des lunettes, et Galilée, dirigeant en 1610 la première lunette sur le ciel, observa immédiatement les phases de Vénus, apportant ainsi une confirmation éclatante aux prédictions et au système de Copernic.

On avait aussi beaucoup de répugnance à admettre le mouvement de rotation de la terre sur elle-même, ce mouvement ne se manifestant par aucune impression directe et ne pouvant être vu en quelque sorte que par les yeux de l'esprit, qui jugent de la grande simplicité apportée par ce mouvement dans l'explication des phénomènes observés. Or, Galilée observe avec sa lunette des taches sur le soleil ; il les voit se déplacer sur le disque, disparaître à l'occident, et revenir de l'autre côté du disque, au bout de 14 jours. Évidemment le soleil tourne sur lui-même ; pourquoi n'en serait-il pas de même de la terre, dont le globe est considérablement plus petit? Ainsi disparaissait la seconde des objections faites à Copernic.

Une troisième objection paraissait assez sérieuse : le système de Copernic, beaucoup plus simple que celui de Ptolémée pour les planètes, était au contraire plus complexe pour la lune que la terre devait entraîner avec elle dans son mouvement annuel autour du soleil, en même temps que la lune effectuait son mouvement autour de la terre, comme si cette dernière avait été fixe. Or, Galilée découvre en 1610 les quatre lunes de Jupiter, et voit leurs orbites entraînées avec la planète dans son mouvement autour du soleil ; du coup, la lune perd de son importance, et devient un *satellite* de la terre, au même titre que les satellites de Jupiter ; l'objection est dissipée.

212. Tycho-Brahé (1546-1601). — Nous avons empiété un peu sur le temps pour mettre en évidence le rôle de Galilée, comme propagateur et démonstrateur du système de Copernic. Il nous faut maintenant revenir en arrière. Tycho-Brahé est l'un des plus grands observateurs qui aient jamais existé.

Frédéric II, roi de Danemark, lui donna la petite île d'Huène, située à trois lieues de Copenhague, où il fit construire le célèbre observatoire d'Uranibourg ; pendant vingt ans, Tycho y fit un nombre prodigieux d'observations d'étoiles, de comètes, mais surtout de planètes ; ce sont ces dernières qui, grâce à leur précision, ont permis à Képler de trouver ses lois. Tombé en disgrâce à la mort de Frédéric, Tycho quitta sa patrie et se retira à Prague où il eut Képler pour élève pendant quelques années. Les observations de Tycho-Brahé étaient faites à l'œil nu, les lunettes n'étant pas encore inventées.

213. Képler (1571-1630). — Nous avons dit (page 165) que, dans le système de Copernic, les planètes décrivent à peu près des cercles ayant le soleil pour centre ; mais ce n'est qu'une approximation insuffisante. Cependant on ne consentait pas encore à renoncer au mouvement circulaire et uniforme ; on supposait qu'une planète, Mars par exemple, représentée par la lettre M dans la figure 136 décrivait, un cercle ayant son centre en C, près du soleil S. On prolongeait SC d'une quantité CO = SC, et l'on admettait que le point M se mouvait

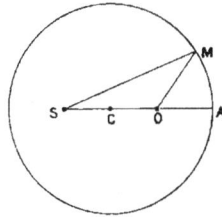

Fig. 136.

sur le cercle de façon que l'angle AOM variât proportionnellement au temps. Cette hypothèse rendait compte du mouvement de Mars, tel que le donnaient les observations de Ptolémée.

Képler entreprit de la comparer aux observations de Tycho-Brahé, et il constata que les directions de SM, calculées et observées, n'étaient pas exactement les mêmes ; les écarts pouvaient s'élever jusqu'à 8 minutes ; or Képler savait que Tycho ne pouvait pas se tromper de plus d'une minute. Il dit à ce sujet : « Ces 8 minutes, qu'il n'est plus permis de négliger, « m'ont mis sur la voie pour réformer toute l'astronomie. »

Les observations de Ptolémée n'auraient rien appris à Képler, parce qu'elles étaient en erreur de 8 et même de 10 minutes ; on saisit ici l'importance du rôle joué par les observations de Tycho-Brahé.

En présence de cette difficulté, Képler renonce définitivement au cercle, et il essaie l'ellipse dont les géomètres grecs,

Apollonius notamment, avaient étudié les belles propriétés. Il voit qu'en plaçant un des foyers au soleil, et déterminant convenablement sa grandeur et son orientation, il peut arriver à supprimer complètement les écarts qui l'avaient arrêté. Il obtient le même succès pour les autres planètes. Il trouve ensuite les deux autres lois qui portent son nom. Cette fois, les lois des mouvements des planètes étaient établies d'une manière indiscutable, et les combinaisons compliquées de mouvements circulaires, imaginées par Ptolémée et maintenues en partie, même après Copernic, rentraient pour toujours dans le néant.

214. Newton (1642-1727). — Avec Newton, la mécanique intervient dans l'explication des mouvements planétaires. Supposons, pour simplifier, que les planètes décrivent, avec des mouvements uniformes, des cercles ayant le soleil pour centre.

Le principe de l'inertie, dont la découverte paraît due à Képler, enseigne que : si un corps est en repos et si aucune force n'agit sur lui, son mouvement est rectiligne et uniforme. Ce n'est pas le cas des planètes ; donc chacune d'elles est soumise à chaque instant à une force qui l'empêche de s'échapper suivant la tangente à son orbite, sans quoi elle se mouvrait uniformément suivant cette tangente. Il s'agit de trouver ces forces.

Considérons en particulier la terre, dont nous représenterons la masse par m, la distance au soleil par a, la durée de la révolution sidérale par T et la vitesse par V ; soit F la force qui doit lui être appliquée à chaque instant. On démontre en mécanique que, si un point matériel de masse m décrit d'un mouvement uniforme un cercle de rayon a, avec la vitesse V, ce point est sollicité constamment par une force F dirigée vers le centre du cercle, et que l'intensité de cette force est donnée par la formule

$$F = \frac{m V^2}{a}.$$

Donc déjà, la force F est dirigée constamment vers le centre du soleil. On a ensuite

$$V = \frac{2\pi a}{T}, \quad \text{d'où} \quad F = \frac{4\pi^2 a}{T^2} m.$$

Or, la troisième loi de Képler montre que $\dfrac{a^3}{T^2}$ est le même pour la terre et pour toutes les planètes; on peut donc faire

$$\frac{4\pi^2 a^3}{T^2} = c,$$

et, en tirant de là T^2 pour le porter dans l'expression précédente de F, il vient

$$F = \frac{m}{a^2} c;$$

c est une constante. Donc, quand on passe d'une planète à une autre, la force, qui est toujours dirigée vers le soleil, varie proportionnellement à la masse et en raison inverse du carré de la distance de la planète au soleil.

On peut considérer cette force comme une attraction provenant du soleil. On arrive rigoureusement à la même conclusion en supposant les trajectoires elliptiques et ayant un foyer commun au soleil; mais nous ne pouvons pas le démontrer ici. Newton a ainsi démontré, comme conséquence nécessaire des lois de Képler, que *le soleil exerce à chaque instant sur chacune des planètes une attraction proportionnelle à sa masse, et en raison inverse du carré de sa distance au soleil.*

Newton soumit cette conclusion à une vérification importante. Il remarqua d'abord que la terre doit attirer la lune, puisque celle-ci décrit autour de la terre une orbite que nous pouvons supposer circulaire, au lieu de s'échapper suivant la tangente. L'intensité de cette force sera encore donnée par la formule

$$F = \frac{4\pi^2 a}{T^2} m,$$

en désignant par m la masse de la lune, par a sa distance à la terre et par T la durée de sa révolution sidérale autour de la terre. D'où peut bien provenir cette force? Newton pensa que c'était simplement la pesanteur, qui s'exerce au sommet des plus hautes montagnes, et doit exister encore à la distance de la lune. Si la lune était à la surface de la terre, son poids serait mg; si la pesanteur est identique à l'attraction, elle doit varier en raison inverse du carré de la distance, et comme la lune est environ 60 fois plus éloignée du centre de la terre que les points placés à la surface de notre globe, le poids de la lune sera $\dfrac{mg}{60^2}$.

On devrait donc avoir

$$\frac{mg}{60^2} = \frac{4\pi^2 a}{T^2}\, m.$$

On peut supprimer le facteur m et remplacer a et T par leurs valeurs ; or, on a

$$T = 27^j\ 7^h\ 43^m = 39\,343 \times 60^s\,;$$

$2\pi a$ est la circonférence de l'orbite de la lune, laquelle vaut 60 fois la circonférence de la terre, et cette dernière est de 40 000 000 mètres. On devrait donc avoir

$$\frac{g}{60^2} = \frac{2\pi \times 60 \times 40\,000\,000}{39\,343^2 \times 60^2}\,,$$

$$g = \frac{2\,400\,000\,000^m}{39\,343^2} \times 2\pi = 9^m,74\,;$$

telle doit donc être la valeur de g à la surface de la terre, quand on prend, comme nous l'avons fait, pour unités de longueur et de temps, le mètre et la seconde. Or, on sait que l'observation du pendule donne

$$g = 9^m,81\,;$$

l'accord est très satisfaisant, et il devient rigoureux quand on fait un calcul plus complet.

La pesanteur s'exerce à la surface de la terre sur les moindres fragments des corps. Il en est de même de l'attraction terrestre, et sans doute aussi de l'attraction en général. Ainsi, le soleil attire chacune des molécules des planètes, et en particulier de la terre, proportionnellement à leurs masses, et en raison

inverse du carré de la distance. La terre attire chacune des molécules de la lune, et de même chacune des molécules du soleil.
Newton s'élève ainsi, par une suite d'inductions naturelles, à
cette conclusion que *deux molécules quelconques de notre système
planétaire, ayant pour masses m et m' et séparées par une distance Δ, exercent l'une sur l'autre une attraction dirigée suivant
la droite qui les joint, et dont l'intensité est*

$$\frac{f\,mm'}{\Delta^2}$$

où f désigne une constante. L'égalité des deux attractions de m
sur m' et de m' sur m est une suite du principe de l'égalité de
l'action et de la réaction.

Tel est l'énoncé de la loi de Newton, que l'on appelle aussi
loi de l'attraction universelle. On en peut déduire, par les lois
de la mécanique, l'explication de tous les mouvements du
système solaire et l'on est en droit de nommer Copernic,
Tycho-Brahé, Képler, Galilée et Newton, les *fondateurs de
l'astronomie moderne.*

215. — Comme premier fruit de sa découverte de la loi de l'attraction,
Newton reconnut la nature des trajectoires des comètes (Voir page 206).

Si la terre existait seule avec la lune, l'attraction de la terre ferait
décrire à notre satellite une ellipse invariable; mais il y a d'autres corps
dont l'attraction entre aussi en jeu, et surtout le soleil, qui joue un rôle
considérable.

Il attire en effet deux éléments de la terre et de la lune avec des forces
inégales, puisque les distances de ces éléments au centre du soleil sont
différentes. Il en résulte, dans le mouvement relatif de la lune autour de
la terre une petite force additionnelle, *perturbatrice*, comme on dit, qui
produit des effets considérables. C'est elle qui fait faire une révolution au
grand axe de l'orbite de la lune en 9 ans; c'est elle aussi qui fait rétrograder
la ligne des nœuds de l'orbite, de manière à effectuer un tour complet en
18 ans. Les calculs de Newton, quoique incomplets, ne laissaient déjà plus
de doute sur la cause de ces phénomènes mis depuis longtemps en
évidence par les observations.

Tous ces magnifiques résultats, et bien d'autres encore, sont donnés
dans l'ouvrage célèbre de Newton, les *Principes de la Philosophie naturelle*,
paru en 1687, et dont Lagrange a pu dire que c'était *la plus haute
production de l'esprit humain.*

216. Les successeurs de Newton. — *Clairaut* (1713-1765) et *d'Alembert*

(1717-1783). Newton avait expliqué les principales circonstances du mouvement de la lune par les attractions combinées de la terre et du soleil, de façon à ne laisser subsister aucun doute sur la cause des irrégularités de ce mouvement. Il était loin cependant d'avoir épuisé le sujet. Le problème à résoudre est, en somme, le célèbre *problème des trois corps*, dont la solution mathématique et rigoureuse surpasse encore aujourd'hui les forces de la science. On ne peut l'obtenir que par des approximations successives.

Clairaut et d'Alembert entreprirent presque en même temps, et par des méthodes différentes, des recherches approfondies sur le calcul systématique des irrégularités du mouvement de la lune, et publièrent leurs premiers travaux en 1745. Ainsi, près de 60 années s'étaient écoulées depuis la publication de l'ouvrage de Newton, avant qu'un progrès important eût été réalisé dans la question. C'est à eux que l'on doit les premières Tables du mouvement de la lune, fondées uniquement sur la théorie de l'attraction. Clairaut eut un instant des doutes sur l'exactitude de la loi de Newton, parce que ses calculs lui donnaient 18 ans pour la durée de la révolution du grand axe, tandis que l'observation indique 9 ans seulement; mais Clairaut vit lui-même disparaître ce désaccord, quand il eût fait ses calculs avec plus de précision; la loi de l'attraction sortit victorieuse de cette épreuve.

Nous avons vu (page 208) que Halley avait annoncé que les belles comètes observées en 1531, 1607 et 1682 n'étaient que trois apparitions successives d'un seul et même astre. Toutefois, la durée de révolution avait été de 13 mois plus longue de 1531 à 1607 que de 1607 à 1682.

Mais Halley crut avec raison que les attractions des planètes, et principalement celles de Jupiter et de Saturne, avaient pu occasionner cette différence, et en appréciant sommairement ces influences pendant le cours de la période suivante, il fixa le prochain retour de la comète à la fin de 1758 ou au commencement de 1759. Clairaut n'hésita pas à entreprendre le calcul des *perturbations* de la comète, et après un labeur prolongé, il annonça qu'elle passerait à son périhélie vers le milieu d'avril 1759, ajoutant qu'il pouvait se tromper d'un mois dans ses prévisions, en raison de petites quantités qu'il avait négligées pour abréger le travail. Le mois de grâce demandé en faveur de la théorie se trouva juste suffisant, car, d'après les observations, le passage au périhélie eut lieu le 12 mars. C'était une belle confirmation de la théorie de l'attraction.

Newton, dans le livre des *Principes*, avait abordé la question de la figure de la terre, en la supposant fluide à l'origine, animée d'un mouvement de rotation autour de son axe, et tenant compte des attractions exercées par ses molécules les unes sur les autres; il avait trouvé que notre globe avait dû s'aplatir aux pôles. C'était cependant à un résultat contraire que conduisaient les premières mesures des degrés faites en France. Pour trancher la question, l'Académie des sciences organisa en 1736 deux expéditions chargées de mesurer deux degrés du méridien, l'un en Laponie, l'autre au Pérou. Le résultat de ces mesures fut conforme aux prévisions théoriques de Newton. Clairaut, qui faisait partie de la première mission, entreprit à son retour une étude théorique complète de la question. Dans son beau livre sur *la Figure de la Terre*, il montra que le globe, supposé fluide, et formé de matériaux de densités quelconques, avait dû prendre la figure d'un ellipsoïde de révolution. Il donna en même temps une formule très simple pour calculer l'intensité de la pesanteur en un point quelconque de la surface. Ces résultats de Clairaut conservent aujourd'hui toute leur valeur, et l'on peut dire qu'au fond ils n'ont pas été surpassés.

Le phénomène de la précession des équinoxes a été découvert par Hipparque, qui l'a expliqué en supposant toutes les étoiles animées d'un mouvement commun de rotation autour de l'axe de l'écliptique. Copernic fit disparaître cette hypothèse invraisemblable en admettant que l'axe de rotation de la terre ne reste pas exactement parallèle à lui-même, mais qu'au bout de chaque année il est dévié d'une petite quantité, de manière à décrire en 26 000 ans un cône de révolution autour de l'axe de l'écliptique. Mais la cause capable de produire cette petite déviation restait inconnue; elle fut dévoilée par Newton. Si la terre était sphérique et homogène, elle tournerait invariablement autour du même axe, sans que les attractions des autres corps célestes puissent y rien changer, ces attractions se bornant alors à transporter la terre dans l'espace. Mais, à cause de la forme aplatie de notre globe, les attractions du soleil et de la lune ne passent pas par le centre de la terre, et elles tendent à imprimer à l'axe une petite impulsion, celle que demandait l'explication de Copernic. C'est ce qu'indiqua Newton, mais sans faire le calcul. D'Alembert a, le premier, établi la théorie exacte et précise. Il a fait plus encore : il a montré que l'attraction de la lune sur la terre doit imprimer à son axe un petit mouvement de balancement, en lui faisant décrire autour de sa position moyenne un petit cône en 18 ans ; c'est l'explication du phénomène de la nutation, que Bradley venait de découvrir, et l'on n'est plus étonné dès lors de l'égalité de la période du balancement du pôle et de celle de la révolution des nœuds de la lune.

217. — *Lagrange* (1736-1813) et *Laplace* (1749-1827).

On ne s'était guère occupé jusqu'ici que des perturbations de la lune et de celles des comètes. Lagrange et Laplace ont abordé celles des planètes, et ils ont fait des travaux considérables dans cette voie dont Euler avait frayé les premiers pas.

Ici, une explication paraît nécessaire : si les lois de Képler étaient rigoureusement exactes pour les planètes et pour leurs satellites, il faudrait en conclure que le soleil attire les planètes, que celles-ci attirent leurs satellites suivant la loi de la raison inverse du carré de la distance, mais que les planètes ne s'attirent pas entre elles. Il y aurait eu là une faute de logique que Newton n'a pas voulu commettre. Il a étendu sa loi aux planètes agissant les unes sur les autres ; mais il était évident que, si cette généralisation était réellement dans la nature des choses, Mars ne pourrait plus décrire une ellipse invariable, mais qu'il en sortirait sous l'influence des attractions des planètes, et notamment de Jupiter. Donc les lois de Képler, malgré leur caractère mathématique, ne devaient pas être entièrement exactes, et Képler s'en serait aperçu le premier si, au lieu des observations de Tycho-Brahé, qui pouvaient être en erreur d'une minute, il avait eu à sa disposition les observations de Bradley, exactes à une ou deux secondes près. Toutefois l'erreur que l'on commet en admettant que les planètes obéissent aux lois de Képler doit être très faible, au moins pour un temps limité, parce que la petitesse des masses des planètes fait que leurs attractions sur l'une d'entre elles sont peu de chose relativement à l'attraction du soleil sur cette dernière.

Aussi a-t-on été conduit à admettre que les planètes se meuvent sur des ellipses, mais les éléments de ces ellipses éprouvant avec le temps de petits changements que l'on nomme *perturbations* ou *inégalités*, sous l'influence des attractions des autres planètes. Si ces inégalités s'ajoutent toujours les unes aux autres, sans jamais se détruire, elles finiront, dans la suite des temps, par acquérir des valeurs considérables ; ce sont alors des *inégalités séculaires*. Les mouvements du grand axe et de la ligne des nœuds de l'orbite de la lune offrent un exemple frappant de ce genre d'inégalités. Lorsque, au contraire, les changements agissent, tantôt dans un sens, tantôt dans l'autre, de manière que leur somme algébrique oscille entre deux limites déterminées, on a des *inégalités périodiques*.

Il est évident qu'au point de vue de la configuration générale du système planétaire, les inégalités séculaires ont une influence prépondérante. Supposons, par exemple, que le grand axe de l'orbite d'une planète aille sans cesse en diminuant proportionnellement au temps ; au bout d'une longue suite de siècles, la planète finira par tomber sur le soleil ; elle s'en éloignerait au contraire indéfiniment si le grand axe augmentait toujours.

Laplace a démontré que ces cas ne peuvent pas se présenter ; mais la preuve qu'il en a donnée ne se rapportait qu'à une première approximation tout à fait insuffisante, et c'est à Lagrange que l'on doit la démonstration complète de ce beau théorème de l'invariabilité des grands axes des orbites planétaires (il y a seulement de petits changements périodiques).

Lagrange a donné pour le calcul des inégalités séculaires des autres éléments elliptiques des formules qui permettent de résoudre les questions les plus variées sur l'avenir du système planétaire. Bornons-nous à citer un exemple : l'orbite de la terre va actuellement en s'arrondissant lentement ; finira-t-elle par devenir un cercle parfait ? Le calcul répond qu'elle s'approchera de la forme circulaire encore pendant *vingt-quatre mille ans*, sans l'atteindre, après quoi elle s'en éloignera pour y revenir ensuite, etc.; c'est une inégalité qui paraît séculaire, mais qui est au fond périodique, seulement à période extrêmement longue.

Les travaux de Lagrange et de Laplace ont établi que le système solaire ne peut éprouver, dans sa configuration générale, que de petites oscillations périodiques autour d'un certain état moyen ; c'est là ce qui constitue la *stabilité du système*. Lagrange a donné, pour le calcul des inégalités périodiques des planètes des méthodes simples et générales, encore usitées aujourd'hui; il a fait une étude complète du mouvement de rotation de la lune et de ses librations. Ses œuvres admirables ont un caractère presque exclusivement mathématique. Laplace a examiné de plus près, et dans toutes les questions, l'accord entre les conséquences de la loi de Newton et les observations. L'ensemble de ces recherches est compris dans un grand ouvrage en cinq volumes, *la Mécanique céleste*, où les astronomes trouvent encore la solution des difficultés qu'ils rencontrent.

Quelques exemples donneront une idée de l'importance des résultats obtenus par Laplace :

En élaborant une théorie du mouvement de la lune, beaucoup plus parfaite que celles de ses devanciers, il a découvert une petite inégalité périodique qui dépend de l'aplatissement de la terre, et une autre qui dépend de la distance de la terre au soleil; de sorte que, par la comparaison de la théorie aux observations, un astronome, observant régulièrement la lune, aurait pu, sans sortir de son observatoire, mesurer l'aplatissement de la terre, et sa distance au soleil, tandis que les déterminations directes de ces quantités si importantes ont exigé, pour la première, les expéditions de la Laponie et du Pérou, et pour la seconde, des missions nombreuses chargées d'observer les passages de Vénus de 1761, 1769, 1874 et 1882.

Les observations des anciennes éclipses, rapportées par Ptolémée, indiquent, quand on les compare aux observations ultérieures, que la durée de la révolution de la lune va en diminuant constamment, d'une quantité très faible, il est vrai, mais qui, en s'accumulant sans cesse, finira par devenir très sensible. Il en résulte une *accélération séculaire* du mouvement de la lune. Quelle est la cause de cette accélération? Lagrange l'a cherchée inutilement. Laplace l'a trouvée dans un coin encore inexploré du calcul des perturbations de la lune, provenant de l'action du soleil; c'est la diminution progressive de l'excentricité de l'orbite terrestre qui produit le phénomène en question. Mais nous avons dit plus haut que cette excentricité cessera de diminuer dans 24 000 ans ; donc la durée de la révolution de la lune diminuera pendant cet immense intervalle; mais ensuite, elle augmentera. Il y aura alors un retard séculaire du mouvement de la lune. Voilà une prévision à longue échéance, et qui n'en est pas moins certaine.

218. — *Le Verrier* (1811-1877). Le hasard qui avait joué son rôle dans la découverte d'Uranus ne figure en rien dans celle de Neptune. Un astronome de l'observatoire de Paris, Bouvard, avait cherché à représenter l'orbite d'Uranus par une ellipse modifiée successivement par les perturbations provenant des planètes Jupiter et Saturne. Les formules nécessaires avaient été empruntées à Laplace, et ne laissaient rien à désirer. Cependant, malgré ses efforts, Bouvard ne put jamais arriver à mettre d'accord la théorie et les observations. Il subsistait des écarts dont la grandeur augmentait avec le temps. L'opinion se forma peu à peu que les irrégularités du mouvement d'Uranus pourraient bien être causées par l'attraction d'une planète inconnue. Vers 1845, Arago signala la question à l'attention de Le Verrier qui s'était déjà fait connaître par de beaux travaux astronomiques. Le Verrier se mit à l'œuvre aussitôt; mais le problème était difficile et nouveau : il s'agissait de déterminer la route et la position de la planète inconnue, connaissant les perturbations qu'elle exerçait sur Uranus. Nous devons renoncer (1) à donner même une idée des calculs formidables qu'il fallut exécuter, et qui occupèrent Le Verrier pendant près de deux années. Bornons-nous à dire que, le 31 août 1846, Le Verrier annonça à l'Académie des sciences qu'il avait éclairci complètement le mystère d'Uranus; il faisait connaître en même temps la position de l'astre inconnu. Il s'agissait maintenant de voir réellement cette planète dont l'existence avait été démontrée, et la position calculée par la seule force de la théorie. Le 18 septembre, Le Verrier écrit à un astronome de Berlin, M. Galle, en lui demandant de regarder dans le ciel à un endroit qu'il lui indique. Le soir même du jour où il a reçu la lettre, M. Galle dirige sa lunette sur l'endroit en question, et il aperçoit immédiatement, dans le champ de son instrument, une étoile de 8ème grandeur qui ne figurait pas sur les cartes célestes; c'était la planète cherchée, Neptune. La théorie de l'attraction avait déjà remporté de beaux succès, mais celui-ci était le plus éclatant. Pour être impartial, nous devons dire qu'en même temps que Le Verrier, un astronome anglais, Adams, exécutait des calculs analogues; il assignait à Neptune presque la même position ; mais son résultat n'a pas été publié en temps utile.

Le Verrier avait pensé que l'on pourrait même se servir plus tard des perturbations de Neptune pour découvrir la planète située au delà, la planète *transneptunienne ;* mais, jusqu'ici, il n'existe aucun désaccord appréciable entre la théorie et les observations de Neptune; d'ailleurs, depuis sa découverte, cette planète n'a pas parcouru le tiers de son orbite, et, dans ces conditions, les perturbations peuvent ne pas être mises en évidence. Si cette nouvelle planète est aussi grosse que Neptune, et si elle obéit à la loi de Bode, elle doit apparaître comme une étoile de 11e ou de 12e grandeur ; on la découvrira peut-être en construisant la carte photographique du ciel.

Le Verrier a perfectionné la théorie du mouvement de toutes les planètes. Pour Mercure, il a trouvé un désaccord avec l'observation, et il a cru pouvoir conclure à l'existence d'une planète inconnue située en deçà de Mercure, et presque plongée dans les rayons du soleil, qui empêcheraient de l'apercevoir. Or, le 26 mars 1859, le docteur Lescarbault vit passer sur le disque du soleil un petit corps qui parut être la planète inconnue, et auquel on donna même le nom de *Vulcain*. Le Verrier aurait ainsi complété le système planétaire à ses deux extrémités. Ce corps n'a pas été revu depuis. On n'a rien trouvé non plus en fouillant les environs immédiats

(1) On trouvera quelques détails à ce sujet dans la notice sur les perturbations, à la fin du volume.

du soleil, à la faveur des quelques instants d'obscurité qui se produisent dans les éclipses totales. Les astronomes en sont arrivés à penser que l'astre unique indiqué par Le Verrier est peut-être remplacé par un anneau d'astéroïdes, analogue à celui qui existe entre Mars et Jupiter; ces corps seraient trop petits pour être aperçus isolément; mais leur ensemble produirait sur Mercure l'effet indiscutable constaté par Le Verrier (1).

219. — Nous n'avons pas voulu interrompre l'histoire des progrès de l'astronomie théorique, et nous l'avons suivie jusqu'à Le Verrier. Il nous faut maintenant revenir en arrière et parler du développement des procédés d'observation. L'application des lunettes aux instruments astronomiques eut pour conséquence une précision beaucoup plus grande dans les observations. Nous devons nous borner à citer les noms des principaux astronomes, en disant quelques mots seulement de leurs découvertes.

Huygens (1629-1695) découvre des théorèmes de mécanique qui ont servi à Newton pour établir la loi de l'attraction, reconnaît la véritable figure de l'anneau de Saturne, découvre le plus gros satellite de cette planète, et applique aux horloges le pendule dont Galilée avait reconnu l'isochronisme : cette dernière découverte a eu les plus heureuses influences sur la précision des observations.

Rœmer (1644-1710) découvre et mesure la vitesse de la lumière en observant les éclipses des satellites de Jupiter ; il invente la lunette méridienne.

Dominique Cassini (1625-1712) est le premier directeur de l'observatoire de Paris. Cet édifice, dont la première pierre fut posée en 1667, a été achevé en 1671. On doit à Cassini plusieurs découvertes, notamment celles de quatre satellites de Saturne.

Flamsteed (1646-1719), est le premier directeur de l'observatoire de Greenwich, fondé en 1675. Par un emploi judicieux des perfectionnements apportés dans la construction des instruments, il réalise un progrès très notable dans les observations ; l'erreur d'une observation isolée, qui était de 1′ chez Tycho-Brahé, n'est plus guère que de 10″ avec Flamsteed.

220. Bradley (1692-1762) fut peut-être le plus habile des observateurs ; grâce à l'emploi de la lunette méridienne et à la

(1) Voir, à la fin du volume, la notice sur les planètes intramercurielles.

qualité de ses instruments, au soin qu'il apportait à les manier, il réduit l'erreur d'une observation isolée à 1″ environ. Son catalogue d'étoiles sert réellement de base à l'astronomie actuelle.

On doit à Bradley deux grandes découvertes, celles de l'aberration et de la nutation. Nous allons dire un mot de la première, dont nous n'avons pas encore parlé.

Aberration. Soit E une étoile (fig. 137), T la position de la terre à un certain moment, TA la vitesse de la terre à ce moment, TB la vitesse du rayon lumineux dirigée naturellement suivant le prolongement de TE. On peut imprimer à tout le système une vitesse commune TA′ égale et opposée à TA, ce qui réduira l'observateur au repos. Cette vitesse se combinant avec la vitesse

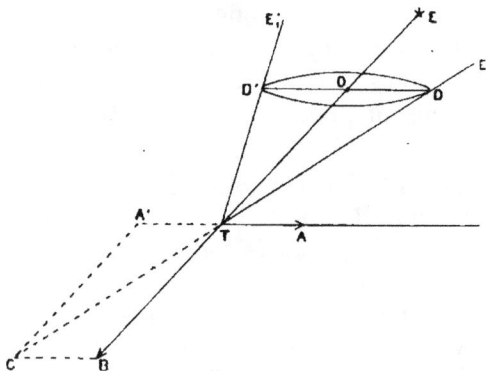
Fig. 137.

TB, d'après la règle du parallélogramme des vitesses, donnera une vitesse résultante TC, que nous prolongerons en TE₁. La lumière arrivera à l'observateur avec la vitesse relative TC, de sorte que l'étoile paraîtra en E₁. Prenons TD = TC, menons DD′ parallèle à BC, et soit OD′ = OD ; nous aurons OD = BC. Dans le cours d'une année, en vertu du mouvement de la terre autour du soleil, mouvement que nous pouvons supposer circulaire, la vitesse BC demeure parallèle au plan de l'écliptique et conserve une valeur constante, environ 30^{km} à la seconde. Donc la droite OD, qui passe par le point fixe O, conserve la même longueur et reste parallèle au plan de l'écliptique ; le point D décrit donc un cercle, et la droite TE₁, un cône circulaire oblique. Les génératrices de ce cône donnent les directions suivant lesquelles on apercevra l'étoile dans le cours d'une année. Il faut prendre l'intersection du plan tangent à la sphère céleste au point E avec le cône précédent, ou, ce qui revient sensiblement au même

(parce que le rapport $\dfrac{OD}{OT} = \dfrac{30^{km}}{300\,000^{km}} = \dfrac{1}{10\,000}$ est très petit),
avec un cylindre passant par le cercle DD' et dont les génératrices
sont parallèles à TE. Cette intersection est, comme on sait, une
ellipse. Bradley a découvert cette ellipse par l'observation, et il
a trouvé ensuite l'explication que nous venons de présenter.

Depuis l'époque de Bradley, la détermination des coordonnées
absolues des étoiles et des planètes a reçu encore des perfectionnements, notamment entre les mains de *Bessel* (1784-1846) ;
mais la précision n'a pas augmenté beaucoup ; seulement les
observations sont devenues plus faciles.

221. William Herschel (1738-1822). — Herschel réalisa
des moyens d'observation beaucoup plus puissants que ceux
de ses devanciers ; il fabriqua lui-même des télescopes ayant
jusqu'à 9 mètres de distance focale, avec lesquels il fit un inven-
taire méthodique des richesses du ciel, presque inconnues
jusqu'alors. A ses débuts dans la carrière astronomique (il avait
commencé par être organiste), en 1781, il eut le bonheur de
découvrir la planète Uranus. Il trouva plus tard deux satellites
de Saturne, deux d'Uranus, et détermina la durée de la rotation
de Saturne et celle de son anneau. On lui doit des résultats
importants sur la constitution physique du soleil et des planètes ; mais ses plus belles découvertes se rapportent à
l'astronomie stellaire.

W. Herschel reconnut le premier le mouvement relatif dans
les étoiles doubles ; ses observations sur ces astres sont très
nombreuses ; elles ont été continuées par son fils John Herschel, et plus tard par l'astronome russe *W. Struve ;* la mesure
et le calcul des orbites des étoiles doubles constitue aujourd'hui
une branche importante de l'astronomie.

La détermination de l'intensité lumineuse des étoiles l'a
conduit à une évaluation approchée des distances qui nous
séparent des étoiles des diverses grandeurs. C'est à lui que l'on
doit la connaissance du mouvement de translation du système
solaire.

Herschel entreprit une œuvre imposante en cherchant à
jauger les cieux. Il ne fallait pas songer à dénombrer toutes les
étoiles visibles dans le plus puissant de ses télescopes ; il y en

avait sans doute au moins 20 millions. Le grand astronome dirigeait successivement son instrument sur divers points du ciel, et comptait les étoiles visibles dans le champ ; il obtenait ainsi une série de *jauges*. En admettant que toutes les étoiles font partie d'un même ensemble, la voie lactée, qu'elles sont également distribuées, et que son télescope portait au delà des limites de la voie lactée, il arrivait à tracer les contours de cet immense amas d'étoiles.

A l'époque où il commença ses recherches sur les nébuleuses et les amas d'étoiles, on n'en connaissait qu'une centaine. Il en découvrit successivement 2 500, et les classa méthodiquement ; aujourd'hui on en compte plus de 10 000.

Herschel pensait que les nébuleuses sont des systèmes en voie de formation, qu'elles se condensent peu à peu, et finissent par former des étoiles, chacun des amas d'étoiles, actuels ou futurs, étant analogue à notre amas particulier, la voie lactée. On voit quelle conception grandiose en résulte pour la structure de l'univers. Quelques-unes de ces idées doivent être modifiées ; le spectroscope a montré, comme nous l'avons vu, que les nébuleuses sont loin d'être toutes résolubles. Cependant les travaux de W. Herschel inspireront toujours une admiration profonde.

Analyse spectrale. La découverte de l'analyse spectrale et son application à l'étude de la constitution des corps célestes et à la mesure de leurs vitesses radiales marque une phase mémorable dans le développement de l'*astronomie physique ;* nous ne reviendrons pas sur ce que nous avons dit à ce sujet dans le corps de ce volume, pour le soleil, les planètes, les comètes, les étoiles et les nébuleuses.

Photographie astronomique. Un autre progrès, considérable aussi, a été réalisé par l'application de la photographie à l'astronomie. Les photographies des corps célestes et de leurs spectres nous donnent des renseignements précieux sur leur constitution. Mais, même dans l'astronomie de précision, la photographie joue maintenant un rôle important. Il suffit, pour en juger, de rappeler l'entreprise internationale de la carte photographique du ciel, suscitée par l'amiral Mouchez ; les résultats déjà obtenus donnent une haute idée des services que cette carte rendra à l'astronomie.

Arago (1786-1853) avait pressenti très nettement l'importance que la photographie était appelée à prendre en astronomie. Il avait d'ailleurs introduit la physique et marqué son rôle nécessaire; il ne pouvait pas deviner que bientôt la chimie réclamerait aussi sa place, avec l'analyse spectrale.

Nous allons terminer cet exposé historique en donnant les principales lignes du système cosmogonique de Laplace.

222. — Hypothèse cosmogonique de Laplace. — L'univers n'a pas présenté toujours le même aspect que nous lui voyons aujourd'hui; il ne le conservera pas non plus indéfiniment dans l'avenir. Il suffit, pour s'en rendre compte, de songer à la perte continuelle de chaleur qu'éprouvent les étoiles, le soleil et les planètes par voie de rayonnement, et au refroidissement très lent, mais certain, qui doit en résulter. Les philosophes et les astronomes ont cherché à saisir l'ensemble des transformations de l'univers par des hypothèses que l'on nomme *cosmogoniques*. Il convient de se limiter au système solaire; le problème restera encore assez vaste et difficile. Il a été abordé par le philosophe allemand Kant, puis par Laplace; nous allons donner une idée de la *cosmogonie* de Laplace.

Quoique les orbites des planètes soient très différentes les unes des autres, elles ont cependant entre elles des rapports qui peuvent nous éclairer sur l'origine de ces astres. Ainsi, toutes les planètes se meuvent autour du soleil dans le sens direct et presque dans le même plan. Les satellites se meuvent autour de leurs planètes dans le même sens, et à peu près dans le même plan que les planètes. Enfin, le soleil, les planètes et les satellites dont on a observé le mouvement de rotation, tournent sur eux-mêmes dans le même sens, et à peu près dans le plan de leurs mouvements de translation.

Un phénomène aussi extraordinaire n'est point l'effet du hasard. Il indique une cause générale qui a déterminé tous ces mouvements. Laplace évalue la probabilité pour que les 42 mouvements connus de son temps (mouvements de révolution et de rotation du soleil, des planètes et des satellites) soient directs, quand on les rapporte à la position de l'équateur solaire. Il trouve plus de quatre mille milliards à parier contre un que cette disposition n'est point l'effet du hasard. Cette probabilité est encore singulièrement augmentée aujourd'hui, puisqu'au lieu de 4 planètes télescopiques entre Mars et Jupiter, on en connaît plus de 400, qui toutes ont des mouvements directs, et même dont les plans font avec le plan de l'écliptique des angles ne dépassant pas le tiers d'un angle droit. Nous devons donc être convaincus qu'une cause primitive a dirigé les mouvements planétaires.

223. — Un autre phénomène également remarquable du système solaire est le peu d'excentricité des orbites des planètes et des satellites (pour les anciennes planètes, les excentricités sont au-dessous de 0,20, et de 0,35 dans le cas des astéroïdes). Ainsi, l'on a, pour remonter à la cause des mouvements primitifs du système planétaire, les quatre phénomènes suivants :

Les mouvements des planètes dans le même sens, et à peu près dans le même plan ;

Les mouvements des satellites dans le même sens que ceux des planètes ;

Les mouvements de rotation de ces différents corps et du soleil dans le même sens que leurs mouvements de translation et dans des plans peu différents ;

Le peu d'excentricité des orbites des planètes et des satellites.

Laplace remarque que, quelle que soit la nature de la cause qui a produit ou dirigé les mouvements des planètes, il faut qu'elle ait embrassé tous ces corps ; et, vu la distance prodigieuse qui les sépare, elle ne peut avoir été qu'un fluide d'une immense étendue. Pour leur avoir donné dans le même sens un mouvement presque circulaire autour du soleil, il faut que ce fluide ait environné cet astre comme une atmosphère.

La considération des mouvements planétaires nous conduit donc à penser que l'atmosphère du soleil s'est étendue primitivement au delà des orbites de toutes les planètes, et qu'elle s'est resserrée successivement jusqu'à ses limites actuelles.

224. — « Herschel, en observant les nébuleuses au moyen de « ses puissants télescopes, a suivi les progrès de leur conden- « sation, non sur une seule, ces progrès ne pouvant devenir « sensibles pour nous qu'après des siècles, mais sur leur « ensemble, comme on suit dans une vaste forêt l'accrois-

« sement des arbres sur les individus de divers âges qu'elle ren-
« ferme. Il a d'abord observé la matière nébuleuse répandue en
« amas divers dans les différentes parties du ciel dont elle occupe
« une grande étendue. Il a vu dans quelques-uns de ces amas
« cette matière faiblement condensée autour d'un ou de plu-
« sieurs noyaux peu brillants. Dans d'autres nébuleuses, ces
« noyaux brillent davantage relativement à la nébulosité qui les
« environne. Les atmosphères de chaque noyau venant à se
« séparer par une condensation ultérieure, il en résulte des
« nébuleuses multiples, formées de noyaux brillants très voi-
« sins, et environnés chacun d'une atmosphère; quelquefois la
« matière nébuleuse, en se condensant d'une manière uniforme,
« produit les nébuleuses que l'on appelle planétaires (1). Enfin,
« un plus grand degré de condensation transforme toutes ces
« nébuleuses en étoiles. Les nébuleuses, classées d'après cette
« vue philosophique, indiquent avec une extrême vraisem-
« blance leur transformation future en étoiles, et l'état antérieur
« de nébulosité des étoiles existantes. Ainsi, l'on descend, par
« le progrès de la condensation de la matière nébuleuse, à la
« considération du soleil entouré autrefois d'une vaste atmos-
« phère, considération à laquelle je suis remonté par l'examen
« des phénomènes du système solaire... Une rencontre aussi
« remarquable, en suivant des routes opposées, donne à
« l'existence de cet état antérieur du soleil une grande proba-
« bilité (2). »

225. — Nous sommes ainsi amenés à considérer une nébuleuse portée à une température très élevée, dont toutes les
parties s'attirent mutuellement suivant la loi de Newton, et qui
tourne d'un mouvement d'ensemble avec une vitesse angulaire
constante que nous supposerons très petite autour d'un axe
passant par son centre de gravité. Dans ces conditions, la nébuleuse prendra une figure d'équilibre presque sphérique. Cette
figure, la direction de l'axe de rotation, et la grandeur de la
vitesse angulaire se conserveraient indéfiniment sans altération,

(1) Les nébuleuses planétaires ont une forme circulaire ou légèrement elliptique
qui les fait ressembler aux planètes de notre système.
(2) Laplace, *Exposition du système du monde.*

si aucune cause nouvelle n'entrait en jeu. Il est facile de trouver
une limite du rayon de la nébuleuse, en deçà de laquelle toute
la matière sera nécessairement comprise. Cette limite s'obtient,
en effet, en exprimant qu'à une certaine distance a du centre,
pour une particule située dans le plan de l'équateur (plan mené
par le centre de gravité perpendiculairement à l'axe de rotation), la force centrifuge balance exactement l'attraction : on
remarquera que l'attraction, qui est dirigée vers le centre de
gravité, a une direction exactement opposée à celle de la force
centrifuge.

226. — La cause qui empêchera les choses de rester toujours
dans le même état, et dont nous avons parlé plus haut, existe
réellement. C'est le refroidissement progressif par voie de
rayonnement, sur tout le pourtour de la surface extérieure. Il
en résulte une contraction lente et progressive, en vertu de
laquelle toutes les molécules se rapprochent de l'axe de rotation,
proportionnellement à leurs distances à cet axe. Supposons,
pour fixer les idées, qu'au bout d'un temps très long, toutes ces
distances soient devenues *deux fois plus petites* que leurs valeurs
initiales. On démontre par les lois de la mécanique que la nouvelle vitesse angulaire sera devenue *quatre fois plus grande :*
cela entraînera une augmentation dans l'aplatissement de la
nébuleuse. On peut calculer, dans cette nouvelle phase, la distance limite a' au delà de laquelle les molécules ne pourront
plus faire partie de l'ensemble, ou du moins, tourner avec la
même vitesse angulaire que cet ensemble. Si l'on a $a' < \dfrac{a}{2}$, toutes
les molécules comprises entre deux sphères ayant pour rayons
$\dfrac{a}{2}$ et a', cesseront de faire partie de la masse, et tourneront
librement autour du centre de gravité. Cherchons à préciser les
choses par un calcul simple : soit ω la vitesse angulaire de rotation dans la première phase, M la masse totale, f le coefficient
qui figure dans la loi de Newton. Dans le plan de l'équateur,
l'unité de masse placée à la distance a du centre sera attirée
vers ce centre par la résultante $\dfrac{f\mathrm{M}}{a^2}$; la force centrifuge est

d'ailleurs $\omega^2 a$; donc la limite a, dont nous avons parlé plus haut, sera donnée par la relation

$$(1) \qquad \omega^2 a = \frac{f\mathrm{M}}{a^2};$$

d'où l'on tire

$$(2) \qquad a = \sqrt[3]{\frac{f\mathrm{M}}{\omega^2}}.$$

Soit ω' la vitesse angulaire de rotation dans la seconde phase, a' la limite qui correspond alors à a; on aura

$$(3) \qquad a' = \sqrt[3]{\frac{f\mathrm{M}}{\omega'^2}}.$$

Les formules (2) et (3) donnent, par voie de division,

$$\frac{a'}{a} = \sqrt[3]{\frac{\omega^2}{\omega'^2}}.$$

Mais, avons-nous dit, on démontre que l'on a

$$\frac{\omega'}{\omega} = 4;$$

il en résulte

$$\frac{a'}{a} = \sqrt[3]{\frac{1}{16}} = 0,40.$$

On a donc bien $\frac{a'}{a} < \frac{1}{2}$, comme nous l'avions annoncé.

227. — On voit ainsi que la nébuleuse, par suite de son refroidissement, a dû abandonner successivement des zones de vapeurs, dans le plan de son équateur; c'est là le point fondamental de la théorie de Laplace. Ces zones étaient animées d'un mouvement de rotation uniforme autour de l'axe central, et la vitesse angulaire était la valeur correspondante de ω au moment où la zone s'est séparée du reste de la masse. Dans chacune de ces zones se sont formés des points de condensation qui ont fini par se réunir, donnant ainsi naissance à un corps secondaire unique, une planète. On explique de cette façon pourquoi les planètes se meuvent toutes dans le même sens, ont des orbites couchées sur le plan de l'équateur de la nébuleuse; toutes ces orbites devraient être circulaires, il est vrai; les petites excentricités qui existent réellement tiennent à ce que les choses ne se sont pas passées avec la régularité et la symétrie parfaites que nous avons supposées.

Soit T la durée de révolution de la planète dont la distance moyenne au centre de la nébuleuse est a; soient a_1 et T_1 les quantités correspondantes pour une autre planète.

On aura

$$T = \frac{2\pi}{\omega}, \qquad T_1 = \frac{2\pi}{\omega_1},$$

et la formule (1) donnera

$$\frac{4\pi^2 a^3}{T^2} = fM, \qquad \frac{4\pi^2 a_1^3}{T_1^2} = fM.$$

On en conclut

$$\frac{a^3}{a_1^3} = \frac{T^2}{T_1^2};$$

c'est la troisième loi de Képler.

Laplace montre que la condensation de la zone de vapeurs a dû produire un mouvement de rotation de la planète, de même sens que le mouvement primitif de la nébuleuse, autour d'un axe de rotation parallèle à l'axe central. Ainsi se trouvent expliquées simplement les particularités remarquables du mouvement des planètes.

Supposons qu'une des zones n'arrive pas à se condenser complètement, ou plutôt que les points de condensation soient très nombreux. On aura alors une sorte d'anneau de corpuscules, et l'on explique ainsi l'existence de l'anneau des planètes télescopiques, entre Mars et Jupiter.

228. — Prenons maintenant une planète ainsi formée; ce n'est pas encore un corps solide, mais une nébuleuse secondaire, d'abord assez étendue, et qui ne donnera une de nos planètes actuelles qu'au bout d'un temps très long, par une série de nouvelles condensations successives. On pourra reprendre les raisonnements précédents, et montrer que chacune des nébuleuses secondaires a dû abandonner des zones de vapeurs dans le plan de son équateur. Ces zones, avec une condensation complète, auront donné naissance à des satellites circulant autour des planètes dans le même sens que les planètes autour du centre de gravité, dans des orbites presque circulaires, couchées sur le plan de l'équateur de la nébuleuse. Ces satellites doivent tourner sur eux-mêmes, toujours dans le même sens; ainsi se trouvent expliquées les particularités signalées dans les mouvements des satellites. Si la condensation s'est faite sur un grand nombre de petits noyaux, on aura la formation de l'anneau de Saturne.

Ce qui restera à la fin, de la nébuleuse primitive, sera le soleil qui doit tourner sur lui-même, toujours dans le même sens, et le plan de l'équateur solaire sera le plan de l'équateur de la nébuleuse.

Remarquons que cette belle conception explique ce fait capital révélé par l'analyse spectrale, que le soleil et la terre sont formés des mêmes matériaux; il doit en être de même aussi pour les autres planètes. On a vu que les indications de l'analyse spectrale, au moins pour Mars, confirment ce résultat.

L'analyse spectrale nous montre que les étoiles sont formées des mêmes matériaux que notre système solaire. Cela semble indiquer une origine commune; mais le problème cosmogonique ainsi généralisé se complique singulièrement, et il n'est pas résolu.

Remarquons encore qu'à l'origine les planètes, la terre en particulier, ont été des globes incandescents; le feu central terrestre trouve ainsi une explication bien simple.

229. — Avant Kant et Laplace, Buffon avait essayé de remonter à l'origine des planètes et des satellites. Il supposait qu'une comète, en tombant sur le soleil, en avait chassé un torrent de matière qui s'était réuni au loin en divers globes plus ou moins grands, et plus ou moins éloignés de cet astre. Ces globes, devenus solides après leur refroidissement, étaient les planètes et leurs satellites. Cette hypothèse est inadmissible pour plusieurs raisons, et d'abord parce que la petitesse de la masse des comètes ne permettrait pas à l'une d'elles d'enlever du Soleil une quantité de matière égale à celle qui entre dans toutes les planètes réunies.

Képler supposait que l'étoile temporaire de 1606 avait été engendrée par une substance éthérée qui remplit tout l'espace. Tycho-Brahé regardait l'étoile nouvelle de 1572 comme formée de la substance éthérée de la voie lactée. C'était une opinion très répandue chez les astronomes, et qui était déjà enseignée par Anaximène et l'École Ionienne, que les astres se sont formés par la condensation progressive d'une matière primitive excessivement légère disséminée dans l'espace. Mais il a fallu attendre les observations d'Herschel pour prouver l'existence de cette matière nébuleuse.

NOTICE SUR LES PERTURBATIONS[1]

PREMIÈRE PARTIE

En plaçant le Soleil immobile au centre du système planétaire, et faisant mouvoir la Terre autour de lui, comme une simple planète, Copernic avait fait faire à l'Astronomie un immense progrès.

Les mouvements, tantôt directs, tantôt rétrogrades des planètes, s'expliquaient dès lors d'une manière simple et naturelle, et une partie des combinaisons de mouvements circulaires dont Ptolémée avait embarrassé l'Astronomie disparaissait à tout jamais ; en même temps, la théorie du mouvement de la Terre permettait de déterminer les rapports, jusqu'alors ignorés, des distances des planètes au Soleil. Cependant Copernic n'était pas arrivé à connaître la vraie nature des orbites décrites par les planètes autour du Soleil, et, pour rendre compte des irrégularités de ses mouvements, il avait dû laisser subsister quelques-uns des cercles de Ptolémée.

Il était réservé au génie de Képler de dévoiler les lois des mouvements planétaires. Mettant à profit la collection précieuse des observations de la planète Mars, faites par Tycho-Brahé, Képler montra que les hypothèses de Ptolémée laissaient subsister dans ces observations des erreurs de 8 minutes sexagésimales, erreurs tout à fait inadmissibles. Après bien des tentatives infructueuses, Képler reconnut que Mars décrit une ellipse dont le Soleil occupe un foyer, et que la loi du mouvement est telle que le rayon vecteur mené de la planète au Soleil trace des aires proportionnelles au temps ; il étendit ensuite ces résultats à toutes les planètes. Enfin Képler eut l'idée de comparer les puissances des grands axes des ellipses planétaires avec celles des révolutions sidérales, et il trouva que les carrés de ces durées sont entre eux comme les cubes des grands axes.

Les lois de Képler représentaient avec une fidélité parfaite toutes les observations de Tycho-Brahé ; il était possible désormais de calculer à l'avance les positions des planètes ; pour y arriver, il

(1) Cette notice et les trois suivantes ont été publiées par M. Tisserand dans l'*Annuaire du Bureau des Longitudes*.

suffisait de connaître pour chacune d'elles six quantités que l'on nomme *éléments elliptiques*. Il faut déterminer en premier lieu la situation dans l'espace du plan de l'ellipse ; pour cela, on considère un plan fixe ; l'intersection de ce plan avec celui de l'ellipse doit être connue, de même que l'inclinaison mutuelle de ces deux plans ; voilà les deux premiers éléments. Il faut ensuite orienter l'ellipse dans son plan, fixer dans ce plan la direction du grand axe, ce qui introduit un troisième élément ; on doit encore définir la forme de l'orbite, dire de combien elle diffère d'un cercle ; ainsi se trouve amené le quatrième élément elliptique, l'excentricité. On détermine ensuite la grandeur absolue de l'orbite par son grand axe, ou plutôt par sa moitié, la distance moyenne de la planète au Soleil. Si l'on donne enfin l'époque à laquelle la planète passe en un point déterminé de son orbite, on aura complété l'ensemble des six éléments du mouvement elliptique.

Pour les six planètes connues à l'époque de Képler, il y avait donc en tout 36 nombres à déterminer ; les observations en feraient connaître les valeurs avec une précision de plus en plus grande ; on pourrait alors, par des calculs très simples, déterminer les positions exactes des planètes pour les époques les plus reculées. L'astronomie planétaire dut paraître achevée d'un seul coup, et fondée sur des bases immuables.

Une fois connues les courbes décrites par les planètes, il restait à découvrir les forces qui les contraignent à les décrire ; ce dernier pas fut fait par Newton.

Appliquant aux corps célestes les lois de la Mécanique terrestre dont Galilée et Huygens venaient de poser les bases, Newton prouva qu'il résulte des lois de Képler que le Soleil attire chaque planète proportionnellement à sa masse et en raison inverse du carré de la distance ; par une série d'inductions, il s'éleva au principe de la gravitation universelle : *Deux molécules quelconques s'attirent mutuellement, proportionnellement à leurs masses et en raison inverse du carré de leur distance.*

Newton avait donné à son principe une généralité que n'exigeaient pas les lois de Képler ; il fallait maintenant déduire les conséquences de ce principe, et les poursuivre dans l'examen détaillé du système du monde. La première de ces conséquences fut que les lois de Képler ne pouvaient pas représenter exactement les mouvements réels des planètes. Considérons en effet l'une des planètes ; elle est attirée vers le Soleil conformément à la loi de la gravitation. Newton a prouvé qu'en vertu de cette force elle doit décrire une ellipse autour du

Soleil comme foyer, son rayon vecteur traçant des aires proportionnelles au temps; les lois de Képler seraient donc observées; mais la
planète n'est pas soumise à cette seule attraction du Soleil; elle est
attirée en outre par toutes les autres planètes; sous l'influence de
ces forces à chaque instant variables, son mouvement réel ne sera
donc pas un mouvement elliptique, il sera d'une nature necessai-
rement très compliquée. Il fallait donc renoncer aux lois de Képler,
partir du seul principe de la gravitation universelle, et déterminer
à la fois les lois exactes des mouvements des planètes, en tenant
compte de toutes les actions qui s'exercent sur chacune d'elles. Un
horizon immense et imprévu s'ouvrait devant Newton; il y fit quelques
pas, laissant à ses successeurs un champ fécond en découvertes
admirables.

En faisant abstraction des satellites et des astéroïdes, l'étude des
mouvements des divers corps de notre système planétaire dépend
d'un problème de Mécanique dont l'énoncé est net et simple.

Sept points matériels de masses données (le Soleil et les planètes)
occupent à un moment déterminé des positions connues; ils sont
animés de vitesses données, en grandeur et en direction; ces points
sont sollicités les uns vers les autres par des forces agissant conformément à la loi de la gravitation universelle; on demande les
positions qu'ils occuperont à une époque quelconque.

On voit tout de suite que le problème est défini, que les mouvements ultérieurs des points considérés doivent être une conséquence des données. Si l'énoncé du problème est simple, la question
d'analyse mathématique à laquelle il conduit présente des difficultés
considérables; on n'est arrivé à la résoudre rigoureusement que
dans le cas de deux corps (le Soleil et une planète). Quand on
considère trois points au lieu de deux, on a le célèbre *Problème des
trois corps;* sa solution rigoureuse n'est pas connue, et ne le sera pas
sans doute de longtemps. Fort heureusement, les choses sont
disposées de telle sorte dans notre système planétaire, qu'on peut
obtenir cependant une solution approchée, répondant à tous les
besoins de l'Astronomie; elle est due aux efforts persévérants de
géomètres illustres, parmi lesquels il faut citer Clairaut, Euler,
d'Alembert, Laplace et Lagrange.

Il est impossible d'en donner, en langage ordinaire, une idée même
imparfaite; nous nous bornerons à présenter aux lecteurs de
l'*Annuaire* quelques indications propres à mettre en relief l'importance des résultats obtenus.

La première circonstance, qui facilite les approximations, est la prépondérance du Soleil dans le système planétaire; on démontre en effet que, si l'on supposait toutes les planètes réunies en un seul et même corps, la masse de ce corps serait tout au plus la $\frac{1}{700}$ partie de celle du Soleil. Les distances mutuelles des planètes prises deux à deux ne devenant jamais très petites, on voit que l'attraction de deux planètes l'une sur l'autre ne sera jamais qu'une petite fraction de celle que le Soleil exerce sur chacune d'elles; quelques nombres donneront une idée sensible de cette petitesse.

Si la Terre était affranchie brusquement de toutes les forces qui agissent sur elle, elle se mouvrait en ligne droite, d'un mouvement uniforme, parcourant environ $106\,000^{km}$ à l'heure. Le Soleil, par son attraction, la fait tomber de 38^{km} pendant le même temps; cette quantité représente l'écart de la tangente et de l'ellipse sur laquelle le Soleil maintiendrait la Terre, s'il existait seul avec elle; la plus grosse planète, Jupiter, peut, quand elle agit dans les conditions les plus favorables, dévier la Terre pendant le même temps de $2^m,10$ seulement, c'est-à-dire $18\,000$ fois moins que le Soleil. Dans les mêmes conditions, la déviation produite par Vénus ne s'élèverait qu'à $1^m,25$.

On trouve de même, en comparant les effets produits pendant le même temps par Saturne et le Soleil agissant sur Jupiter, que le premier est au plus égal à la $\frac{1}{1700}$ partie du second; mais l'effet de Jupiter sur Saturne peut, dans certain cas, s'élever à la $\frac{1}{150}$ partie de celui du Soleil agissant sur la même planète.

Variation des éléments elliptiques. — Puisque, dans notre système, l'attraction du Soleil est partout et largement prépondérante, il est bien naturel de la considérer à part; à elle seule, elle ferait décrire à une planète indéfiniment la même ellipse; c'est là une première approximation du mouvement réel; c'est cette approximation que Képler a déduite des observations de Tycho-Brahé.

Les petites forces provenant des actions des autres planètes seront des *forces perturbatrices*, qui tendront à éloigner un peu d'abord, beaucoup à la longue, la planète considérée de son ellipse; cet effet est désigné sous le nom général de *perturbations*. On comprend du reste, d'après les nombres rapportés plus haut, que les perturbations seront plus ou moins grandes suivant les cas, très faibles pour la Terre, très sensibles pour Saturne, par exemple.

Si l'on comparait indéfiniment le mouvement réel au mouvement sur une même ellipse, on finirait, avec le temps, par avoir des écarts considérables. Aussi divise-t-on l'orbite réellement décrite par chaque planète en un certain nombre de parties ; si, en chacun des points de division, on venait à supprimer toutes les forces perturbatrices, la planète décrirait une ellipse autour du Soleil, conformément aux lois de Képler ; autant de points de division dans l'orbite, autant d'ellipses différentes. On supposera que la planète se meut d'abord sur la première ellipse, puis sur la seconde, etc. ; il convient de remarquer que, en raison de la petitesse des actions perturbatrices, chacune de ces courbes différera peu de celles qui l'avoisinent. On aura donc ainsi décomposé le mouvement réel de la planète en une succession de mouvements elliptiques. On pourra dire encore que le mouvement s'effectue toujours sur une ellipse dont la position, la forme, etc., les éléments en un mot, seront variables avec le temps, d'une manière continue, si le nombre des points de division, dont on a parlé plus haut, croît indéfiniment.

Au lieu de chercher à déterminer immédiatement la position que doit occuper une planète à une certaine époque, on calculera les valeurs que prendront à cette époque les six éléments elliptiques, et l'on en déduira bien aisément la position cherchée. Ces éléments ne seront plus égaux aux valeurs constantes qu'ils auraient si le Soleil agissait seul, mais à ces valeurs augmentées ou diminuées d'une série de petits termes que l'on nomme des *inégalités* ; on distingue plusieurs sortes d'inégalités.

Inégalités séculaires. — Considérons, pour fixer les idées, la Terre et Jupiter. Si Jupiter sollicitait la Terre constamment dans la même direction, la déviation que nous avons trouvée très petite, d'environ 2 mètres pour une heure, se traduirait à la longue par un effet considérable, car une force, supposée constante pendant un certain temps, fait parcourir au corps auquel elle est appliquée un espace proportionnel au carré du temps. La Terre, sollicitée vers le Soleil par une force considérable, finirait donc, sous l'action d'une force perturbatrice très faible, par prendre un mouvement essentiellement différent du mouvement elliptique. Mais il faut remarquer que cette force perturbatrice ne reste pas constante, et surtout qu'elle n'agit pas toujours dans le même sens, parce que Jupiter et la Terre sont en mouvement sur leurs orbites respectives ; tantôt l'action perturbatrice de Jupiter sollicite la Terre dans un sens, tantôt dans un sens opposé ; au bout d'un intervalle de temps qui aura ramené les deux planètes à peu près dans les positions où elles étaient d'abord, une grande partie des perturbations de la Terre se trouvera naturellement compensée, les effets élémentaires s'étant presque entièrement détruits deux à deux ; mais la compensation n'est pas parfaite, et cela tient surtout à ce que les orbites ne sont pas symétriques par rapport au Soleil ; au bout du cycle considéré, les éléments elliptiques de la Terre auront donc augmenté ou diminué de petites quantités ; un second cycle semblable reproduira la même augmentation ou la même diminution, etc. On pourra donc avoir à la longue, dans les divers éléments elliptiques de la Terre, des variations sensiblement proportionnelles au temps ; c'est là ce que l'on nomme des *inégalités séculaires*. Insensibles pour un petit intervalle de temps, leur accumulation répétée peut, dans le cours des siècles, arriver à les rendre considérables.

Inégalités périodiques. — Ces inégalités dépendent de la configuration mutuelle des planètes ; elles redeviennent sensiblement les mêmes quand cette configuration se trouve à peu près rétablie ; leur allure générale est facile à saisir ; que l'on conçoive un mobile animé d'un mouvement uniforme sur une circonférence ; la distance du centre de cette circonférence à la projection du mobile sur un diamètre représente exactement l'une quelconque des inégalités périodiques, qui ne différeront les unes des autres que par la grandeur de la circonférence, la vitesse du mobile, et l'instant où il passe par l'extrémité du diamètre considéré. Chacun des éléments elliptiques d'une planète est affecté d'un nombre illimité d'inégalités périodiques ; fort heureusement, quand on s'éloigne dans la série, la plus grande valeur que peut atteindre chacune d'elles diminue rapidement, de sorte qu'il n'y a réellement lieu d'en considérer qu'un nombre assez restreint.

On peut envisager l'ensemble des inégalités périodiques comme formant un mouvement oscillatoire autour d'un état moyen rendu lui-même progressivement variable en vertu des inégalités séculaires. Quand on veut se borner à rechercher quel serait l'aspect général du système solaire au bout d'un grand nombre de siècles, on peut laisser de côté les inégalités périodiques, et considérer seulement les inégalités séculaires.

Inégalités à longues périodes. — Il nous reste à parler d'une troisième sorte d'inégalités qui jouent un rôle considérable dans la théorie des perturbations planétaires, et dont la découverte est l'un des plus beaux titres de gloire de Laplace. Considérons les planètes Jupiter et Saturne, pour lesquelles les inégalités du nouveau genre sont considérables ; il se présente cette circonstance particulière que, pendant que Jupiter fait cinq de ses révolutions, Saturne en accomplit à fort peu près deux des siennes.

On trouve, en effet, que cinq révolutions de Jupiter font 21 663 jours tandis que deux de Saturne en font 21 518 ; ces deux nombres sont presque égaux ; leur différence, 145, est petite par rapport à chacun d'eux ; c'est ce que l'on exprime en disant que les durées des révolutions de Jupiter et de Saturne sont à peu près dans un rapport commensurable, celui de 2 à 5. Cette circonstance joue un rôle important, comme on va le voir. Il en résulte, en effet, qu'au bout d'un cycle de 21 663 jours, ou d'environ cinquante-neuf ans, les deux planètes se retrouvent presque dans les mêmes positions qu'elles occupaient d'abord ; les inégalités périodiques ordinaires seront donc alors sensiblement devenues les mêmes qu'au point de départ, sans que la compensation ait été exacte ; il y aura une certaine résultante pour les perturbations de chacune des deux planètes. Pendant les diverses parties du second cycle, les positions respectives de Jupiter et de Saturne seront presque les mêmes que pendant les parties correspondantes du premier ; à la fin du second cycle, l'effet des perturbations sera presque doublé ; il sera triplé à la fin du troisième, etc. ; mais, au bout d'un certain nombre de cycles, les positions des planètes seront très différentes de ce qu'elles étaient d'abord, ce qui tient à ce que le rapport de 5 à 2 ne se trouve réalisé que d'une manière approchée ; la compensation tendra alors à s'établir ; il en résulte dans les mouvements des deux planètes des inégalités dont la période est fort longue, et d'environ 900 ans ; elles sont du reste considérables, comme on l'indiquera plus loin. La circonstance qui s'est présentée pour Jupiter et Saturne est loin d'être une exception dans notre système planétaire ; ainsi, la durée de révolution de Neptune est sensiblement le double de celle d'Uranus ; ainsi encore, les durées de révolution de Vénus et de la Terre sont à fort peu près dans le rapport de 8 à 13. Ces rapports approchés de commensurabilité ont pour effet de rendre très sensibles des inégalités qui devraient être presque nulles, d'après le rang élevé qu'elles occupent dans la série de l'ensemble des inégalités périodiques.

Il ne peut entrer dans le cadre de cette Notice de donner une idée des méthodes employées par les géomètres et les astronomes, dans le calcul long et délicat des inégalités planétaires ; nous nous bornerons à dire que les développements analytiques que nécessite la solution sont rendus possibles, et relativement faciles malgré leur longueur, par la petitesse des excentricités des orbites, et aussi par les faibles inclinaisons mutuelles de ces orbites ; les calculs, tels que les a faits Le Verrier pour notre système planétaire tout entier (en exceptant ce qui se rapporte aux satellites, et en particulier à la Lune), reposent presque entièrement sur les admirables travaux de Lagrange et de Laplace.

Dans la pratique, on reporte l'effet des inégalités périodiques des éléments elliptiques sur la position même de chaque planète ; on conçoit alors une planète fictive qui se meut conformément aux lois de Képler sur une ellipse dont les éléments varient régulièrement par nuances insensibles, en vertu des seules inégalités séculaires, tandis que la vraie planète oscille autour de cette planète fictive, sur une courbe ayant de très petites dimensions, et dont la nature dépend des inégalités périodiques.

Nous allons chercher à donner une idée des dimensions de cette petite courbe dans le cas de la Terre. Figurons l'orbite de la planète fictive qui va remplacer la Terre par une ellipse dont le grand axe soit égal à 10^m (ce sera une courbe peu différente d'un cercle ayant 5^m de rayon) ; cette ellipse variera très lentement par suite des inégalités séculaires ; eh bien ! la position de la Terre ne sera jamais éloignée de celle de la planète fictive de plus de 1^{mm}.

Quant aux variations séculaires des éléments de cette ellipse, elles sont très faibles et ne deviennent bien sensibles qu'au bout d'un temps très long ; nous nous bornerons à dire actuellement que, en une année, le grand axe de l'ellipse tourne dans son plan d'un petit angle de 12″, et que ce plan tourne pendant le même temps d'un angle encore plus petit, d'environ une demi-seconde d'arc.

On voit donc qu'au bout d'une année la différence entre la position réelle de la Terre et celle qu'elle occuperait sur une ellipse invariable est bien faible.

Pour Mercure et Vénus, les inégalités périodiques sont encore très petites ; elles ne peuvent altérer d'une demi-minute d'arc les longitudes de ces planètes vues du Soleil.

Elles sont plus sensibles dans le cas de Mars, à cause du rapprochement qui peut se produire entre cette planète et la plus grosse de toutes, Jupiter ; leur effet peut s'élever à 1′ environ ; tel était à peu près le degré d'exactitude des observations de Tycho-Brahé, et l'on comprend que ces inégalités n'aient pu être constatées par Képler.

Les inégalités périodiques de Jupiter et de Saturne sont très sensibles ; mais la plus considérable, et de beaucoup, est l'inégalité à longue période dont on a parlé plus haut ; elle peut altérer de 20′ la longitude de Jupiter, et de 50' celle de Saturne; la distance angulaire des deux planètes peut donc, dans des conditions favorables, être modifiée de 1° 10', c'est-à-dire de plus du double du diamètre apparent de la Lune. On comprend combien doit être long et compliqué le calcul des perturbations, lorsqu'on y rencontre des inégalités aussi importantes; pour en donner une faible idée, nous dirons que les théories des quatre grosses planètes, Jupiter, Saturne, Uranus et Neptune, telles que Le Verrier les a données, comprennent cinq énormes volumes contenant ensemble environ 2 300 pages; les calculs auxiliaires, qui n'ont pas été imprimés, forment un ensemble trois ou quatre fois plus considérable.

Planètes intramercurielles. — Les inégalités séculaires, avons-nous dit, deviendront surtout très sensibles dans le cours des siècles : il en est une, cependant, qui a joué déjà un rôle considérable ; nous voulons parler de l'inégalité séculaire du périhélie de Mercure. Le grand axe de l'orbite de cette planète tourne dans son plan de 5'',25 en une année ; cet angle est petit, plus petit que l'angle correspondant pour la Terre : cependant, il produit des effets très sensibles, parce que l'orbite de Mercure est notablement excentrique ; la plus grande distance de Mercure au Soleil est en effet égale à la plus petite distance augmentée de sa moitié. On comprend qu'au bout d'un siècle, le grand axe d'une ellipse aussi accusée ayant tourné de presque 1', il en résulte un changement notable dans la position de la planète. Or, nous avons des observations des passages de Mercure sur le disque du Soleil à partir de 1631, et ces observations permettent de calculer avec une grande précision les positions correspondantes de la planète. On conçoit qu'on en puisse déduire directement l'angle dont tourne en un siècle le grand axe de l'orbite de Mercure ; on trouve ainsi un angle plus grand que celui qu'indique la théorie, plus grand de 38'' ; la différence est nettement accusée par l'ensemble des observations. Comment sortir de cette difficulté ? Le mouvement de rotation du grand axe de l'ellipse est produit par l'action des autres planètes, principalement de Vénus ; on peut songer à modifier la masse adoptée pour Vénus, de manière à rétablir l'accord entre la théorie et les observations de Mercure ; mais on se heurte alors à un autre obstacle ; Vénus cause des perturbations appréciables dans le mouvement de la Terre ; en modifiant, comme on vient de le dire, la masse de Vénus, le désaccord disparaît de la théorie de Mercure, et se reporte sur celle de la Terre ; il est impossible d'assigner une valeur de cette masse, capable de rétablir l'accord des deux côtés à la fois. La théorie du mouvement de la Terre étant parfaitement

connue, la discordance doit rester dans celle de Mercure; voilà donc
un point sur lequel la théorie et l'observation ne peuvent pas être
conciliées. Pour lever cette difficulté, Le Verrier a été conduit,
comme on sait, à admettre l'existence d'un ou plusieurs petits corps
circulant entre Mercure et le Soleil; ces corps auraient une action
sensible sur Mercure, et pourraient produire l'excès de 38″ par siècle
que les observations indiquent dans le mouvement séculaire du
périhélie; ils n'auraient aucune influence sensible sur Vénus et sur
les autres planètes dont ils seraient trop éloignés. On a mentionné
à plusieurs reprises des passages de corpuscules sur le disque du
Soleil; mais tous les efforts tentés jusqu'ici pour apercevoir les planètes intramercurielles pendant les éclipses totales de Soleil n'ont
abouti à aucun résultat. Et cependant, les calculs théoriques de Le
Verrier ont été repris récemment par des méthodes différentes;
M. Newcomb a discuté à nouveau toutes les observations des passages de Mercure sur le Soleil : dans les deux cas, on est arrivé au
même résultat. Il reste donc, pour Mercure, un désaccord entre les
observations et les conséquences théoriques déduites de la loi de la
gravitation universelle. On pourrait l'expliquer à la rigueur en
admettant que les planètes intra mercurielles sont extrêmement
petites, et forment par leur réunion un essaim analogue à celui des
planètes télescopiques qui circulent en si grand nombre entre Mars
et Jupiter. Nous renverrons pour plus de détails sur cette question
à notre Notice insérée dans l'*Annuaire* de 1882.

Stabilité du système planétaire. — En réfléchissant à l'effet
progressif des inégalités séculaires, on est conduit à se poser des
questions qui sont du plus haut intérêt pour l'avenir du système
solaire.

Le plan de l'orbite de la Terre va actuellement en se rapprochant
de celui de l'équateur; le rapprochement des deux plans conti-
nuera-t-il toujours, de manière à amener leur coïncidence dans un
avenir éloigné, et à réaliser pour tous les points de la Terre l'égalité
des jours et des nuits?

L'excentricité de l'orbite de Mercure, déjà si notable, augmente
d'année en année; cette planète est-elle donc destinée à circuler un
jour dans une orbite analogue à celle des comètes périodiques?

Enfin, si les grands axes des orbites étaient assujettis à des inégalités séculaires, les planètes ne finiraient-elles pas, ou par se
précipiter sur le Soleil, ou par s'en éloigner indéfiniment?

Laplace a soumis ces questions importantes à une savante analyse, complétée sur certains points par Lagrange et par Poisson.

Il a prouvé que, dans le cours des siècles, les points où les orbites des planètes rencontrent l'écliptique peuvent parcourir tous les signes du zodiaque; les extrémités des grands axes de ces orbites peuvent faire le tour entier du ciel; mais, dans cet ensemble de mouvements si complexes et si divers, il est un élément qui reste constant, ou du moins ne varie qu'entre des limites très étroites : les grands axes des orbites planétaires n'ont pas d'inégalités séculaires, ils ne font qu'osciller de part et d'autre de leurs valeurs moyennes, en vertu des inégalités périodiques; ces grands axes, qui sont aujourd'hui très différents les uns des autres, le seront donc toujours.

Il en résulte que les temps des révolutions des diverses planètes sont constants, ou du moins ne sont soumis qu'à de petits changements périodiques. Ce beau théorème est la base fondamentale sur laquelle repose aujourd'hui l'Astronomie théorique, de même que l'Astronomie d'observation est fondée sur l'invariabilité de la durée du jour sidéral.

Laplace a démontré ensuite que, du seul fait que les planètes se meuvent toutes dans le même sens, dans des orbites qui sont aujourd'hui peu excentriques et peu inclinées les unes sur les autres, on peut conclure que les excentricités et les inclinaisons mutuelles resteront toujours petites, et comprises entre des limites assez étroites, que l'on peut assigner.

L'excentricité de l'orbite de Mercure n'ira donc pas toujours en augmentant; elle ne dépassera jamais une limite peu différente de sa valeur actuelle. De même, l'excentricité de l'orbite terrestre, qui décroît actuellement, ne le fera pas toujours; dans 24 000 ans, elle aura atteint sa plus petite valeur, après quoi elle augmentera pendant très longtemps, mais sans jamais dépasser une valeur égale à trois fois environ la valeur actuelle, pour diminuer de nouveau.

L'écliptique ne se rapprochera pas toujours de l'équateur, jamais ces deux plans ne coïncideront; leur inclinaison ne fera qu'osciller en plus ou en moins de sa valeur moyenne, sans s'en écarter de plus de 4° (1).

A plusieurs milliers d'années de distance, les astronomes qui

_____

(1) On voit qu'en définitive les inégalités séculaires qui affectent les excentricités et les inclinaisons sont elles-mêmes périodiques : seulement les périodes sont très longues, comme on peut en juger d'après le chiffre de 24 000 ans rapporté plus haut. Pendant plusieurs siècles, ce qui suffit aux besoins actuels de l'Astronomie, on peut remplacer ces inégalités par des expressions proportionnelles au temps, augmentées de petits termes qui contiennent le carré du temps.

étudieront le système planétaire le trouveront donc semblable à celui que nous connaissons; les caractères généraux seront les mêmes; les orbites seront encore presque circulaires, et fort peu inclinées les unes sur les autres; les distances moyennes au Soleil et les durées des révolutions seront les mêmes; c'est en cela que consiste la stabilité du système planétaire.

Il a fallu le génie de Laplace pour démêler ces lois simples à travers les effets complexes des forces qui sillonnent le système solaire.

Après cette revue d'ensemble des perturbations planétaires, il nous est impossible de ne pas mentionner en passant le travail gigantesque de Delaunay sur la théorie de la Lune; la détermination des mouvements de notre satellite présente des difficultés de premier ordre; en raison même de ces difficultés, elle a provoqué les efforts des plus grands géomètres, Newton, Clairaut, Euler et Laplace. Delaunay s'est occupé de la Lune pendant plus de vingt-cinq ans; ses travaux sur ce sujet sont contenus dans deux énormes volumes; une seule formule embrasse 137 pages. On peut juger par là des labeurs auxquels ont donné lieu les calculs des perturbations, qu'il s'agisse des planètes ou de la Lune. L'intelligence d'un savant de premier ordre suffit à peine à en saisir et à en ordonner l'enchaîne-ment; sa vie entière est consacrée à les exécuter. Et cependant, les positions des corps célestes qu'il faut enserrer dans les formules embrassent à peine un siècle et demi. Quand les astronomes auront à vérifier cinq ou six cents ans d'observations exactes, bien des désaccords passagers se produiront sans doute; et pour les faire disparaître, il sera nécessaire de pousser encore plus loin les calculs, et d'accroître leur masse, déjà si considérable aujourd'hui. Il faut espérer que, d'ici à cette époque, l'Analyse mathématique aura fait des progrès qui serviront à l'Astronomie, et permettront d'arriver plus rapidement à la solution du problème des perturbations.

Après ces indications sommaires sur la nature des perturbations, nous devrions faire connaître quelques-uns des résultats qui découlent de leur théorie; il en est un grand nombre qui étonnent par leur simplicité et par leur importance, et dédommagent amplement les astronomes qui les ont fait sortir des formules compliquées dans lesquelles ils étaient profondément cachés; nous avons indiqué déjà quelques-uns de ces résultats. Le plus beau, le plus éclatant de tous est certainement la découverte de Neptune; c'est ce sujet que nous allons aborder, pour terminer cette Notice. Sans nous arrêter long-temps au côté historique de la question, lequel est bien connu, nous chercherons à donner une idée du beau travail de Le Verrier : les lecteurs de l'*Annuaire* nous pardonneront, sans doute, d'avoir introduit çà et là quelques données numériques; elles nous ont paru nécessaires pour faire mieux saisir la difficulté du problème et la manière dont il a été résolu.

DEUXIÈME PARTIE

Découverte de Neptune.

Le 13 mars 1781, W. Herschel rencontrait accidentellement la planète Uranus, dont le disque sensible avait attiré son attention; depuis cette époque, la nouvelle planète avait été observée régulièrement; en 1820, on possédait une belle série de quarante années d'observations méridiennes; de plus, on avait reconnu que, antérieurement à sa découverte par Herschel, la planète avait été observée vingt fois depuis 1690 jusqu'en 1771, par Flamsteed, Bradley, Mayer et Lemonnier, qui n'avaient vu en elle qu'une étoile de 6ᵉ grandeur, qu'ils avaient inscrite dans leurs Catalogues stellaires. Si nous ajoutons que Laplace avait développé dans le Tome III de la *Mécanique céleste* les expressions analytiques des perturbations produites sur Uranus par Jupiter et par Saturne, on comprendra qu'en 1820 le moment était venu de représenter toutes les positions d'Uranus, en partant de la loi de la gravitation universelle, et de construire des Tables exactes du mouvement de la planète; c'est ce qu'entreprit Bouvard; le résultat de ses efforts fut quelque peu décourageant : il lui fut impossible en effet de représenter à la fois par les mêmes formules les anciennes observations de 1690 à 1771 et les modernes (de 1781 à 1820). Il est vrai que les anciennes observations étaient beaucoup moins précises que les observations méridiennes postérieures à 1781; la grandeur des écarts ne permettait pas cependant d'en attribuer exclusivement la cause au peu de précision de ces observations. Quoi qu'il en soit, Bouvard, n'arrivant pas à concilier les deux systèmes, prit le parti de rejeter entièrement les observations anciennes et fonda ses Tables uniquement sur les quarante années d'observations méridiennes, « laissant, dit-il, aux temps à venir, le soin de faire connaître si la difficulté de concilier les deux systèmes tient réellement à l'inexactitude des observations anciennes, ou si elle dépend de quelque action étrangère et inaperçue, qui aurait agi sur la planète »

Il ne fut pas nécessaire d'attendre longtemps pour prononcer; les Tables de Bouvard, qui ne représentaient pas les observations anciennes, représentèrent de moins en moins bien les observations méridiennes postérieures à 1820; et cependant, on ne pouvait mettre en doute la précision de ses observations; vers 1845, le désaccord était devenu intolérable; il était probable que la planète Uranus avait été soumise à quelque action « étrangère et inaperçue ».

La question de l'irrégularité des mouvements d'Uranus se trouva mise à l'ordre du jour; dans le courant de l'été de 1845, Arago la signala d'une manière pressante à l'attention de Le Verrier. Bessel écrivait à de Humboldt : « Je pense qu'un moment viendra où la solution du mystère d'Uranus sera peut-être bien fournie par une nouvelle planète, dont les éléments seraient reconnus par son action sur Uranus et vérifiés par celle qu'elle exerce sur Saturne. » Bessel avait, de son côté, appelé l'attention d'un de ses élèves sur cette question importante.

Au début de recherches qui promettaient d'être longues et difficiles, Le Verrier voulut les asseoir sur une base inébranlable; laissant de côté, lui aussi, mais pour un moment seulement, les anciennes observations dont la précision suspectée pouvait donner prise à la discussion, il entreprit d'abord de démontrer d'une manière indiscutable que l'ensemble des observations méridiennes d'Uranus ne pouvait être représenté par une ellipse, dont les éléments variaient en vertu des seules actions perturbatrices de Saturne et de Jupiter. Afin qu'aucune incertitude ne planât sur ses résultats, il reprit et compléta la détermination analytique de ces perturbations, de manière à ne laisser de côté aucun terme sensible. Le nombre des observations méridiennes employées fut de 259, réparties sur un intervalle de 65 ans; Le Verrier remplaça ce nombre considérable d'observations par 26 observations idéales plus précises, formées chacune, en moyenne, par la réunion de 10 observations simples.

La question était alors de déterminer les éléments elliptiques d'Uranus à une époque déterminée, de manière à représenter aussi exactement que possible les 26 observations idéales de la planète; cela conduisit à un ensemble de 26 équations à 6 inconnues; les valeurs les plus probables des inconnues furent déterminées par les méthodes familières aux astronomes. Le Tableau ci-après donne, en secondes d'arc, les écarts qui subsistent entre la théorie et l'observation; la première colonne contient la date, la seconde donne l'excès de la longitude calculée sur la longitude observée; le signe + indique que la première longitude est supérieure à la seconde; le signe — qu'elle lui est inférieure.

TABLEAU A.

	"		"
1781-1782.........	+ 20,5	1813-1815..........	+ 4,5
1783-1784.........	+ 10,8	1816-1817..........	+ 6,0
1785-1788.........	+ 2,0	1818-1820..........	+ 3,8
1789-1790.........	— 8,1	1821-1823..........	+ 1,7
1791-1792.........	— 7,8	1824-1827..........	— 7,6
1793-1794.........	— 10,5	1828-1830..........	— 7,3
1795-1796.........	— 10,1	1833-1835..........	— 4,5
1797-1801.........	— 6,7	1835-1836..........	— 4,7
1802-1804.........	— 3,4	1837-1838..........	— 2,1
1804-1806.........	— 0,4	1839-1840..........	+ 0,7
1807-1808.........	+ 3,1	1841-1842..........	+ 1,5
1808-1810.........	— 3,8	1842-1844..........	+ 3,1
1811-1813.........	+ 4,4	1844-1845..........	+ 6,5

Si la théorie d'Uranus était complète, si les observations étaient rigoureusement exactes, toutes les différences inscrites dans le Tableau ci-dessus devraient être nulles; mais toute observation porte avec elle une petite erreur; ces erreurs, inévitables dans les observations, peuvent-elles expliquer les nombres, les résidus que l'on a sous les yeux? Quand on connaît l'habileté et le soin que les astronomes apportent dans leurs observations méridiennes, quand on réfléchit que chacune des observations idéales employées provient de 10 observations méridiennes isolées, on acquiert la conviction que chacune de ces observations idéales ne peut être en erreur de plus de $2''$ ou $3''$; chacun des nombres du Tableau A devrait donc être au plus égal à $3''$, en valeur absolue; des erreurs de $20'',5$, de $10'',8$, de $10'',5$,... sont entièrement inadmissibles. Mais il y a plus, les erreurs accidentelles provenant des observations devraient porter la planète, tantôt en avant, tantôt en arrière de la position qu'elle occupe réellement. Peut-on admettre que, de 1781 à 1788, toutes les observations faites dans des observatoires différents, par un grand nombre d'astronomes, s'accordent à donner des positions de la planète en retard sur la position vraie? que toutes ces positions soient constamment en avance, de 1789 à 1806, etc.?... Évidemment non. La discussion des observations anciennes conduisit à des différences beaucoup plus fortes ; aussi Le Verrier est-il arrivé à cette conclusion de la première partie de son travail :

« J'ai démontré, si je ne me trompe, qu'il y a incompatibilité formelle entre les observations d'Uranus et l'hypothèse que cette planète ne serait soumise qu'aux actions du Soleil et des autres planètes, agissant conformément aux principes de la gravitation universelle. On ne parviendra jamais, dans cette hypothèse, à représenter les mouvements observés. »

Comment lever une difficulté si bien mise en évidence ? Fallait-il songer à modifier la loi de la gravitation, en la supposant différente à la grande distance à laquelle Uranus se trouve du Soleil ? A propos d'une difficulté singulière qu'il avait rencontrée dans la théorie du mouvement de la Lune, Clairaut avait douté un moment de l'entière exactitude de la loi de Newton ; mais, en poussant plus loin les calculs qu'il ne l'avait fait d'abord, Clairaut avait vu l'accord se rétablir, et la loi de la gravitation était sortie victorieuse de cette épreuve. Le Verrier ne s'arrêta pas un instant à cette idée ; il aborda résolument l'hypothèse d'une planète encore ignorée et chercha si les perturbations produites par cette planète permettraient d'expliquer les irrégularités du mouvement d'Uranus.

Difficulté du problème. — Le problème présentait des difficultés considérables ; analysons, en effet, les inconnues dont il dépend. Pour connaître, à chaque instant, la force avec laquelle la planète inconnue agit sur Uranus et les dérangements qu'elle lui cause, il faut connaître la masse de la planète et la position qu'elle occupe au moment considéré ; c'est pendant un siècle et demi environ, de 1690 à 1845, que l'on doit représenter les observations d'Uranus ; il faut donc connaître pendant tout ce temps les positions de la planète inconnue. On y arrivera, si l'on détermine les éléments du mouvement elliptique de cette planète ; voilà donc déjà 7 inconnues ; mais ce n'est pas tout. En tenant compte de cette nouvelle action perturbatrice, Uranus décrira à chaque instant une ellipse, dont les éléments varieront avec le temps ; mais cette ellipse, à une époque donnée, ne sera pas la même que si la planète n'existait pas. Les éléments de l'ellipse invariable que décrirait Uranus s'il existait seul avec le Soleil sont donc inconnus ; de là 6 nouvelles inconnues, savoir : les éléments elliptiques d'Uranus à un moment donné. Le problème comporte donc en tout 13 inconnues.

Comment formera-t-on les équations propres à déterminer ces inconnues ? On calculera par la théorie le changement que produit la nouvelle planète sur Uranus à une époque donnée et l'on écrira que la longitude d'Uranus, calculée dans le mouvement elliptique et augmentée des perturbations produites par Saturne, par Jupiter et par la planète inconnue, est égale à la longitude observée. Chaque observation fournira donc une équation de condition entre 13 inconnues; cette équation sera extrêmement compliquée; il faudra ensuite déterminer les inconnues de manière à vérifier le mieux possible l'ensemble des équations de condition.

Simplification du problème. — 1° On sait que les orbites de Mars, Jupiter, Saturne et Uranus sont presque couchées sur le plan de l'écliptique, avec lequel elles font de petits angles, inférieurs à 2°30′; Le Verrier était donc conduit naturellement à admettre que la planète inconnue se trouvait à fort peu près dans le plan de l'écliptique, supposition d'autant plus plausible que les latitudes d'Uranus étaient représentées presque exactement, en tenant compte seulement des actions de Jupiter et de Saturne. Les deux éléments elliptiques destinés à fixer la position du plan de l'orbite de la planète inconnue disparaissaient donc; il en était de même des inconnues correspondantes pour Uranus, car le plan de son orbite ne pouvait être dérangé d'une manière sensible; il y aura donc 4 inconnues en moins et il en restera 9; le problème, ainsi modifié, resterait encore très difficile et presque inabordable.

2° Mais Le Verrier a été conduit, par les considérations suivantes, à faire une hypothèse sur la distance moyenne de la planète inconnue au Soleil. Il est visible d'abord qu'on ne peut la supposer ni au-dessous de Saturne, ni entre Saturne et Uranus, car elle produirait dans le mouvement de Saturne des dérangements qui n'auraient pu passer inaperçus; il faut donc la placer au delà d'Uranus.

Les distances moyennes des planètes au Soleil ont, entre elles, certains rapports assez simples, renfermés dans une loi empirique, la loi de Bode, qui s'énonce ainsi :

Si l'on considère la série des nombres

$$(1) \qquad 0, \quad 3, \quad 6, \quad 12, \quad 24, \quad 48, \quad 96, \quad 192,$$

dont chaque terme, à part le second, est le double du précédent; si l'on ajoute 4 à chacun de ces nombres et que l'on divise le résultat par 10, les quotients obtenus représentent à fort peu près l'ensemble des distances moyennes des planètes au Soleil; c'est ce que montre le Tableau ci-après, dans lequel la deuxième colonne donne la distance réelle de chaque planète au Soleil et la troisième la distance calculée par la loi de Bode :

Mercure.........................	0,4	0,4
Vénus.........................	0,7	0,7
La Terre.........................	1,0	1,0
Mars.........................	1,5	1,6
»	»	2,8
Jupiter.........................	5,2	5,2
Saturne.........................	9,5	10,0
Uranus.........................	19,2	19,6

La loi de Bode n'est pas, à proprement parler, une véritable loi ; elle n'a pas de fondement théorique ; c'est une relation empirique simple et assez approchée ; la distance 2, 8 se trouve répondre aux petites planètes et, en particulier, aux trois premières : Cérès, Pallas et Junon, pour lesquelles la distance moyenne au Soleil est égale à 2,8 ou à 2,7.

Bien avant Bode, Képler avait remarqué les rapports qui existent entre les distances moyennes des planètes au Soleil, et il en avait hardiment conclu à l'existence d'une planète entre Mars et Jupiter ; il avait dit en effet : *Intra Martem et Jovem interposui planetam ;* ce n'était pas une seule planète, mais l'essaim des astéroïdes, dont Képler avait été amené à soupçonner l'existence.

On voit que, pour des planètes très éloignées du Soleil, le nombre 4, que l'on ajoute aux divers termes de la série (1), disparaît, pour ainsi dire, devant les valeurs numériques croissantes des termes successifs, et que, dans ce cas, la loi de Bode peut s'exprimer plus simplement en disant que la distance moyenne d'une planète au Soleil est à peu près le double de la distance de celle qui la précède immédiatement. On était donc porté à supposer que la distance du Soleil à la planète cherchée était le double de la distance correspondante pour Uranus, et le nombre des inconnues se trouvait réduit à 8.

La question se trouva ainsi posée dans les termes suivants :

« Est-il possible que les inégalités d'Uranus soient dues à l'action d'une planète, située dans l'écliptique, à une distance moyenne double de celle d'Uranus, et, s'il en est ainsi, où est actuellement située cette planète? Quels sont les éléments de l'orbite qu'elle parcourt? »

3° On peut encore introduire une autre simplification ; à part

Mercure et Mars, les excentricités des anciennes planètes sont petites et inférieures à $\frac{1}{17}$; il y a lieu d'admettre qu'il en est de même pour la nouvelle planète, que son excentricité sera petite, et qu'on pourra négliger son carré; c'est là un point important, pour la facilité du calcul. On peut encore, au moins dans une première approximation, laisser de côté les inégalités séculaires causées par la planète inconnue sur Uranus; de 1690 à 1845, c'est-à-dire pendant un intervalle de temps inférieur à deux fois la révolution d'Uranus, elles doivent être presque insensibles. Il ne restait donc que les inégalités périodiques; et, en ne conservant que celles qui pouvaient être de quelque importance, leur nombre s'est trouvé réduit à 12.

Résolution du problème. — La question comporte actuellement 8 inconnues, entre lesquelles il existe un grand nombre d'équations de condition; il arrive que, dans ces équations, 7 des inconnues figurent d'une manière très simple, au premier degré; la huitième seule y entre d'une manière compliquée; appelons x cette dernière inconnue, qui n'est autre chose que la longitude de la planète cherchée, à une époque déterminée, le 1er janvier 1800. Le Verrier a donné à x successivement 40 valeurs équidistantes, 0°, 9°, 18°, ..., 351°; dans chacune de ces hypothèses, le problème était facile; il s'agissait seulement de résoudre des équations du premier degré. De là 40 solutions distinctes; il suffisait dès lors de voir comment chacune d'elles représentait l'ensemble des observations d'Uranus; la solution véritable serait celle qui les représenterait le mieux. On aurait en même temps une idée des limites entre lesquelles l'inconnue x pouvait varier, sans être obligé d'introduire dans les observations des erreurs inadmissibles. C'est ainsi que procéda Le Verrier, et voici la conclusion importante à laquelle il a été conduit :

« Il n'y a dans l'écliptique qu'une seule région dans laquelle on puisse placer la planète perturbatrice, de manière à rendre compte des mouvements d'Uranus; la longitude moyenne de cette planète devait être, au 1er janvier 1800, de 243° à 252°. »

Le plus difficile était fait; il n'y avait plus qu'à perfectionner la solution approchée que l'on venait d'obtenir, en tenant compte des petites quantités négligées d'abord; il fallait aussi faire varier la distance moyenne de la planète au Soleil, pour parer au cas où elle ne rentrerait pas exactement dans la loi de Bode, et déterminer cette distance de manière à obtenir la solution la plus précise

Le Tableau suivant montre comment la solution définitive représente les observations méridiennes d'Uranus; les nombres contenus dans la deuxième colonne sont les excès des longitudes calculées sur les longitudes observées :

1781-1782	+ 2,3		1813-1815	— 0,9
1783-1784	+ 0,2		1816-1817	+ 0,1
1785-1788	— 1,2		1818-1820	+ 0,4
1789-1790	— 3,4		1821-1823	+ 0,9
1791-1792	+ 0,3		1824-1827	— 5,4
1793-1794	— 0,5		1828-1830	— 2,2
1795-1796	— 1,0		1835-1835	— 0,8
1797-1801	+ 0,9		1835-1836	+ 2,3
1802-1804	+ 0,8		1837-1838	+ 2,5
1804-1806	+ 0,8		1839-1840	+ 2,2
1807-1808	+ 2,1		1841-1842	— 0,2
1808-1810	+ 0,8		1842-1844	— 0,4
1811-1813	— 0,5		1844-1845	— 0,3

Il suffit de comparer ces nombres à ceux du Tableau A, pour voir que toutes les irrégularités du mouvement d'Uranus ont disparu ; toutes les erreurs qui restent peuvent être attribuées aux observations.

Les anciennes observations se trouvent également représentées d'une manière satisfaisante, étant donné que leur précision est moindre ; ainsi :

Quatre observations concordantes, faites par Flamsteed en 1712 et 1715, donnent + 5″,5 ; deux observations de Lemonnier en 1750, — 7″,4 ; deux observations très précises faites par Mayer en 1753, et Bradley en 1756, — 4″,0 ; enfin huit observations de Lemonnier en 1768 et 1769, + 3″,7.

Le mystère d'Uranus est donc entièrement éclairci ; le 31 août 1846 Le Verrier annonce à l'Académie des Sciences que la planète cherchée se trouvera le 1er janvier 1847 par 326° 32′ de longitude vraie ; il fait à cette occasion les réflexions suivantes, que nous croyons devoir reproduire entièrement, car elles montrent bien la conviction profonde que l'illustre astronome avait dans l'exactitude de ses calculs :

« ... L'opposition de la planète a eu lieu le 19 août dernier. Nous sommes donc actuellement à une époque très favorable pour la découvrir. L'avantage qui résulte de sa grande distance angulaire au Soleil ira en diminuant sans cesse ; mais, comme la longueur des jours décroît maintenant très rapidement dans nos climats, nous nous trouverons longtemps encore dans une situation favorable aux recherches physiques qu'on voudra tenter.

« La nature et le succès de ces recherches dépendront du degré de visibilité de l'astre. Arrêtons-nous un moment à cette question.

Examinons quels sont actuellement, au moment de l'opposition, le diamètre apparent et l'éclat relatif de la planète cherchée.

« On sait qu'à une distance égale à dix-neuf fois la distance de la Terre au Soleil, le disque d'Uranus apparaît sous un angle de 4 secondes sexagésimales. La masse de cette dernière planète est connue; elle est deux fois et demie environ plus faible que celle de la nouvelle planète. Ces données, jointes aux précédentes, nous suffiraient pour calculer le diamètre apparent du nouvel astre, si nous connaissions le rapport de sa densité à celle d'Uranus. En général, les densités des planètes diminuent à mesure qu'on s'éloigne du Soleil. Nous ferons donc, quant au diamètre, une hypothèse défavorable à la visibilité de l'astre cherché, en admettant que sa densité soit égale à celle d'Uranus. Nous trouverons ainsi qu'au moment de l'opposition la nouvelle planète devra être aperçue sous un angle de 3″,3. Ce diamètre est tout à fait de nature à être distingué, dans les bonnes lunettes, des diamètres factices, produits de diverses aberrations, si l'éclat du disque est suffisant.

« En supposant que le pouvoir réfléchissant de la surface de la nouvelle planète soit le même que celui de la surface d'Uranus, son éclat spécifique actuel sera le tiers environ de l'éclat spécifique dont jouit Uranus quand il se trouve dans sa distance moyenne au Soleil.

« Ces conditions physiques me semblent promettre que non seulement on pourra apercevoir la nouvelle planète dans les bonnes lunettes, mais encore qu'on la distinguera par l'amplitude de son disque; que son apparence ne sera pas réduite à celle d'une étoile. C'est un point fort important. Si l'astre qu'il s'agit de découvrir peut être confondu, quant à l'aspect, avec les étoiles, il faudra, pour le distinguer parmi elles, observer toutes les petites étoiles qu'on voit dans la région du ciel qu'on doit explorer, et constater dans l'une d'entre elles un mouvement propre. Ce travail sera long et pénible. Mais si, au contraire, le disque de l'astre a une amplitude sensible qui ne permette pas de le confondre avec celui des étoiles, si l'on peut substituer, à la détermination rigoureuse de la position de tous les points lumineux, une simple étude de leur apparence physique, les recherches marcheront alors rapidement. »

Le 18 septembre 1846, Le Verrier écrivait à M. Galle, astronome de Berlin, en le priant de rechercher la planète; M. Galle reçut la lettre le 23, et le soir même, en s'aidant d'une carte céleste qui venait d'être construite récemment, il remarquait une étoile de 8ᵉ grandeur qui ne se trouvait pas marquée sur la carte; le lendemain, cette étoile avait changé de position, par rapport aux étoiles voisines : c'était la planète annoncée par Le Verrier ; elle se trouvait à 52' seulement de la position qu'il lui avait assignée ; enfin le nouvel astre s'était montré sous un diamètre apparent de 2",5 environ.

Les prédictions que Le Verrier avait faites avec une assurance si tranquille, et si sûre d'elle-même, s'étaient magnifiquement réalisées, et avaient donné la confirmation la plus éclatante de la loi de la gravitation universelle.

Pendant que Le Verrier se livrait à ses profonds calculs, un jeune astronome anglais qui, depuis, s'est élevé au premier rang parmi les maîtres de la science, M. Adams, résolvait la question de son côté, et assignait à Neptune une position différente de 2°30' environ de la position réelle ; le travail de M. Adams était aussi très remarquable ; mais il n'a pas été publié en temps utile, et la priorité de la découverte est restée sans conteste à l'astronome français.

Le 5 octobre 1846, en annonçant à l'Académie des Sciences que M. Galle venait de trouver la planète à la position qu'il avait calculée, Le Verrier disait :

« Ce succès doit nous laisser espérer qu'après trente ou quarante années d'observations de la nouvelle planète on pourra l'employer, à son tour, à la découverte de celle qui la suit, dans l'ordre des distances au Soleil. Ainsi de suite, on tombera malheureusement bientôt sur des astres invisibles, à cause de leur immense distance au Soleil, mais dont les orbites finiront, dans la suite des siècles, par être tracées avec une grande exactitude, au moyen de la théorie des inégalités séculaires. »

Aujourd'hui, trente-huit années nous séparent de la découverte de Neptune ; la théorie du mouvement de cette planète a été établie sur des bases solides par Le Verrier, qui a vécu juste assez longtemps pour y mettre la dernière main.

Ses formules représentent avec une précision qui ne laisse rien à désirer toutes les observations faites depuis 1846, et aussi deux observations faites en 1795 par Lalande, qui l'avait inscrite dans son Catalogue comme une étoile de 8ᵉ grandeur, sans se douter qu'il avait affaire à une planète. Les actions exercées par les planètes connues représentent donc parfaitement jusqu'ici le mouvement de Neptune, et l'espoir exprimé par Le Verrier ne se trouve pas réalisé pour le moment.

On ne peut évidemment en conclure que Neptune soit le dernier terme de la série des planètes ; il peut très bien se faire, en effet, que la planète suivante soit à une distance du Soleil beaucoup plus grande que celle indiquée par la loi purement empirique de Bode, ou que sa masse soit plus petite que celles des grosses planètes qui la précèdent ; dans ces conditions, son action perturbatrice ne pourrait s'accuser qu'à la longue, et il n'y aurait rien d'étonnant à ce qu'elle ne fût pas sensible aujourd'hui, alors que Neptune a parcouru à peine le quart de son orbite, depuis l'époque de sa découverte.

Mais il y a plus : il ne serait peut-être pas impossible qu'une planète circulant autour du Soleil à une distance double de celle de Neptune, ayant une masse comparable à celle de cette planète, n'ait pu produire encore sur elle des effets sensibles ; son action aurait pu se confondre dans une certaine mesure avec les effets produits par les autres planètes, de manière à ne pas s'accuser actuellement ; ainsi, si l'on jette les yeux sur le Tableau A, on voit que de 1807 à 1820 l'effet perturbateur de Neptune sur Uranus est resté sensiblement constant ; et il aurait été possible, durant cet intervalle, de représenter avec une grande rigueur les mouvements d'Uranus, sans avoir recours à l'action d'une planète inconnue.

Si tant est qu'on puisse se servir un jour de Neptune, comme on l'a fait d'Uranus, pour reculer les bornes de notre système planétaire, il faudra donc sans doute attendre longtemps encore, à moins d'un hasard heureux, analogue à celui qui a présidé à la découverte d'Uranus ; mais il faut convenir que les chances sont beaucoup moins favorables ; il suffit, pour s'en convaincre, de remarquer qu'une planète identique à Neptune, et située à une distance du Soleil deux fois plus grande, se présenterait à nous sous un petit diamètre apparent d'environ 1″ et ne brillerait que comme une étoile de 11e ou de 12e grandeur ; le nombre de ces étoiles est considérable ; le disque de la planète hypothétique ne serait pas toujours facile à reconnaître, et son mouvement propre, très peu accusé, permettrait difficilement de la distinguer des étoiles voisines à quelques jours d'intervalle.

NOTICE SUR LA MESURE DES MASSES

EN ASTRONOMIE

1. Il y a une vingtaine d'années, à la fin d'une visite publique à l'Observatoire, une personne qui avait écouté attentivement toutes les explications données sur les divers instruments fit la réflexion suivante : « Vous nous avez bien montré les instruments propres à mesurer le temps et les angles, mais je n'ai vu nulle part ceux qui servent à la mesure des distances des planètes. » La question était moins naïve qu'elle ne le semblait d'abord, et, pour y répondre complètement, il aurait fallu expliquer que le problème ne peut être résolu que d'une manière indirecte, et qu'une solution précise n'est devenue possible qu'après les découvertes de Copernic et de Képler, qui ont permis d'exprimer toutes les distances du système solaire au moyen de l'une d'entre elles, la distance du Soleil à la Terre. Cette distance peut elle-même être mesurée en rayons terrestres, mais non sans peine, comme le savent particulièrement les astronomes qui ont pris part aux observations des deux derniers passages de Vénus.

Notre visiteur aurait été encore plus indiscret s'il nous avait demandé à voir les instruments qui servent à peser le Soleil et les planètes; c'est cependant une conséquence assez simple de la loi de Newton. Ce beau résultat est un de ceux qui frappent le plus les personnes étrangères à l'Astronomie, et il n'est pas facile de le leur faire toucher du doigt, au moins dans une conversation improvisée. J'ai pensé qu'il ne serait pas inutile de consacrer à ce sujet une des Notices de l'*Annuaire;* je ne me dissimule pas les difficultés d'une exposition dans laquelle il faudrait remonter aux lois de la Mécanique, et aux découvertes de Galilée, Huygens et Newton. Toutefois, si quelques lecteurs trouvent un peu difficiles certains passages de cette Notice, nous espérons les dédommager par les détails que nous mettrons sous leurs yeux, en faisant une inspection rapide du système solaire, et même de quelques systèmes stellaires.

2. Il nous faut commencer par rappeler certains principes de

Mécanique ; disons tout de suite que nous n'avons pas la prétention de les démontrer rigoureusement, mais de les faire concevoir aussi nettement que possible.

Nous savons par une expérience journalière que, si nous voulons soutenir un corps pour l'empêcher de tomber, nous sommes obligés de développer un certain effort capable de contre-balancer le poids du corps. Cet effort ou ce poids n'est pas le même pour un volume donné, suivant que la matière qui remplit ce volume est de l'eau, du fer ou du mercure. La notion première de *masse* nous vient de ces poids différents des corps sous des volumes égaux. Si l'on conçoit chaque corps décomposé en molécules de même poids, on est conduit à admettre que le nombre de ces molécules varie d'un corps à l'autre ; c'est ainsi qu'on a pu définir les *masses* des divers corps comme étant les quantités de matière contenues dans des volumes égaux de ces corps, ou même, comme les nombres des points matériels identiques contenus dans ces volumes. Cette définition manque évidemment de netteté ; si nous voulons substituer à cette notion vague de la masse d'un corps une définition précise, mathématique, susceptible de figurer dans les formules ; si nous tenons en même temps à obtenir des résultats généraux, pouvant être appliqués non seulement à la surface de la Terre, mais dans tous les espaces célestes, il est nécessaire d'introduire la considération des mouvements qu'une force donnée peut produire sur des corps différents.

3. Voyons d'abord quel sera l'effet produit sur un corps partant du repos par une force qui agit toujours dans la même direction et avec la même intensité. Elle commencera par mettre le corps en mouvement dans sa propre direction, et lui communiquera une certaine vitesse au bout de la première seconde ; pendant la deuxième seconde, l'effet de la force sera encore le même : elle augmentera la vitesse de la même quantité, de sorte qu'au bout de deux secondes la vitesse sera deux fois plus grande qu'au bout de la première seconde. On aura ainsi un mouvement dans lequel la vitesse croîtra de quantités égales dans des temps égaux. C'est ce qu'on nomme un *mouvement uniformément accéléré.* Les corps qui tombent librement dans le vide nous en offrent un exemple simple et remarquable. On sait que dans un tel mouvement l'accroissement constant de la vitesse dans chaque seconde, ou ce qu'on nomme pour abréger l'*accélération*, est égal au double de l'espace parcouru pendant la première seconde. Si l'on vient à faire agir sur un même corps une force plus grande, il est évident que l'accélération augmentera. Si la force devient double, l'accélération devient double aussi. En général, quand la force augmente dans un certain rapport, l'accélération augmente dans le même rapport. De là un moyen de mesurer les forces autrement que par l'équilibre comme dans une balance, mais à l'aide du mouvement. Une force sera double, triple... d'une autre quand elle produira sur un *même* corps une accélération double, triple... de celle produite par la première.

Supposons maintenant qu'on prenne deux corps dont les volumes pourront être différents, et qu'on fasse agir séparément sur chacun d'eux la même force constante; si elle leur imprime la même accélération, on dira que les masses des deux corps sont égales. On a donc ainsi le moyen de juger de l'égalité de deux masses. La réunion des deux corps précédents en formera un nouveau ayant une masse double; il est clair que si le nouveau corps ainsi formé est sollicité par une force représentée par 2, il prendra la même accélération que chacun d'eux soumis isolément à la force 1. On voit donc que, si l'on considère des corps dont les masses soient représentées par les nombres 1, 2, 3, ..., pour leur imprimer la même accélération, il faudra leur appliquer des forces représentées aussi par les nombres 1, 2, 3, ...; si l'on faisait agir la même force sur ces corps, les accélérations seraient proportionnelles aux nombres $1, \frac{1}{2}, \frac{1}{3}, ...$ Les masses de divers corps sont donc inversement proportionnelles aux accélérations que leur communique successivement une même force.

Tout ce qui précède se résume en une relation très simple. Faisons agir une force constante sur un corps; il y a lieu de considérer trois quantités : l'intensité de la force, la masse du corps et l'accélération qu'il reçoit; eh bien! le nombre qui mesure la force est égal au produit des nombres qui mesurent la masse et l'accélération. Lorsque la force que l'on fait agir est la pesanteur, l'accélération étant la même pour tous les corps, on voit que les poids de ces corps sont proportionnels à leurs masses. Les instruments qui servent à mesurer les poids serviront donc aussi, à la surface de la Terre, à mesurer les masses.

On peut remarquer que la définition vague donnée plus haut pour la masse devient susceptible de précision : la masse d'un corps peut être considérée comme étant le nombre des points matériels identiques dont ce corps est composé. L'identité de deux points matériels est maintenant claire : il faudra qu'une même force appliquée à chacun d'eux leur communique la même accélération.

4. Il résulte de ce qui précède que, pour comparer les masses du Soleil et des diverses planètes, il suffirait de leur appliquer directe-

ment une même force, et de mesurer les accélérations qu'elle leur imprimerait; les masses seraient inversement proportionnelles à ces accélérations. Ce moyen n'est pas pratique, mais la loi de la gravitation va nous permettre de transformer la question. Tout le monde connaît l'énoncé de cette loi admirable, que le génie de Newton a fait surgir des lois de Képler : deux molécules quelconques du système planétaire s'attirent proportionnellement à leurs masses et en raison inverse du carré de la distance. Newton en a conclu que l'attraction exercée sur un point extérieur par une sphère composée de couches concentriques homogènes est la même que si toute la masse de la sphère était réunie à son centre; cette remarque fondamentale permet de faire abstraction des dimensions des corps de notre système planétaire.

' Cela posé, supposons pour un moment qu'on puisse placer un même corps successivement à la même distance du Soleil et de la Terre; il sera attiré vers ces deux astres par des forces qui seront proportionnelles à leurs masses. Cela est une conséquence de la loi de Newton, et de ce que la distance est la même. Le corps tombera vers le Soleil, puis vers la Terre, et, dans les deux cas, au moins pendant un certain temps, les deux mouvements pourront être considérés comme étant uniformément accélérés. Les accélérations seront proportionnelles aux masses du Soleil et de la Terre, et il en sera de même des espaces parcourus dans les deux cas pendant la première seconde de chute. Ainsi, si le corps qui sert d'épreuve parcourt 330^m en tombant vers le Soleil, et 1^{mm} en tombant sur la Terre, et cela pendant la première seconde de chute, on en conclura que la masse du Soleil est 330 000 fois plus grande que celle de la Terre. Mais il n'est pas nécessaire de placer le corps d'épreuve à la même distance du Soleil et de la Terre, car si on le suppose par exemple 10 fois plus près de la Terre que du Soleil, il suffira de diviser sa chute vers la Terre par le carré de 10, c'est-à-dire par 100, pour savoir ce qu'elle aurait été dans le premier cas. Eh bien! prenons pour corps d'épreuve la Lune; il nous suffira de trouver de combien la Lune tomberait sur la Terre ou sur le Soleil, si on l'abandonnait librement à elle-même dans les deux cas. Nous n'avons pas encore la possibilité de réaliser cette hypothèse; toutefois, la question a fait un pas important, et il ne nous reste plus à vaincre qu'une dernière difficulté.

5. Soient O la Terre, AC l'orbite que la Lune décrit autour d'elle, A sa position sur cette orbite à un moment quelconque, AB sa vitesse à cet instant, et C la position qu'occupe la Lune *une seconde*

après avoir passé en A. A partir du point A, le mouvement est déterminé par la combinaison de deux influences : la vitesse que la Lune possède au point A, et l'attraction que la Terre exerce sur elle ; nous aurons le même résultat en faisant agir séparément ces deux influences. Si l'attraction de la Terre était supprimée, la Lune se mouvrait suivant la tangente à son orbite et au bout d'une seconde, elle serait en B. Faisons agir maintenant l'attraction sur la Lune partant du point B sans vitesse ; elle ne pourra avoir pour effet que de l'amener en C, point où elle se trouve réellement une seconde après avoir passé en A. On peut donc dire que, sous l'influence de l'attraction de la Terre, la Lune partant de B sans vitesse est tombée sur la Terre de la quantité BC pendant la première seconde. Quand on suppose, ce qui est voisin de la réalité, que l'orbite de la Lune est un cercle, le calcul de la petite longueur BC est des plus simples ; il n'est pas difficile non plus si l'on veut avoir

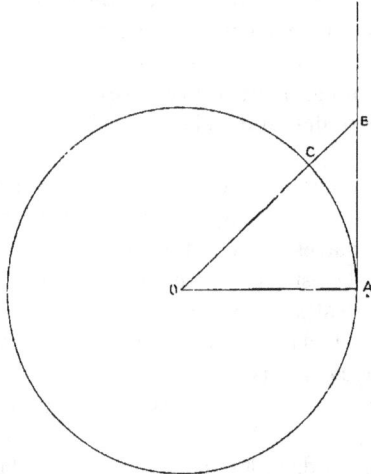

FIG. 138.

égard à la forme elliptique de l'orbite ; nous ne nous y arrêterons pas.

Il faut maintenant trouver la quantité dont la Lune tomberait sur le Soleil en une seconde ; mais, à cause de la proximité de la Lune et de la Terre, on peut se borner à prendre la quantité dont la Terre tombe sur le Soleil en une seconde, ce qui se fera par un calcul tout pareil au précédent, en supposant que, dans la *fig.* 138, O représente maintenant le Soleil et A la Terre. On pourrait objecter que c'est la Lune elle-même, et non pas la Terre dont il faudrait déterminer la chute ; mais cela ne présente aucun inconvénient, car la chute est la même quelle que soit la masse du corps qui tombe. C'est comme quand il s'agit de la pesanteur, sous l'influence de laquelle tous les corps tombent dans le vide avec la même vitesse.

6. On trouve, en supposant les orbites circulaires, qu'en une minute (1) la Terre tombe sur le Soleil de $10^m,60$, et la Lune sur la Terre

---

(1) Nous faisons le calcul pour une minute au lieu d'une seconde, afin d'avoir des nombres qui ne soient pas par trop petits.

de $4^m,90$; mais, la Lune est en moyenne 386 fois plus rapprochée de nous que le Soleil; si elle était aussi éloignée que le Soleil, elle ne tomberait sur la Terre que d'une quantité égale à $4^m,90$ divisés par le carré de 386, ce qui donne $0^m,000\,032\,8$. Ainsi, on peut dire que la Lune placée en repos successivement à la même distance du Soleil et de la Terre, tomberait vers ces deux astres, en une minute, de $10^m,60$ et de $0^m,000\,032\,8$. Donc la masse du Soleil est égale à celle de la Terre multipliée par le nombre $\dfrac{10,6}{0,0000328} = 323\,000$. Ainsi la masse du Soleil est $323\,000$ fois plus grande que celle de la Terre.

On remarquera que, pour faire le calcul ci-dessus, on est obligé de supposer connu le rapport des distances de la Terre au Soleil et à la Lune et, par suite, la distance du Soleil à la Terre; suivant que, pour cette dernière, on adoptera tel ou tel nombre, on trouvera des valeurs différentes pour le rapport de la masse de la Terre à celle du Soleil.

Le procédé précédent peut être employé sans modification pour déterminer les masses des planètes qui ont des satellites; il exige seulement la connaissance des grands axes des orbites de la planète et de ses satellites, et les durées des révolutions sidérales sur ces orbites (1), quantités qui se déduisent aisément des observations. Pour Jupiter, par exemple, on pourra employer chacun des satellites, ce qui donnera quatre déterminations indépendantes pour la masse de la planète. On les combinera d'après leurs précisions respectives, en se conformant aux règles du Calcul des probabilités, et l'on aura ainsi une valeur très exacte du rapport de la masse de Jupiter à celle du Soleil. La détermination la plus récente, et qui paraît aussi la plus précise, est celle de M. Schur, $\dfrac{1}{1047,232}$.

La masse de Saturne résulte des observations des deux plus gros satellites, Titan et Japet; les mesures de Bessel conduisent au

---

(1) Voici la formule qui exprime le rapport de la masse m d'une planète à la masse M du Soleil :

$$\frac{m}{M} = \left(\frac{a'}{a}\right)^3 \left(\frac{T}{T'}\right)^2 ;$$

a et T désignent le demi-grand axe de l'orbite elliptique de la planète et la durée de sa révolution sidérale autour du Soleil; a' et T' sont les quantités analogues pour l'orbite elliptique décrite par le satellite autour de la planète.

nombre $\dfrac{1}{3502}$, celles toutes récentes de M. H. Struve, à $\dfrac{1}{3498}$; on peut prendre, en chiffres ronds et néanmoins précis, $\dfrac{1}{3500}$.

M. Newcomb a déduit de ses observations des quatre satellites d'Uranus la masse de la planète égale à $\dfrac{1}{22600}$; enfin, le même astronome assigne à Neptune la masse $\dfrac{1}{19380}$, résultat des observations de son unique satellite.

On peut aujourd'hui, depuis la découverte récente des satellites de Mars, déterminer la masse de Mars avec une exactitude plus grande qu'auparavant. M. A. Hall a obtenu ainsi un nombre que nous réduirons à $\dfrac{1}{3100000}$.

Il nous restera donc seulement à dire comment on a pu déterminer les masses de Mercure et de Vénus, les seules planètes auxquelles on ne connaît pas encore de satellites.

7. Avant d'aborder ce sujet, il convient d'indiquer d'autres procédés qui ont été employés avec succès pour calculer la masse de Jupiter. Cette masse, tout en n'atteignant pas la millième partie de celle du Soleil, prédomine d'une façon marquée dans le système planétaire. A elle seule, elle vaut plus de deux fois, et presque deux fois et demie la somme des masses de toutes les autres planètes. Jupiter est d'ailleurs assez éloigné du Soleil, et l'on conçoit que, si un corps quelconque vient à passer près de cette planète, elle exercera sur lui une action considérable, qui pourra même quelquefois l'emporter sur celle du Soleil. Ainsi, dans certains cas, Jupiter peut exercer sa prépondérance, notamment sur les comètes qui passent à sa portée. La chose s'est vue déjà : la comète de 1770, dite *comète de Lexell*, a paru se mouvoir dans une orbite elliptique, nettement accusée, avec une période de 5 ans $\dfrac{2}{3}$. Comment se fait-il que cette comète n'ait pas été aperçue auparavant ? Lexell a donné la réponse en montrant par ses calculs qu'en 1769 elle avait dû passer fort près de Jupiter, de manière à en être 580 fois environ plus rapprochée que du Soleil ; l'action de Jupiter avait modifié la durée de sa révolution, beaucoup plus grande auparavant, et en avait fait une comète à courte période. On l'a cherchée depuis, à ses divers retours, calculés sur la période de 5 ans $\dfrac{2}{3}$; on ne l'a jamais revue. La raison en est qu'en 1779 elle

s'est approchée de nouveau très près de Jupiter, plus près encore qu'en 1769 ; il est même permis de croire que, cette seconde fois, elle a passé entre Jupiter et ses satellites : de là, une perturbation nouvelle qui a dû être considérable. Jupiter nous avait donné pour un temps une comète à courte période ; il nous l'a enlevée. Le Verrier a étudié la marche de cette comète avec beaucoup de soin, et il a montré que les observations de 1770 ne sont ni assez nombreuses, ni assez précises pour que l'on puisse assigner rigoureusement la route qu'elle a dû suivre après la grande perturbation de 1779. Il est possible, bien qu'assez peu probable, qu'elle ait été rejetée dans une orbite hyperbolique, auquel cas elle serait perdue pour nous sans retour ; mais il peut se faire aussi qu'elle ait continué son mouvement sur l'une ou l'autre d'une série d'ellipses que Le Verrier a calculées. On sera ainsi à même de reconnaître son identité avec l'une des comètes dont nos Catalogues s'enrichissent tous les jours. Si ce cas se présentait, et nous le signalons à l'attention des astronomes, on aurait à résoudre l'un des plus beaux problèmes de l'Astronomie, en reliant les observations nouvelles à celles de 1770, ce qui permettrait de déterminer avec une précision exceptionnelle la masse de Jupiter.

Le cas de la comète de Lexell n'est pas unique, et les astronomes sont assez disposés à penser qu'un certain nombre de comètes à courtes périodes ont été amenées à circuler dans des orbites nettement elliptiques par l'action de Jupiter.

Tout récemment, un élève distingué du regretté Oppolzer, M. de Haerdtl, a communiqué à l'Académie des Sciences un travail très étendu sur la comète de Winnecke, dont la période est de $5^{ans},8$, et qui éprouve du fait de Jupiter des perturbations considérables ; ces perturbations ayant été calculées avec le plus grand soin, il en est résulté, pour la masse de Jupiter, la fraction $\dfrac{1}{1047,175}$, presque identique à celle que M. Schur a déduite des observations des satellites de Jupiter. L'étude minutieuse des mouvements de la comète de M. Faye a conduit d'ailleurs au nombre $\dfrac{1}{1047,788}$, qui en diffère très peu, comme on voit.

8. Les comètes ne sont pas les seuls corps qui peuvent être très sensiblement influencés par leur passage à une petite distance de Jupiter. Dans le groupe des astéroïdes, les derniers, les plus éloignés du Soleil, peuvent se rapprocher beaucoup de cette planète ; cela arrivera surtout pour ceux dont les orbites sont très excentriques. Il en est plusieurs qui, par la suite des temps, pourront être deux

fois, trois fois, et jusqu'à huit ou neuf fois plus voisins de Jupiter, à un moment donné, que du Soleil. Parmi ces planètes, nous citerons 24 Thémis, 33 Polymnie, 49 Palès, 90 Antiope, 153 Hilda et 175 Andromaque. On aura là une autre voie précieuse pour déterminer avec une grande exactitude la masse de Jupiter. On a déjà trouvé de cette manière $\dfrac{1}{1047,538}$, en partant des mouvements de Thémis.

L'accord des valeurs obtenues pour la masse de Jupiter, par les satellites, par les comètes et par les astéroïdes, est bien remarquable; il est une confirmation importante de la loi de Newton, et montre que, à des distances égales, l'attraction de Jupiter sur l'unité de masse prise dans des corps assez denses, comme les satellites et les astéroïdes, ou dans des corps d'une ténuité extrême, comme les comètes, est toujours rigoureusement la même.

On peut ainsi étendre à Jupiter le résultat bien constaté pour la Terre, qui attire de la même façon les corps de natures les plus diverses placés à sa surface. M. de Haerdtl adopte finalement le nombre 1047,20, et il pense qu'il est exact à quelques centièmes près. Si l'on veut garder toute la réserve désirable en pareil cas, on peut affirmer, semble-t-il, l'exactitude du chiffre des dixièmes, et l'on voit qu'on connaît la masse de Jupiter à $\dfrac{1}{10000}$ de sa valeur, ce qui est encore un fort beau résultat.

9. On peut évidemment aussi chercher à déterminer la masse de Jupiter en partant des perturbations considérables que cette planète fait éprouver à Saturne; c'est ce qu'a tenté Bouvard, et en dernier lieu Le Verrier, à la fin de sa théorie du mouvement de Saturne. Jupiter peut, en effet, altérer de plus de 1° la position de Saturne. Il nous est impossible d'entrer dans des détails de calculs très compliqués, et nous nous bornerons à enregistrer la conclusion de Le Verrier :

L'emploi des observations des satellites de Jupiter pour déterminer la masse de cette planète a une supériorité incontestable à notre époque sur l'emploi de la théorie de Saturne, à cause du trop petit nombre d'années d'observations[1] de Saturne dont on dispose ; mais, avec le temps, cette supériorité s'amoindrira et l'emploi des perturbations de Saturne reprendra l'avantage, lorsque ces pertur-

(1) 120 années.

bations, et surtout celles dont la période est voisine de 900 ans, auront effectué un cycle complet.

Cela explique la valeur assez erronée $\dfrac{1}{1070,5}$ que Bouvard avait déduite, en 1821, de sa théorie de Saturne, et que Laplace jugeait exacte à $\dfrac{1}{100}$ de sa valeur. C'est par l'évaluation des perturbations de Junon et de Vesta que Nicolaï et Encke ont reconnu, en 1826, la nécessité d'augmenter le nombre de Bouvard de $\dfrac{1}{60}$ ou de $\dfrac{1}{50}$ de sa valeur. Par des observations du quatrième satellite de Jupiter, faites à l'Observatoire de Cambridge de 1832 à 1836, Airy a confirmé cette augmentation en donnant le nombre $\dfrac{1}{1047,64}$; en 1841, dans un travail resté célèbre, Bessel est arrivé à $\dfrac{1}{1047,905}$.

Enfin la théorie des perturbations de Pallas conduisait Gauss, en 1843, à une augmentation de $\dfrac{1}{42}$ de la masse de Bouvard.

10. Il nous reste à dire comment on détermine les masses de Mercure et de Vénus, les planètes dépourvues de satellites ; on doit y ajouter la masse de la Terre, car nous avons expliqué qu'elle ne peut être tirée des observations de la Lune que si l'on connaît avec précision la distance de la Terre au Soleil (1). Si l'on avait les valeurs des masses de Vénus et de la Terre, on serait à même de calculer les perturbations que ces deux planètes font éprouver à Mercure ; on peut faire tous ces calculs en laissant en facteurs les deux masses inconnues. Si l'on écrit qu'aux diverses époques des observations de Mercure, et notamment au moment de ses passages sur le Soleil, la position calculée pour la planète coïncide avec la position observée, on aura une série d'équations de condition renfermant, d'abord les six inconnues fixant la route elliptique que parcourrait Mercure s'il existait seul avec le Soleil, ensuite les deux masses cherchées. Par des procédés de calcul, on arrive à isoler les deux masses qui devront vérifier un certain nombre de conditions. La théorie de Vénus en fournira d'autres entre les masses de Mercure et de la Terre ; dans la théorie de Mars, ce seront les masses de Mercure, Vénus et la Terre qui interviendront.

(1) Il est vrai qu'on a d'autres moyens de mesurer cette distance; mais nous supposons que l'on veuille tout déduire de la théorie des perturbations.

Nous obtiendrons donc ainsi un certain nombre d'équations contenant les trois masses cherchées ; les quantités connues qui entrent dans ces équations ne sont pas rigoureusement exactes, mais elles portent avec elles l'influence des erreurs inévitables commises dans les observations. D'ailleurs les observations précises des planètes n'embrassent pas encore un siècle et demi, et, pendant cet espace de temps relativement court, les perturbations mutuelles des quatre planètes inférieures restent très petites. On doit donc s'attendre à ce que la détermination des masses par cette voie soit beaucoup moins précise que quand on les déduit des observations des satellites. Il faut admettre, en outre, que la théorie des perturbations a été faite avec le plus grand soin, et qu'aucun terme sensible n'a été omis.

11. Quoi qu'il en soit, nous supposons actuellement qu'on possède un certain nombre d'équations de condition (il y en a plus de trois) entre les trois masses inconnues. Il s'agit de savoir si l'on peut donner à ces masses des valeurs telles que les équations soient vérifiées dans les limites des erreurs des observations. Le résultat de la discussion de Le Verrier fut qu'on devrait d'abord augmenter de $\frac{1}{10}$ de sa valeur la masse adoptée pour la Terre, et, par suite, la rapprocher du Soleil de plus d'un million de lieues. La masse de Mercure a été trouvée égale à $\frac{1}{5\,000\,000}$; Le Verrier avait introduit aussi la masse de Mars, parce qu'on ne connaissait pas encore les satellites de cette planète ; il obtint un nombre qui ne diffère que de $\frac{1}{30}$ de celui que l'on a tiré depuis des observations des satellites : c'est une garantie de l'exactitude des calculs.

Quant à la masse de Vénus, une difficulté singulière s'est présentée ; la théorie de Mercure exigerait qu'on l'augmentât de $\frac{1}{10}$ de sa valeur environ, tandis que celle du Soleil demande que l'on n'y touche pas. Il est impossible de trouver une valeur qui satisfasse aux deux théories ; si l'une va bien, l'autre laissera forcément à désirer. Le Verrier a conservé la masse de Vénus qui représente convenablement l'ensemble des observations du Soleil, et il a tout rejeté sur Mercure ; c'est ainsi qu'il a été conduit à admettre l'existence de planètes intramercurielles. J'ai traité ce sujet avec assez de détails en 1882, dans une Notice de l'*Annuaire*, à laquelle je renvoie le lecteur. Quoi qu'il en soit, puisque tout repose sur la connaissance exacte de la masse de Vénus, il serait bien utile de pouvoir la déterminer d'une façon plus directe et plus précise. Si Vénus avait un satellite, la chose irait toute seule.

12. Or, pendant longtemps les astronomes ont pu croire à l'existence d'un satellite de Vénus ; il n'y a pas deux ans que cette illusion leur a été définitivement enlevée, et l'on nous permettra sans doute, en raison de l'actualité de la question, de donner une idée de la façon dont elle a été posée, et de dire comment elle a été résolue négativement par un astronome de Bruxelles, M. Stroobant.

Le satellite de Vénus a été signalé tout d'abord par Fontana à Naples en 1645, observé par Cassini à Paris en 1672 et 1686, par Short à Londres en 1740, par A. Mayer à Greifswald en 1759, par le P. Lagrange à Marseille, par Montaigne à Limoges et Rœdkiœr à Copenhague en 1761, puis par Rœdkiœr, et Montbarron à Auxerre, en 1764, et enfin par Horrebow en 1768.

Lambert chercha en 1777 à représenter les observations par une orbite elliptique que l'on peut rejeter sans crainte ; car elle conduirait, pour la masse de Vénus, à une valeur 10 fois trop forte. L'existence du satellite était déjà bien douteuse, quand on réfléchissait que personne ne l'avait vu depuis 1768, ni W. Herschel, ni Lassell, ni A. Hall, qui ont cependant découvert des satellites extrêmement faibles à Saturne, Uranus, Neptune et Mars.

Il n'en est pas moins vrai qu'on pouvait se demander ce qu'avaient vu les divers observateurs. On savait déjà que, dans l'une des observations de Rœdkiœr, en 1764, Uranus n'était qu'à 16′ de Vénus ; cet astronome l'aura pris vraisemblablement pour le satellite de Vénus, et il aura manqué une belle occasion de découvrir Uranus dix-sept ans avant W. Herschel.

M. Stroobant a réussi à montrer que, dans un assez grand nombre de cas, on avait pris pour le satellite une étoile plus ou moins brillante qui se trouvait très près de Vénus. Cela est arrivé notamment à Rœdkiœr, les 4, 7 et 12 août 1761 ; trois étoiles connues de la 5e, de la 4e et la 7e grandeur se trouvaient, en effet, dans les positions assignées au satellite. De même ce sont deux étoiles de 8e et de 4e grandeur que Short et Horrebow ont vues à côté de Vénus en 1740 et 1768. Il est donc certain désormais qu'une bonne partie des observations du satellite supposé peuvent s'expliquer tout naturellement par la présence, dans le voisinage de la planète, d'étoiles assez brillantes que les observateurs n'ont pas cherché à identifier quelques jours après.

Il reste encore un certain nombre d'observations inexpliquées ; il est possible qu'elles répondent aux positions occupées alors par quelques-uns des astéroïdes les plus brillants. De toutes façons, on peut dire que la légende du satellite de Vénus a vécu, et qu'elle n'a pas de fondement sérieux.

Mais, s'il n'existe pas de satellite de 4e, de 5e ou même de 8e grandeur, est-il certain qu'il n'y en ait pas un très faible, analogue aux satellites de Mars, et que permettraient d'apercevoir les lunettes gigantesques qui fonctionnent aujourd'hui, notamment celles de Nice, Poulkovo, Washington et du mont Hamilton ? L'intérêt théorique très grand qui s'attache à la question doit être un stimulant pour les observateurs qui disposent d'aussi puissants moyens d'investigation.

13. Après cette digression, revenons aux masses obtenues pour les diverses planètes, nous les réunissons ici, en les exprimant au moyen de la masse de la Terre prise pour unité.

Mercure	$\dfrac{1}{16}$	Jupiter	310
Vénus	$\dfrac{4}{5}$	Saturne	93
La Terre	1	Uranus	14
Mars	$\dfrac{1}{10}$	Neptune	17
	Le Soleil	324 000	

Il nous reste à exprimer toutes ces masses au moyen de celle d'un corps déterminé, parmi ceux que nous pouvons manier à la surface de la Terre, et qui aura nécessairement des dimensions très restreintes, par exemple une petite sphère en plomb.

Il nous suffira de savoir combien de fois cette petite masse est contenue dans celle de la Terre; nous pourrons remonter ensuite à la plus petite des planètes, Mercure, à la plus grosse, Jupiter, et enfin au Soleil lui-même. De la sorte, toutes les masses du système planétaire auront été comparées à une masse connue, placée sous nos yeux.

Le problème qu'on vient de poser a été résolu par l'expérience célèbre dans laquelle Cavendish a réussi à mettre en évidence l'attraction infinitésimale exercée à la surface de la Terre par une sphère en plomb pesant 158^{kg} sur une petite balle placée dans son voisinage. Il a déduit de ses expériences la valeur de cette attraction, et, en la comparant au poids de la balle qui représente à fort peu près l'attraction exercée sur cette balle par toute la Terre, il a pu dire combien de fois la masse de la Terre contenait celle de la sphère de plomb. Il est inutile d'écrire ce rapport, qui serait exprimé par un nombre entier renfermant 23 chiffres et n'offrirait à l'esprit aucune représentation précise. On préfère, en supposant une distribution fictive uniforme de la matière dans tout le globe terrestre, dire combien de fois la masse d'un volume déterminé de cette agglomération contient la masse d'un égal volume de plomb, ou plutôt d'eau, dans les conditions usuelles de la température.

Le résultat de l'expérience de Cavendish est alors le suivant : dans la distribution fictive considérée, la masse d'un mètre cube de la Terre est égale à cinq fois et demie environ la masse d'un mètre cube d'eau. On n'a plus qu'à se représenter le volume de la Terre exprimé en mètres cubes, pour avoir une idée nette de sa masse, comparée à celle d'un mètre cube d'eau. MM. Cornu et Baille ont repris les expériences de Cavendish, en apportant à son procédé des modifications heureuses et profitant de toutes les ressources de la Physique actuelle; ils ont remplacé le nombre 5,48 de Cavendish par le nombre 5,56.

14. Mais, diront quelques lecteurs, vous nous donnez la masse du Soleil, celle de Jupiter; ce sont leurs poids que nous demandons. La réponse est facile : il n'y a qu'à conserver les mêmes nombres. On aura ainsi les poids de la Terre, du Soleil et des planètes en fonction du poids de 1 m. c. d'eau pris pour unité.

Il faut convenir cependant qu'il paraît singulier de parler du poids de la Terre, puisque c'est elle-même qui produit l'attraction et donne lieu aux poids des corps à sa surface. Mais on peut concevoir qu'on découpe la Terre en mètres cubes, qu'on apporte chacun d'eux sur le plateau d'une balance, qu'on l'équilibre avec des poids connus, et qu'ensuite on le reporte là où on l'avait pris ; on fera de même pour tous les autres mètres cubes, et l'on arrivera ainsi à peser la Terre par fractions. La somme des poids sera précisément celle qui résulte des expériences de Cavendish. De même, on peut supposer par la pensée qu'on transporte ainsi successivement tous les mètres cubes dont se compose Jupiter dans le plateau de notre balance; on arrivera à peser Jupiter, et l'on trouvera le nombre qui résulte de ce qu'on a dit plus haut.

On est donc en droit de dire que l'on arrive à peser en kilogrammes la Terre, les planètes et le Soleil.

15. **Masses des astéroïdes.** — Pour les déterminer, il faudrait arriver à constater les perturbations qu'ils exercent les uns sur les autres, ou sur d'autres corps. Leur peu d'éclat indique *a priori* la

petitesse de leurs masses. Il est bien vrai que Vesta, dans des conditions favorables, peut être visible à l'œil nu, et il s'en faut de peu qu'il en soit de même pour Cérès, Pallas et Junon ; mais les autres sont très faibles ; ils se présentent le plus souvent dans les lunettes comme de petites étoiles comprises entre la 9ᵉ et la 13ᵉ grandeur. Dans ces conditions, il est certain que les perturbations mutuelles seront généralement insensibles, sauf dans le cas où deux de ces petits corps arriveraient à passer et à rester quelque temps assez près l'un de l'autre pour que leur attraction réciproque pût entrer en ligne à côté de celle du Soleil.

C'est là ce qui a engagé plusieurs astronomes, et notamment C. Littrow, à étudier et prédire les rapprochements ou « conjonctions physiques » des petites planètes. Ces recherches n'ont guère abouti qu'à montrer la rareté relative d'une proximité bien caractérisée ; il ne semble pas que jusqu'ici on ait rencontré un rapprochement supérieur à huit fois la distance de la Lune à la Terre. Il y a des proximités plus grandes, mais entre les orbites et non entre les planètes, sauf dans un avenir éloigné ; c'est ainsi que la plus courte distance des orbites de Thétis et Bellone est inférieure au dixième de la distance de la Lune à la Terre.

Un grand nombre de comètes traversent l'espace dans lequel se meuvent les astéroïdes ; il pourrait donc se faire que l'un de ces derniers se trouvât, à un moment donné, très rapproché d'une comète, de façon à la troubler d'une quantité appréciable. On a pu croire un moment que le fait s'était produit pour la comète d'Encke ; un habile calculateur avait, en effet, constaté dans le mouvement de cet astre un changement brusque qu'il avait été impuissant à expliquer autrement que par l'attraction d'un des astéroïdes. Il n'en était rien ; tout se réduisait, comme on l'a vu depuis, à une petite erreur bien excusable dans l'enchevêtrement des calculs nécessaires pour déterminer les perturbations de la comète.

16. Si la masse d'un astéroïde isolé est trop peu de chose pour produire un effet visible, il n'en est peut-être pas de même de leur ensemble. Le Verrier s'est proposé de voir ce que pourrait être cet effet total sur Mars. Parmi les dérangements qu'un astéroïde peut faire subir à cette planète, il en est un que nous considérerons en particulier : c'est le très petit mouvement de rotation qu'il tend à imprimer au grand axe de l'orbite ; un second astéroïde produira un mouvement analogue, très petit aussi, mais de *même sens*. Ces quantités minimes sont nombreuses, elles s'ajoutent sans jamais se détruire, et leur somme peut arriver à être appréciable ; on démontre d'ailleurs que, pour calculer cette somme, on peut remplacer toutes les orbites des petites planètes par une orbite moyenne, tout le long de laquelle on distribuerait convenablement la masse totale des astéroïdes, de manière à former un anneau elliptique. En supposant cette masse totale égale à celle de la Terre, Le Verrier a calculé que la position de Mars vu du Soleil, et à son passage au périhélie, serait déplacée de 11″ tous les cent ans. Il en résulterait un déplacement beaucoup plus sensible pour la planète vue de la Terre; la discussion a montré que le quart seulement de ce déplacement serait très appréciable; comme on n'a pas pu le constater par les observations, Le Verrier a pu conclure que la somme des masses des astéroïdes, *connus ou inconnus*, ne dépasse pas le *quart* de la masse de la Terre.

17. Si l'on connaissait les diamètres apparents des astéroïdes, à des distances données de la Terre, on pourrait en déduire leurs diamètres réels, puis leurs volumes, et enfin leurs masses, en faisant une hypothèse sur les densités. Mais, dans les plus puissantes lunettes, les astéroïdes n'ont pas de disque appréciable, sauf Cérès, Pallas et Vesta, dont on a pu mesurer, ou plutôt apprécier les diamètres apparents.

W. Herschel a trouvé 0″,35 et 0″,24 pour Cérès et Pallas, et Mädler 0″,65 pour Vesta; ces diamètres apparents se rapportent à la distance moyenne de la Terre au Soleil. Dans ces conditions, un diamètre apparent de 1″ répond à un diamètre réel de 720^{km}; on aurait donc pour les diamètres de Cérès, Pallas et Vesta,

$$250^{km}, \qquad 170^{km}, \qquad 470^{km};$$

en supposant que ces astres aient la même densité moyenne que la Terre, c'est-à-dire presque une fois et demie celle de Mars, leurs masses rapportées à celle de la Terre seraient

$$\frac{1}{130000}, \qquad \frac{1}{420000}, \qquad \frac{1}{20000};$$

de sorte qu'il faudrait cinq mille astres identiques à Vesta pour former le quart de la masse de la Terre, c'est-à-dire la limite donnée par Le Verrier! Cette limite est certainement beaucoup trop élevée. En aucune circonstance Herschel n'a pu trouver un disque perceptible à Junon; Lassell n'a pas été plus heureux, même avec un grossissement de 1000 fois; enfin, les diamètres apparents des autres astéroïdes sont encore beaucoup plus petits.

La comparaison de l'éclat de Vesta à ceux des astéroïdes découverts depuis 1845 indique que le diamètre moyen de ces derniers est

COSMOGRAPHIE. 20

au plus égal au cinquième de celui de Vesta. M. Svedstrup a calculé ainsi récemment, d'une manière assez plausible, que la somme des masses de tous les astéroïdes actuellement connus serait égale à cinq fois environ celle de Vesta, soit la *quatre-millième* partie de la masse de la Terre ou la *cinquantième* partie de celle de la Lune.

Il convient, toutefois, de remarquer que les mesures des diamètres apparents de Cérès, Pallas et Vesta présentent de grandes difficultés, et que les nombres donnés ci-dessus pour ces diamètres ne méritent peut-être pas une grande confiance; cependant, quand on songe que le diamètre apparent du premier satellite de Jupiter n'est que de 1″, et qu'il a pu être apprécié assez sûrement par divers observateurs, on a des raisons sérieuses de supposer que le diamètre apparent de Vesta ne dépasse pas lui-même 1″. Si cette limite était atteinte, la masse totale trouvée ci-dessus devrait être multipliée par 3 ou 4; elle resterait encore minime. On ne peut s'empêcher de remarquer que, si les astéroïdes ont comblé la lacune signalée depuis longtemps par la loi de Bode, la planète fictive qui pourrait les remplacer tous n'a qu'une masse extrêmement faible par rapport à celles des anciennes planètes, même par rapport à celle de Mars.

Il nous reste, avant de quitter ce sujet, à dire un mot d'un procédé indirect, fondé sur la photométrie, par lequel on a cherché à se faire une idée des diamètres des astéroïdes. La lumière qu'ils nous envoient provient du Soleil et est réfléchie par eux. Si on les suppose sphériques, la quantité de lumière qu'ils nous transmettront dépendra de leurs diamètres, de leurs distances au Soleil et à la Terre, et des pouvoirs réflecteurs aux divers points de leurs surfaces. Les expériences photométriques faites par Zöllner indiquent que les pouvoirs réflecteurs moyens ne sont pas très différents, quand on passe de l'une à l'autre des anciennes planètes. Si l'on admet le même nombre pour les astéroïdes, on voit que, si pour chacun d'eux on mesure l'éclat, et qu'on le compare à ceux de Mars ou de Saturne, ce qui est possible par la photométrie, on pourra en conclure les rapports des diamètres des astéroïdes à ceux de Mars ou de Saturne. Telle est la voie qu'a suivie M. Pickering depuis une dizaine d'années. Voici quelques-uns des nombres qu'il a obtenus :

	km		km
Junon	151	Brunhilde	33
Pallas	269	Eva	23
Vesta	513	Ménippe	20
Antiope	82		

On a bien saisi tout ce que le procédé renferme d'hypothétique.

Cependant, on remarquera que les diamètres assignés par M. Pickering à Pallas et Vesta ne diffèrent pas trop de ceux qui ont été déduits des mesures des diamètres apparents. Il semble que la photométrie soit en état de donner avec assez de précision, par suite des compensations, les rapports des diamètres moyens des diverses classes dans lesquelles on peut ranger les astéroïdes d'après leurs grandeurs stellaires.

On remarquera la petitesse d'Eva et de Ménippe, qui n'auraient guère plus de 20^{km} de diamètre ; d'autres encore sont, sans doute, beaucoup plus petits. Il y a lieu de se demander si, comme paraissent l'indiquer les découvertes des dernières années, on arrivera, en augmentant la puissance des instruments de recherche, à découvrir des corps de plus en plus petits, de manière à trouver réalisés tous les degrés de transition, depuis la grandeur de Vesta jusqu'aux faibles dimensions des bolides que rencontre journellement la Terre ; cette question n'est pas dépourvue d'intérêt.

Il résulte de ce qu'on vient de lire que, très vraisemblablement, l'anneau des astéroïdes n'exerce et n'exercera pendant très longtemps aucune influence appréciable sur les mouvements des planètes. L'influence des comètes paraît devoir être encore plus minime ; on n'en a trouvé de trace nulle part, et c'est ce que leur ténuité extrême et leur transparence permettaient de supposer tout d'abord. On a pu, en effet, observer de petites étoiles à travers les queues et même à travers les noyaux de certaines comètes, sans que la lumière de ces étoiles parût affaiblie ou déviée d'une façon appréciable. Nous nous contenterons de rappeler ici que M. Roche a prouvé que la masse de la belle comète de Donati (1858) n'était pas la vingt millième partie de celle de la Terre, et tout indique que cette limite est encore beaucoup trop grande.

18. Masses des satellites. — Nous commencerons par celui qui nous intéresse le plus, la Lune. Dans l'ordre d'idées que nous avons adopté, il y a lieu de se rendre compte des perturbations que la Lune cause dans les mouvements des corps qui en approchent le plus, donc dans les mouvements de la Terre.

Est-ce à dire que la Lune, à une aussi petite distance, puisse exercer une influence notable sur le mouvement annuel de la Terre autour du Soleil? Oui, comme nous allons essayer de le prouver.

Si la Terre existait seule avec le Soleil, elle décrirait son ellipse conformément aux lois de Képler. La présence de la Lune la dérange et l'écarte un peu de cette ellipse à chaque instant.

Soient (*fig.* 139) S, T et L les positions du Soleil, de la Terre et de la Lune à un moment donné; G le centre de gravité de la Terre et de la Lune. Ce centre de gravité est un point qui partage la distance de la Terre à la Lune dans le rapport inverse des masses de ces deux corps, et qui, par suite, est beaucoup plus voisin de la Terre que de la Lune.

Or, on démontre en Mécanique que le mouvement du point G est le même que si l'on y supposait réunies les masses de la Terre et de la Lune, et transportées parallèlement à elles-mêmes les forces

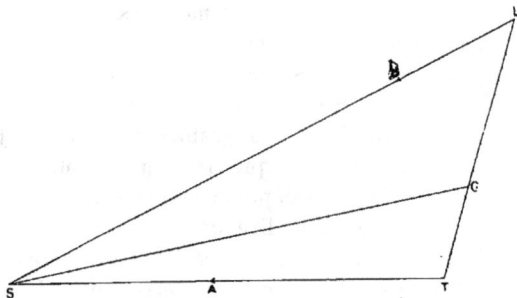

FIG. 139.

d'attraction TA et LB provenant du Soleil. Comme la distance LT n'est guère que le $\frac{1}{400}$ de ST, on voit, par un calcul facile, mais qui ne saurait cependant trouver place ici, que le point G se mouvra à fort peu près comme s'il était attiré à chaque instant par le Soleil en raison inverse du carré de GS. C'est donc ce point G qui va décrire une ellipse, et non pas la Terre. Pendant qu'il se mouvra sur son ellipse, le rayon GT tournera autour du point G suivant la même loi que le rayon LT autour de la Terre regardée comme fixe; ce rayon coïncidera avec GS à toutes les pleines et nouvelles lunes, effectuant sa révolution d'un mouvement sensiblement uniforme. Si donc on considère le mouvement angulaire de la Terre vu du Soleil, ce mouvement sera égal au mouvement relativement simple du rayon SG augmenté ou diminué du petit angle GST, qui atteindra évidemment sa plus grande valeur lorsque l'angle GTS sera droit, c'est-à-dire dans le premier et le dernier quartier.

Mais nous jugeons du mouvement de la Terre par le mouvement apparent du Soleil; ce mouvement sera donc troublé comme l'était le précédent. Tous les 14 jours $\frac{1}{2}$, le Soleil sera en avance ou en retard, sur sa position normale, du petit angle ci-dessus. La question se présente donc ainsi :

Existe-t-il, dans le mouvement apparent du Soleil autour de la Terre, en dehors de la partie elliptique, une petite inégalité, nulle dans les pleines et nouvelles lunes, maxima dans un sens ou dans l'autre aux quadratures? Et s'il en est ainsi, quelle est la grandeur de cette inégalité?

La discussion minutieuse des observations du Soleil a prononcé; elle a montré aux quadratures un écart maximum, en plus ou en moins, de 6″,5.

Cela posé, dans la figure 138, on sait que ST est égal environ à 400 fois LT, et que, dans le triangle STG supposé rectangle en T, l'angle TSG est égal à 6″,5; un calcul extrêmement simple permet d'obtenir la valeur du rapport $\dfrac{LG}{TG}$; on le trouve égal à 81. Ainsi, la masse de la Lune est la $\dfrac{1}{81}$ partie de celle de la Terre.

On peut se demander s'il est facile de mettre en évidence dans le mouvement apparent du Soleil une petite inégalité de 6″,5. Pour le voir, il suffit de remarquer que cette inégalité aura pour résultat d'avancer ou de retarder le passage du Soleil au méridien de quatre dixièmes de seconde de temps; entre le premier et le dernier quartier de la Lune, il y aura donc, en tenant compte du mouvement régulier du Soleil, une différence de huit dixièmes de seconde de temps, presque une seconde. C'est une quantité fort appréciable. On pourra se tromper peut-être du $\dfrac{1}{4}$ de cette valeur en une seule fois; mais on est à même de répéter tous les mois la même détermination. Depuis les observations de Bradley (1760) jusqu'à nos jours, on aurait pu répéter 1 600 fois la mesure dans le même observatoire. On conçoit donc qu'on arrive ainsi à une précision très satisfaisante.

N'est-ce pas là un résultat bien étonnant, qu'un astronome puisse arriver à trouver la masse de la Lune en observant régulièrement le Soleil?

Nous avons dit plus haut, à dessein, que la masse de la Lune peut se déterminer par les perturbations qu'elle cause dans les *mouvements de la Terre;* c'est qu'en effet la Terre peut être considérée comme animée de deux mouvements; son mouvement de circulation autour du Soleil et son mouvement de rotation sur elle-même. Dans le dernier, le Soleil se joint à la Lune pour produire un déplacement séculaire de l'axe terrestre, la précession des équinoxes, dont la période est de 26 000 ans. Mais, outre ce mouvement général qui fait décrire au pôle céleste un cercle de 47° de diamètre en 26 000 ans, il en est un autre, de balancement autour de la position moyenne, qui se reproduit à 18 ans $\frac{2}{3}$ d'intervalle, et qui est causé uniquement par la Lune. Ce mouvement de balancement peut déplacer le pôle de $18'',5$ en 18 ans $\frac{2}{3}$; il se traduit par un changement de position des étoiles, et de la grandeur de ces changements on peut conclure aussi la valeur de la masse de la Lune. Ce n'est donc plus le Soleil, qu'il faut observer, mais les étoiles; le résultat n'en est pas moins surprenant. Le déplacement est plus sensible que dans le cas du Soleil, mais il faut attendre 9 ans pour avoir la variation totale; il est vrai qu'on peut faire concourir à la détermination un grand nombre d'étoiles pour augmenter la précision du résultat.

Enfin, si les deux mouvements dont on vient de parler constituent le mouvement total de la Terre dans le système solaire, il y a lieu de considérer les mouvements de l'océan à la surface de la Terre, ou les marées. Ce phénomène est produit, comme on sait, par les attractions combinées du Soleil et de la Lune; la part de la Lune dans le phénomène est égale à 2 fois $\frac{1}{2}$ environ celle du Soleil. En combinant d'une façon convenable les observations de marées faites à Brest pendant un temps très long, on a pu séparer les deux effets, mettre en relief celui de la Lune et déterminer ainsi sa masse.

19. Masses des satellites de Jupiter. — Le premier procédé employé pour la Lune ne donnerait rien ici, d'abord parce que les petites irrégularités qui sont causées dans le mouvement de Jupiter par ses satellites dépendraient de quatre inconnues, les masses des satellites; mais il y a plus : le plus gros des satellites, le troisième dans l'ordre des distances à partir de la planète, n'a pas une masse égale à la $\frac{1}{10\,000}$ partie de celle de Jupiter, de telle sorte que l'angle analogue à GST, dans la figure 139, est très petit. Il n'y a pas d'autre moyen que celui qu'on a employé pour déterminer la masse de Vénus : il faut chercher à mettre en évidence les perturbations que les satellites exercent mutuellement les uns sur les autres. C'est ce qu'a fait Laplace dans une théorie admirable qui constituera sans doute son plus haut titre à l'admiration de la postérité. Nous ne pouvons songer à en donner une idée ici, cela nous entraînerait trop loin; nous nous contenterons de reproduire les nombres obtenus par Laplace pour les masses des satellites, celle de Jupiter étant représentée par 1 :

1ᵉʳ satellite	$\dfrac{1}{50\,000}$	3ᵉ satellite	$\dfrac{1}{11\,000}$
2ᵉ »	$\dfrac{1}{43\,000}$	4ᵉ »	$\dfrac{1}{23\,000}$

La masse du troisième est un peu plus du double de celle de la Lune.

Satellites de Saturne. — Saturne est, comme on sait, environné d'un système d'anneaux et de 8 satellites qui en font l'un des objets les plus curieux du ciel. Le plus gros, Titan, peut être aperçu avec la lunette la plus faible; aussi Huygens l'a-t-il découvert dès 1655. Une lunette de 0ᵐ,10 d'ouverture permet de voir Japet, Rhéa, Dioné et Téthys, que D. Cassini a découverts à l'Observatoire de Paris de 1671 à 1684. Encelade et Mimas, dont on doit la découverte à W. Herschel, en 1789, ne peuvent être aperçus qu'avec de puissants instruments. Enfin, le plus faible de tous, Hypérion, découvert simultanément par Bond et Lassell en 1848, est un des objets les plus difficiles à observer. On est ainsi amené à penser que, s'il existe dans le système des satellites de Saturne des perturbations appréciables pour nous, elles proviendront surtout de l'action de Titan.

Le satellite le plus éloigné de la planète, Japet, se meut sur une orbite très sensiblement inclinée sur le plan des anneaux, qui contient, à fort peu près, les orbites des sept autres satellites. Si Titan peut exercer sur Japet des perturbations appréciables, elles se manifesteront surtout sur le nœud de l'orbite de Japet qui devra en éprouver un mouvement rétrograde. La discussion d'une observation curieuse, mais peu précise, faite par Cassini en 1714, a prouvé que la masse de Titan est au plus la $\dfrac{1}{11\,000}$ partie de celle de Saturne.

Les mouvements d'Hypérion étaient restés très énigmatiques jusqu'à ces dernières années; il faut dire d'abord que, depuis sa découverte, ce satellite n'avait presque pas été observé, sans doute à cause de son extrême faiblesse, jusqu'en 1875, époque à partir de laquelle M. A. Hall l'a suivi régulièrement avec la grande lunette de Washington, la même qui lui a permis de découvrir les satellites de Mars en 1877. Après bien des essais, M. Hall a reconnu que le grand axe de l'orbite elliptique d'Hypérion est animé d'un mouvement de rotation considérable, uniforme et rétrograde, de manière à faire une révolution complète en 18 ans environ. Il restait à trouver la cause d'un effet aussi considérable ; on avait recontré là un cas théorique des plus singuliers, qui a été éclairci récemment par les travaux de MM. Newcomb, Tisserand, O. Stone et Hill. Il résulte notamment des calculs de ces deux derniers astronomes que la masse de Titan est égale à la $\frac{1}{4700}$ partie de celle de Saturne, soit environ une fois et demie la masse de la Lune.

C'est jusqu'ici la seule donnée positive que l'on ait sur les masses des satellites. Des recherches photométriques de M. Pickering permettent de trouver les valeurs plus ou moins plausibles des diamètres des autres satellites comparés à celui de Titan, et, en supposant que la densité soit la même pour tous, on obtient les nombres suivants, relativement auxquels bien des réserves sont permises, pour les masses des satellites, celle de Saturne étant représentée par I :

Mimas.	$\frac{1}{500\,000}$	Rhéa.	$\frac{1}{32\,000}$
Encelade.	$\frac{1}{270\,000}$	Hypérion.	$\frac{1}{1\,800\,000}$
Téthys.	$\frac{1}{75\,000}$	Japet.	$\frac{1}{110\,000}$
Dioné.	$\frac{1}{85\,000}$		

On voit combien doit être grande la prépondérance de Titan qui joue dans le système de Saturne un rôle analogue à celui de Jupiter dans le système planétaire.

On détermine la masse totale des anneaux en observant les petits mouvements de rotation imprimés par leur attraction aux grands axes des orbites des satellites ; on a trouvé ainsi cette masse égale à la $\frac{1}{620}$ partie de la masse de Saturne.

On ne connaît rien de précis sur les masses des satellites d'Uranus et de Neptune.

Les deux satellites de Mars sont extrêmement petits ; des considérations photométriques ont conduit les astronomes américains à leur assigner des diamètres de 10^{km} environ, ce qui les rangerait parmi les plus petits des astéroïdes aujourd'hui connus. En adoptant ce chiffre de 10^{km}, on a fait la remarque qu'il a été possible de voir le satellite extérieur à des moments où sa distance à la Terre était égale à sept millions de fois son diamètre; c'est à peu près la proportion d'une boule de $0^m,1$ de diamètre, qui serait vue à la distance de Paris à Marseille. Cette comparaison est bien faite pour donner une idée de la puissance des instruments actuels.

20. Masses de quelques étoiles. — Une fois connues les masses des divers corps du système planétaire, il était bien naturel de chercher à se faire une idée des masses des étoiles. Cela était impossible à l'époque de Newton, et ce n'est que trois quarts de siècle après sa mort qu'une découverte fondamentale dans le domaine de l'observation a permis de faire quelques pas certains dans cette voie nouvelle : nous voulons parler de la découverte, faite en 1802, par W. Herschel des mouvements relatifs dans quelques étoiles doubles. Ce grand observateur a mis hors de doute les déplacements relatifs des deux composantes d'un certain nombre de systèmes binaires, déplacements portant sur la distance des deux étoiles et sur la direction de la droite qui les réunit. Cette branche nouvelle de l'Astronomie a pris un grand essor dans le cours de ce siècle; en même temps qu'on a étendu dans une proportion considérable le nombre des systèmes dans lesquels le mouvement relatif est nettement accusé, on a été à même de voir plusieurs des satellites d'Herschel effectuer une révolution complète autour de leurs étoiles principales. On a constaté que, dans tous les cas, l'une des étoiles décrit autour de l'autre, sur la sphère céleste, une orbite elliptique, conformément à la loi des aires. Les lois de Képler se trouvaient ainsi transportées en partie, du système solaire, dans un grand nombre de systèmes stellaires. On a vu immédiatement que ces mouvements elliptiques s'expliquaient aussi facilement que ceux des planètes autour du Soleil, en admettant que les deux étoiles d'un même système s'attirent suivant la loi de Newton. Ces mouvements pourraient, à la vérité, être expliqués aussi par une série d'autres lois que l'on connaît très bien aujourd'hui, mais dont la probabilité est à peu près nulle; les unes exigent, en effet, que l'attraction exercée par une étoile ne soit pas la même sur tous les points situés à la même distance dans des directions différentes; d'après les autres, l'attraction augmenterait au delà de toute limite avec l'éloignement du corps attiré. On est donc en droit de dire que la loi de Newton ne préside pas seulement aux mouvements du système solaire, mais qu'elle régit aussi ceux que présentent les étoiles multiples.

Si, dans un groupe binaire, deux étoiles s'attirent en raison inverse du carré de la distance, ce n'est pas simplement parce qu'elles sont assez voisines; le rapprochement n'a d'autre effet que de rendre les mouvements plus sensibles, et de nous permettre de les mesurer dans un intervalle de temps relativement court. On est en droit de penser que deux étoiles situées à des distances quelconques s'attirent suivant la même loi que les deux étoiles voisines d'un système binaire ; les mouvements qui en résultent finiront par devenir appréciables dans le cours des siècles, et l'on peut dire dès à présent que la loi de Newton mérite bien d'être appelée la *loi de la gravitation universelle*.

Parmi les diverses étoiles doubles, il en est quelques-unes dont les distances à la Terre sont connues. Dans ce cas, on peut calculer en mètres la quantité dont le satellite tombe en une seconde sur l'étoile principale ; le calcul est le même que quand il s'agit d'une planète et du Soleil. Il y a toutefois une remarque importante à faire : la chute en question se compose en effet de deux parties, celle du satellite sur l'étoile principale supposée fixe, et celle de l'étoile principale sur le satellite regardé comme fixe à son tour ; cela résulte de ce que les deux étoiles s'attirent *mutuellement*, et que le rapprochement total est la somme des rapprochements partiels. On comprend que les choses se passeront comme si l'étoile principale était regardée comme fixe, mais sa masse étant augmentée de celle du satellite. Il en est de même, d'ailleurs, dans le système solaire, et si nous n'en avons pas parlé, c'est qu'il nous était permis de négliger les masses des planètes en comparaison de celle du Soleil.

On pourra donc déterminer la chute du satellite en une seconde, et calculer ce que serait cette chute si le satellite était placé à une distance de son étoile égale à la distance de la Terre au Soleil. Mais on sait de combien le satellite tomberait alors sur le Soleil, puisqu'il tomberait comme la Terre. Le rapport des deux chutes donnera le rapport de la somme des masses des deux étoiles à la masse du Soleil (1).

---

(1) La formule à employer est la suivante :

$$\frac{m + m'}{M} = \left(\frac{a}{p}\right)^3 : T^2 ;$$

m et m' désignent les masses des deux étoiles, M celle du Soleil ; a est l'angle exprimé en secondes, sous lequel on verrait de la Terre le demi-grand axe de l'orbite du satellite, si ce demi-grand axe était perpendiculaire au rayon visuel ; p est la parallaxe annuelle du groupe binaire, donnée en fractions de seconde, et enfin T désigne la durée, en années et fractions d'année, de la révolution du satellite sur son orbite.

Voici les nombres obtenus pour quatre groupes dont la distance à la Terre paraît assez bien connue (1).

	Somme des masses.	
α Centaure.	1,0 fois celle du Soleil.	
η Cassiopée.	8,3	»
70 p Ophiucus.	2,5	»
o² Éridan.	1,0	»

Ainsi, voilà une étoile de première grandeur, α du Centaure, dont la masse est presque double de celle du Soleil ; puis l'étoile η Cassiopée à laquelle son éclat n'a mérité que la 4ᵉ grandeur, qui a une masse supérieure à huit fois celle du Soleil. Les deux dernières, 70 p Ophiucus et o² Éridan, sont cataloguées comme étant de la grandeur $4\frac{1}{2}$.

N'est-ce pas là un magnifique résultat, fournissant la preuve directe et concluante que les étoiles innombrables sont toutes des soleils comparables au nôtre, et qu'inversement le Soleil n'est qu'une étoile, pas plus importante que celles qui figurent dans les classes inférieures de nos Catalogues !

Il nous reste, pour terminer, à parler d'une étoile double d'un genre particulier et très curieux.

21. Sirius et son compagnon. — On sait aujourd'hui qu'un très grand nombre d'étoiles sont animées de mouvements propres qui, vus de la Terre, semblent très petits ; quelques secondes en un an, en projection sur la sphère. Ces mouvements ont pu être jusqu'ici considérés comme uniformes : si l'on reporte les positions annuelles sur une carte céleste à grande échelle, on constate en effet qu'elles sont toutes distribuées sur une même droite, à intervalles égaux. On aura donc à déterminer une fois pour toutes deux nombres invariables, les mouvements propres annuels en ascension droite et en déclinaison, et, une fois ces nombres connus avec précision, on sera à même de fixer d'avance la position qu'occupera l'étoile sur la sphère céleste à une époque quelconque.

On doit à Bessel des déterminations très exactes des mouvements propres de 36 étoiles fondamentales ; il les a obtenues en comparant ses propres observations à celles de Bradley. Les recherches qu'il

(1) Les parallaxes annuelles des 4 étoiles en question sont 0″,80 ; 0″,15 ; 0″,17 ; 0″,22.

effectua à cette occasion le conduisirent à un résultat fort inattendu :
le mouvement de Sirius n'était pas uniforme. Voici, en effet, les
erreurs que laisse subsister dans les ascensions droites de Sirius,
observées pendant près d'un siècle, l'hypothèse d'un mouvement
uniforme; chacune d'elles est déduite d'un nombre considérable
d'observations :

	s			s
1755...........	0,00		1825.........	— 0,03
1767......	— 0,08		1828.........	— 0,03
1800...........	+ 0,03		1830.........	+ 0,05
1806...........	+ 0,02		1832.........	+ 0,08
1815...........	— 0,04		1835........ .	+ 0,19
1819...........	— 0,08		1843.........	+ 0,32

La marche régulière que présentent ces nombres, surtout à partir
de 1828, alors que les observations sont plus rapprochées et plus
précises, amena Bessel à formuler cette conclusion, que *l'hypothèse
d'une variation uniforme de l'ascension droite de Sirius est inconci-
liable avec les observations.*

Bessel se demande ensuite quelle peut être la cause d'une telle
variabilité du mouvement propre; et, après un examen approfondi,
il admet que ces irrégularités doivent être produites par l'attraction
d'un corps obscur inconnu, qui est animé lui-même d'un mouvement
variable et reste toujours à une distance relativement faible de
Sirius; en d'autres termes, Sirius formerait une étoile double dont
le compagnon serait invisible. Il convient ici de donner une explication permettant de comprendre la justesse de l'hypothèse de Bessel.

Concevons deux corps en mouvement qui s'attirent suivant la loi
de Newton; on démontre en Mécanique que leur centre de gravité
est animé d'un mouvement rectiligne et uniforme; autour de lui
tourne la droite qui joint les deux corps, dont les mouvements seront
par suite d'une nature assez complexe. Si la masse de l'un d'eux est
très grande par rapport à celle de l'autre, le premier corps sera très
voisin du centre de gravité et aura par suite un mouvement presque
rectiligne et uniforme. Si les masses sont comparables, les deux
mouvements offriront des irrégularités sensibles. Ce sont des irrégularités de cette nature qui empêchent le mouvement propre de
Sirius d'être constant.

Bessel fait remarquer que l'existence d'un corps obscur dans le
voisinage de Sirius n'a rien d'impossible : on conçoit qu'il existe des
astres qui ne soient pas lumineux par eux-mêmes, ou qui ne le
soient plus, comme la fameuse étoile temporaire de Tycho-Brahé,

qui disparut, sans changer de place, dans la constellation de Cassiopée.

En 1851, après la mort de Bessel, C.-A.-F. Péters entreprit de contrôler son hypothèse, en voyant s'il était possible de représenter d'une manière satisfaisante les irrégularités du mouvement de Sirius. Il y arriva, en admettant que cette étoile décrivait une ellipse autour du centre de gravité, en 50 ans environ, avec une excentricité voisine de 0,8, et qu'enfin la plus courte distance au centre de gravité ayait eu lieu en 1791. Après Péters, Safford, en 1861, discutant les déclinaisons de Sirius, a mis en évidence, aussi pour cette coordonnée, la variabilité du mouvement propre, et montré qu'elle s'expliquait très bien par le déplacement de l'étoile sur une orbite analogue à celle que Péters avait déduite des ascensions droites.

Le 31 janvier 1862, Alvan Clark, voulant essayer à Boston une lunette dont il avait lui-même travaillé l'objectif, découvrait une petite étoile, presque dans les rayons de Sirius, à 10″ seulement de son centre. La direction de la droite menée de Sirius à la petite étoile cadrait assez bien avec celle qu'on pouvait déduire des éléments de Péters, de sorte qu'il devint très vraisemblable que le faible satellite découvert par Clark était identique avec le corps perturbateur soupçonné par Bessel. Au moment de la découverte de Clark, M. Auwers était occupé d'une recherche générale pour déterminer l'orbite de Sirius avec l'ensemble des observations d'ascension droite et de déclinaison (environ 7000 observations d'ascension droite et 4000 de déclinaison). Il obtint une durée de révolution de 49^{ans},4 et une excentricité 0,601, notablement plus petite que celle de Péters. Une fois connue l'orbite de Sirius, il est facile d'en déduire celle du satellite, en partant toutefois d'une distance mesurée; car, à une époque quelconque, la distance de Sirius à son compagnon est égale à sa distance au centre de gravité multipliée par le rapport de la somme des deux masses à la plus petite. Les premières observations du compagnon donnèrent pour sa distance à l'étoile une quantité trois fois plus grande environ que le rayon correspondant de l'orbite de Sirius; il en résultait que la masse de Sirius était à peu près le double de celle de son compagnon. Dès lors, il fut bien aisé de prédire plusieurs années d'avance la position du satellite. D'autre part, on ne manqua pas de déterminer cette position par l'observation, et de comparer l'une à l'autre. Le Tableau suivant donne une idée des résultats de la comparaison; il indique, pour un assez grand nombre d'années, la différence entre les valeurs calculées et observées, pour l'angle formé par le rayon mené de Sirius à son compagnon avec un rayon fixe :

1862..........	+ 0,2°	1877..........	+ 6,5°
1865..........	+ 2,8	1878..........	+ 6,2
1868..........	+ 4,3	1879..........	+ 5,8
1871..........	+ 6,7	1880..........	+ 5,8
1874..........	+ 7,1	1884..........	+ 6,3
1875..........	+ 7,0	1887..........	+ 5,9
1876..........	+ 6,5		

L'accord n'est pas absolument satisfaisant; il l'est moins encore quand on compare les distances. Toutefois, on peut remarquer qu'à partir de 1871 jusqu'en 1887 les différences ci-dessus peuvent être considérées comme constantes et oscillant autour de 6°,5; il paraît donc bien difficile d'admettre que le satellite de Clark ne soit pas en rapport intime avec celui de Bessel, quand on voit leurs rayons décrire en vingt ans un angle de 40°, en restant toujours à la même distance. Si l'on tient compte de ce que l'orbite de M. Auwers repose sur des irrégularités de l'ascension droite de Sirius qui n'atteignent pas $\frac{1}{3}$ de seconde de temps, si l'on songe ensuite aux erreurs systématiques inévitables des observations quand il s'agit de comparer un corps aussi faible que le compagnon à la plus brillante des étoiles, on est en droit d'espérer qu'en apportant certaines corrections aux éléments de l'orbite on arrivera à représenter d'une façon satisfaisante, à la fois et les positions de Sirius, et celles de son satellite.

Si l'on admet la distance de Sirius à la Terre telle qu'elle résulte des mesures de M. Gill [1], on trouve que la somme des deux masses est égale à 4,4 fois celle du Soleil; la masse de Sirius vaudrait donc trois fois, et celle de son compagnon une fois et demie la masse du Soleil; la distance de Sirius à son compagnon serait très peu supérieure à la distance d'Uranus au Soleil.

M. L. Struve, en discutant l'ensemble des observations de η Cassiopée, est arrivé à déterminer, comme pour Sirius, les petites irrégularités du mouvement propre de l'étoile principale; on comprendra aisément, d'après ce qui précède, qu'il ait pu en déduire les masses des composantes; elles sont égales à 6,6 et à 1,7 fois la masse du Soleil.

(1) Parallaxe annuelle de 0″,38.

Au moment de terminer cette Notice déjà longue, on nous permettra une dernière réflexion.

Pendant des siècles, on a fait de la Terre le centre du monde, en obligeant les planètes, le Soleil, et jusqu'aux étoiles à tourner autour d'elle. Copernic est survenu, et dès lors la Terre a pris une place des plus modestes dans le cortège des planètes que gouverne le Soleil. Voici maintenant que le Soleil, à son tour, n'est plus qu'une des innombrables étoiles de la Voie lactée, et cette Voie lactée n'est sans doute elle-même qu'un des amas stellaires répandus à profusion dans l'espace. C'est ainsi que les découvertes successives ont singulièrement diminué l'importance de la Terre dans l'ensemble de la création. L'homme pourrait en concevoir quelque chagrin ; mais il a de quoi se consoler en opposant à sa faiblesse physique la grandeur et la beauté des résultats obtenus par son intelligence, notamment, dans le domaine de l'Astronomie : la détermination des poids des corps célestes, et celle de leur composition chimique par l'analyse spectrale.

NOTICE SUR LA LUNE

ET SON ACCÉLÉRATION SÉCULAIRE

... Quá causâ argentea Phœbe
Passibus haud æquis graditur ; cur, subdita nulli
Hactenus astronomo, numerorum fræna recusat;
....

Ces vers de Halley sont un écho des peines que la Lune avait
causées avant lui aux astronomes. Elle en a coûté davantage aux
géomètres durant les deux siècles qui ont suivi la grande découverte
de Newton. Des progrès considérables ont été faits dans la théorie
de son mouvement, mais ils ne sont pas encore entièrement au
niveau des perfectionnements réalisés par les observations; aujour-
d'hui même, la Lune reste rebelle, dans une certaine mesure, au
frein de l'Analyse : Hansen l'avait emprisonnée dans ses savantes
formules durant tout un siècle ; mais elle en est sortie dans ces trente
dernières années d'une façon inquiétante qui réclame impérieusement de nouveaux efforts. Nous nous proposons, dans cette
courte Notice, d'insister sur l'un des points les plus intéressants de
la théorie, sur l'accélération séculaire ; mais, pour être compris de
nos lecteurs, il est indispensable d'entrer dans quelques détails sur
les principales inégalités du mouvement de la Lune.

1. Depuis plus de 2 000 ans, les astronomes ont découvert dans la
longitude de la Lune une irrégularité, ou, comme on dit, une
inégalité qui tient à ce que son mouvement n'est pas circulaire et
uniforme, et qui peut éloigner notre satellite à plus de 6° de part et
d'autre de sa position moyenne. Pour nous, l'explication est bien
simple : la Lune ne décrit pas un cercle, mais une ellipse autour de
la Terre.

Les anciens ne connaissaient pas le mouvement elliptique ; ils en
avaient néanmoins constaté les effets. La période qui ramène
l'inégalité dont il s'agit, en la faisant repasser par les mêmes
valeurs, est d'environ 27 jours $\frac{1}{3}$.

Mais voici d'autres inégalités importantes dont la cause est différente :

1° La ligne suivant laquelle le plan de l'orbite coupe l'écliptique, c'est-à-dire la ligne des nœuds, ne conserve pas une direction invariable : elle se meut, d'un mouvement presque uniforme, dans le sens rétrograde, et fait un tour entier en 18 ans.

Il en résulte que, si l'on conçoit une bande du ciel, s'étendant à 5° environ de chaque côté de l'écliptique, la Lune peut, avec le temps, occuper toutes les positions renfermées dans cette bande, tandis qu'elle se déplacerait seulement suivant une ligne invariable, si le plan de son orbite conservait toujours la même orientation. Cela produit des phénomènes très variés : ainsi, il arrive parfois que le disque lunaire passe devant le beau groupe des Pléiades et cache successivement ses étoiles pour les découvrir ensuite ; à la lunaison suivante, le passage se fait encore, mais plus loin du centre : il n'a plus lieu dans la troisième lunaison, et le phénomène ne se reproduit qu'au bout de 18 ans.

2° L'ellipse tourne dans son plan d'un mouvement presque uniforme, dans le sens direct, et le grand axe exécute une révolution complète en 9 ans environ.

Les deux déplacements dont nous venons de parler existent aussi pour les planètes, mais avec quelle différence de vitesse ! Le cycle complet embrasse alors des centaines de milliers d'années.

3° Il existe dans la longitude une inégalité périodique découverte par Ptolémée, l'*évection*, qui peut éloigner la Lune de 1°16′ de part et d'autre de la position qu'elle occuperait sur son ellipse ; sa période est de 31 jours $\frac{1}{2}$.

4° La *variation*, bien nommée car elle change rapidement, n'ayant qu'une période de 14 jours $\frac{3}{4}$, peut altérer la position de la Lune de 39′ en plus ou moins. Elle a été découverte par Tycho-Brahé, mais avait été déjà remarquée par les astronomes arabes.

5° Enfin Tycho-Brahé a découvert aussi l'*équation annuelle*, dont la période est une année, et qui peut s'élever à 11′.

Ces inégalités périodiques sont simples chacune ; mais leurs combinaisons produisent les effets les plus variés et les plus compliqués, et l'on se fait difficilement une idée de la sagacité qu'il a fallu pour les séparer les unes des autres, et déterminer leurs grandeurs ainsi que leurs périodes. On ne connaissait pas encore la source féconde d'où elles dérivent naturellement ; Newton l'a révélée par sa loi sur la gravitation, et il a indiqué comment on pourrait en trouver beaucoup d'autres moins importantes, en puisant à la même origine.

2. Nous allons aborder quelques-unes des conséquences de la loi de Newton, mais il sera peut-être utile d'indiquer en passant le rôle important que la Lune a joué dans la découverte même de la loi.

Newton avait été amené, dans des circonstances bien connues, et qu'il est inutile de rappeler ici, à diriger ses méditations sur la pesanteur; cette force, qui agit sur tous les corps placés à la surface de la Terre et les fait tomber suivant la verticale, c'est-à-dire dans la direction du centre, existe encore au sommet des plus hautes montagnes ; elle devait s'étendre plus loin, jusqu'à la Lune, en s'affaiblissant sans doute dans une certaine mesure. Or la Lune ne peut décrire son orbite presque circulaire autour de la Terre que si elle est sollicitée, à chaque instant, par une force dirigée vers le centre de la Terre; autrement elle prendrait un mouvement rectiligne et uniforme, dans la direction de la vitesse qu'elle possède à un moment donné. Cette force n'était-elle pas la pesanteur s'exer-çant à une distance 60 fois plus grande que le rayon de la Terre, et affaiblie dans une mesure à déterminer? C'est la question que se posa Newton.

Il fut amené naturellement à penser que c'était une force analogue, la pesanteur vers le Soleil, qui forçait les planètes à décrire des orbites presque circulaires. La troisième loi de Képler lui montra que la force qui agit sur chaque planète diminue quand on passe de Mercure à Vénus, de Vénus à la Terre, etc.; la loi de la diminution s'est trouvée être celle de la raison inverse du carré de la distance.

Ainsi c'est la Lune qui a fourni à Newton l'idée de la pesanteur de chaque planète vers le Soleil, et ce sont les planètes qui lui ont révélé la loi de décroissement de cette pesanteur avec la distance. Il fallait dès lors revenir à la Lune, et voir si la force qui la main-tient dans son orbite est bien 3 600 fois (le carré de 60) plus petite que la pesanteur à la surface terrestre. Or, dans la première seconde de leur chute, les corps parcourent 15 pieds de Paris, ou 180 pouces; la Lune devait donc tomber à chaque instant vers la Terre, d'une quantité 3 600 fois plus petite, soit $\frac{1}{20}$ de pouce. Il était facile à Newton de calculer cette chute de la Lune, à la condition de connaître le rayon de l'orbite lunaire, ou plutôt le rayon de la Terre; il adopta la valeur admise en Angleterre, et trouva seulement les $\frac{6}{7}$ de $\frac{1}{20}$ de pouce. Bien que la différence fût petite, il crut que la force qui retenait la Lune dans son orbite ne se composait pas uniquement de la pesanteur, et il abandonna son idée ; cela se passait en 1666 ; Newton n'avait alors que 23 ans. En 1682, donc 16 ans plus tard, il assistait à une séance de la Société royale de Londres, où l'on parla d'une nouvelle mesure du degré terrestre que venait d'effectuer l'astronome français Picard. Il se fit communiquer le résultat (57 060 toises pour la longueur de l'arc d'un degré), et, rentré chez lui, reprit son ancien calcul ; il trouva cette fois exactement $\frac{1}{20}$ de pouce pour la chute de la Lune sur la Terre en une seconde. Newton put alors énoncer sa loi de la gravitation, ou plutôt de la pesanteur universelle. Il est bon de donner une indication sur la valeur erronée du rayon terrestre, qu'il avait admise d'abord. Les géographes et les marins de son pays se servaient alors, comme unité linéaire, du *mile* de 1760 *yards*, qu'ils croyaient représenter la minute géographique, ou la 60ᵉ partie du degré terrestre. Or, ce *mile*, encore usité en Angleterre, vaut 1 609ᵐ, tandis que la minute géographique est de 1 852ᵐ.

La différence de ces deux mesures correspond exactement à celle qui a arrêté Newton ; il aurait obtenu une approximation suffisante en employant la mesure faite antérieurement par Fernel, à l'aide du nombre des tours de roue de sa voiture, dans le voyage d'Amiens à Paris. C'est ainsi qu'ont été perdues pour l'Astronomie, bien entendu, seize années du génie de Newton.

3. La loi de l'attraction ferait décrire à la Lune une ellipse invariable, si notre satellite existait seul avec la Terre ; cela constitue le *Problème des deux Corps*, que l'on sait résoudre d'une façon complète par le calcul.

Mais on ne peut pas laisser ainsi de côté l'action du Soleil : il faut tenir compte de son attraction, ou plutôt de la différence de ses attractions sur la Terre et sur la Lune.

On pourrait croire que cette différence est très faible à cause du grand éloignement du Soleil ; mais sa masse est si grande que, finalement, l'effet produit est très sensible : ainsi, dans les pleines lunes, la force provenant du Soleil est à très peu près la centième partie de celle émanant de la Terre.

On comprend qu'il en résulte des dérangements notables dans le mouvement de la Lune ; on peut les calculer d'avance, et l'on devra les trouver identiques à ceux que l'observation a fait connaître, si les mouvements célestes ont pour cause unique la loi de la gravitation universelle. Ainsi se posa, pour la première fois, le fameux *Problème des trois Corps;* trois points matériels sont lancés à un moment donné, avec des vitesses connues; ils s'attirent mutuellement en raison inverse du carré de la distance. On demande de déterminer leurs positions à une époque quelconque. L'énoncé est, comme on le voit, des plus simples, et cependant le problème a résisté depuis deux siècles aux efforts des plus grands géomètres. On doit à Lagrange tout ce que l'on sait au point de vue de la solution rigoureuse, et tous les travaux ultérieurs ne nous ont rien appris d'essentiellement nouveau. Mais on peut heureusement se contenter d'une solution approchée, que l'on cherche à rendre de plus en plus précise, en poussant les approximations aussi loin qu'il le faut. Newton a fait les premiers pas dans cette voie; il a vu que l'attraction du Soleil doit faire rétrograder le nœud, avancer le périgée, et produire la variation et l'équation annuelle; ses travaux sur cet objet, tout incomplets qu'ils soient, sont peut-être la plus haute manifestation de son génie.

Les premiers successeurs de Newton furent Clairaut et d'Alembert, qui firent entrer résolument la question dans la voie de l'Analyse : on leur doit l'explication de l'évection. Une difficulté sérieuse se présenta : le calcul indiquait que le périgée devait effectuer sa révolution comme le nœud, en 18 ans, tandis que, d'après l'observation, il n'y emploie que 9 ans. Impuissant à expliquer cette contradiction, Clairaut supposa un moment que la loi de Newton exigeait un terme complémentaire, inversement proportionnel au cube de la distance; ce terme, qui serait très petit à de grandes distances, notamment dans le cas des attractions mutuelles des planètes, deviendrait sensible pour la Terre et la Lune qui sont très voisines, et permettrait de lever la difficulté. Mais ce n'était pas là la vraie solution; Clairaut, revenant à ses premiers calculs, vit qu'ils avaient besoin d'être complétés, et trouva finalement 9 ans pour la révolution du périgée : la loi de la gravitation sortait intacte de cette épreuve critique.

La théorie de la Lune poursuit ses progrès avec Euler, Laplace, Damoiseau, Plana, Poisson, Lubbock, de Pontécoulant, Hansen, Delaunay, Adams, Hill, etc. Ce n'est plus à tâtons que l'on découvre les nombreuses inégalités du mouvement; la source en est maintenant connue : elles découlent naturellement de l'attraction du Soleil ou de celle des planètes. Leurs valeurs, déterminées par le calcul, puis par l'observation, présentent un accord remarquable, et l'on obtient ainsi des preuves de plus en plus fortes et nombreuses de l'exactitude de la loi de Newton. Il est un point cependant sur lequel l'accord laisse encore à désirer aujourd'hui, et c'est sur lui que je vais insister : il s'agit de l'accélération séculaire.

4. Quand il est question des planètes, on trouve, en défalquant les inégalités périodiques, que la longitude croît de quantités égales en des temps égaux, ou, ce qui revient au même, que le moyen mouvement est constant. La Lune est le seul astre pour lequel il n'en soit pas ainsi : au fur et à mesure que le temps se déroule par intervalles égaux, le moyen mouvement correspondant va en augmentant. Cela est produit par un petit terme proportionnel au carré du temps, qui représente l'accélération séculaire. Cette curieuse particularité a été découverte par Halley et confirmée par Dunthorne, Tobie Mayer et Lalande, qui ont assigné à l'accélération des valeurs comprises entre 6″,7 et 10″. Ces astronomes ont eu recours à quelques-unes des anciennes éclipses rapportées dans l'*Almageste*, à d'autres éclipses observées par les Arabes, et enfin aux observations modernes ; ils avaient ainsi trois époques limitant deux intervalles pour chacun desquels on pouvait calculer le moyen mouvement : la seconde valeur s'est trouvée plus grande que la première.

Quand on dit que l'accélération séculaire est de 10″, cela veut dire qu'en un siècle, en dehors de sa variation progressive régulière, la longitude de la Lune croît de 10″, en deux siècles de 40″, en trois siècles de 90″, etc. On voit quelle importance acquiert cette accélération pour des époques éloignées : par exemple, pendant les 20 siècles qui précèdent notre époque, il en est résulté une variation de 10″, multipliée par le carré de 20, soit de 4000″, plus d'un degré, ce qui déplace la Lune dans le ciel d'environ deux fois son diamètre apparent.

5. L'observation ayant mis ainsi hors de doute le fait de l'accélération séculaire, il fallait en trouver la cause théorique. Bien des efforts furent tentés en vain, notamment par Lagrange. Laplace eut le bonheur de trouver la solution demandée, en prouvant que la diminution très lente de l'excentricité de l'orbite terrestre doit avoir pour conséquence une accélération du mouvement de la Lune(1). Les deux faits semblent, au premier abord, n'avoir entre eux aucune

---

(1) Les variations séculaires des excentricités donnent lieu, pour toutes les planètes, à des accélérations séculaires, mais qui sont extrêmement petites et sans influence appréciable ; c'est en ayant égard à cette réserve que l'on peut dire que la Lune est le seul astre possédant une accélération séculaire.

relation; Laplace les a rendus solidaires par la théorie de la gravitation. Il nous est impossible de mettre nettement ici cette solidarité
en évidence ; cependant on peut remarquer que, si l'orbite terrestre
va sans cesse en s'arrondissant, il en doit résulter, avec le cours des
siècles, des variations dans les distances du Soleil à la Terre et à la
Lune, et, par suite, dans l'action perturbatrice du Soleil, de légers
changements dont l'accumulation progressive peut devenir sensible.
L'observation avait devancé la théorie dans la découverte de l'accélération ; la théorie va prendre sa revanche entre les mains de
Laplace. En effet, on sait que l'excentricité de l'orbite terrestre n'ira
pas toujours en diminuant ; elle cessera de le faire dans 24 000 ans
environ, pour augmenter ensuite pendant très longtemps. Il en
résulte que, dans la suite des siècles, l'accélération de la Lune finira
par faire place à un retard séculaire. Une prévision faite à aussi
longue échéance ne donne-t-elle pas une idée imposante de la puissance de la théorie ? Laplace avait trouvé l'accélération égale à 10″,
et comme ce nombre différait très peu de ceux obtenus par Dunthorne et Lalande, on l'admit sans contestation et la question parut
définitivement résolue de la façon la plus satisfaisante.

6. Elle entra cependant dans une phase nouvelle à la suite d'un
nouveau mode de contrôle pour les Tables de la Lune, signalé par
Baily en 1811. Ce savant appela l'attention sur quelques éclipses
totales de Soleil rapportées avec plus ou moins de vague par les
anciens historiens, et dont la considération peut conduire à des
résultats importants pour la chronologie ; aussi les a-t-on nommées
éclipses chronologiques. Pour faire comprendre le rôle qu'elles
peuvent jouer dans la question actuelle, il est nécessaire d'entrer
dans quelques détails.

Au contraire des éclipses totales de Lune, qui sont visibles à la
fois de tout un hémisphère terrestre, les éclipses totales de Soleil ne
peuvent être observées que dans une bande très étroite, formée par
l'ensemble des positions de l'ombre pure portée par la Lune sur la
surface de la Terre. Il en résulte que les éclipses totales de Soleil
sont extrêmement rares en un lieu donné : c'est ainsi qu'on n'en
aura vu qu'une à Paris, en 1724, pendant toute la durée des dix-
huitième et dix-neuvième siècles. A Londres, on a été pendant
575 ans sans en observer une seule, depuis l'an 1140 jusqu'en 1715.

On comprend d'ailleurs que, si l'on fait varier un tant soit peu la
position assignée à la Lune par la théorie au moment du milieu d'une
éclipse, on déplacera la zone de totalité à la surface de la Terre, de
sorte que, si un lieu donné était d'abord compris à l'intérieur de

cette zone, il pourra en sortir à la suite du changement supposé, de façon que l'éclipse aura cessé d'y être totale. Supposons donc que l'histoire mentionne une ancienne éclipse totale de Soleil observée en un lieu donné, sans en fixer la date, et que cette date ne puisse cependant être indécise qu'entre certaines limites. A l'aide des Tables actuelles du Soleil et de la Lune, on cherchera quelles éclipses totales de Soleil ont pu être visibles dans le lieu indiqué. On n'aura généralement pas de peine à dire celle à laquelle on doit s'arrêter, d'après la chronologie, même imparfaite, dont on dispose. La date inconnue de l'éclipse se trouvera dès lors déterminée exactement, et c'est déjà un résultat important. On pourra voir, en outre, quels petits changements il est possible d'apporter à la position théorique de la Lune sans que l'éclipse cesse d'être totale au lieu considéré. On comprend donc que, vu l'époque très éloignée du phénomène, on puisse dire si une accélération séculaire de 6″, 8″, 10″ ou plus est admissible.

Mais, pour que la conclusion soit légitime, il faut qu'on soit certain :

Que le phénomène mentionné est bien une éclipse de Soleil ;

Que cette éclipse a été totale ;

Que l'on sache exactement en quel point de la Terre elle a été observée ;

Enfin, que l'on n'ait pas à hésiter entre deux éclipses totales visibles au même lieu.

Les idées de Baily ont été reprises par M. Airy en 1853 et 1857, et appliquées à la discussion approfondie de cinq éclipses chronologiques, celles de Thalès, de Larissa, de Xerxès, d'Agathocle et de Stiklastad. Le savant directeur de l'Observatoire de Greenwich conclut que, pour représenter ces éclipses d'une façon satisfaisante, il faut attribuer à l'accélération séculaire une valeur d'au moins 12″, même plutôt de 13″; il faudrait donc augmenter le nombre de Laplace d'une quantité assez notable.

7. Ici se présente un rapprochement singulier dans l'histoire de la Science. Dans cette même année 1853, M. Adams montrait que le nombre théorique obtenu par Laplace devait être diminué ; le calcul n'avait pas été poussé assez loin. Ses recherches, confirmées par celles de Delaunay, diminuèrent notablement l'accélération en la fixant à 6″,1. Ce chiffre, qui est désormais au-dessus de toute contestation, n'est que la moitié de celui que réclament MM. Airy et Hansen pour vérifier les anciennes éclipses. Il existe donc ainsi entre la théorie et l'observation un désaccord embarrassant. Pour

chercher à le faire disparaître, il faut revoir l'observation et la théorie :

1° La conclusion tirée de la discussion des éclipses chronologiques est-elle établie d'une façon absolument rigoureuse, et ne peut-on pas abaisser notablement la valeur de 12″ ?

2° En adoptant la diminution de l'excentricité de la Terre pour cause unique, l'accélération est bien égale à 6″,1 ; mais n'existe-t-il pas une autre cause venant s'ajouter à la première, et susceptible de relever le chiffre de 6″ ?

Tels sont les deux points que nous allons examiner successivement.

8. *Éclipse de Thalès.* — On lit dans Hérodote :

> Après cela, les Lydiens et les Mèdes furent en guerre pendant cinq années consécutives; dans cette guerre, souvent les Mèdes furent vainqueurs des Lydiens, souvent aussi les Lydiens vainquirent les Mèdes; une fois même, ils se battirent la nuit. Or, comme la guerre se soutenait avec des chances égales des deux côtés, la sixième année, un jour que les armées étaient aux prises, il arriva qu'au milieu du combat le jour se changea subitement en nuit. Thalès de Milet avait prédit ce phénomène aux Ioniens en indiquant précisément cette même année dans laquelle il eut lieu en effet. Les Lydiens et les Mèdes, voyant que la nuit succédait subitement au jour, mirent fin au combat, et ils ne s'occupèrent plus que du soin d'établir la paix entre eux.

Il est probable que le phénomène mentionné par Hérodote est une éclipse totale de Soleil, mais le lieu où il a été vu n'est pas indiqué ; on sait seulement qu'il devait être situé en Asie Mineure, ou au moins très près de cette contrée. La date n'en est pas mieux fixée : Pline la met à la 4e année de la 48e olympiade, Clément d'Alexandrie vers la 50e olympiade. Les divers auteurs qui en ont parlé depuis font varier la date depuis le 1er octobre 583 jusqu'au 3 février 626 avant J.-C. Pour Baily, l'éclipse aurait eu lieu le 30 septembre de l'an 610. M. Airy la met au 28 mai 584, en s'appuyant sur les Tables de la Lune de Damoiseau ; cette date est d'ailleurs d'accord avec celle de Pline, et semble présenter des garanties assez sérieuses. Hansen appuie l'opinion de M. Airy, en faisant remarquer qu'en l'année 610 Thalès n'avait que 30 ans, et qu'il est difficile d'admettre qu'à cet âge il ait pu être aussi expérimenté dans le calcul des éclipses ; il aurait eu au contraire 54 ans avec l'autre date ; cette preuve, toutefois, ne paraît pas décisive. M. Newcomb s'est livré à une discussion très serrée sur cette éclipse, et il trouve que trois points seulement sont bien établis par le récit d'Hérodote :

Qu'une bataille entre les Lydiens et les Mèdes a été terminée par une obscurité subite ;

Que, le 28 mai 584 avant J.-C., l'ombre de la Lune a passé sur l'Asie Mineure, ainsi que cela résulte des calculs fondés sur les Tables ;

Que Thalès a prédit une éclipse.

Mais il ne considère pas comme démontré que ces trois phénomènes se rapportent à un seul et même événement. On peut dire dans tous les cas que la certitude ne s'impose pas.

Éclipse de Larissa. — On lit dans Xénophon : « Lorsque les Perses succédèrent aux Mèdes dans l'empire, le roi des Perses, assiégeant cette ville (Larissa), ne pouvait la prendre par aucun moyen ; mais un nuage en couvrant le Soleil produisit une telle obscurité que les hommes sortirent de la ville, et c'est ainsi qu'elle fut prise. »

D'après les détails que donne Xénophon, il paraît certain que Larissa n'est autre chose que la moderne Nimrod ; dès lors, la position du lieu d'observation est bien connue ; mais est-il bien certain que le phénomène en question est une éclipse de Soleil? Le texte dit seulement que c'est un nuage (νεφέλη) qui couvrit le Soleil. En admettant que ce soit une éclipse, il n'est pas prouvé que ce soit une éclipse totale de Soleil. M. Airy admet la totalité, et, examinant avec les Tables de la Lune de Hansen toutes les éclipses de Soleil qui ont eu lieu dans un intervalle de 40 ans, comprenant la date probable du fait rapporté par Xénophon, il trouve que, le 19 mai de l'an 557 avant J.-C., il y eut à Nimrod même une éclipse totale de Soleil, pour laquelle la zone de totalité était très étroite.

Éclipse de Xerxès. — Elle a eu lieu pendant la marche de Xerxès contre les Grecs, l'année même de la bataille de Salamine. Hérodote dit que l'armée avait quitté ses quartiers d'hiver à l'approche du printemps, et qu'elle venait de quitter Sardes, marchant sur Abydos, quand le soleil cessa d'être visible, et la nuit succéda au jour, bien qu'il n'y eût pas de nuages et que le ciel fût extrêmement clair. C'est évidemment une éclipse totale de Soleil, dont on connaît l'année (celle de la bataille de Salamine), la saison, et presque l'heure (le matin) ; de plus, la position du lieu où elle a été vue est bien déterminée. Malheureusement, les Tables montrent qu'il n'y a pas eu d'éclipse totale de Soleil visible à Sardes à cette époque. On ne voit pas le moyen de concilier ces deux faits discordants. M. Airy lève la difficulté en admettant qu'il s'agit, non pas d'une éclipse de Soleil, mais d'une éclipse de Lune, celle du 14 mars de l'année 479 avant

J.-C. ; mais il ne paraît pas facile de concilier cette substitution de la Lune au Soleil avec le texte d'Hérodote.

Éclipse d'Agathocle. — Agathocle, étant bloqué par les Carthaginois dans le port de Syracuse, profita d'un relâchement momentané dans le blocus pour s'échapper du port et se diriger vers la côte d'Afrique, où il parvint au bout de six jours. Pendant qu'il naviguait ainsi, le second jour, il fut témoin d'une éclipse totale de Soleil.

Voici comment Diodore de Sicile rapporte le fait :

Comme Agathocle était déjà enveloppé par l'ennemi, la nuit étant survenue, il s'échappa contre toute espérance. Le jour suivant, il se produisit une telle éclipse de Soleil que l'on pouvait croire qu'il était tout à fait nuit, car les étoiles apparaissaient de toutes parts. De sorte que les soldats d'Agathocle, persuadés que les Dieux leur présageaient quelque malheur, étaient dans la plus vive inquiétude sur l'avenir.

Ici, avec l'apparition des étoiles en plein jour, pas de doute possible ; c'est bien une éclipse totale de Soleil, la seule peut-être des éclipses chronologiques pour laquelle la totalité soit absolument certaine. Malheureusement, on n'est pas fixé sur la route suivie par Agathocle à son départ de Syracuse. On ne sait pas s'il est allé directement vers la côte d'Afrique, ou bien s'il a fait le tour de la Sicile en prenant au nord de cette île. Dans l'une ou l'autre hypothèse, à quelle distance de son point de départ se trouvait-il au moment de l'éclipse ? C'est ce que l'on ne peut établir avec précision. On paraît d'accord sur la date, que l'on fixe au 15 août de l'an 310 avant J.-C. Par une singulière fatalité, dit M. Newcomb, les limites admissibles dans la position d'Agathocle correspondent presque exactement aux limites entre lesquelles on peut faire varier l'accélération séculaire ; l'un des trajets possibles donne 12″, l'autre 7″ ou 8″ pour l'accélération.

Éclipse de Stiklastad. — Cette éclipse arriva pendant un combat que les guerriers chrétiens, sous la conduite du roi de Norvège. Olaf le Saint, livraient à une armée de paysans païens révoltés. Voici ce qu'en rapporte Snorre Sturlason : « Le temps était beau et le Soleil brillait, mais, quand la bataille eut commencé, une teinte rougeâtre se répandit sur le ciel et sur le Soleil, et, avant que le combat fut terminé, l'obscurité devint aussi grande que pendant la nuit. » On a déterminé avec certitude la position du champ de bataille où l'éclipse a été vue, ce qui a permis de fixer la date du phénomène et, par suite, celle de la bataille, au 30 août 1030. Or, un travail récent, qui paraît digne de confiance, établit, d'après des documents histo-

riques, que la bataille a eu lieu le 29 juillet 1030. S'il en est réellement ainsi, l'éclipse sera arrivée plus d'un mois après la bataille,
et l'on ne sait plus rien sur la position du lieu d'observation.

En résumant ce qui précède, on peut dire que les éclipses chronologiques ne sont pas rapportées avec assez de précision pour qu'on
en puisse conclure à telle ou telle valeur de l'accélération séculaire
de la Lune ; il semble qu'il vaille mieux s'en servir seulement pour
éclairer la chronologie.

9. Mais alors quelle valeur peut-on assigner à l'accélération
d'après l'ensemble des autres observations anciennes?

On ne peut se contenter aujourd'hui des déterminations de Dunthorne, Tobie Mayer et Lalande, qui ne reposaient que sur une
partie des observations, et qui avaient été obtenues à l'aide de
Tables de la Lune fort peu précises. On doit à M. Newcomb un
important travail d'ensemble dont nous ferons connaître les principaux résultats.

Tout ce qui subsiste des observations de l'antiquité se trouve dans
l'*Almageste* de Ptolémée, qui contient notamment des mentions
assez détaillées de dix-neuf éclipses de Lune, observées à Babylone,
Rhodes et Alexandrie. La plus ancienne remonte à l'an 720 avant
Jésus-Christ, la première année de la captivité des Juifs sous Salma-
nazar, au temps de Tobie; la dernière eut lieu l'an 136 après J.-C.
Ces dix-neuf éclipses embrassent donc un intervalle de plus de huit
siècles. On donne souvent les instants du commencement et de la
fin de chaque éclipse avec une précision qui laisse, il est vrai,
beaucoup à désirer : la mesure du temps était alors si imparfaite.
On peut admettre cependant que l'erreur de chaque observation ne
dépasse pas un quart d'heure, une demi-heure au plus. Il est remarquable que, pour 16 éclipses sur 19, les temps calculés d'après les
Tables de Hansen sont inférieurs aux temps observés; la différence
est, en moyenne, de trente-quatre minutes, plus d'une demi-heure.
Or la moyenne doit être plus exacte que chacune des observations
isolées. On peut donc admettre que, dans les huit siècles qui ont
précédé l'ère chrétienne, les éclipses de Lune sont arrivées, en
moyenne, une demi-heure après les époques fixées par les Tables
de Hansen. Les longitudes de la Lune fournies par ces tables sont
trop grandes, et il en est de même de l'accélération séculaire, que
Hansen avait prise égale à 12″. Ptolémée a été soupçonné d'avoir
altéré quelques-unes des anciennes observations, afin de les faire
mieux cadrer avec ses théories. M. Newcomb, à la suite d'une
discussion approfondie, trouve les récits de l'*Almageste* empreints

d'une sincérité parfaite. Il est seulement permis de penser que Ptolémée n'a choisi, parmi les anciennes observations dont il disposait, que celles qui étaient favorables à ses théories.

Pour arriver à de nouveaux documents utilisables, il faut franchir plus de huit siècles et atteindre les éclipses observées par les Arabes. Les observations sont contenues dans un manuscrit arabe dont quelques extraits seulement avaient été faits pour les *Prolégomènes de Tycho-Brahé*. Ce manuscrit, qui appartenait à la bibliothèque de l'Université de Leyde, fut prêté, vers la fin du siècle dernier, au gouvernement français, et traduit en 1804 par Caussin, professeur d'arabe au Collège de France, avec le titre suivant : *Le livre de la grande Table Hakémite*..... Cet ouvrage contient 28 éclipses de Soleil et de Lune, observées à Bagdad et au Caire entre les années 829 et 1004. Ce qui leur donne une grande importance dans le cas des éclipses de Soleil, c'est qu'au moment du premier et du dernier contact, on a déterminé par l'observation les hauteurs du Soleil ou celles de belles étoiles, au degré ou au demi-degré près, il est vrai ; on a ainsi, pour la première fois, une mesure rationnelle du temps, et l'heure se trouve déterminée avec beaucoup plus de précision que pour les éclipses de l'*Almageste*. Il en résulte que les éclipses des Arabes, bien qu'elles soient deux fois moins éloignées de nous que celles de Ptolémée, peuvent finalement avoir une précision presque équivalente. Il serait curieux de savoir comment se faisaient les observations du Soleil au moment des contacts avec la Lune ; la traduction de Caussin nous apprend qu'au moins dans certains cas on regardait le Soleil par réflexion dans l'eau. Les Tables de Hansen font encore commencer les éclipses trop tôt, de sept ou huit minutes en moyenne : l'accélération de 12″ est donc encore trop grande.

M. Newcomb a trouvé que, pour représenter les éclipses de Ptolémée, il fallait admettre une accélération de 8″,3 ; j'ai obtenu moi-même récemment, en dirigeant autrement les calculs, le chiffre de 7″ qui est bien rapproché, on le voit, du chiffre théorique.

Il semble donc que le désaccord si gênant, qui paraissait exister entre la théorie et l'observation, soit bien près de disparaître. Cependant, il est fort possible qu'il subsiste encore entre les deux résultats une différence appréciable, mais certainement bien plus petite qu'on ne le supposait d'abord.

10. Peut-on trouver une cause plausible expliquant cette différence ? Il suffirait que la durée du jour allât sans cesse en augmentant, chaque jour étant plus long que le précédent, d'une quantité tou-

jours la même, mais extrêmement petite. Rendons-nous compte,
en effet, de la façon dont on mesure le temps : on se sert pour cela
des jours, des heures, des minutes, des secondes, et même des
fractions de seconde. On compte les jours par le nombre des rotations de la Terre autour de son axe ; les heures, minutes et secondes
sont mesurées avec une grande précision par les horloges astronomiques, que l'on règle de façon qu'elles marquent exactement 0^h et
24^h au commencement et à la fin d'un jour sidéral. On s'assure que
la Terre a fait une rotation complète par les retours d'une même
étoile au méridien d'un lieu déterminé.

Cela posé, supposons que chaque jour surpasse le précédent d'une
quantité très petite, toujours la même, et partons d'un premier
jour initial. Les suivants seront plus longs que lui de quantités
proportionnelles aux nombres 1, 2, 3, 4,.... Les temps mesurés par
2, 3, 4,... rotations de la Terre seront donc trop grands, et les excès
seront proportionnels aux sommes :

$$1 + 2, \quad 1 + 2 + 3, \quad 1 + 2 + 3 + 4, \quad .....$$

Or, quand on double ces sommes, elles deviennent égales à

$$2 \times 3, \quad 3 \times 4, \quad 4 \times 5, \quad .....$$

Arrivons à 100 rotations et plus : les temps accusés par les nombres de jours écoulés seront trop longs de quantités proportionnelles à

$$99 \times 100, \quad 100 \times 101, \quad 101 \times 102, \quad .....$$

ou, à très peu près, proportionnelles aux carrés de 100, 101, 102,...
donc aux carrés des nombres de jours écoulés(1). Donc, en comptant
le temps comme on le fait, on trouvera que tous les corps célestes
ont parcouru des chemins trop grands, et, pour chacun d'eux, les
excès seront proportionnels aux carrés des temps. Ils devraient
avoir tous une accélération séculaire apparente, d'autant plus
grande que le corps considéré se meut plus vite. La Lune a un
mouvement rapide, quand on le compare à ceux des planètes ; si
donc la progression des durées des jours existe réellement, il n'y
aurait rien d'étonnant à ce qu'on ait constaté les effets seulement
dans le cas de la Lune. On pourrait donc expliquer pour elle un

---

(1) Ce qui arrive ici est tout à fait analogue à ce qui se passe pour la chute des
corps dans le vide ; les vitesses sont proportionnelles aux temps, et on en déduit que
les espaces parcourus sont proportionnels aux carrés des temps.

supplément d'accélération de $1''$, $2''$, …, en supposant que la rotation de la Terre aille en se ralentissant régulièrement.

11. Existe-t-il une cause rationnelle, pouvant produire un ralentissement continu dans le mouvement de rotation de la Terre ? On n'en verrait aucune si la Terre était entièrement solide et de forme invariable. Mais les $\frac{4}{5}$ de la Terre sont recouverts par les océans, dont le niveau et la surface sont à chaque instant modifiés par les marées. La possibilité d'un ralentissement continu dans la rotation de la Terre, sous l'influence des marées, a été signalée déjà, à diverses reprises, par le philosophe Kant, par R. Mayer, l'un des fondateurs de la Thermodynamique, par le météorologiste américain Ferrel, qui vient d'être enlevé à la Science, et enfin par Delaunay. Cherchons à nous rendre compte du phénomène.

Nous pouvons nous borner, dans l'étude générale de l'influence des marées, à l'action de la Lune, qui l'emporte notablement sur celle du Soleil. Supposons un moment, pour simplifier, la Terre privée de son mouvement de rotation, recouverte de toutes parts par l'océan, et la Lune immobile. On sait, par la théorie élémentaire des marées, que la surface des mers devrait présenter deux protubérances, dans la direction de la Lune et dans la direction opposée, et deux dépressions situées à 90°. Mais le mouvement de rotation de la Terre entraîne ces protubérances de l'ouest à l'est ; elles sont donc sollicitées à quitter la direction de la Lune, et, d'autre part, elles tendent à se reformer dans cette même situation, puisqu'en somme c'est notre satellite qui en est la cause. Mais elles ne peuvent pas s'adapter exactement suivant leur tendance naturelle, en raison des frottements qui s'exercent au fond des mers. Sans connaître la valeur de ces frottements, on peut se représenter leur effet final en supposant que l'axe commun des protubérances se maintienne à une distance angulaire constante du rayon mené du centre de la Terre à la Lune, et du côté de l'est. Un méridien terrestre déterminé passera donc, en vertu du mouvement de rotation de la Terre, d'abord par la Lune, ensuite par la protubérance voisine ; autrement dit, en un lieu donné, la pleine mer se produira après le passage de la Lune au méridien. C'est ce que l'on constate sur nos côtes, *par l'établissement du port* qui est en moyenne de trois heures, et répond à une déviation de 45° entre l'axe des intumescences liquides et la direction de la Lune. Mais ne voit-on pas, immédiatement et sans calcul, que la Lune tend à ramener vers elle, par son attraction, les deux proéminences dont elle est la cause première ? Il en résulte un effort constant s'exerçant sur la Terre, dans un sens contraire à son mouvement de rotation, et qui doit produire un ralentissement constant de ce mouvement.

Pour évaluer ce ralentissement, on ne peut faire qu'un calcul grossièrement approché ; en supposant, par exemple, pour toute la Terre, l'établissement du port égal à trois heures, et adoptant 1 mètre pour la hauteur de la pleine mer au-dessus du niveau moyen, on trouve que le mouvement de rotation de la Terre, assimilé à celui du chronomètre, serait en retard de *vingt-deux secondes au bout d'un siècle*. Il en résulterait, en ayant égard à l'attraction des marées sur la Lune, que leur influence pourrait produire dans le mouvement de la Lune une accélération séculaire de 6″, représentant la différence entre l'accélération théorique et celle indiquée par M. Airy, comme découlant des éclipses chronologiques.

Mais ce calcul ne peut donner qu'une idée fort imparfaite de la manière dont les choses se passent. On sait que, dans un grand nombre d'îles du Pacifique, la marée est à peu près insensible ; en outre, l'établissement du port varie d'un lieu à l'autre dans des limites très larges, et les documents actuels ne permettent pas de lui attribuer une valeur, même approchée, pour l'ensemble de la Terre. Il est probable qu'il s'établit des compensations qui diminuent beaucoup le résultat donné plus haut. Quoi qu'il en soit, il est bon de remarquer que les vingt-deux secondes de retard que l'on pourrait, à la grande rigueur, imputer à la Terre au bout d'un siècle, ne correspondent qu'à une augmentation d'*une seconde dans la durée du jour au bout de cent mille ans*.

Enfin il convient de dire un mot du refroidissement séculaire de la Terre, résultant de son rayonnement à travers l'espace ; il a pour conséquence une contraction lente des dimensions de notre globe, qui entraîne, d'après les lois de la Mécanique, une diminution régulière de la durée du jour pouvant atteindre, suivant Laplace, au plus un sixième de seconde en cent mille ans. Mais, comme l'effet des marées a été certainement exagéré dans le calcul sommaire dont nous avons parlé, on voit que la durée du jour est soumise à deux influences contraires, qui peuvent être presque du même ordre, et qu'en définitive il est possible qu'elle reste presque absolument constante.

En résumé, les observations anciennes qui paraissent les plus précises donnent pour l'accélération séculaire de la Lune une valeur peu supérieure à celle de la théorie calculée d'après la cause découverte par Laplace. S'il existe une différence entre les deux résultats, elle peut être attribuée aux effets combinés des marées et du refroidissement de la Terre.

12. Quoi qu'il en soit, quand il s'agit de représenter les observations précises de la Lune, faites depuis deux siècles, on peut attribuer à l'accélération séculaire sa valeur théorique. Ainsi se trouve écartée, au moins pour quelque temps encore, une des difficultés qui s'opposaient au perfectionnement des Tables de la Lune. Il en subsiste malheureusement encore une, beaucoup plus difficile à surmonter.

Les Tables de Hansen, même après qu'on leur a appliqué une correction importante, dont Delaunay a démontré la légitimité, montrent encore des erreurs d'environ quinze secondes d'arc en plus ou en moins, dont la période paraît voisine de trois cents ans; elles ont pour conséquence d'avancer ou de retarder l'instant du passage de la Lune au méridien, mais seulement d'une seconde. Quelle peut être la cause de ces petites irrégularités? On n'en sait rien encore aujourd'hui.

Les perturbations de la Lune, qui proviennent de l'action du Soleil, ont été calculées de deux façons absolument différentes par Hansen et Delaunay. Les résultats sont pour ainsi dire identiques, et les deux théories se prêtent ainsi un mutuel appui. Le travail de Delaunay a exigé plus de quinze années d'un labeur opiniâtre et constitue un véritable monument scientifique. Le petit dérangement qui nous préoccupe ne pouvant être imputé au Soleil, il faut se tourner du côté des planètes, notamment vers Vénus; il est possible qu'on n'ait pas encore tenu un compte exact de son action; on a ici affaire au problème des *quatre Corps*, et les choses se compliquent singulièrement. La loi de la gravitation, qui a triomphé jusqu'ici de tous les obstacles, surmontera certainement la dernière difficulté qui s'oppose au parfait accord entre la théorie et l'observation.

Qu'on nous permette, en terminant cette Notice, d'insister sur les raisons nombreuses qui doivent porter les astronomes à ne pas négliger la théorie de la Lune :

1° La Lune, qui a joué un rôle capital dans l'établissement de la loi d'attraction, la soumet à un contrôle incessant, en la forçant à expliquer, dans leurs moindres détails, toutes les irrégularités de sa route. Cet examen approfondi conduit à des conséquences inattendues; ainsi, en déterminant par l'observation deux des irrégularités périodiques de la Lune, on en peut conclure l'aplatissement de la Terre et la parallaxe du Soleil, et les valeurs ainsi obtenues ne le cèdent en rien, quant à la précision, aux mesures directes qui ont nécessité tant d'expéditions lointaines.

2° Le mouvement de la Lune, en raison de sa rapidité, nous montre d'avance un développement des perturbations que les planètes n'atteindront que dans des milliers de siècles ; de sorte que tous les progrès apportés aujourd'hui à la théorie de la Lune serviront assurément, pour celles des planètes, dans un avenir éloigné.

3° L'étude attentive du mouvement de la Lune, suivie pendant des siècles, nous fournira des renseignements précieux sur la rotation de la Terre, et nous montrera si sa durée est soumise à quelques petits changements progressifs, question de la plus haute importance au point de vue de la mesure du temps.

4° Enfin la connaissance exacte du mouvement de notre satellite est indispensable aux marins et aux voyageurs, qui y trouvent encore, en l'absence du télégraphe, le moyen le plus précis pour déterminer les longitudes.

L'étude du mouvement de la Lune s'impose donc impérieusement aux astronomes qui en tireront des résultats inappréciables, pour la pratique et pour la théorie pure.

NOTICE SUR LES PLANÈTES INTRAMERCURIELLES

Durant ces vingt dernières années, la question des planètes intra-mercurielles a vivement attiré l'attention des astronomes et du public scientifique; nous croyons utile de résumer ici l'état actuel de nos connaissances sur ce sujet. Nous rappellerons d'abord les raisons théoriques qui ont conduit à admettre l'existence de ces planètes, et nous indiquerons ensuite les observations qui ont été données comme se rapportant ou pouvant se rapporter à ces corps. C'est l'étude des mouvements de Mercure qui a amené Le Verrier à admettre l'existence des planètes intramercurielles; c'est donc par un résumé de la théorie de Mercure qu'il convient de commencer.

PREMIÈRE PARTIE

THÉORIE DE MERCURE

Pour arriver à prédire, même grossièrement, les positions de Mercure, les anciens astronomes ont éprouvé des difficultés considé-rables, provenant en grande partie de la rareté des observations. Dans ses plus grandes digressions, Mercure s'éloigne du Soleil d'une quantité qui varie de 16° à 29°; avant l'invention des lunettes, on ne pouvait donc observer la planète que pendant quelques instants, le soir après le coucher du Soleil, ou le matin avant son lever, en la cherchant attentivement dans la lumière du crépuscule, au moment de ses plus grandes élongations. Gêné par les brouillards de la

Vistule, Copernic se plaignait amèrement de n'avoir jamais pu observer Mercure.

Les astronomes de l'antiquité nous ont légué en tout seize observations de Mercure; elles sont rapportées dans l'*Almageste* de Ptolémée, sept d'entre elles, antérieures à l'origine de notre ère, consistent en des alignements et des distances aux étoiles, obtenus par une estime grossière; on ignore même le lieu où elles ont été faites. Lalande, qui a discuté ces observations, pense qu'elles ont été faites à Babylone; les dates de ces observations sont comprises entre l'an 264 et l'an 234 avant J.-C. Les neuf autres observations sont de l'époque de Ptolémée; elles ont été faites à Alexandrie, avec le secours de l'astrolabe, de 130 à 141 après J.-C.

Ces seize observations, qui du reste ne sont pas toutes conciliables entre elles, ne peuvent servir actuellement de base à une théorie précise des mouvements de Mercure; tout au plus pourrait-on les employer comme moyen de vérification. Les observations exactes les plus éloignées de nous sont des observations de passages de la planète sur le disque du Soleil; lorsque, dans ses conjonctions inférieures, la planète est à une faible distance de l'écliptique, elle se projette sur le disque solaire, sous la forme d'un petit disque noir qui décrit une corde plus ou moins longue; on note aussi exactement que possible les instants des contacts intérieurs des deux disques, à l'entrée et à la sortie, et on en déduit, par un calcul facile, une mesure très précise de la position de Mercure au milieu du phénomène.

Képler osa le premier prédire un passage de Mercure sur le Soleil; en 1627, après avoir dressé ses Tables Rudolphines, fondées sur les observations de Tycho-Brahé, il annonça qu'un tel passage aurait lieu le 7 novembre 1631, avec une erreur possible d'un jour environ. Ce passage eut lieu en effet huit jours avant la mort de Képler, qui ne put l'observer. Il fut aperçu en plusieurs points de l'Europe : Gassendi l'observa à Paris, au Collège de France, en projetant l'image du Soleil sur une feuille de papier blanc dans une chambre obscure.

Viennent ensuite les passages de 1661 et 1677, observés, le premier par Hévélius, le second par Halley à Sainte-Hélène.

La Hire, qui pensait avoir dressé des Tables exactes du mouvement de Mercure, avait prédit pour le 5 mai 1707 un passage qui devait être visible à Paris; ce jour-là, le ciel fut magnifique, rien ne parut sur le disque du Soleil; le passage eut lieu dans la nuit, et fut observé le 6 au matin par Rœmer à Copenhague.

Pour le passage de 1753, Lalande alla observer à Meudon, afin de procurer à Louis XV le plaisir de voir Mercure sur le Soleil ; les Tables de La Hire indiquaient l'entrée de la planète pour le 5 mai au soir, et celles de Halley pour le 6 au matin, à 6^h30^m ; elle eut réellement lieu le 6, à 2^h30^m du matin.

L'inexactitude si évidente des Tables de La Hire détermine Lalande à en construire de nouvelles, dans lesquelles il utilise, et les observations de l'*Almageste*, et les passages observés antérieurement, et il annonce le passage du 4 mai 1786, espérant sans doute avoir prédit le moment de l'entrée à quelques minutes près ; le récit suivant, fait par Delambre, va nous montrer qu'il n'en fut rien :

« Au lever du soleil, dit Delambre, il pleuvait ; tous les astronomes de Paris étaient à leurs lunettes ; mais, fatigués d'attendre, ils quittèrent leur poste une demi-heure après le moment de la sortie calculée (par les Tables de Lalande), ne conservant plus aucune espérance… Je pris le parti d'attendre jusqu'après le moment indiqué par les Tables de Halley ; mais je n'eus pas besoin de tant de constance : l'observation arriva plus tard de trois quarts d'heure (53^m) que suivant Lalande, mais trois quarts d'heure plus tôt que suivant Halley. Le Monnier et Pingré, Lalande et son neveu, Méchain, Cassini et ses trois adjoints, trompés par l'annonce, avaient tous manqué l'observation. Je leur montrai la mienne le soir même ; ils ne voulaient presque pas y croire. Ce fut la première observation que j'eus l'occasion de porter à l'Académie des sciences, et c'est de là que date ma carrière d'astronome observateur. »

Décidément, il fallait se ranger à l'avis de Mœstlin, qui disait en 1577 : « Cette planète est faite pour décrier la réputation des astronomes. » Riccioli avait dit aussi : « Aucune planète n'a paru avoir des mouvements si compliqués ; le Mercure céleste est aussi impénétrable pour les astronomes que le Mercure terrestre pour les alchimistes. »

Cependant Lalande ne se découragea pas, et, ayant retouché ses Tables, il eut la satisfaction de prédire assez exactement les passages de 1789, 1799 et 1802.

En 1813 parurent les Tables de Mercure, construites par de Lindenau, et qui suffirent aux exigences des astronomes pendant près d'un demi-siècle.

Nous arrivons maintenant aux travaux de Le Verrier ; dans un premier Mémoire, publié en 1842, le savant astronome a réuni et discuté toutes les observations précises dont il pouvait disposer ; il a laissé entièrement de côté les observations rapportées par

l'*Almageste*, et a mis à profit les quinze passages suivants de la
planète sur le Soleil :

3 mai 1661	7 novembre 1677
6 mai 1753	3 novembre 1697
4 mai 1700	9 novembre 1720
7 mai 1799	11 novembre 1736
5 mai 1832	5 novembre 1743
	7 novembre 1756
	9 novembre 1769
	12 novembre 1782
	5 novembre 1789
	9 novembre 1802

Il a joint à ces observations de passages environ 400 observations
méridiennes de Mercure, faites à l'Observatoire de Paris de 1801
à 1842. Il est peut-être permis de regretter qu'on n'ait eu recours à
aucune des observations méridiennes du siècle dernier ; on en aurait
trouvé presque une centaine dans les *Annales de l'Observatoire de
Greenwich ;* à l'Observatoire de l'École militaire, de 1778 à 1781,
d'Agelet avait fait également un grand nombre d'observations de
Mercure, avec le quart de cercle de Bird, le même qui a servi depuis
à la construction du Catalogue de Lalande.

Le Verrier disposait, on le voit, d'un ensemble d'observations
embrassant presque deux siècles. Il fut apparemment peu satisfait
des résultats de ce premier travail, car il disait à l'Académie des
sciences, le 2 juillet 1849 :

« L'invariabilité des moyens mouvements des astres sert de base
aux observations depuis deux mille ans, et cette base a pris un
caractère de certitude mathématique par les travaux des géomètres
français, qui ont prouvé qu'en effet l'action mutuelle des planètes
ne changeait pas leurs moyens mouvements ; c'est une des conditions qui maintiennent l'ordre dans notre système planétaire. J'ai
donc éprouvé une surprise profonde lorsque, en travaillant à la
théorie de Mercure, j'ai vu que le moyen mouvement de cette planète,
déterminé par les quarante dernières années d'observations, se
trouvait notablement plus faible que par la comparaison des
anciennes observations avec les modernes..., et mes efforts pour
parvenir à une théorie dans laquelle il n'en fût pas ainsi ont été
jusqu'à présent infructueux. »

On voit que Le Verrier n'échappait pas non plus aux ennuis que
Mercure avait causés à ses prédécesseurs ; mais il n'était pas homme
à abandonner le sujet sans avoir trouvé une solution satisfaisante.
Dans une lettre adressée à M. Faye le 12 septembre 1859, c'est-

à-dire dix-sept ans après son premier travail, Le Verrier donne enfin les principaux résultats auxquels l'a conduit une solution définitive; c'est dans cette lettre célèbre que se trouve indiquée comme très probable l'existence d'une ou plusieurs planètes intra-mercurielles.

Il nous faut entrer ici dans quelques détails pour montrer comment le savant astronome a été amené à cette conclusion.

Si Mercure existait seul avec le Soleil, cette planète décrirait une ellipse invariable, conformément aux lois de Képler; pour pouvoir prédire sa position à une époque quelconque, il suffirait de connaître exactement six quantités, que l'on nomme les éléments du mouvement elliptique, et qui déterminent, les uns la position du plan, les autres la forme, la grandeur et l'orientation de l'ellipse dans son plan, et enfin, un dernier, la position de la planète à une époque arbitrairement choisie comme point de départ. Théoriquement, trois observations complètes et exactes de Mercure suffiraient pour déterminer ces six éléments, et, par suite, permettraient d'assigner la position de la planète à une époque quelconque; dans la pratique, comme les observations sont entachées d'erreurs inévitables, on prendrait l'ensemble des observations, et l'on en déduirait, par des méthodes connues, les valeurs les plus exactes des six éléments de l'ellipse invariable décrite par Mercure.

Mais Vénus est là qui, par son attraction sur Mercure, l'écarte à chaque instant de la route idéale que nous venons de concevoir; la planète se mouvra bien encore, si l'on veut, sur une ellipse, mais les éléments de cette ellipse seront soumis à de petites variations. Le calcul de ces variations est un problème complexe de Mécanique céleste; la solution de ce problème suppose la connaissance d'un nombre faisant connaître la grandeur de l'attraction exercée par Vénus sur Mercure à une distance déterminée : nous voulons parler de la masse de Vénus.

Il y aura aussi, dans les mouvements de Mercure, d'autres petits dérangements causés par la Terre, Mars, Jupiter, etc.; on pourra les calculer, si l'on connaît les masses de la Terre, de Mars, de Jupiter, etc.; ces dérangements sont plus faibles que ceux causés par Vénus, ou du moins on peut les calculer avec une exactitude suffisante.

Dès lors, le problème que Le Verrier avait à résoudre pouvait s'énoncer ainsi : représenter toutes les observations de Mercure, en déterminant convenablement les six éléments de l'ellipse que décrit cette planète, à une époque arbitrairement choisie, et aussi la masse de Vénus.

Or il est arrivé à trouver que la masse de Vénus, qui lui avait servi de point de départ, devait être augmentée d'au moins $\frac{1}{10}$ de sa valeur.

« Pour échapper à cette nécessité, dit Le Verrier, il faudrait admettre que des erreurs de plusieurs minutes dans l'estime des temps des phases (passages de Mercure sur le Soleil) auraient été commises dans de grands observatoires, par exemple en 1743 ou 1753, à Paris, et par des observateurs exercés, tels que Lacaille, de l'Isle, Bouguer, les Cassini. Hypothèse inadmissible! d'autant plus qu'il faudrait ajouter que ces erreurs grossières dans l'estime du temps d'un phénomène physique se seraient reproduites à diverses époques et d'une manière progressive et régulière! »

En admettant, au contraire, l'augmentation de $\frac{1}{10}$ environ de la masse de Vénus, toutes les observations de Mercure, observations de passages ou observations méridiennes, se trouvent très fidèlement représentées.

Mais, dira-t-on, la solution est bien simple : il suffit d'adopter cette augmentation de la masse de Vénus, et la théorie de Mercure présentera toute l'exactitude demandée, même par les astronomes les plus exigeants.

Oui, sans doute, on aura ainsi rétabli l'ordre dans les mouvements de Mercure, mais on aura apporté ailleurs un désordre intolérable. En effet, si Vénus trouble Mercure et l'éloigne de son ellipse, elle cause aussi une action analogue sur la Terre. Or, les mouvements de la Terre nous sont bien connus, en vertu des nombreuses observations du Soleil recueillies depuis plus d'un siècle dans tous les observatoires.

Le Verrier a discuté tout cet ensemble d'observations; les observations méridiennes du Soleil, faites de 1750 à 1810, lui ont donné la masse de Vénus; il a déduit ensuite cette masse des observations de 1810 à 1850, et il a trouvé dans les deux cas la même masse de Vénus, celle qui lui avait servi de point de départ dans sa théorie de Mercure, et non pas cette masse augmentée de $\frac{1}{10}$.

Il y a plus, toutes les déterminations de l'obliquité de l'écliptique, faites depuis Bradley jusqu'à nos jours, dans divers observatoires, par de nombreux astronomes, conduisent au même résultat.

Ainsi, en augmentant de $\frac{1}{10}$ la masse de Vénus, on ferait cadrer, il est vrai, la théorie de Mercure avec les observations, mais on introduirait dans les mouvements de la terre des écarts entièrement inadmissibles. La conclusion est qu'il faut bien se garder de toucher à la valeur admise d'abord pour la masse de Vénus.

Dès lors, il devient impossible de représenter les mouvements de Mercure, en partant de la loi de la gravitation universelle et tenant compte des actions exercées par les planètes connues; il doit donc exister une cause spéciale se faisant sentir sur Mercure et n'exerçant pas d'influence appréciable sur les autres planètes, et en particulier sur Vénus et sur la Terre.

Le Verrier, qui a signalé le premier cette difficulté, en avait rencontré une analogue au début de sa carrière : les mouvements d'Uranus présentaient des irrégularités singulières qui déconcertaient tous les astronomes. Arago, Bouvard, Bessel avaient soupçonné l'existence d'une planète troublant Uranus; Le Verrier avait eu la gloire, non seulement de montrer qu'une planète inconnue pouvait rendre compte des dérangements d'Uranus, mais il avait indiqué le lieu où devait se trouver cette planète : il avait trouvé Neptune. Le chemin à suivre dut lui paraître indiqué dans la difficulté actuelle.

La loi de la gravitation ne permet pas de rendre compte avec toute la rigueur voulue des mouvements de Mercure ; elle explique au contraire dans leurs moindres détails ceux de Vénus et de la Terre. Le Verrier s'est trouvé conduit à admettre comme possible l'existence d'une planète inconnue, circulant entre Mercure et le Soleil, pouvant causer des dérangements sensibles pour Mercure, tandis qu'elle ne troublerait pas d'une manière appréciable l'harmonie qui existe dans les théories de Vénus et de la Terre.

Si les données avaient été aussi complètes dans le cas de Mercure que dans celui d'Uranus, il y aurait eu lieu de chercher à fixer la position de la planète inconnue; mais tel n'était pas le cas. Supposant que cette planète se meuve dans le plan de l'orbite de Mercure et qu'elle décrive un cercle autour du Soleil, Le Verrier a pu trouver seulement une relation entre la masse de la planète et sa distance au Soleil; le Tableau suivant donnera une idée de cette relation :

Distance de la planète au Soleil.	Rapport de sa masse à celle de Mercure.	Sa plus grande élongation au Soleil.
0,116	2,66	6.40'
0.155	1,29	8.55
0,194	0,68	11.11
0,232	0,35	13.25
0,271	0.17	15.43
0,310	0,07	18. 4

On voit, comme on pouvait s'y attendre, que la masse troublante est d'autant plus considérable qu'elle est plus voisine du Soleil.

Pour ce qui concerne la possibilité de l'existence d'une telle planète, ayant échappé jusqu'ici à toutes les observations, laissons la parole à Le Verrier (*Annales de l'Observatoire*, t. V, p. 105) :

« Ainsi donc, à ne prendre que le point de vue mécanique, on peut, par l'hypothèse d'une masse troublante, dont la situation reste indéterminée, rendre compte des phénomènes observés. Il est toutefois indispensable d'examiner en outre si, sous le rapport physique, toutes les solutions sont également admissibles.

« A la distance moyenne 0,17, la masse troublante serait précisément égale à la masse de Mercure. La plus grande élongation à laquelle elle pût atteindre serait un peu inférieure à 10°. Doit-on croire qu'une planète qui brillerait d'un éclat plus vif que Mercure aurait nécessairement été aperçue après le coucher, ou avant le lever du Soleil, rasant l'horizon? Ou bien serait-il possible que l'intensité de la lumière diffusée du Soleil eût permis à un tel astre d'échapper à nos regards?

« Plus loin du Soleil, la masse troublante est plus faible, et il en est de même de son volume sans doute; l'élongation est plus grande. Plus près du Soleil, c'est l'inverse; et si l'éclat du corps troublant est augmenté par la dimension de ce corps et par le voisinage du Soleil, l'élongation devient si petite, qu'il serait possible qu'un astre dont la position est inconnue n'eût pas été aperçu dans les circonstances ordinaires.

« Mais, dans ce cas même, comment un astre qui serait doué d'un très vif éclat, et qui se trouverait toujours très près du Soleil, n'eût-il point été entrevu durant quelqu'une des éclipses totales? Un tel astre enfin ne passerait-il point entre le disque du Soleil et la Terre, et n'eût-on pas dû en avoir ainsi connaissance?

« Telles sont les objections qu'on peut faire à l'hypothèse d'une planète unique, comparable à Mercure pour ses dimensions et circulant en dedans de l'orbite de cette dernière planète. Ceux à qui ces objections paraissent trop graves seront conduits à remplacer cette planète unique par une série d'astéroïdes, dont les actions produiront en somme le même effet total sur le périhélie de Mercure. Outre que ces astéroïdes ne seront pas visibles dans les circonstances ordinaires, leur répartition autour du Soleil sera cause qu'ils n'introduiront dans le mouvement de Mercure aucune inégalité périodique de quelque importance.

« L'hypothèse à laquelle nous nous trouvons ainsi amené n'a

plus rien d'excessif. Un groupe d'astéroïdes se trouve entre Jupiter
et Mars, et sans doute on n'a pu en signaler que les principaux
individus. Il y a lieu de croire même que l'espace planétaire contient
de très petits corps en nombre illimité, circulant autour du Soleil.
Pour la région qui avoisine l'orbite de la Terre, cela est certain.

« La suite des observations de Mercure montrera s'il faut définitivement admettre que de tels groupes d'astéroïdes existent aussi
plus près du Soleil... Dans tous les cas, comme il se pourrait qu'au
milieu de ces astéroïdes il en existât quelques-uns de plus gros que
les autres et qu'on n'aurait d'autre moyen d'en constater l'existence
que par l'observation de leurs passages devant le disque solaire, la
discussion présente devra confirmer les astronomes dans le zèle
qu'ils mettent à étudier chaque jour la surface du Soleil. Il est fort
important que toute tache régulière, quelque minime qu'elle soit,
et qui viendrait à paraître sur le disque du Soleil, soit suivie pendant
quelques instants avec la plus grande attention, afin de s'assurer
de sa nature par la connaissance de son mouvement. »

La lettre du 12 septembre 1859, adressée à M. Faye, eut un grand
retentissement; M. Faye recommanda immédiatement l'exploration
des régions circumsolaires dans les éclipses totales du Soleil, et,
reprenant une idée déjà mise en avant par J. Herschel, il engagea
vivement les astronomes à prendre régulièrement des photographies
du Soleil; la comparaison de deux épreuves obtenues à un certain
intervalle, une demi-heure par exemple, permettrait de distinguer
entre les taches solaires un des corps signalés par Le Verrier; avec
le temps, on finirait par n'en laisser échapper aucun. Nous verrons
plus loin que ces deux recommandations de M. Faye ont été depuis
largement mises à profit.

C'est sur ces entrefaites qu'arriva la communication d'une observation importante faite par M. Lescarbault, médecin à Orgères.
Dans une lettre à Le Verrier, en date du 22 décembre 1859, il
annonce que, le 26 mars dernier, il a assisté au passage sur le Soleil
d'un disque noir d'un périmètre circulaire bien arrêté, et dont le
diamètre apparent lui a paru inférieur au quart de celui de Mercure
dans son passage sur le Soleil, le 8 mai 1845. M. Lescarbault avait
noté les instants de l'entrée et de la sortie, et déterminé les points
du disque solaire où ces phénomènes s'étaient produits; le petit
corps était resté sur le Soleil $1^h 18^m$. Dans sa lettre, M. Lescarbault
exprime la conviction qu'on verra un jour ce corps repasser sur le
Soleil; il ajoute que l'espoir d'être témoin d'un nouveau passage lui
a fait différer jusqu'ici la communication de son observation, mais

qu'après avoir lu dans le *Cosmos* du 21 octobre la lettre de Le Verrier à M. Faye, il n'avait pas cru pouvoir attendre plus longtemps.

Le Verrier se rendit aussitôt à Orgères, chez M. Lescarbault, pour examiner ses instruments astronomiques et recevoir des explications précises sur les détails de l'observation ; il en rapporta la conviction que cette observation était parfaitement authentique.

M. Lescarbault, porté par un penchant naturel vers l'étude des phénomènes astronomiques, avait observé le passage de Mercure du 6 mai 1845 ; cela lui avait donné l'idée que, s'il existait entre le Soleil et nous quelque corps autre que Mercure et Vénus, ce corps devait aussi avoir ses passages sur le disque solaire, et qu'en observant fréquemment les bords du Soleil on réussirait à le saisir au passage. Ce ne fut qu'en 1853 qu'il put se livrer à des recherches suivies dans cette direction, avec une bonne lunette de $0^m,10$ d'ouverture, $1^m,46$ de distance focale, pourvue d'un grossissement de 150 fois ; chaque jour, dans l'après-midi, il consacrait deux ou trois heures à l'observation du Soleil.

Le Verrier, en discutant l'observation du Dr Lescarbault, arriva à déterminer la position du plan de l'orbite de Vulcain (c'est le nom qui fut donné au nouvel astre) : il trouva que ce corps circulait autour du soleil en $19^j,7$; en lui supposant la même densité qu'à Mercure, et adoptant le diamètre apparent de $3''$ au moment de l'observation, il en conclut que sa masse n'était que le $\dfrac{1}{17}$ de celle de Mercure ; sa plus grande élongation au Soleil étant d'environ $8°$, et la lumière totale qu'il nous envoie étant plus faible que celle de Mercure, on comprendra, ajoute Le Verrier, qu'on n'ait pas aperçu cette planète jusqu'ici. Ce corps serait du reste beaucoup trop petit pour produire, à lui seul, les irrégularités signalées dans le mouvement de Mercure. En admettant les nombres ci-dessus, et se reportant au tableau de la page 344, on voit qu'il faudrait environ vingt masses égales à celle-là, et situées dans la même région, pour produire l'effet voulu.

L'annonce faite par Le Verrier de l'existence d'un groupe de planètes intramercurielles et l'observation de M. Lescarbault frappèrent vivement les astronomes ; on se souvint que des observateurs avaient signalé à diverses reprises le passage sur le disque du Soleil de corps obscurs qui ne pouvaient être confondus avec des taches solaires, soit à cause de leur mouvement rapide, soit en raison de leur apparence même ; on se mit à dresser des tableaux de ces observations singulières, dans l'espoir qu'on pourrait y trouver des observations antérieures de Vulcain ou de corps analogues. Nous citerons à ce sujet les recherches de R. Wolf, de Haase et de Carrington. On n'en tira toutefois, pendant assez longtemps, aucune lumière nouvelle, et il faut attendre jusqu'en 1876, où une observation de M. Weber fait entrer la question dans une phase différente.

DEUXIÈME PARTIE

OBSERVATION DE WEBER — DISCUSSION PAR LE VERRIER DES OBSERVATIONS POUVANT SE RAPPORTER A DES PASSAGES DE PLANÈTES INTRAMERCURIELLES SUR LE SOLEIL

Le 26 août 1876, M. R. Wolf, directeur de l'observatoire de Zurich, adressait la lettre suivante à Le Verrier :

« Il vous intéressera sans doute d'apprendre que M. Weber, à Peckeloh, a vu le 4 avril dernier, à 4^h25^m, temps moyen de Berlin, une tache ronde sur le Soleil, qui a été vu sans tache le matin de cette journée, et le matin de la journée suivante, non seulement par M. Weber, mais aussi par moi, et par M. Schmidt à Athènes. Je viens de voir que l'observation de M. Weber suit l'observation de M. Lescarbault de

$$6219^j = 42^j,02 \times 148,$$

ce qui est assez curieux, en comparant à ce que j'ai publié déjà sur cette matière (voir mon *Handbuch der Mathematik und Astronomie*, vol. II, page 327). »

Dans une seconde lettre, en date du 6 septembre, M. R. Wolf donne, d'après M. Weber, les détails suivants sur le phénomène constaté le 4 avril :

« Jusqu'à midi, le ciel resta complètement sans nuages. M. Weber, qui observe très exactement les taches du Soleil depuis vingt années, avait, comme toujours, examiné trois ou quatre fois le disque de l'astre sans y voir ni tache ni facule. Après midi, le ciel se couvrit. Il commença à s'éclaircir de nouveau par places entre 4^h et 5^h, et le

Soleil se montra de nouveau, pendant vingt à vingt-cinq minutes. Utilisant aussitôt cet intervalle, M. Weber ne vit pas de facule, quoiqu'il eût promené la lunette sur toute la circonférence du Soleil. Tout à coup un petit disque bien arrondi, de 12″ d'arc, se montra. Il se trouvait à 11″ du bord oriental, et à la même distance au nord de l'équateur céleste. L'astronome eut le temps d'examiner de très près le voisinage de la tache, et nulle part il n'aperçut le plus imperceptible mouvement de facule, nulle part un nuage avoisinant. Seul, le petit disque foncé se détachait sur le fond solaire.

« Malheureusement, le Soleil se couvrit aussitôt, et ce fut seulement le 5 au matin qu'il fut possible de reconnaître que le phénomène avait disparu de la surface du Soleil. Et toutefois, M. Weber, observateur très exact et très consciencieux, désirerait qu'une constatation de l'ensemble du phénomène eût été effectuée ailleurs.

« L'observation de Peckeloh fut faite à 4^h25^m du soir, temps moyen de Berlin. Outre l'exactitude bien connue de Weber, il n'est pas probable que les différences :

1820, Stark et Steinhübel.	février 12.
1859, Lescarbault.	mars 26.
1876, Weber.	avril 4.

d'où l'on conclut :

1820 à 1859.	$14287^j = 340 \times 42,02$
1859 à 1876.	$6219^j = 148 \times 42,02$

ne soient des multiples du numéro 42,02 que par un hasard; et peut-être quelques autres des taches mentionnées par moi dans mon *Handbuch* s'expliquent par une planète intramercurielle. »

Quelques éclaircissements sont ici nécessaires. M. R. Wolf, en donnant dans son *Handbuch* une liste de 20 passages de corps obscurs sur le disque du soleil, avait groupé ces passages en deux séries; les temps des passages de la première série différaient entre eux à peu près de multiples entiers du nombre $27^j,93$; dans la seconde série, ce nombre se trouvait remplacé par $42^j,02$. L'observation de M. Weber, qui présentait de grandes garanties d'exactitude, semblait donc indiquer que cette observation se rapportait à un corps qui aurait été observé par Stark en 1820, et aussi par M. Lescarbault en 1859. C'est ainsi que Le Verrier s'est trouvé conduit à examiner et à discuter les 20 passages recueillis par M. R. Wolf; cette discussion intéressante fut présentée à l'Académie des sciences dans plusieurs séances, du 11 septembre au 30 octobre 1876.

Le Verrier reconnut bien vite qu'un certain nombre de ces passages devaient être laissés de côté dans la discussion actuelle ; ainsi, Messier en 1777, et Capocci en 1845 signalent le passage sur le disque solaire d'une multitude de très petits corps animés de mouvements très rapides, et dans des directions parallèles; d'autre part, Lichtenberg en 1762, Hofmann en 1764, et Ritter en 1855 observent *à l'œil nu* les passages de gros corps obscurs sur le Soleil, les diamètres apparents de ces corps paraissant atteindre la $\frac{1}{12}$ ou la $\frac{1}{15}$ partie du diamètre du Soleil. Ces observations, qu'on ne peut mettre en doute, n'ont évidemment aucun rapport avec le sujet en discussion.

Par ces considérations, Le Verrier fut conduit à restreindre notablement la liste dressée par M. R. Wolf; il se trouva même porté à n'admettre comme pouvant se rapporter à une planète intra-mercurielle que les observations dans lesquelles le mouvement propre du corps obscur avait pu être constaté pendant la durée même des observations; cette réserve sera comprise quand nous aurons montré plus loin que l'observation de M. Weber, qui avait provoqué toute cette discussion, se rapportait elle-même, non pas à une planète, mais à une simple tache solaire.

Le Verrier crut donc devoir conserver seulement les observations suivantes. Nous empruntons les récits qui les concernent au t. LXXXIII des *Comptes rendus de l'Académie des sciences.*

1761, *juin* 6. — Observation faite à Créfeld (Düsseldorf) par Scheuten. Cette observation eut lieu le jour même du passage de Vénus, quelques heures après que cette planète était sortie du disque solaire.

.« En 1761, le 6 juin, écrit Scheuten à Lambert à la date du 14 novembre 1775, le matin, à 5ʰ30ᵐ, j'ai vu Vénus dans le Soleil (la sortie de Vénus eut lieu vers 9ʰ15ᵐ). De 8ʰ à midi, on ne pouvait pas observer à cause des nuages. A midi, je voyais la petite Lune de Vénus au milieu du Soleil; à 3ʰ, elle était presque au bord.

» Ce que nous voyions pendant ces trois heures ne pouvait être que le satellite. Il me paraissait aussi noir, rond et distinct que Vénus, mais beaucoup plus petit, environ *un quart*. En raison du manque d'instruments, une plus grande précision était impossible, mais cela suffit pour me convaincre de l'existence du satellite. Je l'aurais communiqué plutôt, mais je croyais que quelques personnes l'auraient vu. (On peut croire qu'après la sortie de Vénus plusieurs personnes n'y prirent plus garde). »

Lambert s'occupait alors du satellite que divers astronomes avaient cru voir à Vénus. Il écrivit à Scheuten pour lui demander de communiquer les circonstances de son observation.

« Je regrette, répondit Scheuten, le 28 décembre 1775, de ne pouvoir donner une réponse satisfaisante aux questions qui me sont adressées. Il se trouve encore des témoins vivants du phénomène. Sans rien connaître à l'astronomie, ils déclarent avoir vu passer la Lune de Vénus sur le Soleil.

« La première observation a été faite à douze heures ou quelques minutes plus tard, et la petite Lune se trouvait, au jugé, juste devant le centre du Soleil. Je ne pourrais dire exactement combien elle était distante du bord à trois heures, mais elle était tout juste visible.

« Je conclus la vitesse de la façon suivante. Je divisai le diamètre du Soleil en 100 parties. De ces 100 parties, Vénus en faisait 80 en $6^h 20^m$ environ, soit $12\frac{12}{19}$ en une heure. La petite Lune faisait en trois heures 50 parties, par conséquent, $16\frac{2}{3}$ à l'heure, c'est-à-dire plus vite que Vénus. »

Scheuten a donc observé le passage d'un petit corps sur le disque du Soleil; il pensait que c'était le satellite de Vénus, dont il était alors fortement question, et qui est aujourd'hui mis hors de cause; l'observation de Scheuten doit être conservée, pour être discutée avec les autres observations analogues.

1802, *octobre* 10. — Observation faite par Fritsch, pasteur à Quedlinbourg (Magdebourg).

« Le 10 octobre, écrit Fritsch dans le *Jahrbuch* de Berlin pour 1806, p. 183, le temps n'était pas trop propice. Il se montrait une petite tache ronde dans le Soleil; après l'avoir comparée avec plusieurs autres en ascension droite, et voulant répéter l'observation après trois minutes, elle avait avancé de 2'. Les nuages augmentaient et me laissaient à peine finir cette observation; en examinant le Soleil quatre heures après, et par un temps éclairci, la tache avait disparu. D'ailleurs, j'ai fait depuis des expériences très intéressantes sur la disparition et l'apparition de files entières de taches. »

Fritsch, qui a fait un grand nombre d'observations, y employait une lunette de 2 pieds $\frac{1}{2}$, de Ramsden, munie d'un micromètre circulaire.

1818, *janvier* 6. — Capel Lofft, à Ipswich.

L'observation de M. Capel Lofft, publiée le 10 janvier 1818 dans le *Monthly Magazine*, est reproduite comme il suit par M. Carrington, dans les *Monthly Notices*, vol. XX, p. 194 :

« Je vis la tache à environ 11ʰ avant midi, avec mon télescope et un pouvoir de 80, et aussi avec un télescope Cassegrain (pouvoir 260) et un troisième télescope appartenant à M. Acton (pouvoir 170). Elle m'apparut à environ $\frac{1}{3}$ du bord est du Soleil, le *limb sub-elliptic* petit, uniformément opaque.

» A 2ʰ30ᵐ après midi environ, M. Acton la trouva considérablement avancée un peu à l'ouest du centre du Soleil, et je pense qu'elle avait alors 6″ à 8″ de diamètre. J'ai été à même de voir que le 4 et le 8 il n'y avait pas de taches sur le Soleil, et le 6, M. Crikmorde n'a pu en voir aucune avant le coucher du Soleil, malgré l'avantage du télescope qu'il employait. L'état du mouvement semble incompatible avec la rotation du Soleil, la rapidité surpassant celle de Vénus dans ses passages. »

1820, *février* 12. — Steinhübel et Stark.

Olbers, dans sa correspondance avec Bessel, vol. II, p. 162, écrit :

« Que dites-vous de l'observation de Steinhübel, d'une tache foncée, ronde et bien délimitée, qui, le 12 février de cette année, accomplissait son passage à travers le disque solaire en cinq heures ? Si la chose est exacte, on pourrait croire à une planète entre le Soleil et Mercure, dont la distance au Soleil serait environ 0,19, et le temps de la révolution un peu plus de 30 jours. Il est vrai qu'on a vu, ou du moins on s'est vanté d'avoir vu passer déjà plusieurs fois de ces corps noirs devant le Soleil ; mais ces déclarations ne peuvent pas bien se rapporter à l'observation de cette planète de Steinhübel, parce qu'elles auraient dû être faites à la moitié du mois d'août ou de février, le nœud de l'orbite étant indiqué par l'observation de Steinhübel. Ou cette planète a-t-elle une si petite inclinaison, qu'elle apparaît toujours devant le Soleil, quand elle se trouve en conjonction avec la Terre ? Mais alors, elle serait connue depuis longtemps. Si Steinhübel, que je ne connais du reste que par quelques-unes de ses observations de taches solaires, est réellement un homme véridique et digne de bonne foi, il vaudrait la peine que Littrow tâchât de savoir de lui quelques autres

circonstances de l'observation, principalement la position du point
d'entrée et de sortie par rapport à la verticale, et aussi les preuves
correspondantes. »

En conséquence, Carrington s'adressa au présent Dr Littrow,
pour tâcher d'obtenir quelques informations. Il reçut pour réponse
que M. Littrow savait seulement que Steinhübel était un observateur privé, mort depuis trente ans environ, et que, dans son
opinion, il était très improbable qu'il eût été en relation avec Stark,
le chanoine d'Augsbourg.

L'observation de Stark, puisée aux mêmes sources que les précédentes du même astronome, est la suivante : « Le 12 février 1820,
je vis une singulière tache, d'une forme circulaire et bien définie,
avec une atmosphère circulaire, d'une teinte orange; elle était à
peu près deux fois grosse comme Mercure. A midi, cette tache était
à 11′20″ du bord est du Soleil et 14′17″ du bord sud. A 4ʰ23ᵐ du
soir, il n'y avait plus rien de visible. Cette apparition, dit Stark,
serait celle d'un corps planétaire plutôt que celle d'une tache
solaire. »

1839, *octobre* 2. — Decuppis, élève astronome au Collège romain
(*Comptes rendus des séances de l'Académie des sciences*, 1839,
2ᵉ semestre, p. 809).

M. Decuppis annonce avoir vu une tache noire parfaitement ronde
et à contours nettement terminés, qui s'avançait d'un mouvement
rapide, de manière qu'elle eût traversé le diamètre du Soleil dans
environ six heures.

1847, entre les derniers jours de juin et le commencement de
juillet, Scott et Wray.

MM. Scott et Wray auraient fait une observation dont ils ne
peuvent indiquer la date : « Il est très malheureux, écrit M. Hind
à Le Verrier, que la date de l'observation faite à Londres par
M. Scott, et à Whitby par M. Wray, opticien de mérite, soit perdue.

J'ai eu de longues communications de ces messieurs sur ce sujet,
et un dessin des positions de la tache sur le disque du Soleil, au
premier moment où elle fut en vue et au moment où elle disparut,
parce que le Soleil descendait dans une bande de nuages. »

1849, *mars* 12. — Joseph Sidebotham, F. R. A. S.

Nous extrayons ce qui suit de la lettre de M. Hind du 16 septembre 1876.

L'observation est imprimée dans le vol. XII des *Comptes rendus de
la Société philosophique de Manchester;* elle porte : « En me reportant
à mon journal, je trouve que, le 10 mars 1849, notre ancien membre

M. Lowe et moi avons vu une petite tache circulaire et noire traverser une portion du disque du Soleil. Nous procédions alors aux ajustements de l'oculaire d'un télescope de 7 pouces. Nous pensâmes au premier moment que cette tache tenait à l'oculaire, mais nous vîmes bientôt qu'elle était sur le disque du Soleil, et nous constatâmes son mouvement sur le disque pendant environ une demi-heure. Il n'y a pas d'autre note sur mon journal ; le temps n'est pas mentionné, mais, si je m'en souviens, il était environ 4 heures de l'après-midi. »

1859, *mars* 26. — Lescarbault. — Nous avons donné plus haut les détails relatifs à cette observation.

1862, *mars* 20. — Lummis. Circular spot upon the Sun's disk with rapid motion, as observed by W. Lummis, esq. of Manchester.

Dans les *Monthly Notices*, vol. XXII, p. 232, M. Hind a inséré la note suivante : « Dans une lettre qui m'a été adressée le 20 mars par M. W. Lummis, employé de la Compagnie du railway, il est exposé que le matin de ce même jour, pendant qu'il examinait le disque du Soleil avec un télescope d'environ 2 pouces $\frac{3}{4}$ d'ouverture, il a remarqué une petite tache noire plus régulière et mieux définie que d'habitude. Il la suivit pendant vingt minutes environ et durant ce temps elle se déplaça rapidement, comme le montre un diagramme accompagnant sa lettre, tout en conservant sa forme ronde. M. Lummis appela un ami qui vit la tache distinctement comme lui. Le diamètre apparent était d'environ 7″. »

1865, *mai* 8. — Coumbary.

M. Coumbary écrit de Constantinople que le 8 mai il a vu un petit disque obscur parcourir une partie du disque solaire en quarante-huit minutes environ ; sa lettre est accompagnée d'un dessin représentant les positions du petit corps au commencement et à la fin de l'observation.

M. Hind, en partant de ce dessin, a fait l'essai d'une orbite circulaire ; il en est résulté pour le corps observé par Coumbary une si petite distance du Soleil (0,009) que M. Hind est porté à croire que l'observation se rapporterait plutôt au passage sur le Soleil d'une comète de faible distance périhélie, comparable à celles des comètes de 1843 et de 1680.

Il aurait fallu joindre à la liste précédente l'observation de M. Weber, rapportée plus haut ; mais cette observation, qui avait été l'origine de la discussion actuelle, ne se rapportait malheureusement pas à une planète, mais bien à une simple tache solaire, ainsi que

cela résulte de documents fournis par les observations de Madrid et
de Greenwich. M. Ventosa, astronome de Madrid, rapporte en effet
que, le 3 avril après midi, le Soleil était sans taches, que le 4 au
matin, il y avait une petite tache noire, sans pénombre, un peu
elliptique, et dont la position fut mesurée ; le 5, cette tache avait
disparu. La mesure faite par M. Ventosa assigne à la tache la même
position que celle déterminée par M. Weber ; or, les deux observations sont séparées par un intervalle de plus de cinq heures ; c'est
donc une simple tache solaire qui a été observée dans les deux cas :
elle s'est formée sur le disque du 3 au 4 avril, et a disparu sur le
disque du 4 au 5. Cela est démontré encore plus nettement, s'il est
possible, par des photographies du Soleil prises à l'observatoire de
Greenwich, le 4 avril ; sur deux épreuves consécutives, obtenues à
un intervalle d'un quart d'heure environ, on voit une petite tache
dans un groupe de facules ; il n'y a pas eu de mouvement propre
de cette tache à la surface du Soleil, comme le montrent les mesures
prises sur les photographies, et ces mêmes mesures mettent la tache
à la position observée par M. Weber.

Cet exemple montre qu'on ne doit admettre dans la discussion
actuelle que des observations dans lesquelles le mouvement propre
à la surface du Soleil a été nettement constaté ; c'est ce que fit Le
Verrier, qui ne conserva que les dix observations suivantes :

I.	1818, Janvier	6.	Capel Loft.
	1820, Février	12.	Steinhübel et Stark.
II.	1849, Mars	12.	Sidebotham.
	1862, Mars	20.	Lummis.
	1859, Mars	26.	Lescarbault.
III.	1865, Mai	8.	Coumbary.
	1761, Juin	6.	Scheuten.
	1847, Juin-Juillet.		Scott et Wray.
IV.	1802, Octobre	10.	Fritsch.
	1839, Octobre	2.	Decuppis.

Ces observations ont été rangées par mois, pour la raison
suivante :

Une planète inférieure ne peut arriver à se projeter sur le disque
solaire que si sa latitude est assez petite ; la planète doit donc être
peu éloignée de la ligne des nœuds de son orbite, et il doit en être
de même de la Terre, puisque au moment d'un passage la Terre, la
planète et le Soleil sont presque en ligne droite. Il y aura donc deux
sortes de passages, par le nœud ascendant et le nœud descendant,

et dans les deux cas les rayons menés du Soleil à la Terre feront un angle voisin de 180°; c'est-à-dire que les dates des deux séries de passages différeront d'un nombre entier d'années, plus six mois environ; c'est en particulier ce qui arrive pour les passages de Mercure.

On voit dès lors que les groupes d'observations I, II, III, IV ne peuvent se rapporter à un même corps; II et IV peuvent appartenir à une même planète, (I) et (III) correspondraient à une autre planète. Le Verrier s'est borné à discuter les groupes II et IV; il fallait voir si les observations qu'ils comprennent se rapportent bien à un même corps. Remarquons d'abord qu'au moment du passage d'une planète inférieure sur le Soleil la longitude de la planète vue du Soleil diffère très peu de la longitude de la Terre; on conçoit que, des observations du passage, on puisse déduire la longitude de la planète.

Voici les résultats auxquels on arrive ainsi pour nos cinq observations :

				Longitudes.
Decuppis,	1839,	Octobre	2.00	8°,60
Fritsch,	1802,	Octobre	10,00	16°,46
Sidebotham,	1849,	Mars	12,18	172°,01
Lummis,	1862,	Mars	19,87	179°,86
Lescarbault,	1859,	Mars	26,22	186°,60

En admettant que ces cinq observations se rapportent à une même planète, il faut tirer des données ci-dessus la position qu'elle occupera à une époque quelconque; le problème présente des difficultés assez grandes, car, en premier lieu, on ne connaît pas le nombre de révolutions accomplies par la planète entre les diverses observations, par exemple, entre le 10 octobre 1802 et le 2 octobre 1839; en second lieu, on ne peut pas supposer l'orbite circulaire; il faut tenir compte de son excentricité, au moins dans une certaine mesure. Nous ne pouvons entrer dans le détail des calculs exécutés à ce sujet par Le Verrier; il a trouvé que le problème est indéterminé entre certaines limites; quatre orbites différentes représentent les observations d'une manière assez satisfaisante. Voici les valeurs correspondantes de la révolution de la planète :

$$24^j,25; \quad 27^j,96; \quad 33^j,02; \quad 40^j,32;$$

toutefois, l'une des orbites donne une solution plus précise que les autres : c'est celle dans laquelle la planète accomplit une révolution en $33^j,02$.

M. Hind a reconnu depuis que cette orbite représentait également très bien l'observation, effectuée par Stark le 9 octobre 1819, du passage d'une petite tache ronde et noire devant le Soleil, de sorte qu'on aurait ainsi six passages de la planète supposée.

En employant cette orbite, Le Verrier a dressé un tableau des époques où la planète devait passer sur le Soleil; il en est résulté qu'un passage était possible, bien que peu probable, le 22 mars 1877, après quoi il n'y en aurait aucun durant une période assez longue, le plus prochain passage ne devant avoir lieu que le 15 octobre 1882. Dans le calcul de ces phénomènes, on est obligé de connaître la position du plan de l'orbite de la planète; or cette position résulte uniquement de la détermination, par M. Lescarbault, des deux points du disque solaire où eurent lieu l'entrée et la sortie de Vulcain, dans son observation de 1859. Pour fixer les positions de ces deux points, M. Lescarbault avait employé un procédé qui laissait à désirer au point de vue de la précision : c'est là la raison qui empêchait Le Verrier d'affirmer que le passage du 22 mars 1877 aurait réellement lieu; il recommanda néanmoins aux astronomes d'observer attentivement le Soleil les 21, 22 et surtout 23 mars 1877. L'état du ciel permit de faire des observations aux jours indiqués, dans un très grand nombre de localités, et il en est résulté que le passage, annoncé du reste comme très douteux, n'eut pas lieu. On était donc réduit à attendre jusqu'en 1882.

TROISIÈME PARTIE

Le 29 juillet 1878 devait avoir lieu une éclipse totale de Soleil, visible dans l'Amérique du Nord. Les astronomes américains firent de grands préparatifs pour l'observation de ce phénomène, et l'observatoire de Washington publia d'avance des instructions très détaillées, signalant aux observateurs les points sur lesquels devait se porter principalement leur attention; l'un de ces points était la recherche des planètes intramercurielles pendant la totalité. Pour faciliter cette recherche, on avait joint aux instructions une carte contenant jusqu'aux étoiles de 7e grandeur, pour une région assez étendue, ayant pour centre la position occupée par le Soleil vers le milieu de l'éclipse. Les observateurs devaient bien se pénétrer de cette carte, de manière à ne pas prendre une des étoiles pour une planète intramercurielle.

Le 3 août suivant arriva en Europe une dépêche télégraphique annonçant la découverte d'une planète intramercurielle, pendant l'éclipse du 29 juillet, par M. Watson, astronome bien connu, directeur de l'observatoire d'Ann-Arbor; la planète était de 4ᵉ grandeur, et la dépêche faisait connaître sa position. Chacun put croire que Vulcain était enfin observé d'une manière incontestable, et que, grâce à la nouvelle observation, ses mouvements allaient pouvoir être calculés avec toute l'exactitude désirable. Nous reproduisons ici une lettre par laquelle M. Watson communique sa découverte à l'Académie des sciences.

« Ann-Arbor. 14 août 1878.

« Pendant la récente éclipse totale de Soleil, je me suis consacré exclusivement à la recherche d'une planète intramercurielle, et j'ai le plaisir de vous informer que mes efforts ont été couronnés de succès.

« Dans le but d'éviter la possibilité d'une erreur, résultant de lectures fautives sur les cercles divisés, pour le cas où la planète serait aperçue, je plaçai sur les cercles de l'instrument des disques de papier-carte, sur lesquels les directions de la lunette, tant en ascension droite qu'en déclinaison, pouvaient être pointées au moyen d'un mécanisme inscripteur. Avant et après la phase totale, les positions du Soleil furent ainsi marquées sur les cercles de papier, en sorte que les observations se trouvent rapportées directement au Soleil.

« Pendant le cours de cette recherche, je rencontrai une étoile de 4ᵉ grandeur, laquelle brillait d'une lumière rougeâtre, et présentait un disque sensible, bien que le grossissement de la lunette ne fût que de 45.

« J'en marquai la position sur les cercles de papier, et ensuite je la vérifiai une seconde fois. Je constatai, en outre, qu'il n'y avait dans l'astre aucune apparence de forme allongée, telle qu'aurait dû l'offrir une comète dans cette position par rapport au Soleil. D'après ce qui précède, je me crois autorisé à considérer l'astre dont il s'agit comme étant la planète dont Le Verrier avait prédit l'existence.

« Depuis mon retour à Ann-Arbor, j'ai monté les cercles employés à l'observation sur un cercle gradué, et j'ai relevé les positions marquées. Je suis ainsi en mesure de donner la position de la planète avec une exactitude considérable. Le résultat que j'ai obtenu est le suivant :

	Position apparente de la planète.	
Washington, temps moyen.	Ascension droite.	Déclinaison.
1878. Juillet 29..... 5ʰ16ᵐ	8ʰ26ᵐ54ˢ	+ 18°16′ »

Cette lettre, claire et précise, émanant d'un astronome aussi distingué que M. Watson, semblait devoir assurer à la découverte un caractère entièrement indiscutable. Cependant, on ne manqua pas de remarquer que, tout à côté de la position indiquée, se trouvait une étoile de grandeur $5\frac{1}{2}$, θ Écrevisse, ayant pour coordonnées

Ascension droite.....................	8ʰ24ᵐ
Déclinaison........................	+ 18°30′

On se demanda s'il était bien certain que M. Watson n'eût pas observé cette étoile comme étant la planète.

En second lieu, dans des lettres ultérieures, M. Watson indique comme probable l'existence d'une seconde planète, qu'il désigne par la lettre *b*, la première planète étant désignée par la lettre *a*. Ce qu'il y a de plus surprenant, c'est que cette seconde planète est déjà mentionnée par M. Watson, dans une lettre adressée par lui le 13 août à l'amiral Rodgers, et qu'elle ne l'est pas dans sa lettre du 14 août, rapportée plus haut; on ne peut en conclure qu'une chose, c'est que M. Watson a éprouvé de longues hésitations avant d'indiquer, même comme probable, l'existence de la seconde planète.

Pour l'intelligence de ce qui va suivre, nous donnons ici un dessin représentant, au moment de l'observation, les positions du Soleil, des corps *a* et *b*, et de deux étoiles de l'Écrevisse, θ et ζ, qui sont, malheureusement, très voisines, l'une de *a*, l'autre de *b*.

Voici ce que dit M. Watson au sujet de la planète *b* :

« Finalement, j'amenai dans le champ de la lunette ce que je supposais être ζ Écrevisse, quoique l'astre fût plus brillant que δ Écrevisse, que j'avais vue près du Soleil au commencement des recherches faites pendant la totalité. Je procédai à la détermination sur les cercles de la position de cet astre que je désigne par la lettre *b*; mais le Soleil réapparaissait, avant que j'eusse terminé cette opération. »

M. Watson explique ensuite qu'à ce moment même est arrivé un coup de vent, entre les quelques moments écoulés entre le pointé et la marque de la position sur le cercle horaire, de sorte que les différences instrumentales observées entre b et ζ pourraient, à la rigueur, être imputées aux dérangements de l'instrument causés par le vent. M. Watson remarque toutefois que ce coup de vent n'a produit aucun dérangement dans les lunettes de MM. Newcomb, Sampson et Bowman, qui observaient auprès de lui.

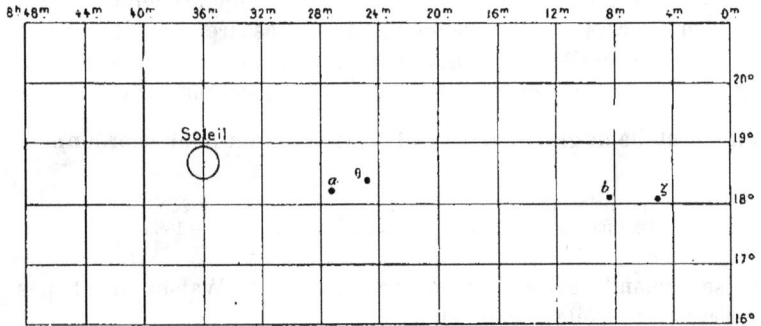

Fig. 140.

Nous réunissons dans le tableau ci-dessous les positions trouvées pour les objets a et b, en mettant en regard les positions des étoiles θ et ζ :

Objet.	Ascension droite. h m s	Déclinaison. o
a	8.27.35 (1)	18.16
θ	8.24.40	18.30
b	8. 8.38	18. 3
ζ	8. 5.15	18. 1

Dans ses dernières communications, M. Watson exprime la conviction que b est différent de ζ, et que c'est par conséquent aussi une planète.

La démonstration de l'existence des planètes a et b, comme astres distincts des étoiles θ et ζ, paraît, en somme, reposer uniquement sur l'exactitude donnée par l'instrument de M. Watson, pour les positions relatives de a et b par rapport au Soleil. M. Péters, de

(1) Ce nombre est un peu différent du nombre $8^h 26^m 54^s$ donné d'abord par M. Watson; la valeur actuelle est celle à laquelle cet astronome s'est définitivement arrêté.

Clinton (États-Unis), a fait remarquer à ce sujet que les cercles de l'équatorial employé n'ayant que 5 pouces de diamètre environ, une erreur de 20′ d'arc, répondant à $\frac{1}{70}$ de pouce (moins d'un demi-millimètre), a parfaitement pu être commise dans l'inscription des positions par des stylets sur les disques de carton adaptés aux cercles de l'instrument. En admettant cette erreur pour les pointés faits, soit sur le Soleil, soit sur les astres a et b, on conçoit que les ascensions droites des planètes supposées a et b puissent être erronées de 40′ d'arc ; or une telle erreur supposée la même dans les deux cas fait coïncider à très peu près en ascension droite, a et θ d'une part, b et ζ de l'autre. Ainsi, étant donné le procédé de mesure employé, on peut soutenir assez raisonnablement que les différences trouvées par M. Watson entre a et θ, b et ζ, sont de l'ordre des erreurs d'observation.

Il est vrai que, dans ses dernières communications, M. Watson affirme avoir vu, et la planète a, et l'étoile θ ; toutefois, il ne dit pas qu'il les ait vues en même temps, et le champ de sa lunette permettait cette observation, ou du moins l'un des astres devait entrer dans ce champ quand l'autre en sortait. Dans ce cas, il semble que M. Watson n'aurait pas manqué de le dire.

Pour notre compte personnel, nous inclinerions donc à penser que M. Watson n'a pas observé deux planètes, mais bien les deux étoiles θ et ζ de la constellation de l'Écrevisse. Il faut convenir du reste d'une chose, c'est qu'il est extrêmement difficile, sinon impossible, même à l'astronome le plus habile, de promener sa lunette aux environs du Soleil jusqu'à 8° de part et d'autre, d'y passer en revue toutes les étoiles connues, de décider, à coup sûr, de l'existence d'étoiles non marquées sur la carte, et de déterminer exactement les positions de ces nouveaux astres, tout cela, dans un intervalle de trois minutes environ !

Un autre astronome américain, très connu par ses nombreuses découvertes de comètes, M. L. Swift, a cru aussi avoir vu deux astres de 5ᵉ grandeur, présentant des disques sensibles, comparables à celui d'Uranus ; ces disques étaient-ils réels ? M. Swift n'ose pas l'affirmer, et le faible grossissement (vingt-cinq fois) adapté à sa lunette ne permet guère une affirmation positive à ce sujet. Les positions des deux astres n'ont pu être déterminées, et le peu qu'a dit sur ce point M. Swift semble indiquer que ses observations ne se rapportent à aucun des objets a et b observés par M. Watson. Nous devons ajouter que les astres signalés par

MM. Watson et Swift ne l'ont été par aucun des autres astronomes américains qui ont pris part à l'observation de l'éclipse.

Quand l'annonce de la découverte de M. Watson arriva en Europe, on se demanda si la planète *a* appartenait à l'une des orbites calculées en 1876 par Le Verrier. M. Gaillot trouva que les observations de Fritsch, Stark, Decuppis et Lescarbault pouvaient se rapporter à la planète *a*; mais il obtint pour l'inclinaison de l'orbite une quantité très petite, de sorte que la planète aurait dû passer chaque année deux fois sur le Soleil, en avril et en octobre; M. Gaillot fait lui-même remarquer que cela n'est guère probable, car on aurait recueilli un bien plus grand nombre d'observations de passages de la planète.

M. Oppolzer, d'autre part, en partant des six passages discutés par Le Verrier, leur adjoignit deux autres observations dans lesquelles le mouvement propre n'avait pu être constaté : il montra que ces huit passages étaient représentés avec assez de précision par une même orbite, mais que cette orbite ne contenait aucun des deux astres *a* et *b* de M. Watson; la planète dont M. Oppolzer avait déterminé l'orbite aurait dû passer sur le Soleil le 18 mars 1879; le Soleil fut observé ce jour-là dans plusieurs observatoires et on peut affirmer que le passage n'a pas eu lieu.

Nous avons accompli la tâche un peu ingrate, il faut en convenir, que nous nous étions proposée; il semble que, dans cette malheureuse question de l'observation des planètes intra-mercurielles, les difficultés et les contradictions vont en augmentant avec le nombre des observations. Il est difficile d'arriver à une conclusion rigoureuse; nous nous bornerons à présenter les remarques suivantes :

1° Il nous semble qu'il faut renoncer à l'hypothèse d'une planète unique produisant les dérangements constatés dans le mouvement de Mercure; cela paraît résulter de l'ensemble des observations faites pendant les éclipses de Soleil, et en particulier pendant celle du 29 juillet 1878.

2° S'il existe des planètes intra-mercurielles comparables pour leurs dimensions au corps que M. Lescarbault a vu passer devant le Soleil, ces planètes doivent être en très petit nombre; autrement, elles n'auraient pu échapper aux investigations d'astronomes tels que Carrington et Spörer, qui depuis une vingtaine d'années ont observé attentivement le Soleil, décrivant et mesurant les moindres taches qui paraissent à sa surface.

3° Ces planètes ne sauraient produire, à elles seules, les perturbations du mouvement de Mercure; en partant en effet, soit du diamètre apparent de l'astre de M. Lescarbault, soit de l'éclat des objets observés par MM. Watson et Swift, on est porté à penser qu'il faudrait un très grand nombre de corps semblables pour produire sur Mercure l'effet voulu.

4° Il convient encore de revenir à l'idée émise tout d'abord par Le Verrier, savoir qu'il existe un anneau d'astéroïdes entre Mercure et le Soleil; les raisons théoriques qui militent en faveur de l'existence de cet anneau n'ont rien perdu de leur force. Seulement, Le Verrier avait ajouté que peut-être quelques-uns de ces astéroïdes seraient assez gros pour pouvoir être observés dans leurs passages sur le Soleil, ou à la faveur des éclipses totales; c'était là une hypothèse, et il nous semble impossible de prononcer sur elle un jugement définitif, en partant des observations faites jusqu'ici.

Il sera utile de fouiller encore les régions voisines du Soleil dans les éclipses totales; M. Todd a fait récemment une proposition intéressante, en vue de rendre ces recherches plus profitables. M. Todd remarque d'abord que, si elles n'ont pas encore donné de résultats satisfaisants, cela tient surtout à ce que l'intervalle de temps pendant lequel on peut observer est trop court. Ainsi, supposons un même astronome observant les éclipses totales de Soleil durant un siècle entier; la somme des moments pendant lesquels il pourra se livrer à la recherche des planètes intramercurielles ne sera guère que d'une heure! C'est bien peu; on doit chercher à augmenter la durée des observations, en utilisant le concours de plusieurs observateurs.

Considérons une éclipse totale de Soleil, et à la surface de la Terre, la ligne de l'éclipse centrale; supposons deux observateurs A et B, placés en deux points éloignés sur cette ligne; l'éclipse totale n'aura pas lieu au même instant en A et B; il pourra s'écouler plusieurs heures entre les moments où A et B verront disparaître entièrement la lumière du Soleil. Admettons que les deux observateurs aient la faculté de communiquer par le télégraphe. Si le premier croit avoir découvert une planète intramercurielle, il le signalera immédiatement au second, en lui envoyant la position approchée de l'astre; ce second astronome pourra diriger à l'avance sa lunette sur la planète supposée, et déterminer sa position. Le second observateur pourrait également communiquer avec un troisième, etc.; telle est la proposition de M. Todd; on voit qu'elle aurait pour résultat de multiplier la durée des observations par le nombre des observateurs.

NOTE SUR LE PHÉNOMÈNE DES MARÉES[1]

1. Description du phénomène. — Les eaux de l'océan s'élèvent et s'abaissent sur nos côtes, chaque jour, par le mouvement du *flux* et du *reflux*. Ces oscillations périodiques produisent deux *hautes mers* ou *pleines mers*, et deux *basses mers*, dans le temps qui s'écoule entre deux passages consécutifs de la lune au méridien, ou dans un jour lunaire. La durée moyenne du jour lunaire étant de $24^h 50^m,5$, le retard moyen des marées d'un jour à l'autre est de $50^m,5$: si, par exemple, la haute mer arrive un jour à 3^h du soir, celle du lendemain soir aura lieu à $3^h 50^m,5$. L'intervalle moyen entre deux pleines mers consécutives est de $12^h 25^m$. La basse mer intermédiaire ne tient pas le milieu entre ces deux pleines mers, parce qu'on a observé que la mer n'emploie pas le même temps à monter et à descendre : ainsi, par exemple, au Havre et à Boulogne, la mer met $2^h 8^m$ de plus à descendre qu'à monter; à Brest, la différence est seulement de 16^m.

2. Hauteur des marées. — La hauteur de la pleine mer n'est pas la même chaque jour : en un point donné, elle varie proportionnellement à un certain coefficient qui est le même pour tous les ports et qu'on appelle *coefficient de la marée* pour ce jour. Quand le coefficient de la marée est égal à 1, cela veut dire que la mer s'élève au-dessus de sa surface moyenne d'une certaine hauteur, qui dépend du port considéré, et qu'on appelle *unité de hauteur* relative à ce port. La moyenne de nombreuses observations faites à Granville, par exemple, a donné $12^m,22$ pour la

---

[1] La plus grande partie de cette note est empruntée presque textuellement à l'*Annuaire du Bureau des Longitudes*.

différence entre les hautes mers et les basses mers, qui ont lieu quand le coefficient de la marée est 1 : la moitié de ce nombre, ou 6^m,11, est l'unité de hauteur pour Granville. Si le coefficient de la marée est égal à 1,18, ce jour-là, la mer s'élèvera de 6^m,11 $\times$ 1,18 ou 7^m,21 au-dessus de sa surface moyenne. Il faut ajouter que le vent peut produire, suivant sa force et sa direction, des variations accidentelles dans la hauteur de la marée.

Le coefficient de la marée ne dépasse jamais 1,18. C'est pour le port de Granville que l'unité de hauteur est la plus grande en France; à Cherbourg, par exemple, cette unité n'est plus que de 2^m,82.

Plus la mer s'élève lorsqu'elle est pleine, plus elle descend dans la basse mer suivante : la *marée totale* est la demi-somme des hauteurs de deux pleines mers consécutives au-dessus de la basse mer intermédiaire.

3. Variations de la hauteur des marées. — Les observations les plus simples montrent que les plus grandes marées ont lieu vers les syzygies, ou les nouvelles et pleines lunes, et les plus petites marées vers les quadratures, ou les premiers et derniers quartiers.

On constate encore que la hauteur des marées varie avec les déclinaisons du soleil et de la lune et avec les distances de ces astres à la terre. Elle est d'autant plus grande que la Lune et le Soleil sont plus près de la Terre et plus rapprochés du plan de l'équateur. Aussi, les marées les plus fortes arrivent aux syzygies voisines des équinoxes, lorsqu'en même temps la lune est périgée et voisine de l'équateur, c'est-à-dire voisine d'un de ses nœuds. De même, les marées les plus faibles arrivent aux quadratures voisines des solstices, lorsqu'en même temps la Lune est apogée avec une grande déclinaison.

4. Explication des marées. — La loi de l'attraction universelle va nous donner bien facilement l'explication du phénomène des marées et de toutes les circonstances qui l'accompagnent, parmi lesquelles nous venons d'indiquer les principales.

Supposons que la Terre ait la forme d'un noyau solide sphérique de centre T recouvert d'une mince couche de fluide, (fig. 141). Nous allons nous rendre compte de la figure d'équilibre que prendrait cette couche de fluide, si la terre restait immobile, soumise à l'action d'une seule masse M placée très loin dans la direction TM.

Les forces qui agissent à chaque instant sur une molécule fluide A sont : 1° son poids, dirigé suivant AT ; 2° l'attraction de la masse M dirigée suivant AM ; 3° une force égale et de sens contraire à l'attraction de M sur la molécule A supposée placée en T, et par suite dirigée suivant MA : cette force provient de ce qu'on suppose la terre immobile et de ce que l'attraction de M sur le noyau solide T est la même que si toute la masse de ce noyau se trouvait réunie au centre T.

Appelons m la masse de la molécule A, r le rayon de la Terre, D la distance MT, d la distance variable AM.

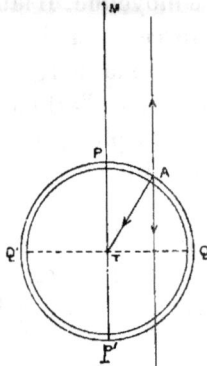

Fig. 141.

La force dirigée suivant AM est égale à $\dfrac{fm\mathrm{M}}{d^2}$, f désignant le coefficient d'attraction ; la force dirigée suivant MA est égale à $\dfrac{fm\mathrm{M}}{\mathrm{D}^2}$. Ces deux forces peuvent être remplacées par une seule égale à la valeur absolue de la différence $fm\mathrm{M}\left(\dfrac{1}{d^2} - \dfrac{1}{\mathrm{D}^2}\right)$, et dirigée dans le sens AM si d est inférieure à D, en sens contraire si d est supérieure à D : en d'autres termes cette force, qui s'ajoute à la pesanteur pour déterminer la forme d'équilibre cherchée, est toujours dirigée vers l'extérieur de la sphère T, parallèlement à MT ou TM. Elle est maxima lorsque A est en P ou P' sur la droite MT. Elle est nulle lorsque A est en Q ou Q' sur le diamètre perpendiculaire à MT. Il est donc clair que la couche fluide doit prendre une forme allongée suivant le diamètre PP' : en d'autres termes, la mer doit s'élever en P et P' et aux points voisins, s'abaisser en Q et Q' et aux points voisins.

Il est facile de calculer la force maxima qui agit en P et P' : en P, on a $d = \mathrm{D} - r$, et par suite la valeur de la force est

$fm\mathrm{M}\left(\dfrac{1}{(\mathrm{D}-r)^2}-\dfrac{1}{\mathrm{D}^2}\right)$, ou $\dfrac{fm\mathrm{M}r(2\mathrm{D}-r)}{\mathrm{D}^2(\mathrm{D}-r)^2}$; en négligeant r devant

D qui est très grand, il vient d'une façon approchée $\dfrac{2fm\mathrm{M}r}{\mathrm{D}^3}$; cette

force est donc proportionnelle à M et inversement proportionnelle au cube de D. En I″, un calcul analogue conduira à la
même valeur approchée.

Si maintenant nous tenons compte de la rotation de la Terre,
il est clair que la couche liquide qui la recouvre prendra la
forme d'un ellipsoïde de révolution variable, toujours allongé
dans la direction de la masse M; il y aura donc alternativement
haute mer et basse mer en un point donné de l'océan ; la période
de ces oscillations sera la moitié du temps que met la Terre pour
revenir à la même position relativement à la masse M.

Les seules masses qui peuvent agir d'une façon sensible sur
la mer sont le Soleil et la Lune : mais il est aisé de voir que
l'action de la Lune est prépondérante. En effet, si L et S sont les
masses de la Lune et du Soleil, D et D′ leurs distances moyennes
à la Terre, le rapport des actions qu'elles exercent sur une molécule m, quand ces actions sont les plus grandes possible, est

égal, d'après ce qui précède, au rapport des quantités $\dfrac{2fm\mathrm{L}r}{\mathrm{D}^3}$ et

$\dfrac{2fm\mathrm{S}r}{\mathrm{D}^3}$, c'est-à-dire au nombre $\dfrac{\mathrm{L}\mathrm{D}'^3}{\mathrm{S}\mathrm{D}^3}$, soit 2,5 environ. Les

marées lunaires sont donc de beaucoup plus grandes que les
marées solaires.

La période moyenne des marées doit par suite être déterminée
par le jour lunaire, comme le montrent les observations.

Les marées seront les plus grandes lorsque la marée lunaire
et la marée solaire s'ajouteront, ce qui a lieu aux syzygies,
puisqu'alors la Lune, le Soleil et la Terre sont sensiblement en
ligne droite ; les marées seront les plus petites lorsque la marée
solaire sera en sens contraire de la marée lunaire, ce qui a lieu
aux quadratures.

Les formules indiquées plus haut montrent encore que la
marée est plus grande quand la Lune est périgée que quand elle
est apogée, puisque la force principale qui la détermine varie
en raison inverse du cube de la distance de la Lune à la Terre.

Enfin le calcul vérifie encore cette loi mise en évidence par les observations : les marées sont d'autant plus grandes que la Lune et le Soleil sont plus près de l'équateur.

5. Retard des marées. — Dans tous nos ports de l'océan, on a trouvé que la plus haute marée n'a pas lieu le jour même de la syzygie, mais en général un jour et demi après : la marée observée un jour quelconque est donc précisément celle qui est déterminée par les positions du Soleil et de la Lune 36 heures auparavant.

Ce retard provient de ce que la mer ne recouvre pas uniformément la surface de la Terre ; si l'on admet que le flot se forme au milieu de l'océan au moment indiqué par la théorie, il est facile de comprendre qu'en raison des vitesses acquises antérieurement par les eaux et les résistances qui s'opposent au mouvement, la marée n'arrive sur nos côtes que bien longtemps après le passage de la Lune au méridien. La théorie développée précédemment n'est pas applicable au voisinage des côtes, et les mouvements que nous observons sont en réalité ceux qui résultent du flot produit au milieu de l'océan.

Ces considérations nous expliquent encore pourquoi les mers fermées ; comme la Méditerranée, n'ont pas de marées sensibles.

6. Établissement. — A l'époque des équinoxes, quand la Lune nouvelle ou pleine se trouve dans ses moyennes distances à la Terre, le temps qui s'écoule entre son passage au méridien d'un port et l'instant de la pleine mer qui suit ce passage est toujours le même : il se nomme *établissement du port*. L'établissement du port est donc le retard de la pleine mer sur le passage de la Lune au méridien le jour d'une syzygie équinoxiale. Ce retard constant provient de circonstances locales et de la configuration des côtes. Il est souvent très différent pour deux ports voisins, parce que les circonstances locales, sans rien changer aux lois des marées, ont plus ou moins d'influence sur la grandeur des marées dans un port et sur son établissement. En France, le plus grand établissement est celui de Dunkerque, $12^h 13^m$; le plus petit est celui de Lorient, $3^h 32^m$. En un jour quelconque, l'heure de la pleine mer peut différer de plus d'une heure du temps du passage de la Lune au méridien augmenté de l'établissement du port.

7. Mascaret. — Le phénomène bien connu du *mascaret* est un exemple de la propagation de la marée jusque dans les fleuves.

On appelle mascaret la montée subite des eaux qui se produit à l'embouchure de quelquen fleuves, les jours de grandes marées, et qui est une conséquence directe de la faible profondeur de l'estuaire, ainsi que de la forme du lit en amont.

Les premières ondes du flot éprouvent, en effet, un frottement assez grand, au moment où elles se présentent devant le fleuve, pour voir s'accumuler derrière leur tête celles qui suivent. Le flot se présente bientôt alors, non plus comme un plan légèrement incliné, mais comme une barre se mouvant avec une grande vitesse et couvrant les berges de ses projections.

Dans la Seine, à Quillebœuf, le mascaret a une hauteur de 3^m environ; sa vitesse de propagation est de près de 8^m par seconde. Le mascaret, qui est encore très fort à Caudebec, cesse à très peu de distance en amont. L'intensité du mascaret est à peu près proportionnelle au coefficient de la marée; elle augmente lorsque le baromètre est bas et que les vents soufflent de l'ouest. Le mascaret précède de $1^h 40^m$ l'arrivée de la pleine mer.

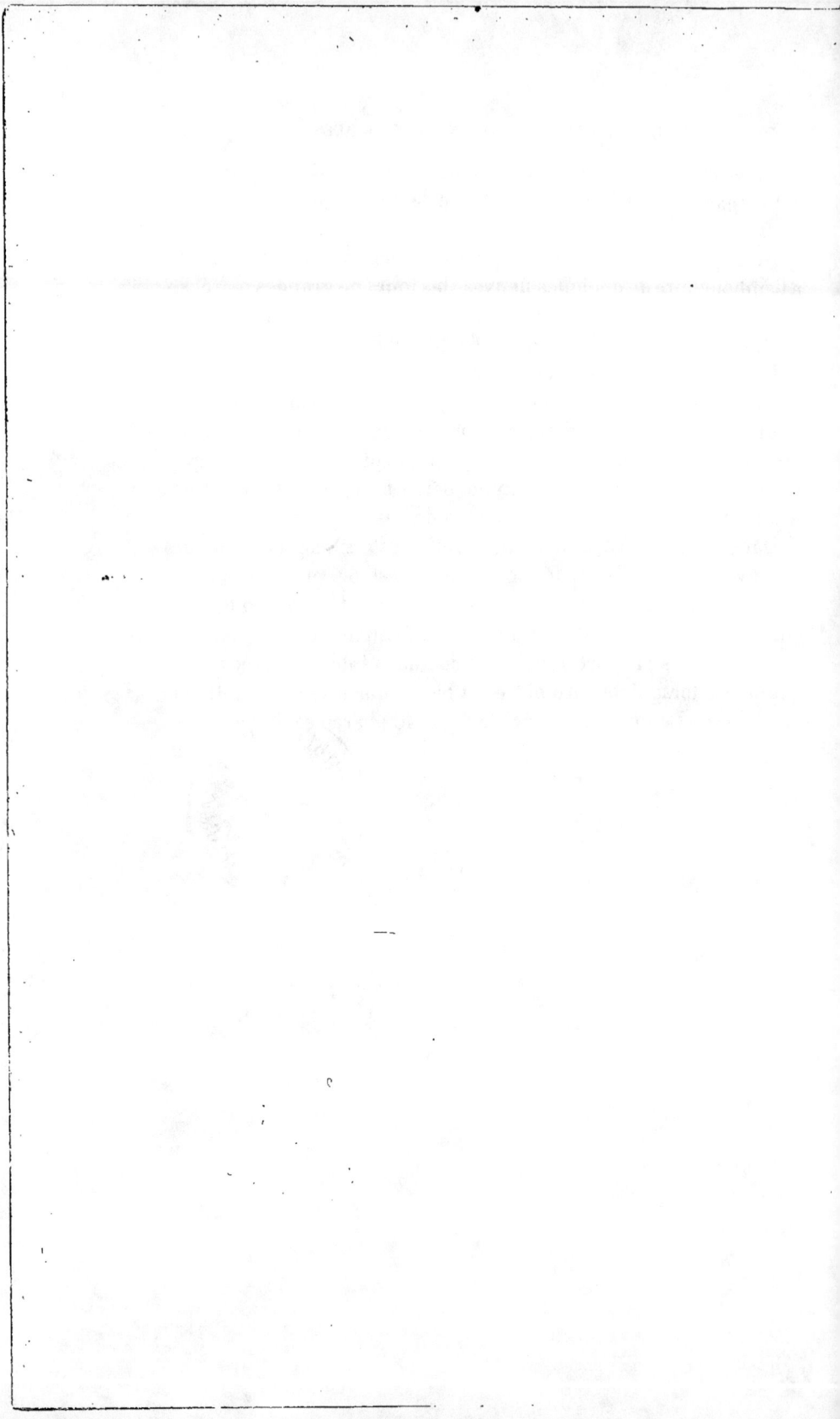

PLANCHES HORS TEXTE

BIBLIOTHÈQUE
R F
IMPRIMÉS.

Photographie d'une région du ciel, obtenue à l'Observatoire de Paris, par M. M. Henry.

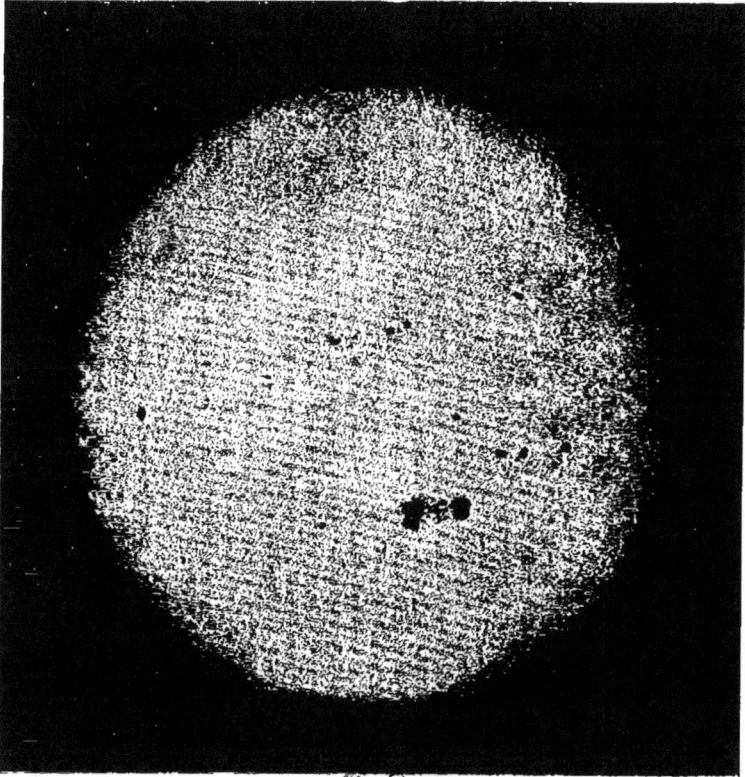

Photographie du Soleil avec ses taches.

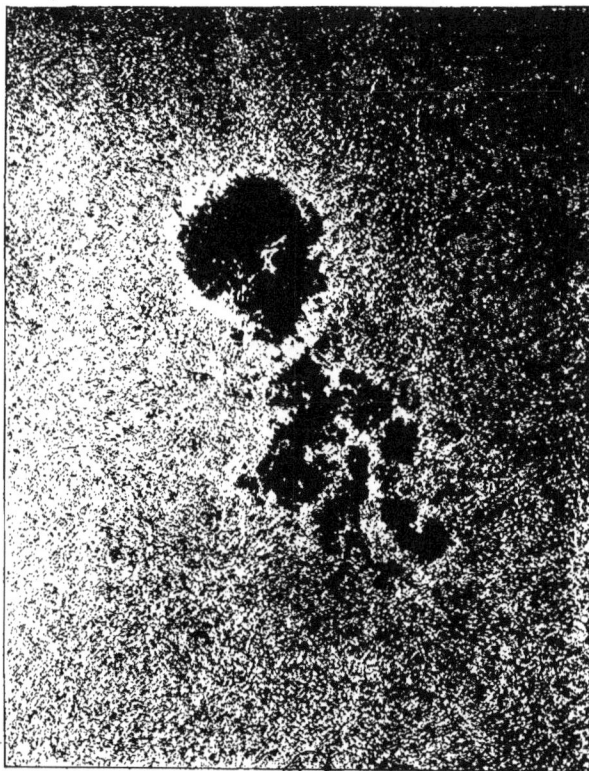

Photographie d'une tache solaire obtenue à l'Observatoire de Meudon.

Dessin de protubérances solaires par M. Trouvelot.

Photographie de la couronne pendant une éclipse totale de Soleil.

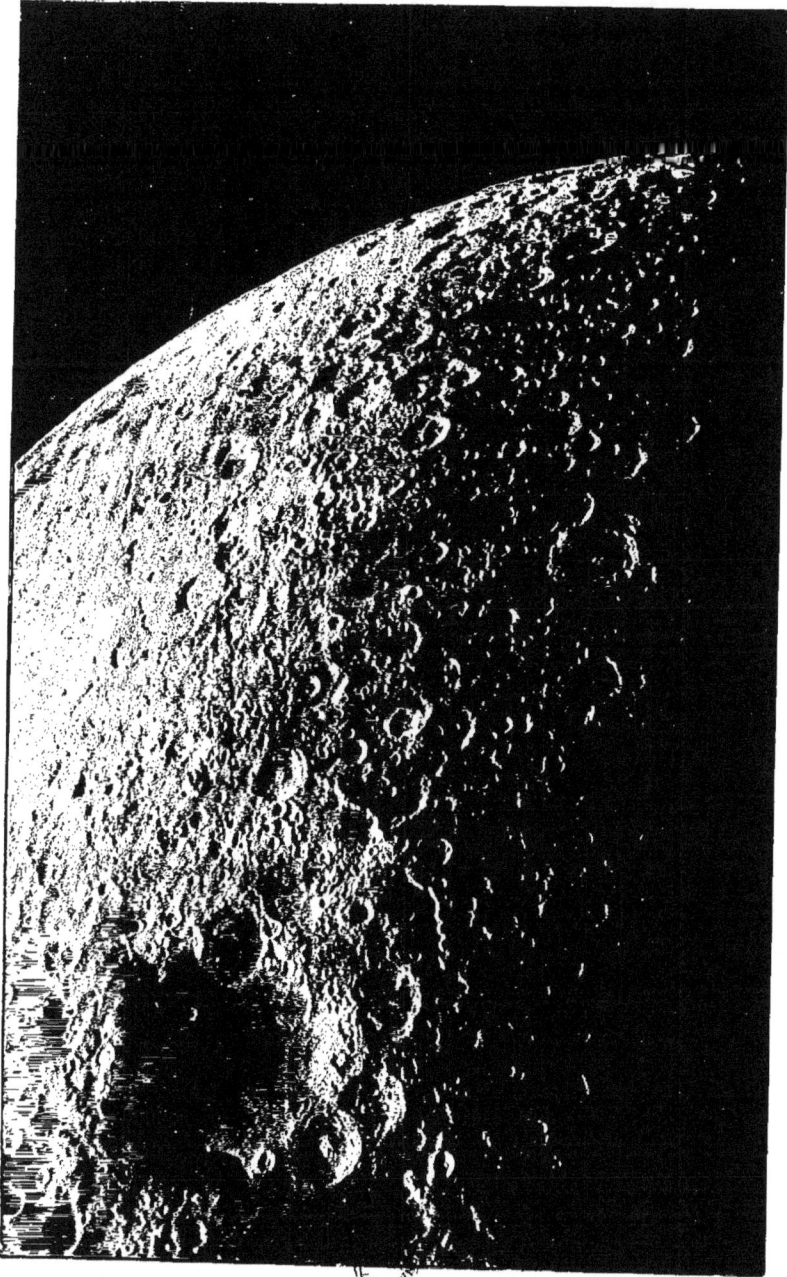

Photographie lunaire obtenue à l'Observatoire de Paris, par M. M. Henry.

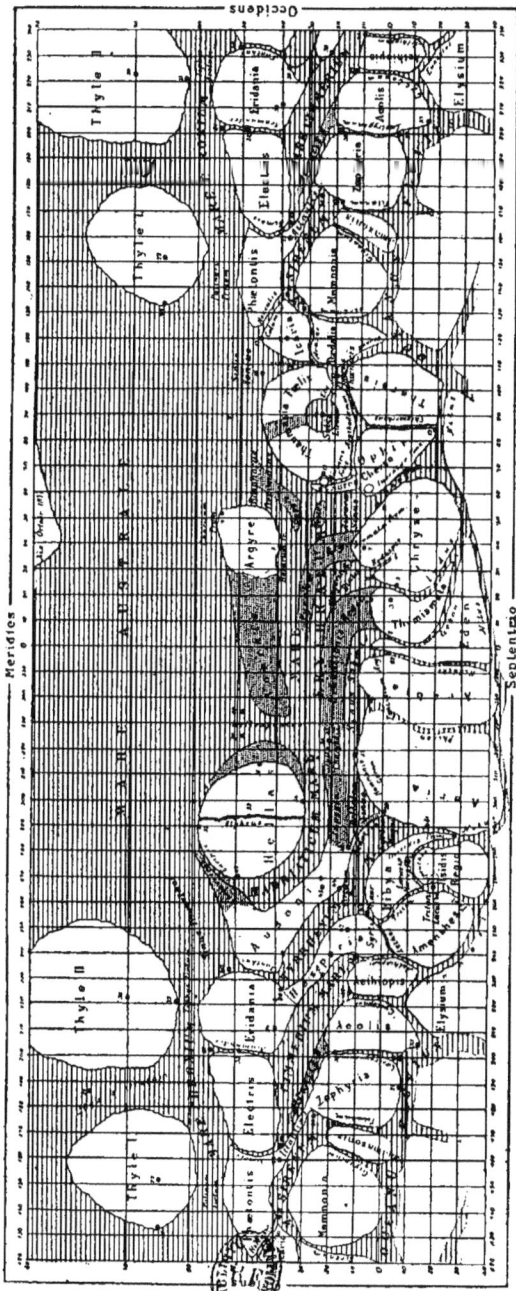

Carte aréographique de la planète Mars,
par M. Schiaparelli.

Dessin de Saturne et de ses anneaux par M. Trouvelot.

Photographie de la grande comète de 1882, obtenue au cap de Bonne-Espérance.

***

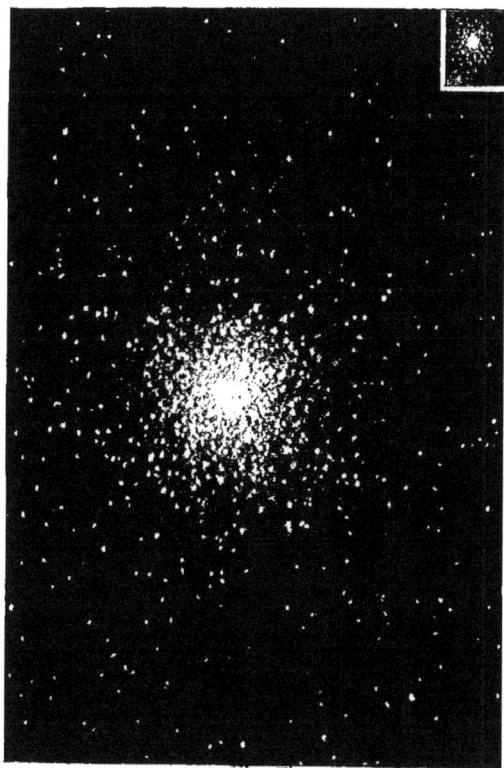

Photographie agrandie de l'amas d'Hercule,
obtenue à l'Observatoire de Paris, par M. M. Henry (le cliché direct, sans agrandissement,
est reproduit en haut et à droite de la planche).

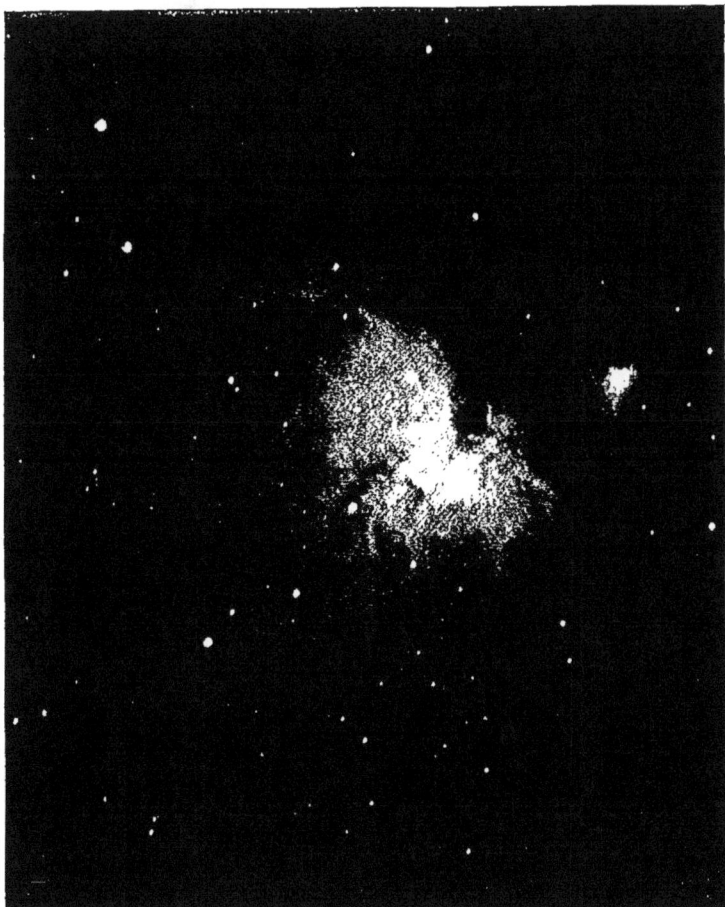

Photographie de la nébuleuse d'Orion, obtenue par M. Common, à Londres.

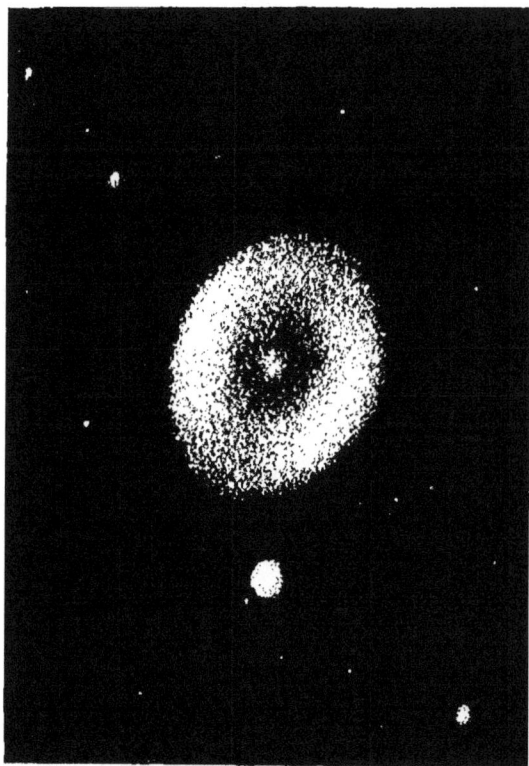

Photographie de la nébuleuse annulaire de la Lyre,
obtenue à l'Observatoire de Toulouse.

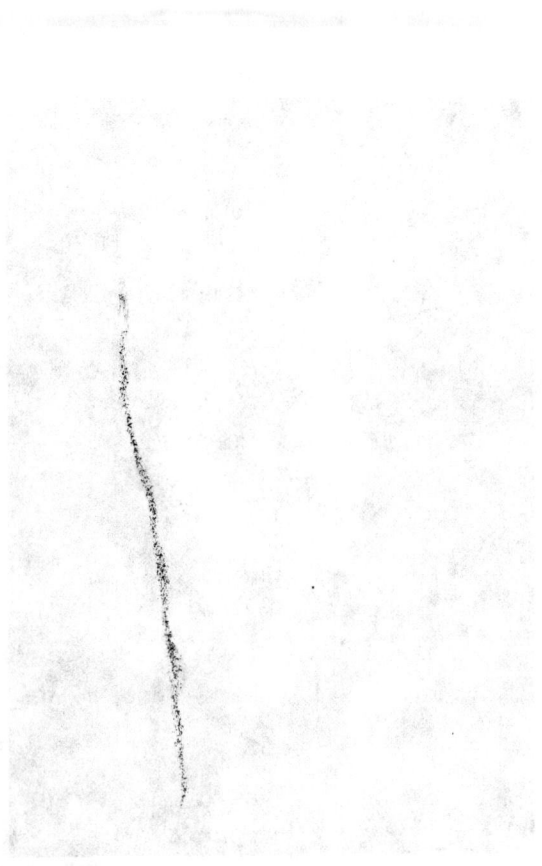

www.ingramcontent.com/pod-product-compliance
Lightning Source LLC
Chambersburg PA
CBHW061006220326
41599CB00023B/3854